高等学校测绘工程系列教材

普通高等教育"十一五"国家级规划教材

现代海洋测绘

Modern Marine Surveying and Charting

上册

主　编　赵建虎
编　委　沈文周　吴永亭　周丰年
　　　　杨　鲲　陈义兰　田　淳

WUHAN UNIVERSITY PRESS
武汉大学出版社

图书在版编目(CIP)数据

现代海洋测绘．上册/赵建虎主编．—武汉：武汉大学出版社，2007.12
(2022.12 重印)
普通高等教育"十一五"国家级规划教材
高等学校测绘工程系列教材
ISBN 978-7-307-05916-0

Ⅰ.现…　Ⅱ.赵…　Ⅲ.海洋测量—高等学校—教材　Ⅳ.P71

中国版本图书馆 CIP 数据核字(2007)第 164641 号

责任编辑：王金龙　　责任校对：黄添生　　版式设计：支　笛

出版发行：**武汉大学出版社**　(430072　武昌　珞珈山)
(电子邮箱：cbs22@ whu.edu.cn 网址：www.wdp.com.cn)
印刷：武汉图物印刷有限公司
开本：787×1092　1/16　印张：16　字数：405 千字
版次：2007 年 12 月第 1 版　　2022 年 12 月第 8 次印刷
ISBN 978-7-307-05916-0/P · 130　　定价：30.00 元

前　言

海洋约占整个地球面积的71%，蕴藏着丰富的自然资源。随着陆地资源的逐渐匮乏，人类已将资源开发和利用的重点转向了海洋，世界各国对此均给予了高度的重视，21世纪是海洋世纪已成为不争的事实。我国已制定了21世纪海洋强国战略，其总目标是将我国建设成为世界级的海洋强国。在这一世纪性战略中，海洋测量作为人类一切海洋活动的基础，必将发挥十分重要的作用。

海洋测绘是海洋测量和海图绘制的总称，其任务是对海洋及其邻近陆地和江河湖泊进行测量和调查，获取海洋基础地理信息，编制各种海图和航海资料，为航海、国防建设、海洋开发、管理和海洋研究服务。海洋测绘的主要内容有海洋大地测量、水深测量、海洋工程测量、海底地形测量、障碍物探测、水文要素调查、海洋重磁力测量、各种海洋专题测量和海区资料调查，以及各种海图、海图集、海洋资料的编制和出版，海洋地理信息的分析、处理及应用。从信息的角度出发，囊括了海洋基础信息的获取、管理和应用。近20年来，随着科学技术的发展，海洋测绘在仪器、技术和理论方面均取得了飞速的发展。尤其是现代高精度卫星定位技术和水下GPS定位技术、船载扫测技术（如多波束、高精度高分辨率测深侧扫声呐）、海洋遥感技术、ADCP技术和目前的研究热点水下自治机器人（AUV）集成海洋测绘系统、电子海图技术和海洋GIS技术，这些现代海洋测控技术极大地推进了海洋测绘的发展，使现代海洋测绘呈现空间立体信息获取、信息自动存储和快速准确应用的态势，基本满足了海洋调查、开发和研究的需求。

《现代海洋测绘》为普通高等教育"十一五"国家级规划教材。为推广现代高新技术在海洋测绘中的应用，使高等院校的本科生、研究生以及与海洋测绘相关的专业人员能够了解和掌握这些新技术，本书在现代海洋测绘定义框架内，介绍了海洋测绘各内容的历史和现代实施手段，其中对历史手段和方法做了简单的回顾；重点介绍了目前正在应用的技术和方法，尤其是一些比较成熟的现代海洋测绘方法和手段；对于一些具有巨大应用潜力而目前尚未推广应用的技术方法，本书也给予了简单的介绍，以作为研究导引。

本书共分15章，涵盖了民用海洋测量、图形绘制和海洋信息管理三大部分，其中，海洋测量部分主要包括海洋大地测量、海洋水文要素观测、海洋声速及声线跟踪、潮汐调和分析及海洋垂直基准面、GPS定位与海底声学定位、测深手段及海底地形测量、海底地貌及海底底质探测、海洋重力测量、海洋磁力测量和卫星海洋遥感等测量手段、方法及理论；在此基础上，介绍了海洋测量在海域划界、海洋工程测量方面的应用；基于实测的海洋信息，在第14章、第15章，介绍了海洋图形绘制、海洋信息管理的理论、方法及应用。

本书内容由作者集体讨论，分工编写完成。其中第1章由赵建虎和沈文周编写；第2章由赵建虎、吴永亭编写；第3章由田淳、赵建虎编写；第4章由周丰年编写；第5章由赵建虎、田淳编写；第6章由吴永亭、赵建虎编写；第7章由周丰年、赵建虎编写；第8章由陈义兰、赵建虎编写；第9章由杨鲲、赵建虎编写；第10章由赵建虎、吴永亭编写；第11章由赵建虎编写；第12

章由沈文周编写；第 13 章由吴永亭、杨鲲和赵建虎编写；第 14 章由赵建虎编写；第 15 章由赵建虎、陈义兰、杨鲲编写。

本书在编写过程中，得到了徐德宝教授的大力支持，并提出了许多宝贵的意见，在此表示衷心感谢。

由于《现代海洋测绘》涉及的范围比较广泛，加之作者水平有限，书中有不妥之处，敬请读者批评指正。

编　　者

2007 年 7 月于武汉

目　录

第1章　海洋与海洋测绘

1.1　海　　洋

1.1.1　海洋概述

海洋测绘的对象是海洋，研究和从事海洋测绘需首先了解海洋的一般状况以及海洋与人类生存和发展的关系。

1. 海洋的含义

海洋是地球表面包围大陆和岛屿的广大连续的含盐水域，是由作为海洋主体的海水水体、溶解和悬浮其中的物质、生活于其中的海洋生物、邻近海面上空的大气、围绕海洋周缘的海岸和海底等部分组成的统一体。但通常人们所称的海洋，仅是指作为海洋主体的广大连续水体。海洋的中心部分称为“洋”，边缘部分称为“海”。

地球表面海陆分布极不平衡。地球表面总面积为$5.10\times10^8\ km^2$，其中，海洋面积为$3.62\times10^8\ km^2$，在地球总面积中所占的比例为70.8%；陆地面积为$1.49\times10^8\ km^2$，占地球总面积的比例为29.2%；海陆面积之比为2.5：1。南、北半球海洋和陆地占全球面积的比例见表1-1，各大洋的面积、体积以及平均深度见表1-2。

表1-1　**南北半球海陆面积的比例**

	海洋比例/%	陆地比例/%
北半球	60.7（42.1）	39.3（66.1）
南半球	80.9（57.9）	19.1（33.9）

备注：(1) 括号内数字为南、北半球的海洋和陆地分别占其总面积的比例；
(2) 无论如何划分地球，任一半球海洋比例均大于其陆地比例；
(3) 海洋是相通的，而陆地则是相互分离的。

表1-2　**海洋面积、体积和平均深度**

洋及相邻的海	面积/$10^3\ km^2$	体积/$10^3\ km^3$	平均深度/m
太平洋	181344	723700	3940
大西洋	94314	337170	3575
印度洋	74118	291950	3840
北冰洋	12257	16980	1296

如果对南、北两半球分别进行考察，则可发现南半球被海水覆盖的面积为 4/5，北半球被海水覆盖的面积略多于 3/5（见图 1-1），因此，人们一般称南半球为水半球，称北半球为陆半球。海洋在地球表面上的分布虽然是不均匀的，但海洋和陆地在地球表面上的分布，具有对称现象。如图 1-1，南极洲为大陆，北极为海；而欧、亚、非三大洲却与南太平洋的面积对称；北半球的大陆部分呈环状分布，南半球的海洋也呈环状分布。

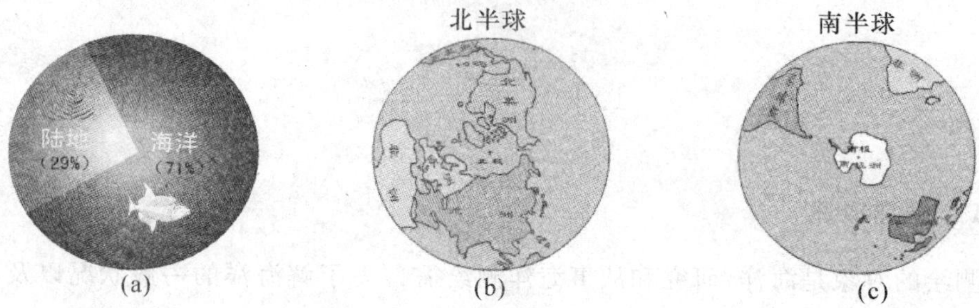

图 1-1　地球上的海陆分布

海、陆在地球表面的不同纬度上，其分布也是不均匀的。除了 45° N 到 70° N 之间，以及南纬高于 70° S 的南极洲地区陆地面积大于海洋面积之外，其余大多数纬度上，海洋面积均大于陆地面积。而在 56° S 至 65° S 之间，几乎没有陆地，地球这部分的表面均被海洋覆盖。在地球上，陆地不同的高度和海洋不同的深度，它们所覆盖的面积也是不同的，其比例正好是 29%，这进一步说明陆地占地球表面积的 29%，而海洋占地球表面积的 71%。就整个地球而言，在海洋覆盖的 $3.6\times10^{9}\ km^{2}$ 的面积之下，储存着大约 $1.37\times10^{10}\ km^{3}$ 的海水，它们的平均深度为 3794 m。因此，可以说海洋是一个相当深广的空间。

人们一般习惯于把海和洋统称为海洋，其实海和洋是两个不同的概念。况且就海而言，也还有边缘海和地中海之分，另外还有海湾和海峡的区别。

一般指的洋，亦称为大洋。洋是远离大陆、深邃而浩瀚的水域部分。约占海洋总面积的 89%，深度一般在 3000 m 以上。大洋中海水的盐度、温度等水文要素不受大陆的影响，年变化小，且比较稳定。大洋有独立的风，潮汐和洋流系统。

地球上共有四大洋（图 1-2）：即太平洋、大西洋、印度洋和北冰洋；也有的把地球上的洋划分为五大洋的，即除上述四大洋外，把环绕南极洲的水域称为南大洋。

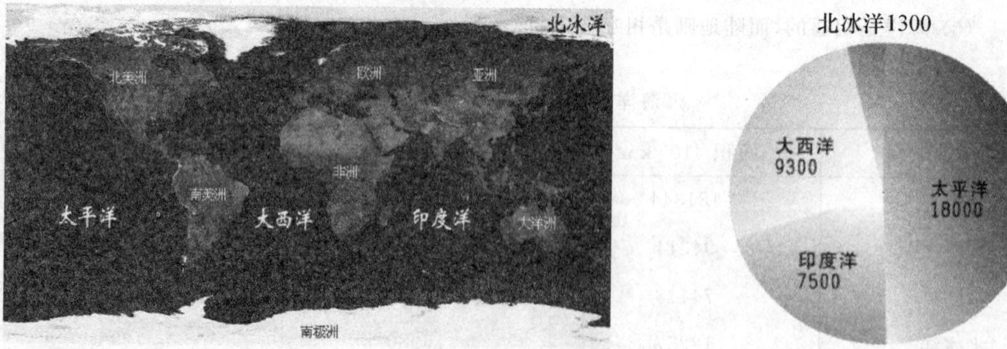

图 1-2　四大洋的分布

太平洋：位于亚洲、大洋洲和美洲之间。北起白令海，南到南极的罗斯海，东至巴拿马，西至菲律宾的棉兰老岛。太平洋的西部，经马六甲海峡与印度洋相通，东面由巴拿马运河与大西洋相连接，太平洋是地球上最大和其中岛屿最多的大洋。

大西洋：位于欧洲、非洲和美洲之间。南临南极洲，北连北冰洋，并与太平洋和印度洋的水域相通。它是地球上的第二大洋。形状细长，呈"S"形，两头宽中间窄，在四大洋中南北长度最长，东南宽度最窄，在赤道附近宽度仅有 1500 n mile 左右。

印度洋：位于亚洲、非洲、大洋洲与南极洲之间。形状呈扁平形。东西长，南北短，大部分洋区在赤道附近，印度洋是一个热带洋。

北冰洋：位于欧、亚和北美大陆之间，基本上以北极为中心。北冰洋是地球上四大洋中面积最小、温度最低的寒带洋，终年被巨大的冰层所覆盖。

海，一般人们把大洋四周的边缘部分称做海，海濒临大陆，面积比大洋小得多。深度一般在 2000～3000 m 以下，有的只有数十米，海的面积占海洋总面积的 11%。海中的水温、盐度等水文要素，受大陆和季节的影响，变化较大，水色混浊、透明度小，潮汐和海流均受大洋的支配。没有自己独立的系统。

根据统计，附属于地球上四大洋的海共有 49 个，其中属于太平洋的有：白令海、鄂霍次克海、日本海、黄海、东海、南海、爪哇海、苏禄海、苏拉威西海、巴厘海、佛罗里斯海、摩鹿加海、西兰海、班达海、珊瑚海、阿拉斯加湾、加利福尼亚湾等 17 个海；属于大西洋的有：巴芬湾、哈得逊湾、加勒比海、波罗的海、北海、比斯开湾、地中海、马尔马拉海、黑海、亚速海、里海、咸海、几内亚湾等 14 个海；属于印度洋的有：红海、波斯湾、阿拉伯海、孟加拉海、安达曼湾、萨式海、帝汶海、阿拉弗拉海、大澳大利亚湾等 9 个海；属于北冰洋的有：格陵兰海、挪威海、巴伦支海、白海、喀拉海、拉普帖夫海、东西伯利亚海、楚科奇海、波弗特海等 9 个海。

介于大陆之间的海为陆间海，例如欧、亚、非大陆之间的地中海；深入大陆内部的海称为内陆海，如我国的渤海。陆间海和内陆海，均为地中海，其水文状况主要受陆地的影响。另外，既是大洋的边缘，而与大洋之间又有半岛或岛屿相隔的称为边缘海，例如我国的黄海、东海和南海等。

海湾是指洋或海延伸进入大陆部分的水域。其深度逐渐减小。海湾中海水的性质与其相近的洋或海中水的状况相似。由于海湾不断变窄、变浅，因此容易发生最大的潮汐。

海峡是指海洋中相邻海区之间宽度较窄的水道。海峡地区海洋状况的最大特点是潮流速度很大。海峡有深有浅、有宽有窄，它们是连接洋与洋、洋与海、海与海的咽喉。如马六甲海峡是太平洋与印度洋的通道；直布罗陀海峡是地中海与大西洋之间的要冲。据相关资料统计，地球上主要的海峡就有 36 个之多。另外人们为了交通上的方便，还开挖了苏伊士运河和巴拿马运河，它们也具有类似于海峡的功能。

海岸、海岸带和海岸线是 3 个相关的概念。

海岸，笼统地讲就是陆地与海洋相互作用、相互交界的地带。海岸可以分为海、陆之间现今正在相互作用着的现代海岸和过去曾经相互作用过的古代海岸两种。其实，海岸的概念可以包括在海岸带这一概念之中。海岸带是海陆交互的地带，其外界应在 15～20 m 等深浅一带，这里既是波浪、潮流对海底作用有明显影响的范围，也是人们活动频繁的区域；它的内界，海岸部分为特大潮汐（包括风暴潮）影响的范围。河口部分则为盐水入侵的上界。海岸线是近似于多年平均大潮高潮的痕迹所形成的水陆分界线。可根据海岸植物的边线、土壤、植物的颜色、湿度、硬度以及流木、水草、贝壳等冲积物来确定。在地图上，为了明显起见，用一条界线把海洋和陆地截然分开，这条界线称之为“海岸线”。整个地球上，海岸线的总长度约为 439100 km。

2. 海洋概貌

海洋地形（图 1-3）通常分为海岸带、大陆边缘和大洋底三个部分。

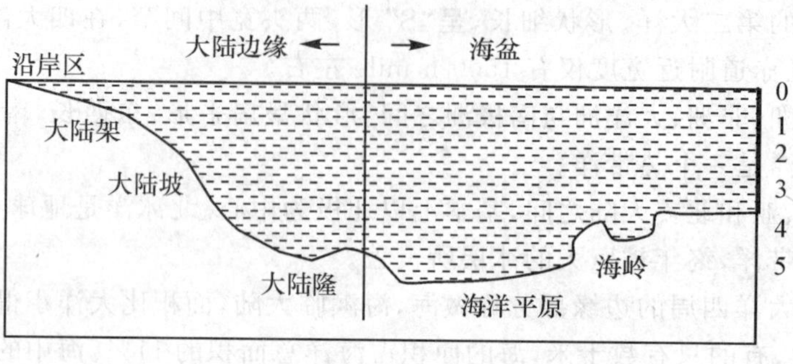

图 1-3　海底两个主要组成部分图

1）海岸带是海陆交互作用的地带，其地貌是在波浪、潮汐和海流等作用下形成的。海岸带由海岸、海滩及水下岸坡组成。海岸是高潮线以上狭窄的陆上地带，大部分时间里裸露于海水面之上，仅在特大风暴潮时才被淹没，故又称为潮上带；海滩是高低潮之间的地带，高潮时被水淹没，低潮时露出水面，故又称为潮间带；水下岸坡是低潮线以下直到波浪作用所能到达的海底部分，又称为潮下带，其下限相当于 1/2 波长的水深处，通常为 10 ～ 20 m。

2）大陆边缘是大陆与大洋连接的边缘地带。大陆边缘是大陆与大洋之间的过渡带，通常由大陆架、大陆坡、大陆隆及海沟等组成。

（1）大陆架是大陆周围被海水淹没的浅水地带，是大陆向海洋底的自然延伸，其范围是从低潮线起以极其平缓的坡度延伸到坡度突然变大的地方（即陆架外缘）为止。主要特点是平均坡度为 0.1°，平均深度为 132 m，最深为 500 m，平均宽度为 75 km，最宽为 1000 km；大陆架的沉积物主要是来自大陆的泥沙形成的阶状海底平坦面，其上为一些水下沙丘或丘状起伏的地貌形态；水文要素有明显的季节变化，风浪、潮流及海水混合作用强烈；海水营养盐及氧丰富，初级生产力高，易形成良好渔场。全球大陆架水面面积占海洋总面积的 7.6％。

（2）大陆坡是大陆架外缘陡倾的全球性巨大斜坡，其下限为坡度突然变小的地方（图 1-4）。主要特点：坡度较陡，平均为 3°～ 7°，最大坡度在斯里兰卡海岸外，达 35°～ 45°，宽度从几

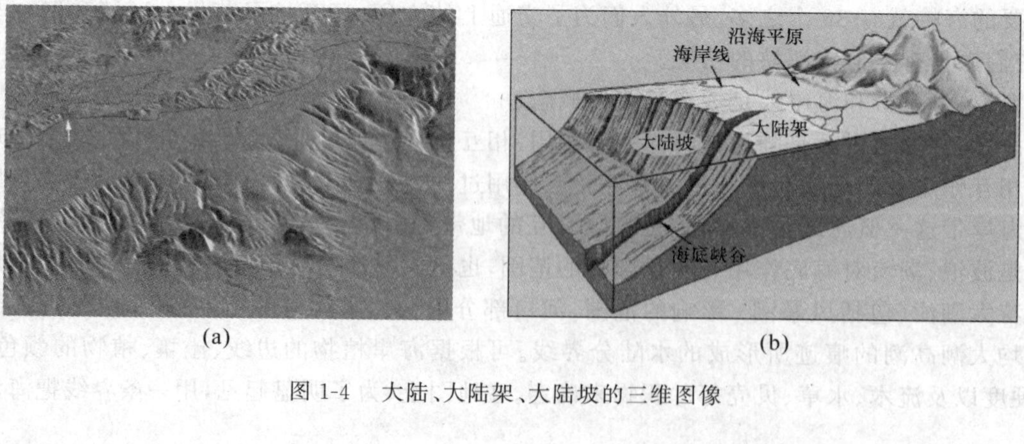

图 1-4　大陆、大陆架、大陆坡的三维图像

海里到几百海里不等;大陆坡表面主要是一些海底峡谷和深海平坦面;大陆坡水域离大陆较远,水文要素分布较稳定;全球大陆坡水面面积占海洋总面积的15.3%。

(3) 大陆隆是从大陆坡下界向大洋底缓慢倾斜的地带,又称大陆基或大陆裙(如图1-5)。主要特点是:大陆隆表面坡度平缓,水深在2500～4000 m;沉积物深厚,形成深海扇形地貌,富含有机质,蕴藏有巨大的海底油气资源;全球大陆隆水面面积占海洋总面积的15.3%。

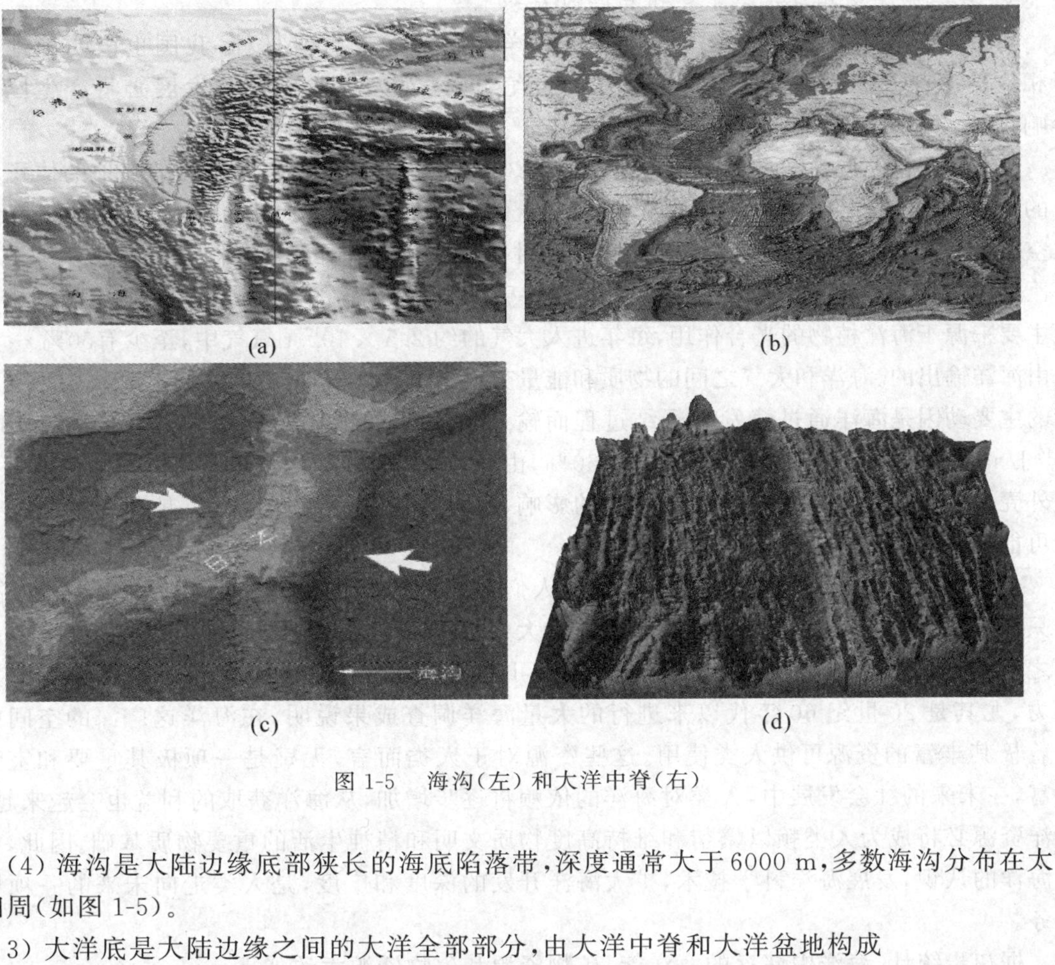

图1-5　海沟(左)和大洋中脊(右)

(4) 海沟是大陆边缘底部狭长的海底陷落带,深度通常大于6000 m,多数海沟分布在太平洋四周(如图1-5)。

3) 大洋底是大陆边缘之间的大洋全部部分,由大洋中脊和大洋盆地构成

(1) 大洋中脊是贯穿世界四大洋、成因相同、特征相似的巨大海底山脉系列(如图1-5)。全长65000 km,顶部水深2～3 km,高出大洋底1～3 km,有的露出海面成为岛屿,宽数百至数千公里不等,面积占洋底面积的32.8%,是世界上规模最巨大的环球山脉。大西洋中脊延伸方向大致与两岸平行,印度洋中脊呈"人"字形,太平洋中脊偏居东侧且边坡较平缓,故有东太平洋海隆之称。各大洋中脊的北端分别延伸至陆地,南端相互连接。大洋中脊的顶部有沿其走向延伸的陷落谷地,深1～2 km,宽数10～100 km,称为中央裂谷。该裂谷是海底扩张中心和海底岩石圈增生的场所,扩张和增生主要通过沿裂谷带的广泛火山活动来实现的。

(2) 大洋盆地是大洋中脊和大陆边缘之间的宽广洋底。大洋盆地坡度极小,约0.3°～0.7°,深度为6000 m左右,面积约占世界海洋面积的一半。大洋盆地上通常分布一些海槽、海

底谷、断裂带等负地形及一些海山、海丘、海岭等的正地形。

根据以上的介绍，我们可以清楚地了解到，虽然海面有时看起来是比较平静的，但是在海水覆盖下的海底地形是相当复杂的。因此人们要认识海洋、开发海洋和利用海洋，其首要且繁重的任务就是要透过海水、精确地测绘海底地形。由此可知，陆上测绘和海洋测绘的区别，关键在于前者是在大气中进行，后者则要克服海水这一介质的阻隔。关于海水的一些重要特性，在第3章海洋水文要素观测中将具体介绍。

3. 海洋资源及其与人类生存和发展的关系

随着陆地资源的逐渐枯竭，人类已将海洋开发列入了当前日程，我国也已明确地提出了相应的海洋开发战略。21世纪是海洋的世纪，海洋对人类的生存和发展必将产生巨大的影响。

首先，由于在地球表面储存着总体积约1.37×10^{10} km^3，比高出海平面的陆地的体积大14倍的海水，它控制着自然界的水循环，对地球上的生态环境产生绝对的影响。海水是一种密度比空气大得多，且有较大热容量、流动性和反射率很低的物质。因此地球上的海洋，实际上起到了巨大的太阳能"吸收器"、"分配器"和地理外壳的"调节器"的作用，大气和地球水圈中游离氧主要来源于海洋植物的光合作用，每年进入大气的约2.5×10^{12} t氧气中，至少有50%～60%是由海洋输出的。海洋和大气之间的物质和能量交换是引起大气环流的主要因素，决定天气和气旋的主要动因是海洋通过蒸发和凝结过程而输入大气的热能造成的，这种热能值为4.1868×10^{16} J/s，是地表太阳总辐射能的30%～50%，由此可见，作为人类和其他动植物生活环境的地理外壳的各种主要特性完全取决于海洋的影响，也可以说，如果没有海洋，地球上的生命也就不可能产生和存在。

长期以来，由于科学技术条件的限制，人们对如此广阔的海洋的认识是相当不够的，因此只能在它的影响下生存，而无法对其进行大规模的开发利用。即使有也仅仅是进行"兴鱼盐之利，行舟楫之便"这样传统的开发利用。可是经过近百年来各国海洋科技工作者的共同努力，尤其是20世纪60年代以来进行的大量海洋调查成果说明，在海洋这广深的空间中储存着极其丰富的资源可供人类使用。这些资源对于人类而言，无疑是一项极其重要和宝贵的财富，在未来的社会发展中，人类对海洋的依赖将逐步增加，从海洋获取的利益也会越来越多，海洋资源必将成为人类赖以繁衍和维持高度物质文明和精神生活的重要物质基础。因此，加深对海洋的认识，发展海洋科学技术，扩大海洋开发的深度和广度，是人类走向未来的一项历史任务。

据初步统计，海洋中储存的海洋能、矿物资源和生物资源大致如下：

1）海洋能

海潮的涨落、潮流和由风引起的波浪中都蕴藏着巨大的能量，例如由于海潮的作用，在我国的长江中潮流可上溯到镇江一带，而美洲的亚马逊河，由于其河面宽，河道直，因此潮水可沿河上逆1400 km左右。另外，我国钱塘江口的杭州湾其潮高可达8～10 m，最大时达12 m。美洲的Bay of Fundy，是世界上潮汐变化最大的地方，最大潮差可达18 m。又如海浪所具有的能量，我们可从以下例子中了解一斑，即拍岸浪的力量大得惊人，它给予海岸或海岸建筑物的压力，达到每1 m^2中3×10^4～4×10^4 kg，如在黑海的索奇沿岸，测得拍岸浪对海岸的冲击力达11000 kg/m^2；在海滩达4 t/m^2，这就不难看出波浪的力量是何等的巨大，可惜的是，目前人们往往只能从它们对人类生产、生活和社会带来的破坏中，感受到它们巨大的威力。据估计，世界海洋中的潮汐、波浪、温差、海流、盐差能的蕴藏量约1.48×10^{11} kW。它们确实是人类能源开发的一个处女领域，直到现在还未对它们进行大规模的开发利用。小规模的利用如有的国家已研究成功波力发电机，为海上浮标灯塔提供了电力；同时也有些国家正致力于研究建立潮汐发电站的问题，我国也从 20 世纪 70 年代开始分别在广东、福建和浙江等地建造了一些小型的试验性的潮汐电站。潮汐发电站的原理见图 1-6。

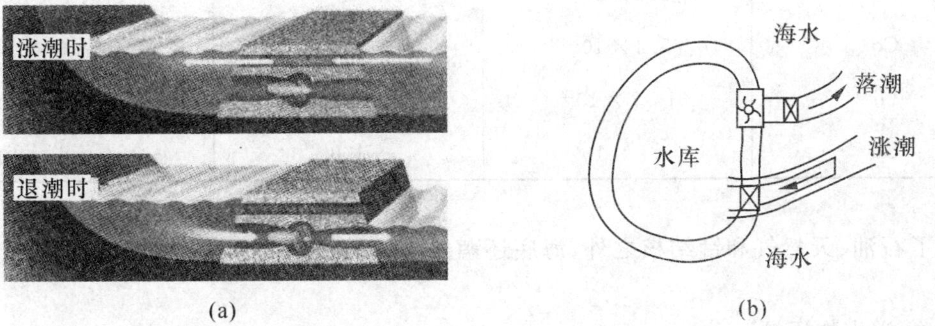

图 1-6　海洋潮汐发电

2）海洋矿物资源

关于海洋矿物资源这一提法，是一个广义的概念，是指海水中包含的矿物资源、海底表面沉积的矿物资源和海底各种地质构造中埋藏的矿物资源的总称。

海洋在全球物质循环交流系统中占有相当重要的地位，据估计，海水总量为 $1.37\times10^{10}\ \mathrm{km}^3$，约占地球总水量的 97%，淡水只占 3%。海水如此之多，几乎包含了地球的一切元素。海水中的无机物主要是河流输入的陆源物质，也有火山喷发物和陨石的衍生物等，而海水中的有机物，则多半是由海洋生物造成的。由于海水运动，使得海水中各种元素的分布比较均匀，但是由于海洋生物的活动，大气与海洋、海洋与海底之间的物质交换，又在不断地破坏这种均匀状态，随着这种从均匀到不均匀再到均匀的过程，也就是海洋水中各种矿物元素的积累过程。我们知道海水又咸又苦，经过分析了解到，海水中溶解了大量的杂质和气体物质，杂质中以氯化钠为主，也含有苦味的氯化镁，按重量比例，杂质的总量为 4.8×10^{18} t，已知的元素有 60 多种。海水中资源种类极多，数量极大，储量相当可观，例如在海水中就储存着 5.5×10^{6} t 的金、4.1×10^{6} t 的银、4.1×10^{7} t 的铜和 4.1×10^{7} t 的锡等。

石油和天然气资源在地球上分布极广，在海洋里的 $2.71\times10^{7}\ \mathrm{km}^2$ 的大陆架、$2.87\times10^{7}\ \mathrm{km}^2$ 的大陆坡和大约 $2.50\times10^{7}\ \mathrm{km}^2$ 的大陆海隆（所谓海隆是在海盆中的大面积海底隆起部分）中也都可能蕴藏着石油和天然气。据 20 世纪 70 年代初期的估计知，海底石油的储藏量可能和陆上石油的储藏量相等，即 2.07×10^{12} gal。由于我国近年来在渤海、黄海、东海和南海纷纷探明丰富的石油储藏量，因此世界海洋石油的储藏量将会增加。

除石油之外，值得注意的是在大洋底广泛蕴藏着锰结核矿，它在太平洋、大西洋和印度洋中都有，不过它们都处于水深 3500 ～ 4500 m 的深海海底表面。锰结核的组成成分为：锰 57% ～ 76%、镍 0.06% ～ 2.37%、钴 0.008% ～ 2.99%、铜 0.013% ～ 2.92% 以及其他金属元素，表 1-3 中给出了根据海洋调查推算出的锰结核在海底的蕴藏量，从此表中可以看出，其埋藏量大于陆上的埋藏量若干数量级，况且其埋藏量还逐年在增长。

表 1-3　**海底锰结核矿蕴藏量**

元素名	埋藏量 /t	与陆地埋藏量之比 / 倍	结核生长量 /t/a
Mn	358×10^{12}	4000	1.3×10^{4}
Fe	207×10^{12}	4	1.4×10^{4}
Co	5.2×10^{12}	5000	0.36×10^{4}
Ni	14.7×10^{12}	1500	0.102×10^{4}
Cu	7.9×10^{12}	150	0.105×10^{4}

除了石油、天然气和锰结核之外，海底还蕴藏着相当数量的铁砂、磷矿、锡砂和硫磺等矿产资源。

3）海洋生物资源

海洋中有大量的鱼类和海藻类植物可供人类食用，而水产生物资源的一大特点是即使进行高效率的捕获，也不致于导致资源的枯竭，因为鱼种是一种自新生的资源(图 1-7)。但在这里也必须指出海洋环境的污染，将会对海洋生物资源起到极大的破坏作用，一些捕捞专家们估计，如果管理得法，世界渔业每年可提供 2×10^{9} t 以上的鱼产品。另外，海藻类植物的繁殖速度也是相当快的，它们也可以为人类提供数量可观的食品。因此，一些科学家们认为 21 世纪在人类的食物中，将有很大一部分是取自于海洋。

图 1-7　海洋渔业

综上所述，海洋的存在对人类的生存产生着巨大的影响，尤其是随着世界人口不断地增长，陆上资源日渐枯竭，因此人类必须到大陆以外寻求新的资源来源。当代科学技术的发展，使人们可以有能力去打开海洋这“绿色的资源宝库”。可以预料，过去人类是被动地受海洋存在的影响，而现在已进入了人类主动向海洋进军，从海洋索取物质资源的新纪元。因此，海洋与人类的关系将会越来越密切，这就促使有关海洋的调查研究工作迅速地开展，从而也对海洋测量工作提出更新的课题和更加繁重的任务。

1.1.2 世界海洋新格局

随着人类文明、科学技术的发展，人们对海洋的认识也由浅入深地完善起来，尤其通过近一个世纪以来，人们对海洋进行了广泛的调查和近几十年来海洋石油的开采成功，使人们深知海洋除了作传统的载舟之航道外，更重要的是在海洋中储藏着无数的海洋生物资源、海洋矿产资源和海洋中可被利用的各种能源。这些都是地球上迅速增长的人类总量今后生存和发展所需依赖的。因此，近几十年来，一些沿海国家纷纷提出扩大领海范围的要求。即使一些内陆国家也提出了海洋资源的共有问题，鉴于上述情况，有关海洋法的制订工作，就成为当今世界上一项重要的政治任务。自第二次世界大战以来，经历了将近 30 年的时间，终于在 1982 年 11 月由联合国组织有关国家和组织，起草了《联合国海洋法公约》并在牙买加蒙得哥湾开放签字，至此，世界海洋的新格局已经形成。

1. 内海

内海亦称内水，指领海基线以内的水域。《联合国海洋法公约》第 8 条第 1 款规定，领海基线向陆一面的水域为国家内水的一部分。内水从海岸线起向海一侧延伸至领海基线。换言之，领海基线为内水的外部界限，即内水与领海的分界线。国家对其享有完全的排他性主权。除外国船只在直线基线制度确立前不被视为内水的区域内有无害通过权外，一国对其内水行使全部的主权(《联合国海洋法公约》第 8 条第 2 款)。有关的海峡制度适用于被直线基线所包围的海峡。

2. 领海

为沿海国的主权及于其陆地领土及其内水以外邻接的一带海域，在群岛国情形下则及于群岛水域以外邻接的一带海域，称为“领海”(《联合国海洋法公约》第 2 条第 1 款)，即沿海国主权之下的，与其陆地或内水相邻接的一定宽度的水域。1982 年《联合国海洋法公约》规定，领海宽度不超过 12 n mile。目前各国已宣布的领海宽度有 3、4、6、12、15、20、24、50、70、100、150 和 200 n mile。领海外部界限是一条，其每一点同基线上最近点的距离等于领海宽度的线(《联合国海洋法公约》第 4 条)。由主权国按照一定原则，在确定领海基线和领海宽度之后，以规定的方式划出。各国可根据本国的地理特点、经济发展和国家安全需要自行确定其领海范围和划定方法。领海是沿海国领土的组成部分。国家对领海的主权及于其上空、海床和底土。

3. 毗连区

为一种毗连国家领海并在领海外一定宽度的、供沿海国行使关于海关、财政、卫生和移民等方面管制权的一个特定区域。《联合国海洋法公约》第 33 条规定，毗连区的宽度从领海基线量起不超过 24 n mile。它以按确定的宽度所形成的水域之外缘，为其外部界限。

4. 大陆专属经济区

为领海以外并邻接领海，介于领海与公海之间，具有特定法律制度的国家管辖水域。该区域内，沿海国家具有勘探和开发、养护和管理自然资源的主权权利，以及一些特定事项的管理权；其他国家则享有航行、飞越、铺设海底电缆和管道等自由。专属经济区的宽度从领海基线量起，不应超过 200 n mile(《联合国海洋法公约》第 57 条)，其外部界限为按照确定的宽度形成的水域之外缘。

5. 大陆架

指沿海国陆地向海的自然延伸部分，又称陆架、陆棚、大陆棚。国际海洋法中，大陆架定义为沿海国的大陆架包括其领海以外依其陆地领土的全部自然延伸，扩展到大陆边外缘的海底区域的海床和底土，或者从测算领海宽度的基线量起到大陆边缘外缘的距离不到 200 n mile，则扩展到 200 n mile 的距离(《联合国海洋法公约》第 76 条)。与地理学上的大陆架定义，显然不完全一致。

在严格的规定下，大陆架定界主要采用三种方法：① 从领海基线到大陆边外缘的距离不足 200 n mile的，可扩展至 200 n mile。② 从领海基线到大陆边超过 200 n mile的，大陆架外部界线的各定点，不应超过从测量领海的宽度的基线算起 350 n mile。③ 或不应超过 2500 m 等深线 100 n mile。由此可见，海洋法对大陆架外部界限的确定，主要体现了地形、距离和深度三种标准。它是确定大陆架定义的最根本的问题。而陆地向海的自然延伸原则，则是确定大陆架法律概念的最基本原则。

沿海国对大陆架海域，具有为勘探大陆架和开发其自然资源的目的，对大陆架行使主权权利以及其他特定事项的管辖权；上述权利是专属性的，即如果沿海国不勘探大陆架或开发其自然资源，任何人未经沿海国明示同意，均不得从事这种活动，其他国家仅享有航行、飞越、铺设海底电缆和管道等自由（《联合国海洋法公约》第 77 条）。

6. 公海

指沿海国内水、领海、专属经济区和群岛国的群岛水域以外不受任何国家主权管辖和支配的全部海域。公海对所有国家开放，应仅用于和平目的，任何国家不得将公海的任何部分置于其主权之下。规定有关公海各种制度的国际公约为《联合国海洋法公约》、《公海公约》，后者于 1958 年 4 月 29 日在日内瓦签订，1962 年 9 月 30 日生效，共 37 条。

7. 国际海底区域

国家管辖海域范围以外的海底、洋底及其底土。《联合国海洋法公约》称其为“区域”。《联合国海洋法公约》规定在“区域”内授予或行使的任何权利，不应影响“区域”上覆水域的法律地位，或这种水域上空的法律地位。“区域”及其资源是人类的共同继承财产。从自然意义上看，国际海底区域一半指水深在 2000 ～ 6000 m 或更深的海底，这样的区域占大洋总面积 60% 以上。那里蕴藏着丰富的矿物资源，如锰结核和金属软泥。国际海底管理局是代表全人类组织和控制“区域”内活动的国际性组织。

1.1.3 中国近海概况

我国既是一个幅员辽阔的大陆国家，又是一个拥有漫长的海岸线、优良的海湾、众多的岛屿、辽阔的海域和开阔的大陆架的海洋国家。在我国的东、南面，与长达 18000 多公里的海岸线相邻的渤海、黄海、东海和南海，它们都是西北太平洋的陆缘海。由它们组成一个略呈向东南凸出的弧形水域，这一海域东西横越经度 32°，南北跨纬度 44°，总面积达 470 多万平方公里。其中属于我国领海和内水的海域面积有 35 万多平方公里，而根据国际海洋法规定，能够划归我国的专属经济区和大陆架的面积，也应有几百万平方公里，这些都是我国的海洋国土。见图 1-8。

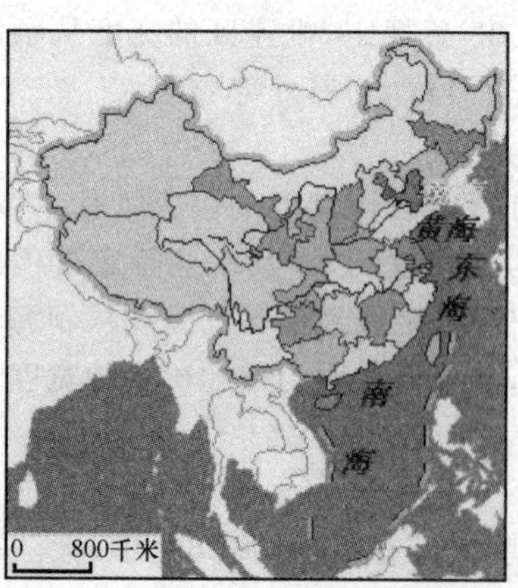

图 1-8 中国近海概况

渤海是一个半封闭内海，辽东半岛的老铁山与山东半岛蓬莱角的连线为渤海与黄海的分界线。渤海可分为五个部分：北部的辽东湾、西部的渤海湾、南部的莱州湾、中部的中央盆地和东部的渤海海峡。渤海平均水深 18 m，深度小于 30 m 的范围占总面积的 95%。坡度平缓，是一个近封闭的浅海。

黄海也是半封闭的陆架浅海，长江口北角启东至济州西南角连线为黄海与东海的分界线，山东半岛的成山头与朝鲜西岸的长山串的连线为南黄海与北黄海的分界线。面积 380000 km^2，平均深度 44 m。山东半岛东端成山角与朝鲜半岛长山串连线可将黄海分为北、南两部分，北黄海平均深 38 m，南黄海平均深 46 m，最深处在济州岛北，约 140 m。

东海为太平洋边缘海，西北接黄海，东北从济州岛至五岛列岛与朝鲜海峡为界，东面以琉球群岛与太平洋相连，南面自福建东山岛至台湾南端与南海相通。面积 7.7×10^5 km^2，平均水深 349 m，大陆架由海岸向东南缓缓倾斜。

南海东北经台湾海峡与东海相通，东面接菲律宾、巴拉望、加里曼丹等与太平洋分隔，南面接马来半岛、纳土纳群岛、加里曼丹等与印度洋分隔，面积为 3.5×10^5 km^2，由周边向中心有较大坡降的菱形海盆；平均深度 1212 m，最深处达 5377 m。

在我国广阔的海域中还分布着数量众多的、大小不等的 6500 多个岛屿，其中分布在东海海域中的约占 60%，分布于南海的约占 30%，分布在渤海和黄海中的仅占 10% 左右。这些岛屿除台湾和海南岛的面积超过 3 万平方公里以外，其余的面积均不大于 2.0×10^3 km^2，它们一般离大陆较近，但南海诸岛则离大陆较远，最远的曾母暗沙距华南大陆 1800 多公里。

我国拥有如此广阔的海域和丰富的海洋资源，随着国民经济建设的飞速发展，海洋开发工作将会变得越来越重要。同时海洋开发事业也将进一步促进海洋测量工作的发展。

1.1.4 我国海洋开发的历史与现状

地球上自有人类以来，就在海洋的影响之下生活着，这是因为横贯大陆之间的气候，在很大程度上是随着海洋表面的变化而变化的。同时，人类自古以来就把海洋作为一种重要的运输载体，捕捞鱼虾的场所和获取食盐的源泉，这些我们称之为对海洋的传统开发，在这方面我国曾做出过杰出的贡献。海洋现代化的发展从 20 世纪 60 年代才逐渐兴起，海洋现代化发展是人类智慧和科学技术最新成果综合应用的结果。

由于我国海岸线漫长，港湾优良，洋域辽阔，大陆架宽阔，岛屿众多，资源丰富，这就为我们的祖先认识海洋，利用海洋提供了有利的自然条件，因此经过长期的观察和生产斗争及科学实验的过程，我们的祖先在认识海洋、开发利用海洋方面积累了丰富的经验，对人类做出过一些重大的贡献。

早在春秋时代(公元前 770 ～ 公元前 403 年)，我国就曾大规模地利用海滩晒盐，并发展了沿海的捕鱼事业。在战国时代(公元前 403 ～ 公元前 221 年)，就对海洋总结出“千里之远，不足举其大，千仞之高，不足极其深”，这是对海洋之深大的科学认识。西汉时代(公元前 206 ～ 公元 9 年)，更进一步地发展了海洋运输事业，当时我国与日本之间的海上交通来往频繁。晋朝时(公元 399 年) 法显和尚经西域到印度取经，后来他从海路回国，途经南海、南洋群岛一带，这在历史上是一次早期的著名的远洋航行。

魏晋南北朝时代(公元 220 ～ 460 年)，我国的大海船就经常满载着货物、旅客往来于中国和波斯(伊朗)之间，从海路上发展了国际上的经济和文化交流，到了唐、宋时代(公元 618 ～ 1279 年)，中国已具有当时世界上最大的海船，由它们组成的船队也是当时世界上最大和最著名的，这些中国的商船队也是南海和印度洋海域最活跃的船队。

我国发明的指南针，在北宋时（公元 960 ～ 1127 年）已在航海事业中普遍应用，这在航海史上是一次伟大的技术革命，对人类的进步做出了重大贡献。在宋元时代（公元 960 ～ 1368 年），我国沿海渔民和航海家发明了“用长绳下钩，沉到海底取泥；或干铅锤，测量海水深浅”等方法，以后几百年来，人们仍沿用这些方法来测量海深。

明代，我国著名的航海家郑和曾率领规模巨大的航海船队，于公元 1405 ～ 1433 年间，七下西洋，途经 40 多个国家，其中规模最大的一次有 27000 人随行，在最后一次航行中，穿过南海，横渡印度洋和红海，沿东非洲前进，发现了马达加斯加岛，那里离好望角已经不远了，这一发现比欧洲人还早 60 年，是世界航海史上的一个创举。当时的船队有 62 艘大船，船长 44 丈，宽 18 丈，载重 30 万斤，是当时世界上最大的海船和最大的船队，他们在航行中用指南针定向。并对途经的海岸、岛屿、水域、海水运动和风向等都作了详细的记载，同时他们还考察了我国的南海诸岛。

我国历代人民在航海时，都比较注意把经过的海区、岛屿和海岸的情况编结成各种航海图志，对于潮汐、航线、航程、停泊港口和暗礁等都有详细的记载，广大渔民和船工普遍应用测水深、看底泥的方法来定船位，此外，在港口的修建，海塘的修筑，海防的防护和滩涂开垦等方面，也拥有较长的历史，并积累了丰富的经验。

以上所列都是勤劳、勇敢的我国各族人民的智慧和劳动的结晶，这些可贵的创造和宝贵的经验，对于人类认识海洋、开发和利用海洋起过重要的作用。

自 20 世纪 60 年代以来，世界的海洋事业逐步发展到一个崭新的阶段，主要表现在以下几个方面：第一，海洋调查和科学研究工作，由原来主要是探索海洋的自然规律，转向为全面开发利用海洋、寻找海洋资源、能源和提高技术服务的方向上来，也就是海洋的调查研究工作与海洋资源开发利用工作结合得越来越紧密；第二，海洋资源的开发利用工作正在向深度和广度发展，进入了以高度科学技术为基础，以海底石油开采为主要对象的新阶段；第三，国际海洋法公约签订之后。新的国际海洋的法律制度已确立，并规定总面积约 13000 万平方公里的海洋专属经济区、成为沿海国家的管辖范围，这样，海洋对于沿海国家的社会和经济发展，作用越来越大，有的甚至起到决定性的作用。

随着海洋事业的发展，为海洋开发事业服务的各项技术也有了飞速的发展，具有代表性的有以下五项：

第一项，在世界航运界，不单有 10^4 t 级的远洋海轮，现在已发展到具有数 10×10^4 t 甚至上 100×10^4 t 级的超级远洋海轮。由于这些超级巨轮的出现，大大地提高了海上运输的能力，同时也促进了海洋资源的开发工作。

第二项，深潜的潜艇研制成功并投入使用。为了要开发利用海洋资源，就必须对海底进行探查，但一般海洋的平均深度达数 10^3 m（南太平洋的平均深度为 4280 m，印度洋为 3960 m，大西洋为 3920 m），而其中最深者（关岛附近的马利亚纳海盆）深达 10^4 m 以上。由于水压力随着水的深度增加而增加，因此要使潜艇潜到 10^4 m 的深处，就必须承受住一千个大气压的压力。可见深潜潜艇的研制成功，不单具有实用价值，同时还具有重大的科学意义，有的深潜艇，例如由比利时科学家皮卡德父子设计，后被美国买去的“特里亚斯德”号，已可潜达深为 1×10^4 m 的海底，目前对正在研制中的深潜艇都提出了不单要潜得深，而且还要能承担各种海底考察任务的要求，因此，海底摄影和电视装置、高精度的声呐定位装置、电动操纵的机械臂装置等，都成了深潜艇的主要装置。

第三项，就是深水钻探的能力和提取海底石油的能力在迅速地提高。为了对海底的地质情况进行考察和进行海底石油的勘探，必须在海上对海底地层进行钻探和开采石油，这一技术从20世纪40年代起就逐渐被人们重视，并获得迅速的发展，目前已经有设备完善、技术先进的各种类型的海上钻井平台投入生产使用。一些工业发达的国家研制了一种张力脚平台，由于这种平台的水下浮体被紧拉并固定在海底的锚具上面，有效地减少了上下运动，而改善了钻井操作条件，同时这种平台还具有造价低，易于脱离井位转移到其他海域工作的优点。现在已研制成功的这种平台的高度，相当于地面上42层楼的高度。

第四项，已有精确定位的技术。以往在大洋中间船舶的定位精度很难达到1 km以内，而实际的定位误差则可能达5 km左右，但自20世纪60年代末，美国将全球定位系统GPS作为一种非常可靠的、高精度和全天候的导航系统，向各类船舶提供了有效的服务，目前GPS已经广泛应用于海洋活动中。

第五项，海底电视、水下相机、多波束技术和高精度测深侧扫声呐技术的发展和应用，从而使人们能对海底详情进行深入的考察。尤其是最近十年，随着ROV/AUV技术的突飞猛进，这些技术与其记录仪器和精确导航的能力相配合，将会使人们像在陆地上进行空中摄影那样，对海底进行摄影和测量。

总之，在广泛吸收各种现代技术的同时，海洋技术也逐步完善起来，形成完整的体系。海洋技术体系包括探测技术、开发技术、通用技术三部分。探测技术是海洋开发前期工作的技术手段。其任务是探测海洋环境的变化规律，探索可供开发的海洋资源，并确定它们所在的位置。探测技术包括卫星、浮标、调查船、观测站、潜水器等，对海洋进行立体探测的整个网络技术。开发技术是各产业部门致力发展的生产技术。通用技术是各种海上活动都需要的基础技术。

综上所述，海洋开发工作已从传统的阶段发展到目前的现代化开发阶段，这对人类而言是一项具有战略意义的大事。因此，当前人们普遍认为海洋的开发是新的技术革命的特征之一，同时国际上的科学界人士一再强调指出，海洋资源的开发，将对未来社会的经济发展产生重大的影响。我国在这方面已经给予相当的重视，况且我国又有丰富的海洋资源，因此即使我国的海洋开发工作还处于初创阶段，但前景是相当令人鼓舞的。要发展海洋开发工作，提供测绘保证是一项艰巨而又重要的工作，为此，随着海洋开发事业的进展，就必须加速大力发展海洋测量工作。

1.2 海洋测绘

1.2.1 涵义、地位及作用

一切海洋活动，无论是经济、军事还是科学研究，像海上交通、海洋地质调查和资源开发、海洋工程建设、海洋疆界勘定、海洋环境保护、海底地壳和板块运动研究等，都需要海洋测绘提供不同种类的海洋地理信息要素、数据和基础图件。因此，可以说，海洋测绘在人类开发和利用海洋活动中扮演着“先头兵”的角色，是一项基础而又非常重要的工作。

海洋测绘是海洋测量和海图绘制的总称，其任务是对海洋及其邻近陆地和江河湖泊进行测量和调查，获取海洋基础地理信息，编制各种海图和航海资料，为航海、国防建设、海洋开发和海洋研究服务。海洋测绘的主要内容有：海洋大地测量、水深测量、海洋工程测量、海底地形测量、障碍物探测、水文要素调查、海洋重力测量、海洋磁力测量、海洋专题测量和海区资料调查；以及各种海图、海图集、海洋资料的编制和出版，海洋地理信息的分析、处理及应用。

从广义的角度来讲，海洋测绘是一门对海洋表面及海底的形状和性质参数进行准确的测定和描述的科学。海洋表面及海底的形状和性质是与大陆以及海水的特性和动力学有关的，这些参数包括：水深、地质、地球物理、潮汐、海流、波浪和其他一些海水的物理特性。同时，海洋测量的工作空间是在汪洋大海之中（海面、海底或海水中），工作场所一般是设置在船舶上，而工作场所与海底之间又隔着一层特殊性质的介质 —— 海水，况且海水还在不断地运动着，因此造成海洋测量与陆地测量之间虽有联系和可借鉴之处，但却使海洋测量具有明显的特殊性。

现代海洋测绘在已有海洋测绘定义的基础上，更加突出其现代特色。主要体现为：① 测绘内容更加广泛。现代海洋测绘不但强调定义中过去作为主要内容的部分（如大地测量、水深测量，海上定位、重力磁力测量、海底地形、海洋工程测量等），还突出了如海洋水文要素调查、海底地貌调查以及海水中声速测量等与海洋测绘关系密切的以及与其他学科存在交叉的内容；同时，随着计算机技术和地理信息技术的发展，电子海图和海洋地理信息系统也成为了现代海洋测绘研究的重要内容。② 采用的技术手段更加先进。主要表现为在继承传统测量方法和手段的基础上，更加突出现代"立体"海洋测绘的概念，即卫星定位技术、卫星遥感技术、机载激光测深技术、多波束测量技术、高精度测深侧扫声呐技术和基于 AUV/ROV 等水下载体的水下测绘技术和手段。

1.2.2 特点及精度要求

对一般的海洋测量工作来说，其主要目的是在给定的坐标参考系中确定船舶的位置，或者在给定的坐标参考系中确定海底某点的位置。当然这里所指的位置即为三维坐标，包括平面位置和深度。

从图 1-9 所示情况可知，由于船舶是浮在不断运动着的海水表面上的，所以它的位置也在不断地变化之中；而海底的点，则是被海水所包围，其点位无法直接测定，只有通过船舶来测定。这就构成海洋测量的工作场所和工作对象有别于陆地上的测量工作，从而使其工作方式，使用的仪器设备和数据处理的方法，都具有明显的特殊性。

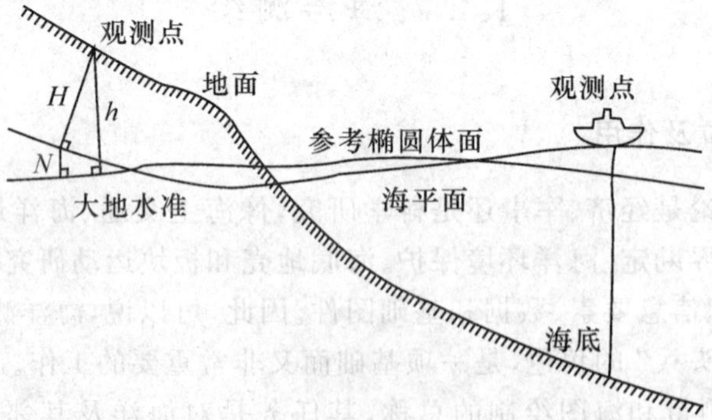

图 1-9 海洋测量工作环境

1. 海洋测量的特点

1）在陆地上所测定点的三维坐标(平面坐标 x、y 和垂直坐标 z 即高程）是分别用不同的方法，不同的仪器设备分别测定的，但在海洋测量中垂直坐标(即船体之下的深度）是和船体的平面位置同步测定的。

2）在海洋中设置控制点相当困难，即使利用海岛或设置海底控制点，其相隔的距离也是相当远的。因此，在海洋测量中测量的作用距离远比陆地上测量的作用距离长得多，一般在陆地中测量的作用距离为 5 ～ 30 km，最大的也不超过 50 km。但海上测量的作用距离一般为 50 ～ 500 km，最长的达 1000 km 以上。

3）陆上的测站点与在海上的测站点相比，可以说是固定不动的。但海上的测站点是在不断地运动过程中测定的，因此测量工作往往采取连续观测的工作方式，并随时要将这些观测结果换算成点位，而在陆地测量中，则无此必要。由于海上测站点处在动态中，所以其观测精度也不如陆上的观测精度高。

4）由于作用距离的差别，陆上和海洋测量时所使用的传播信号也是不同的。在陆地测量中一般必须使用低频电磁波信号，且其传播速度不能简单地作匀速处理，而在海水中，则应采用声波作信号源，这时声速受到海水温度、盐度和深度的影响。

5）陆地上测定的是高程，即某点高出大地水准面多少，而在海上测定的是海底某点低于大地水准面(可以近似地把海水面当作大地水准面）多少。但由于海水面经常受到潮汐、海流和温度的影响，因此所测定的水深也受到这些因素的影响。为了提高测深精度，有必要对这些因素进行研究，并对水深的观测结果进行改正。

6）关于重复观测，陆地上的观测点往往通过多次重复测量，得到一组观测值，经平差后可得该组观测值的最或然值。但在海上，测量工作必须在不断运动着的海面上进行，因此就某点而言，无法进行重复观测。为了提高海洋测量的精度，往往在一条船上，采用不同的仪器系统，或同一仪器系统的多台仪器进行测量，从而产生多余观测，进行平差后提高精度。另外，整个海洋测量工作是在动态的情况下进行的，所以必须把观测的时间当作另一维坐标来考虑，或者用同步观测的办法把它消去。

对以上海洋测量工作特点的了解，是人们顺利地进行工作和继续深入研究的前提。

2. 海洋测量的精度要求

在海洋测量的各项工作中，定位测量是它们的基础，因为其他一切观测值，只有与观测点的平面坐标联系起来考虑，才有实际价值。所以我们在讨论海洋测量的精度要求时，主要考虑定位的精度要求。

通常是采用两种精度指标来衡量定位精度的，其一是相对精度(也可称实测精度)，它是一种内部符合精度，指的是同一个点进行复原的可能程度。而绝对精度(也可称点位精度）指的是外部精度，其定义为确定的点相对于某一参考点或某一坐标系的可靠性。

各种学科对海洋测量提出的精度要求参见表 1-4。该表中所列的数据，是卡尔・林纳(Rinner,K.）根据穆雷德(Mourad）和富巴雷德(Fubarad,M.）的统计，于 1975 年在委内瑞拉所举行的第一次专业会议上提出来的。在这些数字中，应引起我们注意的是，对于测定海底扩张(即近期地壳运动）提出了 3 维坐标均应达到 ±0.1 m，而大地水准面在高程方面的测定精度也应达到 ± 0.1 m，控制点的 3 维坐标均应达到 ± 1 m 等高精度要求。随着现代测量技术的发展，现有的技术完全可以满足这些精度要求。

表 1-4　　　　各类海洋测量点位精度要求

测量作用	测量精度（m）			点位精度（m）		
	±*N*	±*E*	±*H*	±*N*	±*E*	±*H*
控制点	1	1	1	10	10	5
试验网点	1	1	0.3	10	10	5
重力基本点	10	10	1	10	10	5
大地水准面	—	—	0.1	—	—	0.5
平均海水面	—	—	—	50～100	50～100	0.1
固定站浮标	10	10	10	10	10	10
漂移浮标	50～100	50～100	—	50～100	50～100	—
海底扩张	0.1	0.1	0.1	—	—	—
冰盖运动	1～5	1～5	—	—	—	—
探测、救护、打捞	1～10	1～10	—	20～100	20～100	—
地球物理测量	10～100	10～100	5	—	—	—
钻探	1～5	1～5	1～5	—	—	—
管线、电缆敷设	1～10	1～10	—	—	—	—
疏浚	2～10	2～10	—	—	—	—
跟踪站				10	10	

注：*N*、*E*、*H* 分别为北坐标、东坐标和高程。

1.2.3　海洋测量与其他学科的关系

海洋测量与其他学科的关系可以从两个方面来考虑，其一是要求海洋测量为其服务，并促使海洋测量进一步发展的学科，与这些学科的关系可称为间接关系；其二是为了发展海洋测量技术，必须向某些学科进行理论借鉴、技术引进，与这些学科的关系称为直接关系。以下仅介绍与海洋测量有直接关系的学科。

海洋测量与其他学科的关系如图 1-10 所示。

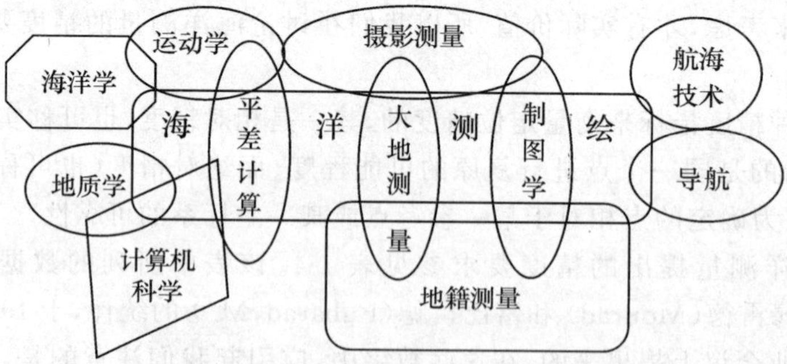

图 1-10　海洋测量与其他学科的关系

从图 1-10 中，我们可以给出如下一般性观点：

（1）海洋测量与陆地测量的有关理论和方法是有密切关系的，但是它又要根据海上工作条件的特点，对这些理论和方法进行创造性的运用，尤其是海洋测量所用的仪器设备与陆地测量的仪器设备有明显的差别，因此形成了具有显著特色的海洋测量工作。

（2）现代海洋测量技术的基础是无线电电子学和计算机科学。

（3）由于海洋测量的主要工作场所是在船上，因此航海技术和导航技术已成为海洋测量工作中的一个不可缺少的组成部分。

（4）随着卫星技术的发展以及在海洋领域的广泛应用，海洋遥感学也成为目前研究的一个热门领域，与之相关的学科是航空航天学、遥感技术以及摄影测量学。

（5）海洋测量工作所处的空间是在广阔的海洋上，因此对海洋环境的了解已成为每一个海洋测量工作者必须掌握的知识，海洋学在这方面会起到显著作用。另外，海洋测量的一项重要任务，是测绘海底地形图和配合海底矿产资源勘测进行测量工作，为此我们必须对地质学要有所了解，因为它是解释海底地貌运动的基础。

1.2.4 海洋测绘任务、内容及技术要求

由于海洋测量的工作领域相当广泛，而服务的对象随着海洋开发事业的发展，也日益增多，因此我们在这里将根据海洋测量不同的工作目的和不同的工作内容两方面来讨论海洋测量的分类问题。根据海洋测量工作的目的不同，可把海洋测量任务划分为科学性任务和实用性任务两大类：

1. 科学性任务

这一任务包括三大部分内容，一是为研究地球形状提供更多的数据资料。为此，要连续不断地测定海洋表面形态的变动情况，并进行分析研究，从而推算出和大地水准面的差距（海面地形）；同时还要在广阔的海洋领域中，进行重力场的测定工作，为研究地球形状和空间重力场结构提供广泛的、精确的观测数据。二是为研究海底地质的构造运动提供必要的资料。为此，要对海底地质构造的重点地段，进行连续的观测，以探明海底地壳运动的规律，另一方面要为海洋地质工作者提供海底宏观的地形和地貌特征图，以及在海洋地质调查时提供测绘保障。三是为海洋环境研究工作提供测绘保障。人类为了进一步了解海洋，进而向海洋进军，开发利用海洋，就要在海洋中进行大量的调查研究工作，如对海洋气候、海洋地质、海洋资源、海潮、海流以及海水的特性等，所有这些工作都要凭借于船舶提供工作场所，为了标明所有取样的地点，就必须知道船舶的位置，也就是说，所有取样点的三维坐标是由海洋测量工作者提供的。

2. 实用性任务

关于海洋测量的实用性任务，主要指的是对各种不同的海洋开发工程，提供它们所需要的海洋测量服务工作。也可以把这部分任务称为海洋工程测量。它们的服务对象主要有：海洋自然资源的勘探和离岸工程（亦称近海工程）；航运、救援与航道；近岸工程（包括陆上和水中的）；渔业捕捞；其他海底工程（包括海底电缆、管道工程等）；海上划界等。其中关于海上实际定界的作业方法，目前仍然处在探索之中，一般方法是：在海底布设不连续的控制网，并根据这些控制网，在船上用定位系统，把船舶精确地导航到领海、大陆架、经济区等的边界上、然后投放浮标作为海面标志。划界工作因涉及国家的主权，所以海底控制网的精度要求很高。对于渔业范围的划分虽然也属于划界范围，但是这种边界精度要求不高。

根据不同的工作内容，可将海洋测量分成如下8种：即海洋重力测量、海洋磁力测量、海水面的测定、大地控制与海底控制测量、定位、测深、海底地形勘测和制图等（图1-11）。在图1-11中，

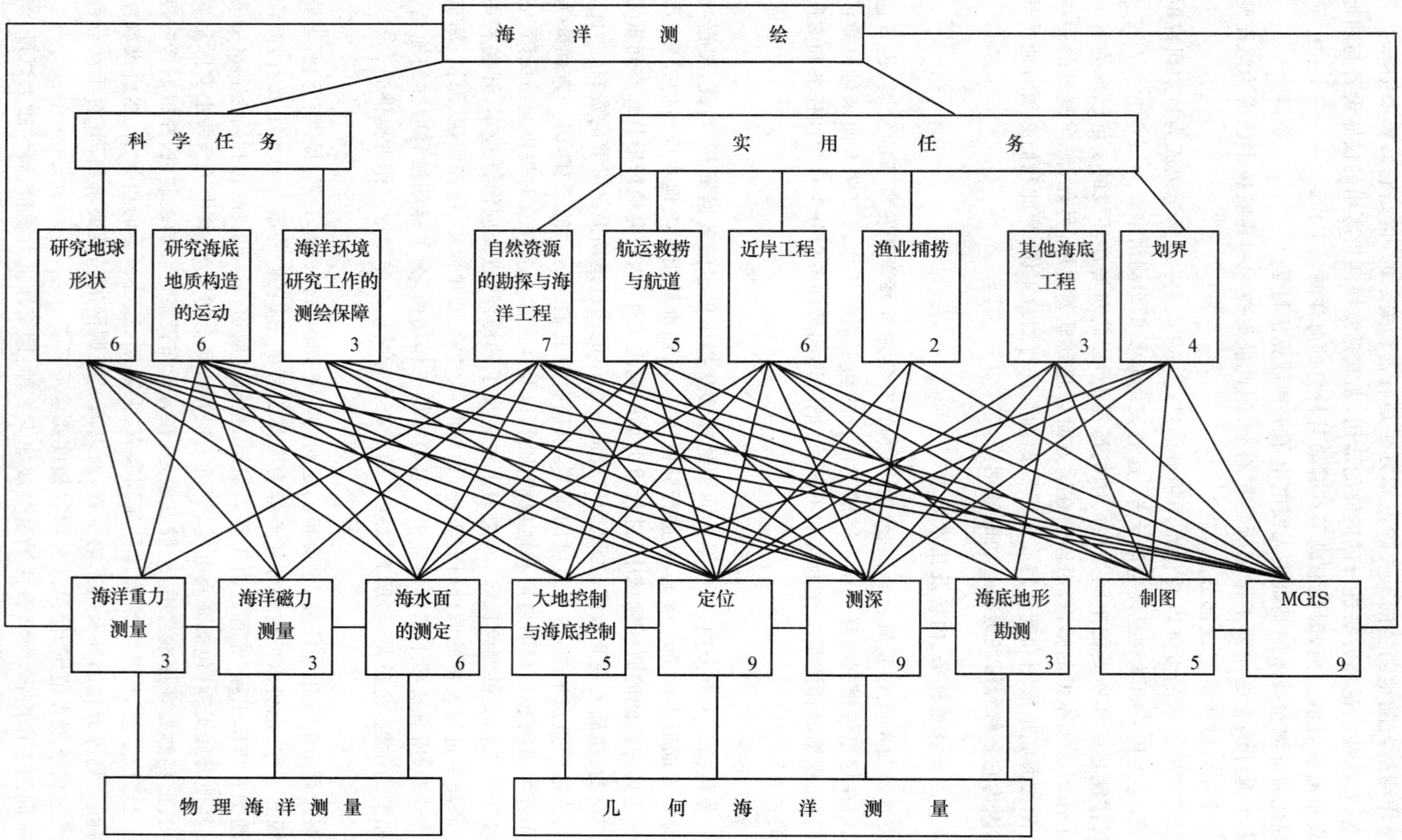

图 1-11 海洋测绘的任务和主要内容

我们为完成某种特定任务所要进行什么样的海洋测量工作用斜线联系来表示。例如自然资源的勘探与离岸工程，它需要进行七种不同内容的海洋测量工作，我们就在该方框的右下角标注“7”字，同样，这些斜线也表示某种海洋测量工作可为哪些特定任务服务，例如定位测量就可为九种不同的任务服务，这时我们在该方框的右下方标注“9”字。从这些数字中可以看出“定位”和“测深”是所有各种工作中使用最多的两种。因此在后面的章节中，将对它们进行较详细的介绍，在这里我们先就每一种海洋测量工作的主要内容简单介绍如下：

1）海洋重力测量

对于研究地球形状，进行地球物理勘探，以及对于海底地壳的状态和运动情况的科学研究来说，重力资料是一个很重要的基础资料。为此，必须进行海洋重力测量。重力测量即在海上测量重力加速度的工作。海洋重力测量的目的在于研究地球的形状和内部构造、勘测海洋矿产资源和保证远程导弹发射提供海洋重力数据。

海洋重力测量可分为海底重力测量、航海重力测量以及卫星重力测量。海底重力测量，是将重力仪器用沉箱沉于海底，用遥控及遥测方法进行的。航海重力测量是将仪器安置在舰船或潜水艇内进行的海洋重力测量，海底重力测量多用于浅海，其测量方法和所用仪器与陆地重力测量基本相同，测量的精度比较高，但海底重力测量必须解决遥控、遥测以及自动水平等一系列复杂问题，且速度很慢，所以，目前大量进行的是航海重力测量和卫星重力测量。

2）海洋磁力测量

地磁是地球的一个重要的物理特性，海洋磁力测量是测定海上地磁要素的工作，是研究地球物理现象、海洋资源勘探以及海底宏观地质构造的有力手段之一。海洋磁力测量是应用质子磁力仪在海上进行的，这时为了避免船体磁性的影响，常常是从船尾向后延伸大约100～200 m的电缆在离开船体的情况下测量的。海洋磁力测量的主要目的在于寻找与石油、天然气有关的地质构造和研究海底的大地构造。此外，在海洋工程应用中，为查明施工障碍和危险物体，如沉船、管线、水雷等，也常进行磁力测量来发现磁性体。

3）海水面的测定

海水面的测定包括海面形态的测定和平均海平面的确定。前者对海洋测量和海洋科学的研究有着重要意义，而后者却对大地测量有着重要的意义，因为平均海水面的形状，就是地球等位面的形状，一般称为大地水准面。海面的形状是受到潮汐、风浪等影响的，如果把这些影响都消除的话，那么就可以认为海水表面是一个假设表面。

从理论上知道，大地水准面和海面形态的假设面之间并不重合，在高程方面的差异可达2 m左右，这将使沿海岸线进行的几何水准测量结果与长年观测的平均水位读数有所不同，然而，因为各国的测量高程系统是根据水位读数而得到的，所以在这些系统联系和组合时，就会产生变换问题。

根据海洋学所建立的理论，如果海水密度含盐量和海流已知，就能算出这两个方面之间的高差，然而实际结果同这些理论并不完全相同，如果这些高差已知，就可以由海面形态确定大地水准面，反之亦然。

在当今的测量技术条件下，以全球来考虑这两个面之间的差异是不大的，可以忽略不计。这样，海面形态就可当做是大地水准面的一个良好近似，当然反过来说也行。

传统的验潮站办法亦能测定海洋沿岸几个点的水位情况；而对整个海面形状的测定只有借助于卫星测高这一手段才能按所需要的精度加以测定。

4）大地控制和海底控制测量

在沿岸和一些岛屿上安设必要的控制点，是建立海洋大地控制网的一个重要的组成部分，而这些沿岸的控制点可以以国家控制网中选取或联测，但一些岛屿上的点大部分应以卫星测量的方法来进行测定，即使这样，由于整个海域无限广阔，为了使控制点具有一定的密度，就不得不在海底设置控制点。由于这些控制点是设置于海底，它们被海水所包围，无法使用光波和电波，所以一般使用 3 个或 4 个一组的应答器通过声学测距的办法来建立海底控制，但这一工作技术复杂，费用昂贵，因此一些国家仅在每隔 5° 经纬度处才布设一点。随着现代定位技术的发展，海底控制点的间隔可进一步缩小。

5）定位

精确地确定海洋表面、海水中和海底各种标志的位置称为海洋定位。定位必须预先建立控制点。控制点可以设置在岸上或利用卫星，也可以设置在海底。在海洋中对航行中的船舶进行定位，是具有极大的普遍性和重要性的。另外船舶的定位也可运用惯性系统进行，而对近岸船只也可根据岸上控制点用交会的方法进行定位，但用途最广的是卫星定位系统。

6）测深

在船体上进行海底地形测量，主要问题是如何测出水体的深度。目前根据海水的物理特性，一般采用以船上发射声波，使其传递到海底再反射回来，在船上接收，以获得测量成果，这种仪器称为回声测深仪，它可以每秒测深数次，这样在船的航行过程中可以测出航线下海底地形剖面。为了提高航行的经济效益，有时也采用多波束测深系统。

目前，在浅水海域中还用航空摄影测量的方法测定水深和用机载激光系统测定水深及卫星水深测量，其中航空摄影测量虽有对测区 100％ 的覆盖、减少了经费、节省了时间和沿海水域同陆地可以连接等优点，但由于摄影光束对水的穿透能力有限，因此该方法目前仅限于深度小于 3 m 的沿海混浊水域，以及深度小于 25 m 的清澈水域，其精度为 0.4 m。机载激光系统，仍然是一种光学方法，也受到对水的穿透能力的限制，它目前可测深度最大为 50 m，目前我国有关单位已在渤海地区进行这一系统的试验工作。

7）海底地形测量及地貌、底质探测

海底地形测量是测量海底起伏形态和地物的工作，是陆地地形测量在海域的延伸。按照测量区域分为海岸带、大陆架和大洋三种海底地形测量。特点是测量内容多，精度要求高，显示海底地物、地貌详细。测量内容包括海底地貌、各种水下工程建筑、底质、沉积物厚度、沉船等人为障碍物、海洋生物分布区界和水文要素等。通常对海域进行全覆盖探测，确保详细测定测图比例尺所能显示的各种地物及微地貌。是为从事各种海上活动提供重要资料的海域基本测量。水下地形地貌测量已经发展为空间、海面以及水下的立体测量。

海底底质探测是对海底表面及浅层沉积物性质进行的测量。探测工作是使用专门的底质取样器具进行的，可以由挖泥机、蚌式取样机、底质取样管等实施。它们可在船只航行和停泊时采集海底的不同深度的底质，也能采集大块碎屑沉积物、坚硬的岩石、液态底质等。

目前，浅地层剖面仪已广泛地应用于该领域。

8）海图编制

海图是以海洋及其毗邻的陆地为描绘对象的地图，其描绘对象的主体是海洋，海图的主要要素为海岸、海底地貌、航行障碍物、助航标志、水文及各种界线。海图还包括为各种不同要素绘制的专题海图。海图是海洋区域的空间模型，海洋信息的载体和传输工具，是海洋地理环境特点的分析依据，在海洋开发和海洋科学研究等各个领域都有着重要的使用价值。

海图是通过海图编制完成的。海图编制是设计和制作海图，出版原图的工作，作业过程通常分为编辑准备、原图编绘和出版准备三个阶段。

编辑准备阶段是根据任务和要求确定制图区域的范围、数学基础；确定图的分幅、编号和图幅配置；研究制图区域的地理特点；分析、选择制图资料；确定海图的内容、选择指标与综合原则、表示方法；制定为原图编辑和出版准备工作的技术性指导文件。

原图编绘阶段是根据任务和编辑文件进行具体制作新图的过程，是海图制作的核心。包括数字基础的展绘；制图资料的加工处理；当基本资料比例尺与编绘原图比例尺相差较大时，需作中间原图，资料复制及转绘；各要素按综合原则、方法和指标进行内容的取舍和图形的概括（综合），并按照规定图例符号和色彩进行编绘；处理各种图面问题，包括资料拼接、与邻图接边、接幅、图面配置等。

编绘方法按照海图内容的繁简、制图技术、设备条件而选定，有编稿法、连编带绘法、计算机编绘法等。为保证原图的质量，在正式编绘前作试编原图或草图。运用传统方法进行图形编绘后还需作清绘或刻绘原图的工作，即出版前的准备工作。

出版准备阶段是将编绘原图复制加工成符合图式、规范、编图作业方案和印刷要求的出版原图；制作供制版、印刷参考的分色样图和试印样图。随着制图技术的进步，原图编绘和出版准备工作可在电子计算机制图系统上完成。

9）海洋地理信息系统（MGIS）

地理信息系统（Geomatics Information System）在 20 世纪 80 ～90 年代得到迅速的发展和广泛的应用，它除了民用事业及商业应用以外，还为军事和战争解决空间数据处理和管理问题提供最新式的武器。就地球科学而言，GIS 是空间信息处理、分析、管理和显示的一种强有力的手段，这个手段已在陆地制图、地市及企业管理、建立空间数据分析模型等方面得到广泛应用。近年来，由于全球环境变化研究及海洋资源与环境管理的需求，海量的海洋数据综合分析和管理促使海洋地理信息系统 MGIS（Marine GIS）学科领域的兴起。

MGIS 的研究对象包括海底、水体、海表面及大气、沿海人类活动 5 个层面，其数据标准、格式、精度、采样密度、分辨率及定位精度均有别于陆地，在发展 MGIS过程中，对计算机应用软件的特殊需求为：能适应建立有效的数字化海洋空间数据库；使众多海洋资料能方便地转化为数字化海图；在海洋环境分析中可视化程度较高，除 2-D、3-D 功能以外，能通过 4-D 系统分析环境的时空变化和分布规律；能扩展海洋渔业应用系统和生物学与生态系统模拟；能增强对水下和海底的探测能力，能改进对海洋环境综合分析的效果；能作为海洋产业建设和其他海事活动辅助决策的工具。

一般 GIS 处理分析的对象大多是空间状态或有限时刻的空间状态的比较；MGIS 则主要强调对时空过程的分析和处理，这是 MGIS 区别于一般 GIS 的最大特点。

1.2.5　海洋测量的发展史及现状

海洋测量是人类了解海洋的一个重要手段，它是随着人类社会的需要和社会科学技术、生产水平的发展而产生和发展的。

首先是由于航海事业发展的需要，逐渐使海洋测量形成一项专门的技术。然后，随着海洋开发事业的发展，对海洋测量提出了更多更高的要求，促使海洋测量的技术不断地更新和发展，其理论也不断地充实、完善，从而逐步形成一门与海洋学、航海学、地理学、地质学、天文学、大地测量学、工程测量学、航空航天学等有密切关系的海洋测量学。

现在让我们简略地回顾一下这一发展过程。

航海需要海图，而海图的编制基础是海洋测量，但直到13世纪，航海测量仍用一些原始的方法，如目测和经验来进行的。13世纪后，中国发明的指南针传到西方，才开始使用罗盘进行海洋测量，这时也开始用长绳系铅锤，测量海水的深浅。在这以后，很长一段时间内一直用这样古老的办法进行海洋测量。到18世纪，欧洲的资本主义发展很快，他们为了掠夺海外市场和资源，对海上交通予以极大的关注，同时船舶的吨位也逐渐增大。这样，原有的海洋测量工作，已不能满足社会发展的需要。为了改善这一工作，当时欧洲一些较发达的资本主义国家，相继成立了海道测量机构，同时由于六分仪、天文钟等一系列测量用的仪器设备的研制成功，使得海洋测量工作摆脱了原始的状态，而进入了一个新的时期。即使这样，在当时情况下，进行海洋测量仍然是既费时，又费事的，因此其工作所及的范围仅限于浅海地区和一些重要的航道地段。直到1725年，才出现用等深线表示的海底地形图。

从19世纪中叶起，汽船开始代替帆船，船的吃水量随着增加，船的航速也有了显著的提高，这样对航道又提出了新的要求。为满足这些要求，开始了大量的海洋测量工作，同时在一些沿海国家专门敷设了沿海三角网，进行沿海的三角测量和地形测量，在此基础上对近海海域也进行了大量的水深测量。1854年，美国海军航道部的毛利制出了《北大西洋水深图》，这幅图虽然只有180个大西洋深海处的水深值，但确已集当时海洋测量成果之大成，是一张最初的海底地形图。

第一次世界大战期间，研制成功了潜水艇，同时为了防御潜水艇的攻击，又发展了利用水声学的原理探测潜艇的技术，战后，这一技术很快被运用到水深测量。1922年，法国航道部首次在海洋测量中应用回声测深仪进行地中海水深测量，并获得成功，它标志着水深测量技术进入了一个崭新的时代。这种仪器后来不断改进，一直发展到目前广泛使用的连续自动记录的回声测深仪。

当时虽然发明了回声测深仪，但远没达到普遍使用的阶段，一般仍然在使用测深锤进行水深测量。同样，船舶定位的方法也无重大的发展，仍然是在能看见陆地的海域中，用六分仪根据陆上的已知点来测定船位。这种方法的定位精度仅为距离的1/300，而在看不见陆地的海洋里，只能用天文方法来测定船位，这时定位的精度为1 n mile。

第二次世界大战之后，航运和造船技术迅猛发展，船舶不仅类型多，而且向大型化、自动化方面发展。同时海上交通、渔业生产、港湾工程、海上及海底的建筑工程和海上军事工程都蓬勃地发展起来，对海洋调查研究的规模日益扩大和深入，海洋已成为重要的经济、政治、军事和科学研究活动的场所。因此，对海洋测量的要求，已不仅是测海图为航海服务，而是要为开发海洋、研究海洋服务，从而有力地促进海洋测量的发展。

海洋测量技术更新换代的主要标志是无线电电子技术、电子计算机技术、激光技术和卫星技术等被广泛地应用到海洋测量的工作中来，改变了海洋测量手工操作的落后状况，而使海洋测量工作进入了电子化、自动化的先进技术行列。

自1967年以来，美国海军海洋局成功地研制了一种先进的海道测量和制图系统(Hydrographic Survey and Charting System)，它综合了目前海洋测量和制图的先进技术，这个系统加快了获得海道测量资料的速度，改进了资料现场鉴定的方法，加速了现场生产海图所需要的资料加工和编辑工作。这个海洋测量和制图系统，包括一个母舰，并配备高速小艇和直升飞机，水深资料由分别装在小艇和直升飞机上的回声测深仪和激光深度探测仪测得；船体定位数据和调整航线的数据，由海岸上和海底定位控制网提供，潮汐资料是从设置在该海域的资料浮标上获取，这时水深和潮汐资料由遥测装置传递到母舰上，并输入电子计算机进行数据处理，最后综合了定位资料，由计算机按专用程序控制，直接指挥绘图系统，编绘出所需要的海图来。

海洋测绘经过了 30 余年的发展，尤其在近 10 年，高新技术在海洋测绘中的应用使海洋测绘的水平有了迅速的提高，这些高新技术主要表现在如下几个方面。

卫星定位技术。以 GPS 为代表的卫星全球定位系统，其全球覆盖、全天候、实时、高精度提供定位服务的特性，极大地提高了海洋测绘中各种测量载体（如船）和遥测设备的定位精度和工作效率。特别是适用于不同范围的单基准站常规差分 GPS(DGPS) 站和多基准站的无线电指向标差分 GPS(RNB/DGPS) 网以及广域差分 GPS(WADGPS) 网的建立，使我国在江河湖海中航行或进行水域测量的任何船只均能实时获得 m 级甚至 dm 级的定位。

水深测量技术。由于光、电、声在水中的传播特性不同，长期以来，水深测量主要应用声探测技术，即单波束回声测深技术。但近 20 多年来，多波束测深，机载激光测深以及卫星遥感测深技术的出现，使测深技术有了新的发展，使水深测量效率大为提高。特别是多波束测深技术，其水深测量覆盖面、精度、分辨率、声学图像质量等有了大幅度提高，不仅满足了大面积高精度进行海底地形测绘工作的要求，而且由于获取的信息量丰富，还能进行海底沉积物分析、研究海底地质过程、矿产调查等。因此，多波束测深技术（包括浅水多波束系统）以及测深侧扫声呐技术将是今后水深测量技术发展的重点。过去，侧扫声呐系统不具备测深功能，仅能进行海底地貌的扫测且所获取的图像位置精度比较低。近年来，随着相关电子技术、GPS 水下定位技术和高精度长程超短基线定位技术的发展，侧扫声呐也具备了高精度测深的功能。目前已经面世的、具备测深功能的侧扫声呐系统如高精度测深侧扫声呐系统。机载激光测深能提供沿海浅水区大面积快速水深测量资料。卫星遥感测深对探测岛礁地形和附近水深是十分经济而有效的。

卫星测高技术。卫星测高是利用卫星上装载的微波雷达测高仪、辐射计和合成孔径雷达等仪器，实时测量卫星到海面的距离、有效波高和后向散射系数等，处理和分析这些数据能研究全球海洋大地水准面和重力异常以及海面地形、海底构造等多方面的问题。由于该技术可以从空间大范围、高精度、快速地、周期性地探测海洋上的各种现象及其变化，因而使人类研究和认识海洋的深度和广度有了极大提高。这是传统的船载海测技术所难以做到的。卫星测高技术同 GPS 技术一样，已成为空间大地测量学和海洋大地测量学的重要组成部分。

GIS（地理信息系统）技术。海洋测绘科技发展的另一个重要领域就是 GIS 技术的应用。这是因为国家和地方政府、科学研究机构和经济实体等在进行海洋工程建设、资源开发、抗灾防灾以及军事活动等的决策或管理时，需要迅速、准确、及时的海洋（测绘）地理信息。目前快速数据采集技术（如卫星、多波束声呐等）和数字海图生产技术已为各种海洋测绘 GIS 的建立奠定了基础。不少发达国家的航海部门，海道测量管理部门和海岸管理部门投入大量人力和财力，已经或正在研究和生产各种 GIS 产品。因为它不仅是这些部门进行决策和管理的有效工具，而且具有巨大的潜在市场价值

1.2.6 21 世纪建设海洋强国的内涵及其对测绘保障的需求

1. 海洋强国的内涵及意义

21 世纪是海洋世纪，把我国建设成为世界级的海洋强国是新世纪我国海洋中长期发展规划的总目标，是时代赋予我们的历史使命。

海洋强国战略是国家大战略。它与科教兴国战略和可持续发展战略是一致的，均为国家发展总体战略的重要组成部分。国家发展战略中的科教兴国战略和可持续发展战略，是社会经济

发展的基本战略。海洋强国战略涵盖经济问题与发展问题。海洋强国战略理论的提出，可以释放巨大的生产力，是国家发展总趋势的必然。可见，海洋强国战略理论，它是国家发展战略理论的重要组成部分。

海洋强国战略的实施是发展我国现代化总目标的具体体现。它既是保持国民经济继续增长的必须途径，也是我国实现可持续发展的必然选择。实现“四个现代化”、全面建设小康社会，离不开海洋现代化。为此，《中国海洋21世纪议程》确立了海洋可持续开发利用的政策指南；《中国21世纪议程》把海洋资源的可持续开发和保护，作为议程重要的行动方案领域之一，并指出中国经济发展与人口、资源及环境问题的矛盾日益尖锐，今后中国现代化进程中的社会经济发展，将越来越多地依赖海洋资源。海洋强国战略与可持续发展战略紧密相连，实现可持续发展，必须实施海洋可持续发展。

2. 海洋强国战略的主要任务

人类进入21世纪，可以说进入了发展海洋经济、开发利用海洋资源、扩大海洋产业的重要历史时期。为了适应这一历史性的发展形势，我国海洋经济发展规划，将本着调整结构，优化布局，扩大规模，快速发展的原则，大力发展海洋产业，把我国建设成为海运强国、船舶工业强国、海盐生产大国、海洋旅游大国和海洋油气资源开发大国。争取在21世纪中叶前后，最终使我国成为世界级的海洋强国。

海洋强国战略的主要任务可概括为发展海洋经济，全面建设小康社会和建立强大的国防，保卫海疆和维护国家海洋权益。具体讲，海洋强国的战略任务包括：海洋经济区域建设、发展海洋产业和海洋科学技术研究、加强海上力量建设、维护国家海洋权益和利益等。

1）建设海洋经济区域

海洋经济区域的建设，主要包括海岸带综合经济带、海岛综合经济带、专属经济区水产经济带、大陆架油气资源产业带、国际海底矿产资源开发区等，形成“四带一区”的海洋经济区域。重点是200 n mile专属经济区建设。其中，对于海岸带综合经济带，根据国家需求，将自然地理条件、经济基础好的及具有资源优势的海岸带及邻近海域，划分为11个综合经济区，涵盖全国整个大陆及海南岛的海岸带；就海岛综合经济带而言，我国岛屿有6500多个，岛屿总面积约 8×10^4 km^2，岸线长达14000 km，主要包括长山群岛、庙岛群岛、崇明群岛、舟山群岛、玉环群岛、洞头群岛、平潭群岛、东山群岛、南澳群岛、万山群岛、南海诸岛等11个群岛。我国1991年3月已获准，登记为国际海底先驱投资者，并获得矿区 7.5×10^4 km^2。为维护我国在国际海底区域的经济利益，将进一步拓展占有区域及其资源。

2）发展海洋产业和海洋科学研究

发展我国海洋产业，主要包括海洋渔业、海上交通运输业、海洋石油天然气业、海洋旅游业和沿海造船业五大支柱产业以及其他海洋产业。

我国海洋旅游业的发展，将以国际旅游客源市场为导向，国内旅游客源市场为基础，突出海洋生态和文化特色，实施旅游精品战略。其中大力发展海滨度假旅游、海上观光旅游和涉海专项旅游，重点是建设7个海滨旅游度假区。

海洋空间利用主要是扩大海洋空间利用，同时还进行滩涂开发。前者主要是海上高新技术产业城市、跨海通道工程、大型海上公园和海底储藏基地等建设；后者主要是以增加农业用地和发展水产业、移民安置和兴建机场等为目的，进行滩涂开发，合理利用河口淡水、土地、航道和旅游资源。

3）加强海上力量的建设

为维护我国领土主权完整和海洋权益，保证国家海上安全，遏制来自海上的侵略，以维护我国的国际地位和在亚太地区的影响力，必须加强国家海上力量的建设。

国家海上力量是综合性力量。为适应国家海洋利益超出近海范围的形势，一是国家海上力量将由沿岸和近海型向区域型转变，要覆盖1000 n mile或更远的距离。二是要保护我国与欧洲、非洲、西亚、南亚国家的贸易通道，确保运送战略物资的海上通道不被切断。此外，还要有控制重要海峡、水道的能力，掌握进出大洋的自由权。三是要使我国海上力量具备与强国争夺一定海域制海权的能力，保护海上交通线的能力，自由进出大洋的能力。

因此，实施海洋强国战略，除加强国防建设外，还要建立一支具有中国特色、兼有海洋防卫和执法功能的海上执法队伍，这是建设海洋强国的重要任务。同时，为满足海上运输的需要，也要考虑建设强大的中国商船队。

4) 维护海洋权益和海洋利益

维护国家海洋权益是一项长期的战略任务。公平、公正地确定海域边界，是最有效地维护海洋权益的重大举措。

我国濒临渤海、黄海、东海、南海。除渤海为我国内海外，其他三个海区与海上邻国均有划界问题。国家管辖海域权益，包括海洋经济权益、海洋政治权益、海洋交通权益、海洋安全权益和海洋科研权益等。

我国是世界上人口最多的沿岸大国，也是融入全球经济体系的最重要的发展中大国。因此我国在全球海洋上，可享有广泛的战略利益。这些利益主要表现为：① 世界海洋资源的利益。我们要树立大海洋思想，积极利用世界海洋资源，包括可通过各种合作方式，利用他国的海洋资源；通过独立自主的勘探开发，或参与国际合作，积极利用国际海底资源、公海资源。国际海底区域是我国获得战略金属资源的矿区；公海是发展远洋渔业的海域。② 全球国际通道的利益。利用世界大洋通道，是当今极其重要的战略问题。基于世界经济一体化的大形势，与世界各地的经济贸易和科技文化联系将越来越多，因此我国必须有出海通道和保障交通线的安全。展望未来，我国海上交通线将遍及全球海洋，必须有利用全球通道的权利和利益。通航海峡为世界上重要的海上通道。实践证明，如果封锁了通航海峡，绝大多数国家的经济发展都会受到极大影响。③ 海洋安全利益。在当前和今后一个相当长的时期内，对国家安全的威胁主要来自海上。④ 海洋科研利益。国家利益中的民族生存、政治承认、经济收益、主导地位、世界贡献，与海洋科学研究相关。"所有国家，无论其地理位置如何，以及各主管国际组织，在本公约所规定的其他国家的权利和义务的限制下，均有权进行海洋科学研究"(《联合国海洋法公约》第238条)。可见海洋科学研究，属于"国家利益范畴"。

5) 海洋科学技术研究与发展

为建设海洋强国，必须重视研究和发展海洋科学技术，包括管辖海域、国际海底区域、全球性海洋观测（监测）的科学技术问题。这些技术主要体现在：① 国家管辖海域的科学技术。为国民经济建设、国防建设，维护我国在国际海洋事务中的权益，必须发展海洋高科技，包括必要的海洋基础科学和应用科学，海洋开发和保护的先进技术。重点是国家管辖海域的开发利用、管理等科技问题，以及国际海底区域和大洋科学研究问题。② 国际海底区域的科学技术。国际海底区域有丰富的多金属结核、钴结壳、多金属硫化物、天然气水合物资源、深海生物基因资源，是人类共同的继承遗产。同时，也是世界上惟一的未被充分开发利用的地理区域和最大的政治地理区域。国际海底区域位于各国专属经济区和大陆架之外，总面积为$2.517\times10^{9}\ km^{2}$。开展该区域的科学技术研究，是世界海洋发展形势的要求。③ 海洋观测（监测）技术。海洋观测为全球性的国际合作项目,具有多元化的应用领域。主要包括海洋遥感技术、海域测绘技术、水声学科学技术等。其中,海洋遥感遥测应用技术、高分辨率声学多波束测深和快速三维成图技术、多功能海底地层剖面声探测技术、高精度水下目标定位技术等,是海洋观测(监测)技术中令世人瞩目的当代高新技术。

3. 海洋强国战略的测绘保障

海洋强国战略是国家海洋发展战略的核心问题。广大海洋工作者普遍认为,伴随着海洋强国战略的实施,对测绘保障的要求将越来越高,需求也越来越广泛,同时又为国家测绘事业的发展,创造了从陆地走向海洋的极好机会。

测绘是一项超前性的基础性工作,实施海洋强国战略必须有可靠的高精度的多元化测绘信息,同时要求测绘信息数字化和可视化。主要包括以下两个方面:

测绘范围。根据海洋强国战略的要求,测绘范围必须由近岸向公海延伸,覆盖中国近海全部海域。其中包括中国内海、领海、专属经济区和大陆架,以及公海的特定海域。

测量技术方法。为满足海洋强国战略的客观需求,必须采用 GPS、RS、LIDAR、MES、GIS 为一体动态探测集成技术以及仿生技术。全球卫星定位(GPS)技术、遥感(RS)技术、机载激光测深(LIDAR)技术、船载多波束(MES)技术、地理信息系统(GIS),均为跨世纪先进技术,具有准确、快速、直观、经济等特点。

我国是世界上的海洋大国,测绘诚然是实施海洋强国战略,建设海洋强国必不可少的。按《联合国海洋法公约》规定,可划归中国的管辖海域约达 3.0×10^7 km^2。如此辽阔的海域,开展全方位测绘的任务相当艰巨。也就是说,新世纪的国家测绘任重而道远。

国家测绘指在国家主管部门统一规划下,主要为国家经济建设提供测绘保障的国土测绘,包括陆地和海域测绘。但我国自建国以来,在国家测绘系列中,至今还没有海域测绘的席位。也就是说,尽管我国早就制定了海洋测绘的国家标准,却一直没有国家统一规划下的海域测绘。因此,几十年来,我国海域测绘都是由各有关部门根据各自的需要,进行测量和编制、出版各种海图。

科技在发展,时代在飞跃。据分析认为,从目前国家测绘的状况看,与 21 世纪的发展形势是不相适应的。因此,为了未来形势的需要,必须将海洋强国战略的测绘保障列入国家测绘中长期发展规划,并在国家测绘主管部门统一规划下而有序实施。

我们已跨入海洋世纪,就要树立海、陆共土的新观念,站在战略的高度和国家的高度,将海域测绘融入国家测绘;抓住机遇,深化改革,打破国家测绘的传统格局,适时建立新体制。开拓创新,走近海洋,把中国测绘推向全方位、多元化发展的新局面。

1.3 本书的结构体系

《现代海洋测绘》以海洋测绘的定义、包含的内容为出发点,涵盖了海洋测量、图形绘制和海洋信息管理三大部分。全书分上、下两册共 15 章,其中,海洋测量部分主要包括海洋大地测量、海洋水文要素及其观测、海洋声速及声线跟踪、潮汐调和分析及海洋垂直基准面、GPS 定位与海底声学定位、测深手段及海底地形测量、海底地貌及海底底质探测、海洋重力测量、海洋磁力测量和卫星海洋遥感等测量手段、方法及理论;在此基础上,将这些基本海洋测量方法和手段应用于海域划界、海洋工程测量方面;为了更好的呈现和应用这些通过海洋测量获得的海洋信息,本书还介绍了海洋图形绘制、海洋信息管理的理论、方法及其应用。

为突出海洋测绘的现代特色，本书在这些章节的内容安排中，对于一些比较传统的技术手段，目前较少采用的给予了简单的回顾，正在采用的给予了详细论述；对于各部分当前采用的、比较成熟的现代海洋测绘技术，如卫星定位技术、卫星遥感技术、机载激光测深技术、多波束测量技术、高精度测深侧扫声呐技术、基于 AUV/ROV 的水下测绘技术、海洋地理信息(MGIS)技术等给予了详细介绍，正在研究的一些最新进展也给予了简单介绍；对与海洋测绘紧密相关的，与海洋测绘具有较强交叉的学科内容，如海洋水文要素调查、海底地貌和底质调查以及海水中声速测量，本书也给予了比较详细的介绍。

本书各章节的具体内容如下：

在第一章海洋与海洋测绘中，主要分析海洋对人类的贡献以及人类开发海洋中海洋测绘扮演的重要角色。分别论述了海洋的概况，海底的地形和地貌特征，我国的海域状况，海洋与人类的关系，海洋法的一些基本概念，人类开发海洋的历史和现状，现代海洋测绘的定义，海洋测量的任务、内容及分类，海洋测量的特点及精度要求，海洋测量与其他相关学科的关系，我国海洋强国战略对海洋测绘的需求分析以及本书的结构体系。

本书的第二章介绍了海洋大地测量。海洋大地测量是为海洋测量提供平面和垂直基准的基础性的测量工作。鉴于篇幅以及海洋垂直基准与海洋潮汐的紧密关系，本章仅介绍海洋平面基准框架的建立方法，海洋垂直基准在第五章潮汐调和分析及海洋垂直基准面中介绍。在该章中，首先介绍了海洋大地控制网的组成(海面大地控制网和海底大地控制网)、网型结构、施测方法和手段等。鉴于海面控制网(主要包括陆—陆、陆—岛和岛—岛控制网)的布设和施测同陆地控制网近似，该章详细讲述了海底控制网的布设和施测。其中包括海底控制点的照准标志(主动式和被动式)及其作用距离，海底控制网的几何图形，控制网的测量以及数据处理理论和方法。最后，介绍了基于水下 GPS 定位技术的水下控制网施测方法。

海洋测量的作用对象是海洋，因而，第三章对海洋的一些水文要素及其观量方法进行了论述。声呐在海洋测量中起着非常重要的作用，声波在海水中的传播速度直接影响着测量的精度和作用距离，因而，该章首先介绍了与海洋声速密切相关的海洋水文要素：海洋温度、盐度和密度以及这些水文要素的测量方法；海水的透明度也是影响海洋测量(主要影响机载激光测深、水深遥感等)的重要水文要素，该章也对海水的透明度及其观量方法给予了介绍；潮汐是另一个重要的海洋现象，它不但影响着人们的日常生活，而且在海洋测量中起着提供瞬时垂直基准的重要作用。为此，本章对潮汐现象、特征以及传统和现代潮位测量方法作了比较系统的论述；海面极少有风平浪静的时候，拥有巨大能量的海洋作用到测量船上也必然会产生一定的响应，并或大或小地影响着海洋测深的精度，因而该章还对海洋波动的形成以及对测深的影响作了论述；海洋中的海流和潮流对海洋中的声速测量等会造成一定的影响，本章最后介绍了海流和潮流的分类及基于 ADCP 的现代测流方法。

如前所述，声速在海洋测量中作用重大，为此，在第四章着重论述了海洋声速以及声线改正(声线跟踪)的理论和方法。首先介绍了海洋声学的基本理论，其中，强调了海洋中声波传播速度的特点及其测量方法；为很好的分析声速在海水中的变化特征，给出了一种用于声速剖面分类的现代分类方法；为消除离散声速剖面引起的代表性误差，在该章中用一节内容介绍了局部空间声速场建立的现代方法；海洋测量中，存在正射和非正射声波，其中，非正射声波应用领域相对广泛，为此，该章用了相当的篇幅论述了声线跟踪的传统和现代理论、方法，并对这些方法进行了分析、比较；最后，分析了声速对水深测量的影响。

海水面随着潮汐的变化发生瞬时改变，因而深度测量是相对的。为了绝对的反应海底地形，在第五章中，以潮汐调和分析为出发点，分析了潮汐的特点，并给出海洋测量中确定不同海洋垂直基准的理论和方法。该章涉及的主要内容包括平衡潮理论、潮汐的调和分析方法、潮汐动力学理论、潮流调和分析以及确定平均海面、国家高程基准和海图深度基准面的理论和方法，并介绍了垂直基准的传递和推估方法；在本章的最后，还介绍了目前建立统一海洋垂直基准框架（海洋无缝垂直基准面）的构想以及一种理论实现的思想和方法。

海上定位是海洋测量的基础。在第六章中，首先总结了传统的海洋定位手段，考虑这些传统手段的局限性和当前的实际应用，本章着重讲述了以各种GPS定位技术为主体的海面定位理论和方法，以及以长基线、短基线和超短基线为主体的水下定位理论和方法。

海洋测量很大一部分工作在于获取水下地形地貌信息，而深度测量是其中的一项不可缺少的工作。在本书的第七章，首先介绍了基于船载声学设备进行水深测量的各种主要手段，包括回声测深仪测深技术、四波束扫海测深仪测深技术、多波束扫海测深技术以及现代高分辨率测深侧扫声呐测深技术；其次，介绍了基于AUV/ROV水下机器人的水下地形测量技术；最后还介绍了机载激光测深技术(LIDAR)（星载遥感传感器反演海底地形技术在海洋遥感一章介绍）。这些技术形成了立体海底地形测量。与此同时，该章还讲述了实际测量中的测线布设、测深精度评估、水位控制、数据质量控制、海底地形数据综合处理以及最终海底地形图的形成等海底地形测量中所涉及的一些基本理论问题。

同海底地形测量一样，海底地貌和底质探测也是海洋测绘的一个重要部分。在本书的第八章，首先介绍了海水中的声能方程以及声波与海底底质的相互作用，为利用声波探测海底地貌和底质奠定理论基础，在此基础上，讲述了利用多波束和侧扫声呐探测海底底质的基本理论和进行海底分类的现代技术；最后，在介绍海底浅层剖面仪器设备的基础上，介绍了海底深层底质探测的基本思想和方法。

海洋重力、磁力测量属于海洋物理测量，在研究地球形状、大地水准面、海洋调查和海事搜索等方面具有重要的作用，为此，本书在第九章和第十章分别介绍了海洋重力测量和海洋磁力测量。在这两章中，首先介绍了海洋重力测量和磁力测量的基本理论，重、磁力测量的主要仪器设备、实施过程及数据处理，并在最后还介绍了海洋重、磁测量成果的应用。

海洋遥感的发展一直方兴未艾，并在海洋研究中扮演着越来越重要的作用，它能够提供快速和相对准确的海洋要素信息，为海洋测量提供了一种新的途径和手段。在本书的第11章，比较详细地介绍了应用于海洋测绘中的一些主要海洋遥感技术和手段，包括卫星海表温度遥感、海色卫星遥感、微波高度计、微波散射计、星载合成孔径雷达和水深遥感。对于每一种遥感技术，均从理论和应用方面给予了介绍。

在前面的章节中，着重介绍了用于海洋测量的主要技术手段以及实施方法，在第12章和第13章中，对这些技术手段在海域划界和海洋工程测量中的综合应用给予了介绍。

一个国家领海的大小取决于该国海域界限的划定，海域划界涉及的主要手段基本包括了目前海洋测绘的传统和现代技术，同时，也有其特有的理论背景。本书在第12章中着重讲述了国际海域划界中涉及的一些主要术语以及国际海域划界原则、国内外划界技术的发展现状、海域划界的关键技术、常用的划界方法、海域划界中的主要测量任务、等距离线及其构成方法、海域划界的技术支撑以及各种划界方法与分析。

海洋测绘的另一个综合应用表现在海洋工程方面。第13章讲述了海洋测绘在港口工程、海面工程和水下工程三个方面的应用。其中，在港口工程方面主要介绍了港口工程勘测设计阶段的测量工作、码头施工中的定线放样工作以及港口工程建筑物的变形观测；在海上工程方面着重讲述了海上地球物理测量；在水下工程方面阐述了敷设海底电缆的调查与测量、钻井时的定位测量、海底管道测量作业、海底废堆积物调查和石油生产平台安装和维修时的测量工作。

为了直观表达海洋测量所获得的海洋信息，海洋测量成果一般需要绘制成各类海图，如海底地形图、磁场分布图等。因此，海图绘制可以认为是海洋测绘成果的一个总结。在本书的第14章，系统全面地论述了海洋图形绘制的内容和形式、海图的分类、海图的发展历史、数学基础、海图坐标系及分幅编号、海图符号和要素的表示方法、海图的综合以及生产。

无论是海洋测量实际获得的离散数据、图形和图像还是历史资料数据，均需要进行系统的管理、分析，才能实现这些资料的综合应用。在本书的最后一章，介绍了海洋地理信息系统。该章主要包括海洋地理信息系统研究的主要内容、时空过程、海洋 GIS 框架、海洋现象特征及其栅格化、海洋时空数据模型、海洋 GIS 分析方法、海洋 GIS 集成环境与模式集成。

思 考 题

1. 简述现代海洋测绘的概念、主要研究内容。
2. 简述现代海洋测绘与人类的关系。
3. 简述海洋地形和地貌的一些基本概念以及世界海洋地形地貌的特征。
4. 简述海洋测绘的发展概况以及与其他学科间的关系。
5. 简述现代海洋测绘的结构体系。

第2章 海洋大地控制网

2.1 概 述

海洋大地测量是研究海洋大地控制点网及确定地球形状大小，研究海面形状变化的科学。其中包括与海面、海底以及海面附近进行精密测量和定位有关的海事活动。海洋大地控制网的建立和测量是海洋大地测量的一个重要内容。海洋大地测量控制网是陆上大地网向海域的扩展。海洋大地测量控制网主要由海底控制点、海面控制点（如固定浮标）以及海岸或岛屿上的大地控制点相连而组成。

海洋大地控制网是大比例尺海底地形测量，尤其是大洋区域基本海图测绘的控制基础；在占地球表面70%的海域建立起来的海洋大地控制网，对解决大地测量中地球形状和大小的确定等问题提供了更多和更丰富的科学依据；作为需要高精度定位（定位误差小于5～10 m）的海上或水下工程作业，例如石油钻井平台的定位（或复位）、海底管道敷设、水下探测器的安置或回收等，利用海洋控制网进行定位是十分有效的方法；在海域的地壳断裂带、磁力和重力异常区、盆地、深峡谷以及水下山脊等地区布设的海底控制点（网），可对于大地构造运动、地壳升降运动以及地震、火山活动进行有意义的动态监测等。

总之，海洋大地控制网是一切海洋活动中所进行的海洋测绘工作的基础，它为这些测绘活动提供了基本参考框架。

2.2 海面控制网

海面控制网主要包括以固定浮标为控制点的控制网、海岸控制网、岛屿控制网以及岛屿—陆地控制网。

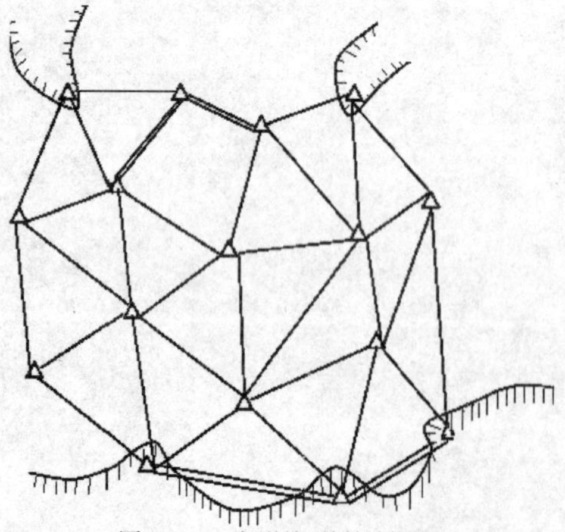

图2-1 片形海洋控制网

海面大地测量控制网布设时采用的几何图形与陆上大地网基本相同，通常采用三角形网、四边形网、中点多边形网等。根据海区海岸和岛屿的分布状况及测量目的，海洋大地网可按片形布网或锁形（正方形锁或三角锁）布网。如图2-1和图2-2所示。图中符号△表示大地控制点，双线边为基线。图中的海上基线可采用卫星测量技术结合水声方法精密测定。

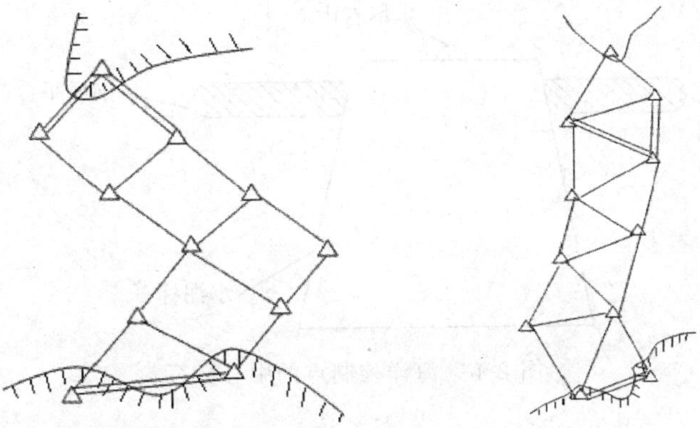

图 2-2　锁状海洋控制网

海面大地控制网也采取逐级控制的方法。与陆地大地网直接联结的海洋大地控制点，称为基本点，它们之间的距离可以从 100 km 到 1000 km 不等，基本点的定位误差约± 0.5 m。在基本点的基础上进一步加密设置的海洋大地控制点，称为加密点，相互间距离 2 ～ 30 km，其定位误差约± (1 ～ 2) m。此外，对在测区内为满足某项具体工作要求而临时设置的，工作完成后便移至新的测区的控制点，称为临时点，它们之间的距离通常不大于 2 km，定位误差约为± (5 ～ 10) m。图 2-3 为由基本点和加密点构成的海洋大地控制网示意图。图中符号"o" 为加密点。

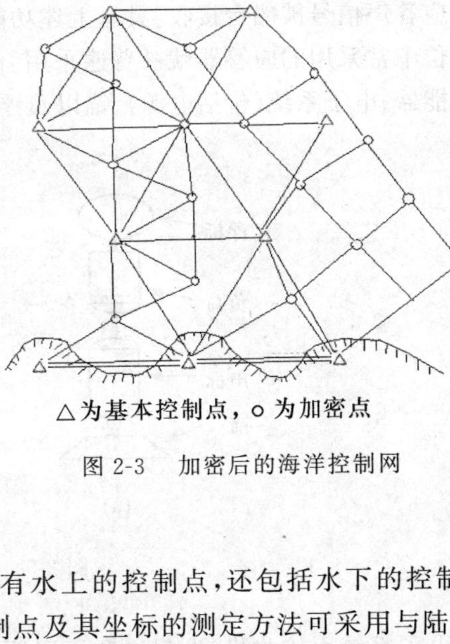

△为基本控制点，o 为加密点

图 2-3　加密后的海洋控制网

目前，海面控制网一般采用 GPS 测量，测量和数据处理方式同陆地控制网基本相同。

前面已经表述，组成海洋大地测量控制网不仅要有水上的控制点，还包括水下的控制点。水下控制点，即海底控制点。露出水面的海洋大地控制点及其坐标的测定方法可采用与陆上控制点联测的方法予以测定。但海底控制点(网) 无论是照准标志、布设原则和坐标测定方法与海上控制点在许多方面都不一样，因此，下面介绍海底控制点(网) 的布设及其坐标测定方法。

2.3　海底控制点的照准标志和作用距离

海底控制点，如同陆地上的控制点一样，其位置必须要由自身稳定、易识别且能长期保存的中心标石作为标志。但由于它深固于海底，因此，作为观测目标的照准标志，只能采用水声照准标志。而观测手段也只能采取水声测距和定位技术。

海底控制点的结构，通常由固设于海底的中心标石和水声照准标志两部分组成。水声照准标志分主动式和被动式两种。海底控制点的中心标石如图 2-4 所示。

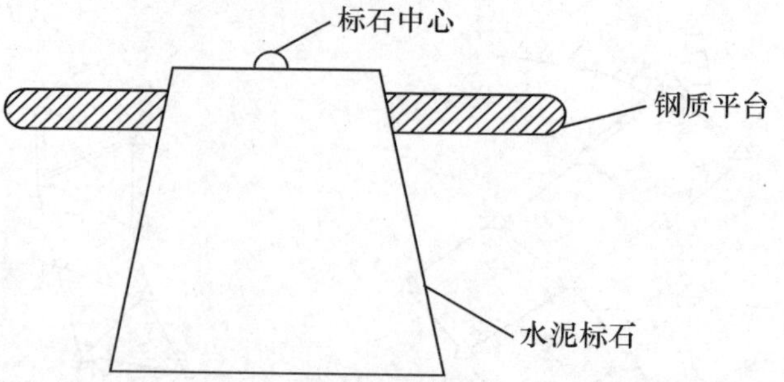

图 2-4　海洋控制点的中心标石

2.3.1　主动式水声照准标志

所谓主动式水声照准标志，实际上是一种水声声标。它能主动发射出强度足以保证测量船上的水声设备能在其有效作用距离内接收到的信号；或者当接收到船台发射出的询问声信号后，能转发应答声信号被船台接收。具有上述功能的水声声标，我们称为主动式水声照准标志。例如，海洋定位中常采用的应答器就被普遍采用。作为海底控制点的主动式照准标志的水声应答器，通常由换能器、电子系统（包括电源）、锚以及浮标等组成。见图 2-5，换能器的功能见水深测量部分。

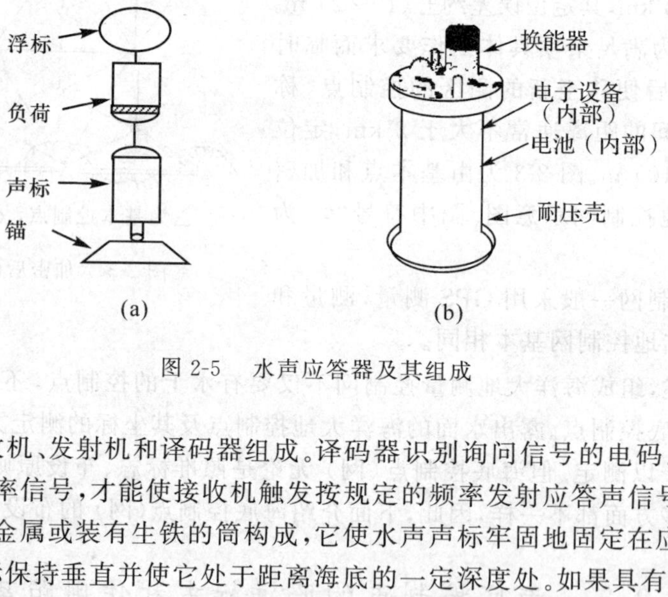

图 2-5　水声应答器及其组成

电子系统由接收机、发射机和译码器组成。译码器识别询问信号的电码。接收机调谐到一定频率，只有这种频率信号，才能使接收机触发按规定的频率发射应答声信号。

锚是由混凝土、金属或装有生铁的筒构成，它使水声声标牢固地固定在应布设的位置上。

浮标可以使声标保持垂直并使它处于距离海底的一定深度处。如果具有释放装置，按照船上的指令，使声标脱离锚，那么借助于浮标的浮力，就可将声标提升到水面。

作为海底控制点照准标志的主动式水声声标的主要技术要求是作用距离远，使用寿命长。使用寿命的长短主要取决于电源的选择。目前，这类水声声标的有效作用距离一般在 15 ～ 30 km 之间。

2.3.2　被动式水声照准标志

以自身表面反射来自船上水声设备所发射的声信号再被船台接收，这种水声照准标志称为被动式照准标志。对被动式水声照准标志的主要技术要求当然是它反射信号的能力，在声学中称目标强度。它的定义为：离目标（如被动式照准标志）1m 处，从目标反射回的反射信号的声强和入射到目标的入射信号的声强之比取对数乘 10，即：

$$TS = 10\lg \frac{I_0}{I} = 10(\lg I_0 - \lg I) \tag{2-1}$$

式中：TS 表示目标强度；I_0 为离目标 1m 处的反射信号声强；I 为入射到目标的入射信号声强。

提高被动式照准标志的目标强度，应考虑下列因素：

（1）入射声信号所具有的声功率；

（2）当入射声信号的指向性位于入射声波波阵面的法线方向时，它具有最大的声能；

（3）被动式水声照准标志的材料结构和形状。

根据声波在海水中传播的物理特性，声波从一个介质入射到另一个介质时（如从空气入射到海水中），它将产生折射、反射和散射。同样，声波从海水入射到被动式照准标志的界面上时，也会产生同样的现象。对不同性质结构的界面，通常以反射系数和透射系数来区分。在水声学中，反射系数和透射系数用下式表示：

$$\text{反射系数：}\gamma = \frac{\left(1 - \dfrac{\rho_1 C_1}{\rho_2 C_2}\right)^2}{\left(1 + \dfrac{\rho_1 C_1}{\rho_2 C_2}\right)^2} \tag{2-2}$$

$$\text{透射系数：}\delta = \frac{4\,\dfrac{\rho_1 C_1}{\rho_2 C_2}}{\left(1 + \dfrac{\rho_1 C_1}{\rho_2 C_2}\right)} \tag{2-3}$$

式中：$\rho_1 C_1$ 表示第一种介质的声阻；$\rho_2 C_2$ 表示第二种介质的声阻；ρ 为密度；C 为声速。

由式（2-2）和（2-3）计算的不同介质的反射系数和透射系数如表 2-1 所示。

表 2-1　**不同介质的反射系数和透射系数**

介质	反射系数 γ（%）	透射系数 δ（%）	介质	反射系数 γ（%）	透射系数 δ（%）
粗沙	17	83	生铁	81	19
沙泥	5	95	铝	64	36
含沙黏土	3	97	玻璃	61	39
钢	85	15	水泥	46	54
铜	83	17	木头	9	91

根据材料的这种声学特性，来恰当选择制造被动式水声照准标志的材料。图 2-6 就是用不同材料制成的被动式照准标志所具有的各种形状。它们都经过实际的试验，其中最具均匀反射声能特点的是球体或半球体形状的照准标志。大量试验表明，海底底质、地形地貌以及海水中存在的其他反射源（如生物、植物群）对识别被动式水声照准标志的反射信号有很大的影响，加上声波在海水中不可避免地声能损耗，使被动式水声照准标志的可识别距离受到很大限制，一般仅为 1 km 左右，这对海洋大地测量控制网来说，只能在布设临时点时才有意义。但它无需电源且隐蔽性好，使其在其他方面仍有一定的应用。

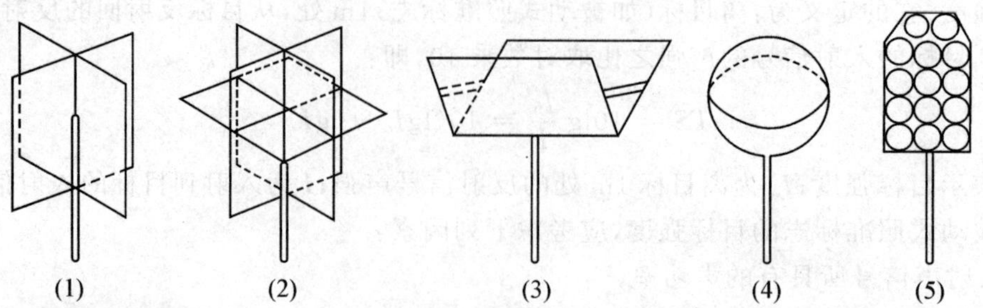

(1) 钢质正方形反射体；(2) 铝质角形反射体；(3) 铝质，用于垂直面上的角形反射体；
(4) 玻璃球反射体；(5) 串形玻璃球反射体。

图 2-6　不同材料被动式照准标志的各种形状

2.3.3　水声声标的有效距离

水声声标的有效距离，即声信号的最大传播距离，对海底控制点（网）的布设方案起决定作用。海底控制点能否解决海洋大地测量以及其他实用任务，同样取决于水声声标有效距离的长短。这里的有效距离，指的是有效水平距离。

1. 影响水声声标有效距离的因素

(1) 声信号的发射强度和频率；

(2) 声信号传播路径中噪声的掩盖作用；

(3) 声信号传播过程中的衰减；

(4) 声射线的折射特性。

根据声学知识，声信号的发射强度，或者说，声源声功率的大小以及发射声信号频率的选择都受一定条件的限制。例如高于 10 kHz 的声信号的衰减作用，随频率的增加而加速，然而选择低到 1 kHz 的频率，声信号的衰减虽然小到可忽略，但对于低频信号，要求发射技术设备非常复杂、开支也非常大。所以通常海底水声声标使用 8～15 kHz 的频率。此时，在深海域，就能确保具有 10～18 km 的有效距离。另外，声标所在海底地形对声信号的有效传播距离也是有一定的影响。如当声标置于倾斜的地段时，那么上坡方向，有效距离将减小，而下坡方向，有效距离将增大。如图 2-7 所示。图中 P 为声标，B 和 B_1 为船位，O 和 O_1 分别为下坡和上坡方向声射线曲率中心，d 和 d_1 为相应的有效水平距离。显然，d 大于 d_1。所以，要求水声声标尽可能布设在海底地形平坦的地段。

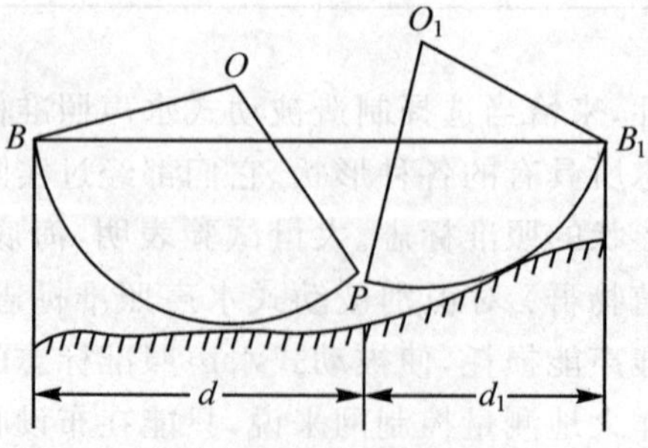

图 2-7　声标倾斜对有效传播距离的影响

2. 水声声标有效距离的计算

求水声声标的有效距离，可采用图解法，也可采用计算法。

图解法通常用于海区声速梯度 G_c 为常数的情况。若表层声速为 C_0，φ_0 为折射角（与入射角互为余角），G_c 为常梯度，此时声射线是一条以半径为

$$R = \frac{C_0}{|G_c| \cos\varphi_0} \tag{2-4}$$

的圆弧，求出该圆弧中心的坐标，以 R 为半径，在方格纸上画出该声线（圆弧），从而在图上直接量取相应的有效水平距离。

通常情况下，G_c 不为常数，G_c 需通过计算来确定。G_c 的计算是将海水根据具体情况分层（水平层），每一分层中的声射线视为直线。各分层的声速值由对各层的海水温度、盐度、压力取样，并通过声速经验模型计算获得，也可用声速剖面仪直接测定。

若 φ_i 为声线在第 i 层的折射角，ΔZ_i 为该水层厚度，显然，在每一分层的水平距离 D 为：

$$D_i = \Delta Z_i \cot\varphi_i \tag{2-5}$$

那么整个声线所相应的有效水平距离为：

$$D = \sum_{i=1}^{n} D_i \tag{2-6}$$

在(2-5)式中，ΔZ_i 是人为划分的，φ_i 为声射线与海平面（或平行于海平面的水平方向）之间的夹角（折射角）。φ_i 可由下式计算：

$$\frac{C_0}{C_1} = \frac{\cos\varphi_0}{\cos\varphi_1} \tag{2-7}$$

由 Snell 定律有：

$$\cos\varphi_i = \frac{C_i}{C_0}\cos\varphi_0 \ (i = 1,2,3,\cdots) \tag{2-8}$$

根据层内三角形边角关系，若 S 为层内声线传播的直线距离，S 可通过声线在层内的传播时间 t 和声速 C 来确定，则 φ_0 可近似的表达为：

$$\sin\varphi_0 = \frac{Z}{S}, S = \frac{tC}{2} \tag{2-9}$$

2.4 海底控制点（网）的几何图形

当利用坐标已知的海底控制点来确定海面或水体中运动目标的位置时，须满足两个条件：

(1) 测量船必须位于作为海底控制点的水声声标的有效范围之内；

(2) 至少需要三个这样的控制点，否则无法实施定位。

要能同时满足这两个条件，就要求海底控制点应以规则的几何图形布设。海底控制点的布设通常采用等边三角形或正方形。下面分别介绍这两种网形结构的海底控制网。

2.4.1 以等边三角形构成的海底控制网

若海底是平坦的，且声标的有效距离相同，则等边三角形海底控制网网型（三个声标组成的应答器基阵）如图 2-8 所示。P_1、P_2 和 P_3 为配置在以半径为 r 的圆周上的声标位置，D 为声标的有效水平距离，θ 为以 D 为边线的交会角，d 为声标之间的距离。AB、AC 和 BC 是以三个声标为圆心，以 D 为半径的圆弧。显然，在被圆弧所包围的面积内，在任意点上均可同时测量出

到达三个声标的距离，这个面积就称为三个声标的有效面积场。由图容易得到半径 r 和声标之间的距离 d 为：

$$r = \frac{D\sin\dfrac{\theta}{2}}{\sin 60°} \tag{2-10}$$

$$d = 2D\sin\frac{\theta}{2} \tag{2-11}$$

在上式中，只要给出不同的 θ 角，r、d 和 D 之间的关系便可以确定，如 $\theta = 20°, r = 0.2D, d = 0.3D; \theta = 30°, r = 0.3D, d = 0.5D; \theta = 40°, r = 0.4D, d = 0.7D$。

如果布设成如图 2-9 所示的网形，则为了确保三角形的三个声标具有较大的有效面积场，边线的长度不应超过声标的有效距离，否则，处在某一声标上方的船只，可能仅仅只能测到其中一个声标的距离（船只下方的声标），而所有邻近的声标，则处在有效距离之外。在三角形边长为 D 的情况下，可同时有 3 ～ 7 个声标可供使用。

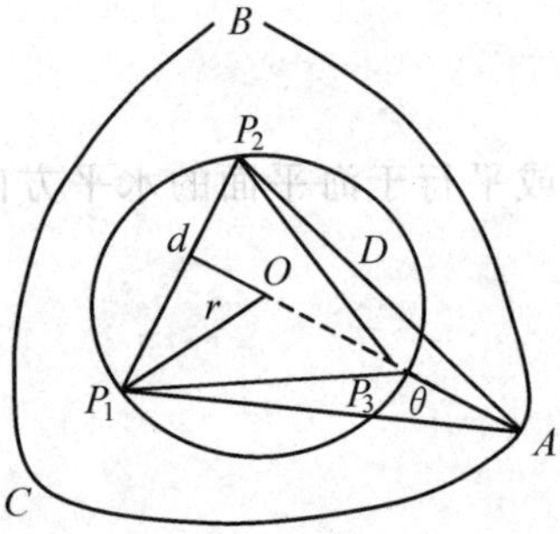

图 2-8　海底三角网

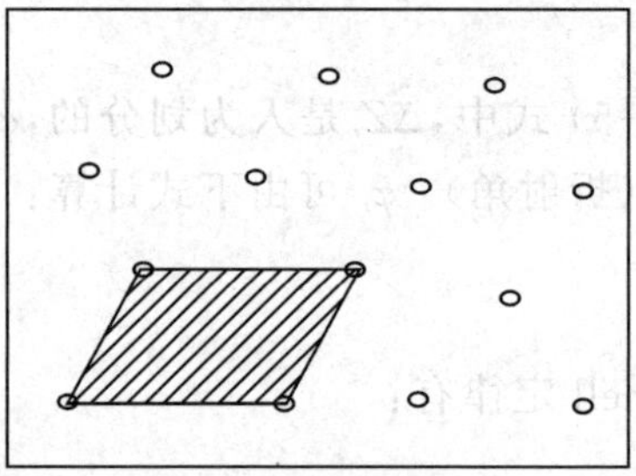
图 2-9　海底控制网

2.4.2　以正方形构成的海底控制网

由四个声标构成的海底控制网如图 2-10 所示。

E、F、G、H 所包围的区域即为四个声标的有效面积场。若采用其中的三个声标，则斜线所表示的区域，即为相应的有效面积场。若采用四个声标时，声标之间的距离为：

$$d = \frac{\sqrt{2}D}{1 + \cot\dfrac{\theta_1}{2}} \tag{2-12}$$

于是可得 $\theta_1 = 20°, d = 0.2D; \theta_1 = 30°, d = 0.3D; \theta_1 = 40°, d = 0.4D$。

当采用三个声标时，声标之间的距离为：

$$d = \sqrt{2}D\sin\frac{\theta_2}{2} \tag{2-13}$$

于是可得 $\theta_2 = 20°, d = 0.2D; \theta_2 = 30°, d = 0.4D; \theta_2 = 40°, d = 0.5D$。如果布设成网，则如图 2-11 所示。声标均设置在正方形的角顶处。若船从声标 P_1 沿边线移到 P_2 时，能够在同声标 P_2 取得有效距离之后，不失与声标 P_3、P_4 的有效距离，这只能在声标 P_3 和 P_4 到 P_1P_2 连线中点处的距离为 D 才能做到。由此，正方形边长应为：

$$d = \frac{2}{\sqrt{5}}D = 0.894D$$

在此情况下，网内任何地方可保证有 4 ～ 6 个声标可供使用。

按三角形布网或按正方形布网，可得两种面积：

三角形构成的菱形面积 $= D^2\sin 60^\circ = 0.866D^2$；

正方形构成的面积 $= 0.800D^2$。

可见，对于均匀覆盖的同一面积来说，三角形网所需设置的声标数目比正方形的要少。当然实际布设时，只能近似满足等边三角形或正方形的条件。

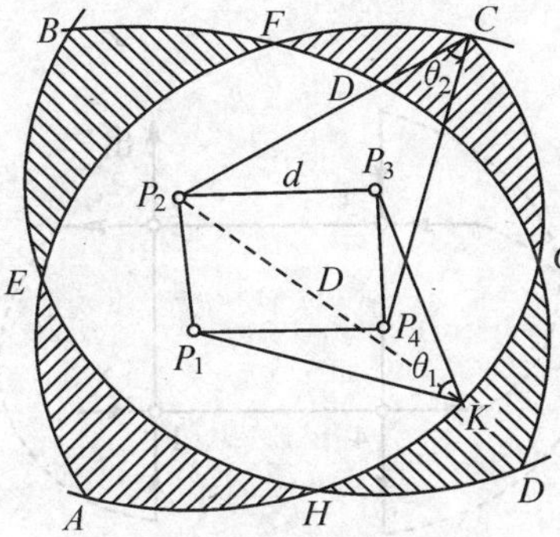

图 2-10　海底四边形控制网

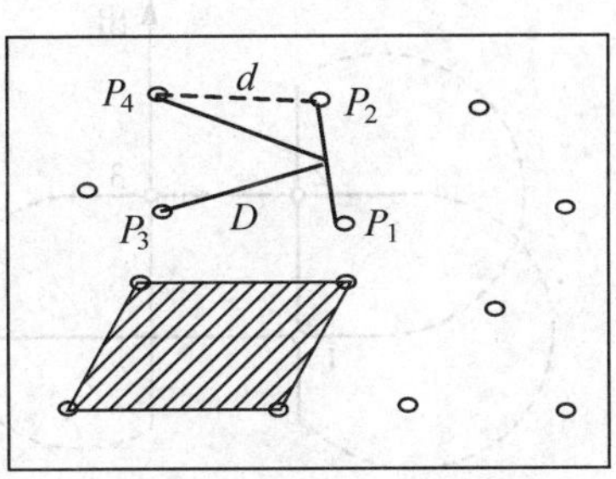

图 2-11　海底四边形控制网

2.5　海底控制点(网)坐标的测定

海底控制点(网)坐标的测定一般分两步进行：一是海底控制点的定标；二是海底控制点坐标的测定。

2.5.1　海底控制点的定标

当水声声标按照布网设计方案投放到海底后，要对控制点的深度、相互间距离以及方位进行测定，这项工作称为海底控制点的定标。它既可验证是否符合布网方案要求，同时也得出了控制点之间的相对位置(或者说控制点在局部坐标系中的位置)。

1. 海底控制点深度的测定

海底控制点的深度，如同陆地上控制点的高程一样，是控制点三维坐标中的一个坐标分量。它们都是以大地水准面为参考而定义的。无论大地水准面如何定义，在海上，大地水准面通常以平均海面来表述。因此，世界各国都采用平均海面作为陆上高程和海上深度的起算面，称零面或基准面。但是，需要注意的是，不同地点的平均海面并不一致。一个国家只能选取某个地方的平均海面作为全国统一的高程基准面。例如美国取波特兰平均海面，日本取东京灵岸岛平均海面，欧洲地区取阿姆斯特丹平均海面。我国在 1988 年以前采用的是黄海平均海(水)面，1988 年以后采用的是“1985 高程基准”。两者都是取青岛验潮站的多年平均海面。后者计算平均海面所依据的验潮资料的时间跨度更长(如 1985 高程基准由 19 年的验潮资料确定的)，计算方法有所改进。在海上，由于考虑的因素比较多，使用国家高程基准的情形要复杂得多。例如在近岸和大陆架海区进行海底地形测量，通常需采用与陆地统一的高程基准。而在其他情况下均采用所谓深度基准面。深度基准面即海图所载水深的起算面，又称海图基准面。

深度测定一般采用回声测深仪。它记录从声波发射到信号由水底返回的时间间隔，通过模拟或直接计算，确定水深值。海底控制点的深度，指的是声标在平均海面下的深度。与水深测量不同的是，观测深度值是船载换能器与声标之间的最短声距。

为了提高海底控制点观测深度值的精度，通常采用所谓三叶法来测定海底控制点的深度。三叶法指的是测量船在进行深度测定时的航行路线，如图 2-12(左) 所示船只按箭头指示方向航行，图中的 1、2 和 3 表示海底控制点 P_1、P_2 和 P_3 投影到海面的位置。当测量船沿航线接近位置 1 时，就不断地测量对 P_1 点的超声波距离，若距离用函数来表示，则当 $f(t) = \min$ 时，所测距离应是最接近 P_1 点的真正深度。

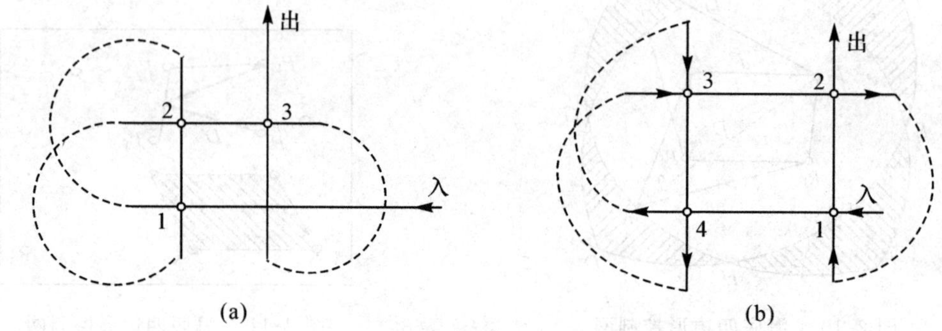

图 2-12　针对三角形、四边形海底网的"三叶法"定深

然而，由于测量船航行上的偏差，不可能正好通过 P_1 点的投影位置 1，所以实际上就采用测量船越过控制点上方多次，取其几次测量值的平均值作为该点的最或然深度。

按照三叶法航行，一个航次穿越每个控制点上方两次，算作一测回，每越过一次都需要同时记录所测的最小声距及瞬时时刻。读取时间的目的是为了计算水位改正。每一个控制点的观测深度值需要测量三个测回，共计 6 个深度值。这 6 个深度值分别经过有关改正后，在满足设定限差的情况下，取所有测回深度的平均值作为该控制点的深度。

当海底控制点按正四边形布设时，测量船可按图 2-12(右) 所示航线航行。三叶法测深的可靠性可按下式进行检验：

$$S_{ik}^2 - Z_k^2 - (S_{ki}^2 - Z_i^2) = 0 \tag{2-14}$$

式中各符号的意义见图 2-13。

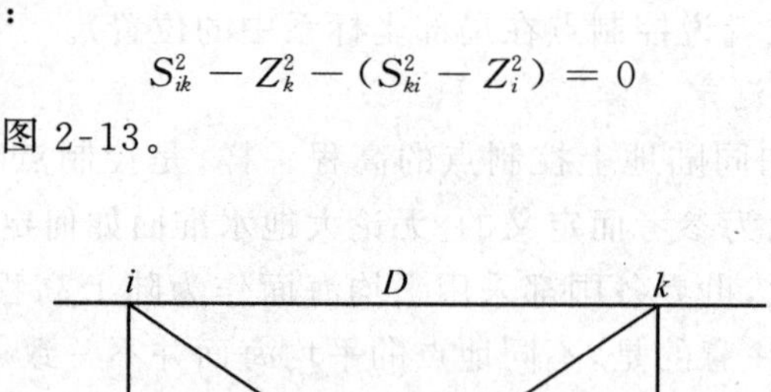

图 2-13　式(2-13) 各符号的意义

2. 海底控制点间距离的测量

传统方法采用所谓穿线法来测定控制点间距离，它是使测量船的航向穿过两控制点在海面上投影点的连线。当然，穿线航行需在一定条件下进行，这样才能得到两点间距离的惟一解。

参看图2-14，图中 P_1 和 P_2 为两个控制点，其空间距离为 d，将三维坐标系的原点设于 P_1，并设 P_1、P_2 在 yz 平面上，M 为船只在水面上的位置，且与 P_1P_2 同在一个平面内。f 为航线上一动点，M 至 P_1 和 P_2 的斜距为 S_1 和 S_2，f 至 P_1 和 P_2 的斜距为 S_3 和 S_4，f 至 M 的距离为 μ，航线在 xy 平面上的投影与 x 轴之间的夹角为 β。于是 P_1、P_2 和 M、f 的坐标分别为 $P_1(0,0,0)$；$P_2(0,y_2,z_2)$；$M(0,y_m,z_m)$；$f(\mu\cos\beta, y_m+\mu\sin\beta, z_m)$，则可得：

$$
\begin{aligned}
S_3^2 &= \mu^2 + S_1^2 + 2\mu y_M \sin\beta \\
S_4^2 &= \mu^2 + S_2^2 + 2\mu(y_M - y_2)\sin\beta
\end{aligned} \tag{2-15}
$$

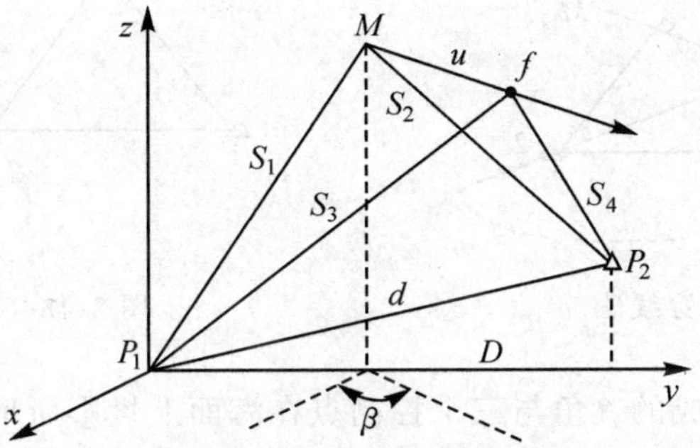

图 2-14　穿线法点位分布图

寻求 P_1 和 P_2 间水平距离的惟一解，只要求出动点 f 至 P_1 和 P_2 之间的斜距 S_3 和 S_4 之和的极值就能得到，即求 $f(t)=S=S_3+S_4=\min$，求函数的极值，也就是 $f'(t)=0$，故我们以 μ 为变量对(2-15)式求导，并令其为零，即：

$$
\frac{\mathrm{d}S}{\mathrm{d}\mu} = \frac{1}{S_3}(\mu + y_M\sin\beta) + \frac{1}{S_4}[\mu \times (y_M - y_2)\sin\beta] = 0 \tag{2-16}
$$

经变换整理后可得：

$$
A\mu_M^2 + B\mu_M + C = 0 \tag{2-17}
$$

其中：

$$
\begin{aligned}
A &= (S_2^2 - S_1^2) + y_2(2y_M - y_2)\sin^2\beta \\
B &= 2[y_M(S_2^2 - S_1^2) + y_2S_1^2 + y_My_2(y_M - y_2)\sin^2\beta]\sin\beta \\
C &= [y_M^2(S_2^2 - S_1^2) + y_2(2y_M - y_2)S_1^2]\sin^2\beta
\end{aligned}
$$

从上式可看出：

(1) 当 $\beta=0$ 时，即航线垂直于 D，则 $\mu_M=0$，即动点 f 与 M 点重叠；

(2) 当 P_1 和 P_2 位于同一高度，此时 M 点位于 P_1P_2 连线的中垂线上，且 $y_2=2y_M$，此时同样 $\mu_M=0$，而与 β 的大小无关。

可见，M 点是使得到 $f(t)=\min$ 的最佳船位，而航线应按图 2-15 进行。

P_1 和 P_2 之间的水平距离 D 为：

$$
D = \sqrt{S_1^2 - (z_M - z_1)^2} + \sqrt{S_2^2 - (z_M - z_2)^2} \tag{2-18}
$$

其空间距离为：

$$d=\sqrt{D^2+(z_2-z_1)^2} \tag{2-19}$$

从理论上讲，这种穿线法，每个点只需测定一次即可满足要求，但事实上要保证航线绝对垂直于 P_1、P_2 的连线是非常困难的，只要做到 M 点在连线中点附近。此时，当然就存在一个小的 μ_m，对于较短的 μ_m，可用如下公式确定：

$$\mu_m=\frac{1}{2}\frac{y_m^2(S_2^2-S_1^2)+y_2(2y_m-y_2)S_1^2}{y_m(S_2^2-S_1^2)+y_2S_1^2+y_my_2(y_m-y_2)\sin\beta} \tag{2-20}$$

除以上介绍的垂直穿线法外，尚有航线平行控制点连线的平行穿线法。如图 2-16 所示。

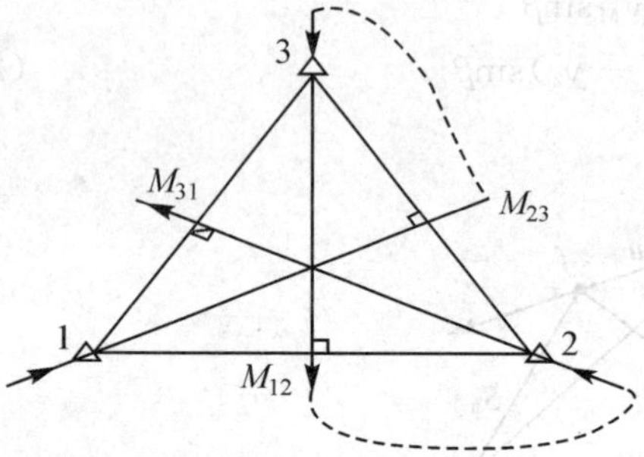

图 2-15　垂直穿线法

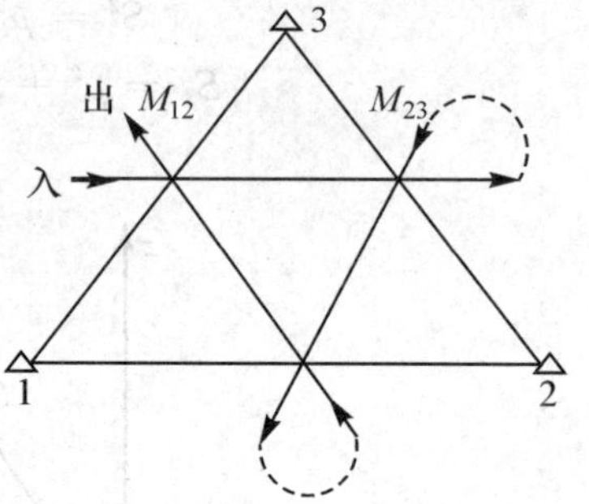

图 2-16　平行穿线法

这种穿线法由于所形成的 β 角与三个控制点在海面上投影所形成的三角形的内角相等，β 角可以校验，但 β 角本身较大，亦即 μ_M 较大，这样所得结果误差也大，故一般要求穿越 M 点两次，取其中数来确定最短声距和。

上述给出的是采用传统方法得到的海底控制点之间的距离，随着现代 GPS 高精度定位技术的发展，海底控制点之间的距离测量可以采用广域差分 GPS 或非差单点定位技术实现。即在确定各控制点深度的同时，实时地提取信标 GPS 的位置；或提取 GPS UTC 时间，采用非差单点定位技术计算该时刻的位置。所不同的是，前者可以实时进行，平面定位精度可以达到 dm 级；后则需要事后处理，平面定位精度可以达到 cm 级。

3. 海底控制点(网)方位的测定

确定所布设海底控制点(网)的方位，一般可采用下列方法。见图 2-17。

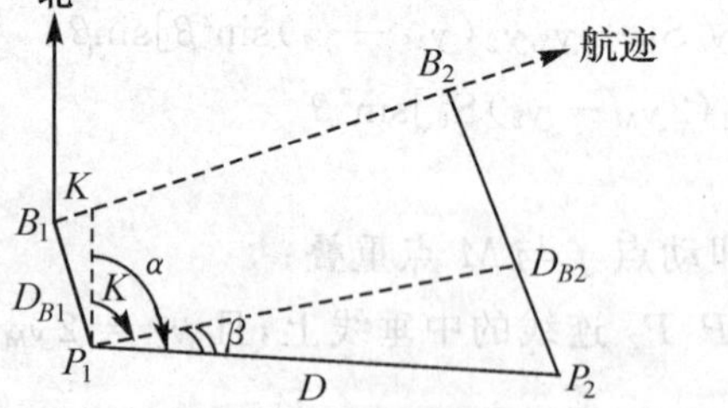

图 2-17　海底控制网方位的确定

使船沿与声标连线 P_1P_2 不相交切的航线航行，航向 K 已知。在航行过程中不断地对 P_1 和 P_2 进行测距，当在某船位，例如图中 B_1 和 B_2 处获得两声距的最小值，那么即可求出两声距在海面的投影 D_{B1} 和 D_{B2}，又两声标间距离 D 为已知，则显然有：

$$\beta=\arcsin\frac{D_{B_2}-D_{B_1}}{D} \tag{2-21}$$

于是两个声标连线的方位为：

$$\alpha=K+\beta \tag{2-22}$$

以上介绍的海底控制点深度、相互间距离以及方位的测定方法并不是惟一的。事实上可以采取别的方法获得同样的结果，在此不再列举。

2.5.2 海底控制点坐标的测定

1. 单个海底控制点坐标的测定

下面介绍利用已知船位（通过卫星可以确定船的实时位置）测定单个海底控制点坐标的几种方法。

1）两点交会法

通过在两个已知船位上利用水下声学定位系统（如超短基线水下定位系统）分别测定船只到海底控制点间的斜距，来交会水下控制点，从而确定控制点的位置。如图 2-18 所示，B_1 和 B_2 为坐标已知的两个船位，S_1 和 S_2 为在 B_1 和 B_2 处对声标 P 的斜距，声标深度 z 亦已知，于是可按前方交会的思想，利用下式解出声标 P 的坐标：

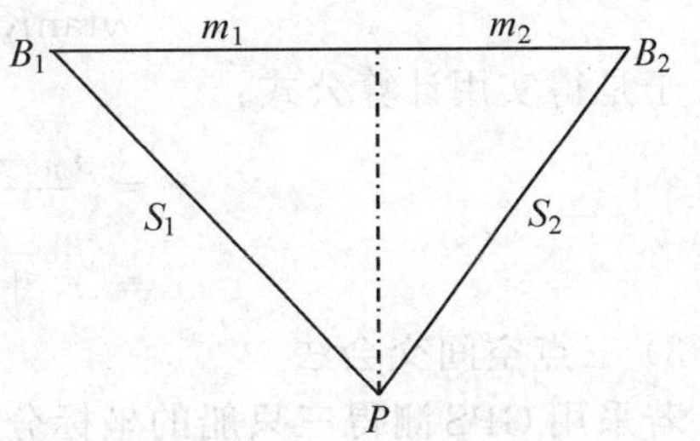

图 2-18　两点交会法

$$\left.\begin{aligned}(x-x_1)^2+(y-y_1)^2&=S_1^2-z^2=m_1^2\\(x-x_2)^2+(y-y_2)^2&=S_2^2-z^2=m_2^2\end{aligned}\right\}\tag{2-23}$$

从式(2-22)的方程组中，可解算出海底控制点的坐标。海底控制点坐标的测定误差不仅依赖于斜距测定误差，还与其构成的几何形状有关。为了提高海底控制点测量精度，需进行多余观测和按最小二乘法处理获得海底控制点坐标的或然解。

2）最近路径点测定法

这种测定方法要求船只应始终沿海底控制点上方或附近的两条尽可能相互垂直的航线航行。如图 2-19 所示，图中 B_1、B_2 为最近路径点船位，K_1 和 K_2 为相应船位处的方位角（航向）。每次航行穿过 B_1 和 B_2 时，均可测得船到海底控制点的最小斜距，即可解算出海底控制点 P 的坐标。计算 P 点的 x 和 y 的公式如下：

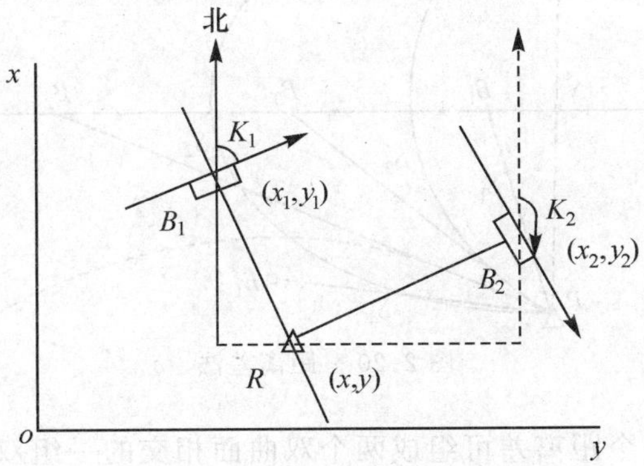

图 2-19　最近路径点测定法

由两条法线方程有：

$$\left.\begin{aligned}\frac{y-y_1}{x-x_1}&=-\frac{1}{\tan K_1}\\\frac{y_2-y}{x_2-x}&=-\frac{1}{\tan K_2}\end{aligned}\right\}\tag{2-24}$$

即
$$\left.\begin{aligned}\tan K_1(y-y_1)&=x_1-x\\ \tan K_2(y_2-y)&=x-x_2\end{aligned}\right\} \tag{2-25}$$

或
$$\left.\begin{aligned}y\tan K_1+x&=x_1+y_1\tan K_1\\ y\tan K_2+x&=x_2+y_2\tan K_2\end{aligned}\right\} \tag{2-26}$$

于是得实用计算公式：

$$\left.\begin{aligned}y&=\frac{x_1-x_2+y_1\tan K_1-y_2\tan K_2}{\tan K_1-\tan K_2}\\ x&=x_1+y_1\tan K_1-y\tan K_1\end{aligned}\right\} \tag{2-27}$$

3）三点空间交会法

若采用GPS测得三只船的坐标分别为(x_i,y_i,z_i)，$i=1,2,3$，这三只船到海底控制点的斜距分别为S_1、S_2、S_3，则有：

$$\left.\begin{aligned}(x-x_1)^2+(y-y_1)^2+(z-z_1)^2&=S_1^2\\ (x-x_2)^2+(y-y_2)^2+(z-z_2)^2&=S_2^2\\ (x-x_3)^2+(y-y_3)^2+(z-z_3)^2&=S_3^2\end{aligned}\right\} \tag{2-28}$$

按上述三个方程可联合求得声标位置(x,y,z)。

4）距离差法

这种方法类似于海上定位的双曲线交会法。它要求作为已知点的测点至少是4个，其中3个沿一条直线布设，如图2-20中的B_1和B_2和B_3，而第4个测点B_4布设于垂直于那条直线的过测点B_3的方向线上。所有测点处的水声设备处于同一深度上。当我们测得各测点对海底控制点P的斜距S_1、S_2、S_3和S_4时，就可得到距离

$$\Delta S_1=S_1-S_3,\Delta S_2=S_2-S_3,\Delta S_3=S_4-S_3 \tag{2-29}$$

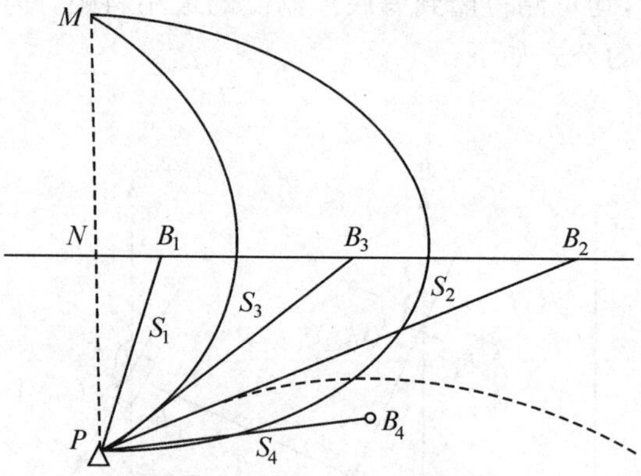

图2-20　距离差法

由(2-29)式中的前两个距离差可组成两个双曲面相交的一组双曲线，表达为：

$$\left.\begin{aligned}\frac{\left(x_M-\frac{1}{2}x_1\right)^2}{\left(\frac{1}{2}\Delta S_1\right)^2}-\frac{y_M^2}{\left(\frac{1}{2}x_1\right)^2-\left(\frac{1}{2}\Delta S_1\right)^2}&=1\\ \frac{\left(x_M-\frac{1}{2}x_2\right)^2}{\left(\frac{1}{2}\Delta S_2\right)^2}-\frac{y_M^2}{\left(\frac{1}{2}x_2\right)^2-\left(\frac{1}{2}\Delta S_2\right)^2}&=1\end{aligned}\right\} \tag{2-30}$$

这里 $x_M = x$，由上式解算可得。

又设 N 和 M 之间的距离为 S_{NM}，以 N 为中心，S_{NM} 为半径的圆方程为：

$$S_{NM}^2 = y^2 + z^2 \tag{2-31}$$

由(2-29)式中第三个距离差又可得一双曲线面(图 2-20 中虚线所示)，可表达为：

$$\frac{-x^2}{\left(\frac{1}{2}y_4\right)^2 - \left(\frac{1}{2}\Delta S_3\right)^2} + \frac{\left(y - \frac{1}{2}y_4\right)^2}{\left(\frac{1}{2}\Delta S_3\right)^2} - \frac{z^2}{\left(\frac{1}{2}y_4\right)^2 - \left(\frac{1}{2}\Delta S_3\right)^2} = 1 \tag{2-32}$$

联合(2-31)式和(2-32)式解算，即可求得 y 和 z 两个坐标。这样，作为海底控制点声标的三个坐标就都解出了，其位置也就确定了。

由于定标工作已求得各控制点间的距离、深度和方位，因此，往往只需对独立海底控制网中的一个点，按上述任何一种方法测定坐标，而网中其他控制点的坐标也就能够通过计算解出。

前面讲述了单纯依靠水下声学测距技术确定海底控制点位置的方法。下面，介绍现代海底控制点的测定方法，该方法将海面定位与水下定位相结合，联合实现海底控制点的测定和位置计算。

2. 利用 GPS 实现海底控制点(网)坐标的联测

它是以测量船为中继站，利用一组已知控制点(如 GPS 卫星)，采用卫星定位方法测定船位，同时通过船上的水声仪器对海底控制点进行同步观测(测距)，这样的观测可以通过船的移动而进行多次，然后用最小二乘方法求解船和海底控制点在统一的坐标系统中的坐标最或然值。这种定位方法称为双三角锥法(如图 2-21)。其中正三角锥采用 GPS 进行定位，而倒三角锥采用水下声学定位。

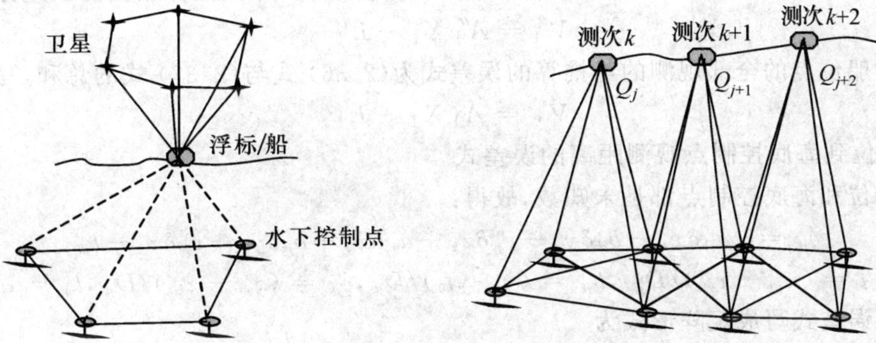

图 2-21 “双三角锥”水下 GPS 定位

设有 m 个已知点 G_i，需要解算 R 个海底控制点 P_j 的坐标，已知船在 n 个位置 B_k 进行了观测，得到了已知点 G_i 和测量船 B_k 之间的距离观测值(或距离差观测值)共 $m \times n$ 个，得到了测量船 B_k 到海底控制点 P_j 的距离观测值共 $n \times R$ 个。根据这些观测值确定测量船和海底控制点的坐标。下面先建立误差方程式。

1) 误差方程式

(1) 船位到已知点的观测法误差式

距离观测的误差式

$$v_{ik}=a_{ik}\delta x_k+b_{ik}\delta y_k+c_{ik}\delta z_k-l_{ik}\quad(1\leqslant i\leqslant m,1\leqslant k\leqslant n)\tag{2-33}$$

其中：$a_{ik}=(x_{k0}-x_i)/D_{ik}$，$b_{ik}=(y_{k0}-y_i)/D_{ik}$，$c_{ik}=(z_{k0}-z_i)/D_{ik}$，$l_{ik}=d_{ik}-D_{ik}$，$d_{ik}$ 为观测的距离值，D_{ik} 为通过近似坐标计算的距离。

距离差观测的误差方程式：

$$v_{ik}=a_{ik}\delta x_k+b_{ik}\delta y_k+c_{ik}\delta z_k-l_{ik}\tag{2-34}$$

其中：$a_{ik}=(x_{k0}-x_i)/D_{ik}-(x_{k0}-x_{i+1})/D_{i+1k}$，$b_{ik}=(y_{k0}-y_i)/D_{ik}-(y_{k0}-y_{i+1})/D_{i+1k}$，$c_{ik}=(z_{k0}-z_i)/D_{ik}-(z_{k0}-z_{i+1})/D_{i+1k}$，$l_{ik}=d_{ik}-(D_{ik}-D_{i+1k})$，$d_{ik}$ 为观测的距离差，D_{ik}、D_{i+1k} 为通过近似坐标计算的距离值。

测距离与测距离差的误差方程式形式是一样的，只是系数和自由项的计算不同。故对已知点到船位的观测，在下面平差计算中，不再区别距离还是距离差。一般情况下各船位点的观测误差方程式是互相独立的。将上述误差方程式写成矩阵形式，对于任一船位点 B_k 的误差式为：

$$V_k=A_kX_k-L_k\quad(k=1,2,\cdots,n)\tag{2-35}$$

其中：$V_k=\begin{pmatrix}v_{1k}\\v_{2k}\\\vdots\\v_{mk}\end{pmatrix}$，$X_k=\begin{pmatrix}\delta x_k\\\delta y_k\\\delta z_k\end{pmatrix}$，$A_k=\begin{pmatrix}a_{1k}&b_{1k}&c_{1k}\\a_{2k}&b_{2k}&c_{2k}\\\vdots&\vdots&\vdots\\a_{mk}&b_{mk}&c_{mk}\end{pmatrix}$，$L_k=\begin{pmatrix}l_{1k}\\l_{2k}\\\vdots\\l_{mk}\end{pmatrix}$

由此，n 个船位点的 n 组误差方程式为：

$$V'_{\text{I}}=A'_{\text{I}}X_{\text{I}}-L'_{\text{I}}\tag{2-36}$$

其中：$V_{\text{I}}=\begin{pmatrix}v_1\\v_2\\\vdots\\v_n\end{pmatrix}$，$X_{\text{I}}=\begin{pmatrix}x_1\\x_2\\\vdots\\x_n\end{pmatrix}$，$A'_{\text{I}}=\begin{pmatrix}A_1&&&0\\&A_2&&\\&&\ddots&\\0&&&A_n\end{pmatrix}$，$L'_{\text{I}}=\begin{pmatrix}L_1\\L_2\\\vdots\\L_n\end{pmatrix}$

如果依靠船上的航向、航速仪等设备又能获得推算船位，并设推算船位的误差方程式为

$$V''_{\text{I}}=A''_{\text{I}}X_{\text{I}}-L''_{\text{I}}\tag{2-37}$$

于是对船位点的全部观测的与推算的误差式为(2-36)式与(2-37)式的总和，写为：

$$V_{\text{I}}=A_{\text{I}}X_{\text{I}}-L_{\text{I}}\tag{2-38}$$

(2) 船位到海底控制点观测距离的误差式

由于船位和海底控制点都是未知数，故得：

$$v_{jk}=-a_{jk}\delta x_k-b_{jk}\delta y_k-c_{jk}\delta z_k+a_{jk}\delta x_j+b_{jk}\delta y_j+c_{jk}\delta z_j-l_{jk}\tag{2-39}$$

其中：$a_{jk}=(x_{j0}-x_{k0})/D_{j.k}$，$b_{jk}=(y_{j0}-y_{k0})/D_{jk}$，$c_{jk}=(z_{j0}-z_{k0})/D_{jk}$，$l_{jk}=d_{jk}-D_{jk}$。

将上面误差式写成矩阵形式为

$$V_{\text{II}}=A_{\text{I II}}X_{\text{I}}+A_{\text{II}}X_{\text{II}}-L_{\text{II}}\tag{2-40}$$

其中 X_{I} 为船位点未知数，X_{II} 为海底控制点未知数。

(3) 总的误差方程式

将船位点到已知点的误差方程式与船位点到海底控制点的误差方程式写在一起，就是海洋大地网的误差方程式：

$$\left.\begin{aligned}V_{\text{I}}&=A_{\text{I}}X_{\text{I}}&&-L_{\text{I}}\\V_{\text{II}}&=A_{\text{I II}}X_{\text{I}}+A_{\text{II}}X_{\text{II}}&&-L_{\text{II}}\end{aligned}\right\}\tag{2-41}$$

2) 法方程式及平差解算

海洋大地网的平差，就是(2-41)式的平差。但是，如果船位点到已知点的观测精度远高于

船位点到海底控制点的观测精度，则船位点到已知点的误差方程式可以单独平差计算，即根据(2-38)式求解，得出 X_{I} 的平差值。

$$X'_{\mathrm{I}}=(A_{\mathrm{I}}^{\mathrm{T}}P_{\mathrm{I}}A_{\mathrm{I}})^{-1}A_{\mathrm{I}}^{\mathrm{T}}P_{\mathrm{I}}L_{\mathrm{I}} \tag{2-42}$$

然后，再进行船位到海底控制点的误差方程式平差，此时将 X'_{I} 看为已知量，只平差求出 X_{II}。将 X'_{I} 写入常数项，则(2-40)式化为：

$$V'_{\mathrm{II}}=A_{\mathrm{II}}X'_{\mathrm{II}}-L'_{\mathrm{II}}$$

平差得：

$$X'_{\mathrm{II}}=(A_{\mathrm{II}}^{\mathrm{T}}P_{\mathrm{II}}A_{\mathrm{II}})^{-1}A_{\mathrm{II}}^{\mathrm{T}}P_{\mathrm{II}}L'_{\mathrm{II}}$$

另外，如果在单独平差船位到已知点的误差方程式时，若只有观测误差方程式而且各点的观测是互相独立的，则船位点每点又可以单独平差。

下面讨论(2-41)式的整体平差问题。由于船位点到已知点的观测和船位点到海底控制点的观测是不相关的，故(2-41)式权阵设为：

$$P=\begin{pmatrix}P_{\mathrm{I}} & 0\\ 0 & P_{\mathrm{II}}\end{pmatrix}$$

由(2-41)式组成法方程式为：

$$\begin{pmatrix}A_{\mathrm{I}}^{\mathrm{T}} & A_{\mathrm{I\,II}}^{\mathrm{T}}\\ 0 & A_{\mathrm{II}}^{\mathrm{T}}\end{pmatrix}\begin{pmatrix}P_{\mathrm{I}} & 0\\ 0 & P_{\mathrm{II}}\end{pmatrix}\begin{pmatrix}A_{\mathrm{I}} & 0\\ A_{\mathrm{I\,II}} & A_{\mathrm{II}}\end{pmatrix}\begin{pmatrix}X_{\mathrm{I}}\\ X_{\mathrm{II}}\end{pmatrix}=\begin{pmatrix}A_{\mathrm{I}}^{\mathrm{T}} & A_{\mathrm{I\,II}}^{\mathrm{T}}\\ 0 & A_{\mathrm{II}}^{\mathrm{T}}\end{pmatrix}\begin{pmatrix}P_{\mathrm{I}} & 0\\ 0 & P_{\mathrm{II}}\end{pmatrix}\begin{pmatrix}L_{\mathrm{I}}\\ L_{\mathrm{II}}\end{pmatrix} \tag{2-43}$$

即

$$\left.\begin{aligned}&(A_{\mathrm{I}}^{\mathrm{T}}P_{\mathrm{I}}A_{\mathrm{I}}+A_{\mathrm{I\,II}}^{\mathrm{T}}P_{\mathrm{II}}A_{\mathrm{I\,II}})X_{\mathrm{I}}+(A_{\mathrm{I\,II}}^{\mathrm{T}}P_{\mathrm{II}}A_{\mathrm{II}})X_{\mathrm{II}}=A_{\mathrm{I}}^{\mathrm{T}}P_{\mathrm{I}}L_{\mathrm{I}}+A_{\mathrm{I\,II}}^{\mathrm{T}}P_{\mathrm{II}}L_{\mathrm{I}}\\&(A_{\mathrm{II}}^{\mathrm{T}}P_{\mathrm{II}}A_{\mathrm{I\,II}})X_{\mathrm{I}}+(A_{\mathrm{II}}^{\mathrm{T}}P_{\mathrm{II}}A_{\mathrm{II}})X_{\mathrm{II}}=A_{\mathrm{II}}^{\mathrm{T}}P_{\mathrm{II}}L_{\mathrm{II}}\end{aligned}\right\}$$

设

$$\begin{aligned}&B_{11}=A_{\mathrm{I}}^{\mathrm{T}}P_{\mathrm{I}}A_{\mathrm{I}}+A_{\mathrm{I\,II}}^{\mathrm{T}}P_{\mathrm{II}}A_{\mathrm{I\,II}}\quad B_{12}=A_{\mathrm{I\,II}}^{\mathrm{T}}P_{\mathrm{II}}A_{\mathrm{II}}\quad B_{22}=A_{\mathrm{II}}^{\mathrm{T}}P_{\mathrm{II}}A_{\mathrm{II}}\\&U_{1}=A_{\mathrm{I}}^{\mathrm{T}}P_{\mathrm{I}}L_{\mathrm{I}}+A_{\mathrm{I\,II}}^{\mathrm{T}}P_{\mathrm{II}}L_{\mathrm{II}}\qquad U_{\mathrm{II}}=A_{\mathrm{II}}^{\mathrm{T}}P_{\mathrm{II}}L_{\mathrm{II}}\end{aligned}$$

则法方程式写为：

$$\left.\begin{aligned}B_{11}X_{\mathrm{I}}+B_{12}X_{\mathrm{II}}=U_{\mathrm{I}}\\ B_{12}^{\mathrm{T}}X_{\mathrm{I}}+B_{22}X_{\mathrm{II}}=U_{\mathrm{II}}\end{aligned}\right\} \tag{2-44}$$

上式解答即可求出 X_{I}、X_{II}。求出 X_{I}、X_{II} 的协方差阵为：

$$D_X=\sigma_0^2\begin{pmatrix}B_{11} & B_{12}\\ B_{12}^{\mathrm{T}} & B_{22}\end{pmatrix}^{-1} \tag{2-45}$$

单位权中误差按下式计算：

$$\sigma_0^2=\frac{V^{\mathrm{T}}PV}{N-t} \tag{2-46}$$

这里的 N 为观测值总数，t 为船位点和海底控制点未知量的总个数。

下面介绍(2-44)式的分组平差法。由(2-43)式的第一式，解出

$$X_{\mathrm{I}}=B_{11}^{-1}(U_1-B_{12}X_{\mathrm{II}}) \tag{2-47}$$

将上式代入(2-44)的第二式，得：

$$B_{12}^{\mathrm{T}}(B_{11}^{-1}U_1-B_{11}^{-1}B_{12}X_{\mathrm{II}})+B_{22}X_{\mathrm{II}}=U_2$$

化简得：

$$X_{\mathrm{II}}=(B_{22}-B_{12}^{\mathrm{T}}B_{11}^{-1}B_{12})^{-1}(U_2-B_{12}^{\mathrm{T}}B_{11}^{-1}U_1) \tag{2-48}$$

由上式解出 X_{II}，代入(2-47)式再解出 X_{I}。

对于 X_{II}、X_{I} 的协方差阵可以按下式计算。根据分块矩阵求逆公式和(2-45)式得：

$$D_X=\sigma_0^2\begin{pmatrix}B_{11} & B_{12}\\ B_{21} & B_{22}\end{pmatrix}^{-1}=\sigma_0^2\begin{pmatrix}B_{11}^{-1}+B_{11}^{-1}B_{12}\widetilde{B}_{22}^{-1}B_{12}^{\mathrm{T}}B_{11}^{-1} & -B_{11}^{-1}B_{12}\widetilde{B}_{22}^{-1}\\ -\widetilde{B}_{22}^{-1}B_{12}^{\mathrm{T}}B_{11}^{-1} & \widetilde{B}_{22}^{-1}\end{pmatrix} \tag{2-49}$$

其中

$$\widetilde{B}_{22}^{-1} = (B_{22} - B_{12}^{\mathrm{T}} B_{11}^{-1} B_{12})^{-1} \tag{2-50}$$

由此得 X_{II}、X_{I} 的协方差阵为：

$$D_{X_{\mathrm{II}}} = \sigma_0^2 (B_{22} - B_{12}^{\mathrm{T}} B_{11}^{-1} B_{12})^{-1} \tag{2-51}$$

$$D_{X_{\mathrm{I}}} = \sigma_0^2 (B_{11}^{-1} + B_{11}^{-1} B_{12} \widetilde{B}_{22}^{-1} B_{12}^{\mathrm{T}} B_{11}^{-1})^{-1} \tag{2-52}$$

这里没有涉及不同坐标系统的相互转换问题。如果船位坐标和海底控制点坐标采取分开平差的方法，那么应在平差后，按需要转换为统一坐标系统；如果采取整体平差方法，那么应考虑在平差时，把坐标转换参数也一并解出。

思 考 题

1. 海洋大地测量定义是什么?海洋大地控制网由什么组成?
2. 海底控制网的网形结构?
3. 简要说明海底照准标志的类型以及作用范围。
4. 简述海底控制网的建立思想以及数据处理流程。

第3章 海洋水文要素观测

发生在海洋中的许多自然现象和过程往往与海水的物理性质密切相关。人类要认识和开发海洋，首先必须对海洋进行全面深入地观测和调查，掌握其物理性质。在海洋调查中，观测海洋水文要素更有其重要的意义。人类的生存活动与海洋水文的关系、海洋能源的利用、海洋航运、造船、海洋工程、海洋渔业都迫切需要掌握海洋水文要素的变化规律。因此，海洋水文要素的观测就显得非常重要。

水文观测是指在江河、湖泊、海洋的某一点或断面上观测各种水文要素，并对观测资料进行分析和整理的工作。在江河、湖泊中观测的主要内容有：测量水深、水位、流向、流速、流量、冰情、水的比重、含沙量、水色、透明度、水的化学成分等，并对上述资料进行分析和整理，为研究河床、海岸的变迁、河流径流规律、水文预报、水利计算和水工建筑物的设计施工提供资料。在海域中主要观测海流、潮流、潮汐、波浪、盐度、密度、温度以及气象等要素，为编辑出版航海图、海洋水文气象预报、海洋工程的设计与建筑以及海洋科学研究提供资料。海洋水文观测是海洋调查中重要的作业内容。

考虑现代海洋测绘的实际需求，下面仅对与海洋测量密切相关的海水温度、盐度、密度、海水透明度、水色、潮汐、潮流以及海洋波动等几种海洋水文要素及其观测方法给予介绍。

3.1 海水温度

3.1.1 海水温度

温度是海洋的基本物理要素之一，很多海洋现象乃至地球现象都与海水温度有关。海洋测量中，采用的很多设备是声学设备，而海水中声波的传播速度取决于温度、盐度和深度。尤其在浅水测量中，海水温度是影响声速计算的首要因素。海水温度不仅作为一个重要的海洋物理参数需要对其测量和研究，而且对海洋测深也有很大影响。声波是探测海底几何形态的最基本手段，所以海水温度的分布，主要是垂直分布及其这种分布随时间的变化将直接影响到声波的传播速度和路径变化。

海水表层的水温取决于太阳辐射，因而，低纬度海区水温高，高纬度海区水温低，高低相差30 ℃。水温一般随深度的增加而降低，在水深1000 m处，水温为4～5 ℃；水深2000 m处，水温为2～3 ℃；水深3000 m处，水温为1～2 ℃。占大洋总面积70%的海水，温度在0～6 ℃之间；全球海洋的平均温度在3.8 ℃。水温随深度的分布除了有较浅的季节性温跃层外，一般都存在主温跃层。若以10℃等温面作为主温跃层的特征值，经观测得知，它在赤道附近较浅，而在亚热带较深，在中纬度又较浅，到亚极地上升达海面。主温跃层以上为水温较高的暖水区，其下为水温低、垂直梯度很小的冷水区。

最高的海水温度出现在西太平洋和印度洋近赤道海域，温度可达28～29 ℃。若将人洋水温最高点连接起来，称为热赤道，呈东西向分布。从热赤道向两极，水温逐渐降低，可达10～0℃，在极地冰盖下为－1℃。大洋表层的等温线基本上沿纬向分布，在寒、暖交汇处，等温线较密。热赤道在西太平洋有一全球大洋表层温度最高的海洋，称为"暖池"，是全球大气运动的主要热源，该热源的变异对于全球气候的变化有着关键性的影响作用。

3.1.2　海水温度观测

1. 海水温度观测

测定海洋表层水温一般利用海水表面温度计、电测表面温度计及其他的测温仪器，其构造与普通水银温度计基本相同，不过装在特制的圆筒内，使得温度计提出水面时仍浸在水中，避免与外界空气接触而发生变化。另一种方法，即用水桶提取海水，再用精密温度计测定水温。另外，在卫星上通常利用红外辐射温度计测量海水表面水温，在海洋浮标上一般装有自记测温仪器，从这些仪器上直接测得海水表层水温。

深层水温的测定，主要采用常规的颠倒温度计、深度温度计、自容式温盐深自记仪器（如STD、CTD）、电子温深仪（EBT）、投弃式温深仪（XBT）等。可以直接从这些仪器上测得铅直断面上各个水层的海水温度。实际测量中，温度是以国际温标为依据，国际符号为T（热力学温度）或t（摄氏温度℃）；一般以摄氏温度表示。国际度量衡委员会在1989年9月采纳了ITS-90温标，并决定自1990年1月1日起以ITS-90温标取代1968年国际实用温标（ITS-68）。ITS-90更接近于热力学温标，对ITS-90，水的三相点仍然规定273.16K，保持不变，但在标准大气压下，水的沸点定义为99.974℃。新温标对海洋温度测量影响甚微，但对盐度和海水其他状态特性的计算会产生影响。图3-1所示为两种常用的水温测量仪器。

SBE21船用温度计

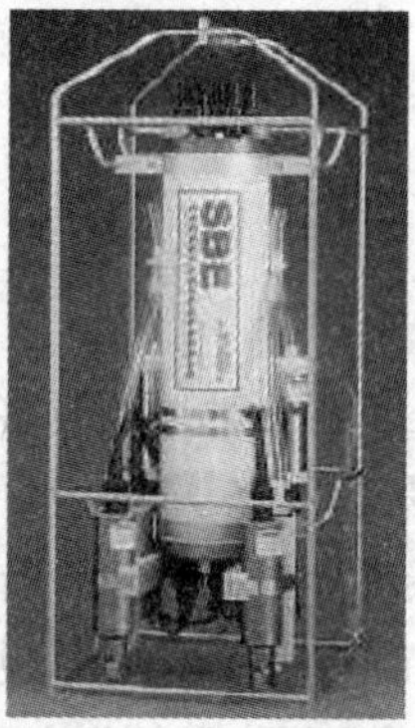

SBE-911Plus CTD
温盐深剖面仪

图3-1　水温测量仪器

2. 海水温度图

是海洋水文图的一种，反映海水温度分布情况的专题海图。分平面分布图和垂直分布图两种。平面分布图通常按月或季表示，有时还分别表示表层海水温度和各深度层的海水温度，大多用等高线表示。垂直分布图以剖面的形式表示，也可按照月季绘制，并标示剖面的位置。

3.2 海水盐度

3.2.1 盐度的定义

同温度一样,盐度也是计算海水中波束传播速度的一个关键参数。盐度即海水中所含盐量的标度。

海水是一种含有复杂盐类的溶液,将盐酸和氯水加入海水中并加热烘干,然后在480℃的恒温下干燥,则会发生一系列化学反应,海水中的一些盐类发生氧化和置换反映,其中的有机物也全部被分解和氧化。用这种方法直接测定海水盐度相当费事,且难以得到精确的结果。因此,1902年将海水的盐度首次定义为:在一千克海水中,所有碳酸盐转化为氧化物,溴、碘—氯置换,而且有机物全部氧化后所含有固体物质的克数,单位是克/千克,符号为S‰,也就是说盐度是以千分比来表示的,又称绝对盐度。绝对盐度的局限性和所依据的海水组成恒定性理论并不十分可靠,所以氯度滴定测定海水盐度的方法不准确,现场测量也不方便,不能满足现代海洋调查和测量的要求,因此,1966年海洋学常用表和标准专家联合小组(JPOTS)基于海水导电这一物理特性,又根据一些海洋工作者的测定与研究结果,在上述氯度定义的基础上,重新定义了海水的盐度,并于1969年开始正式使用此定义。

1969年的盐度定义存在如下问题:

(1) 缺乏严格的35‰盐度标准。1969年电导盐度定义实际上是以哥本哈根标准海水的氯度盐度作为相对标准的,但是,实验研究已经表明哥本哈根的标准氯度盐度不能为电导盐度提供可靠的35‰的盐度标准,其误差可能超过电导测盐仪器本身的误差。

(2) 1969年电导盐度定义是利用世界各地区自然海水样品氯度与相对电导率资料求得的大洋海水的一种平均关系,因此,按此定义只能确定具有大洋海水平均离子组成的海水样品电导盐度,当待测海水样品离子组成与大洋海水平均离子组成有明显差异时,根据此定义确定的电导盐度及其计算密度的结果将产生不可忽视的偏差。

(3) 1969年电导盐度定义的适用温度范围为10~31℃,当测得的现场实际温度超出此范围时,计算的结果就会产生偏差。

基于上述原因,经过国际海洋学常用表和标准联合专家小组及其所属电导小组的努力,提出了1976年实用盐度标度的定义。于1978年9月在法国巴黎召开的JPOTS第九次会议获得了通过。实用盐度标度"PSS78"不再依赖于"海水组成恒定性"和Knudsen盐度公式,而是选定一种浓度为精确值的氯化钾(KCl)溶液,用海水水样相对于KCl溶液的电导比来确定盐度值。为保持盐度历史资料与实用盐度标度的连贯性,规定KCl溶液的浓度精确值为32.4356‰,该溶液在一个标准大气压下,15℃时的电导率$C(32.4356,15,0)$与同温同压下标准海水电导率$C(35,15,0)$相同。

$$S=\sum_{i=0}^{5}a_iK_{15}^{i/2} \tag{3-1}$$

式中,K_{15}是在一个标准大气压下,15℃时水样的电导率$C(S,15,0)$与同温同压下标准KCl溶液电导率$C(32.4356,15,0)$之比值,即

$$K_{15}=\frac{C(S,15,0)}{C(32.4356,15,0)}$$

式中系数 a_i 为：$a_0 = 0.0080, a_1 = -0.1692, a_2 = 25.3851, \quad \sum_{i=0}^{5} a_i = 35.0000.$
$a_3 = 14.0941, a_4 = -7.0261, a_5 = 2.7081,$

实用盐度公式适用范围为 $2 \leqslant S \leqslant 42$ 。实用盐度不再使用符号 ‰，因而其值是旧盐度值的1000倍。显然，$K_{15} = 1$ 时，水样的实用盐度 S 精确为35。海水的绝对盐度(S_A)单位质量(千克)海水中所有溶质的总质量是无法直接测量的，它与实用盐度值略有差异。

各大洋盐度平均值以大西洋最高为34.90，印度洋次之为34.76，太平洋最低为34.62。盐度垂直分布，寒带、温带和热带海域在1000 m以浅差异最大。寒带海域表层盐度低，盐度随深度增加，约200 m水层增加到极大值，在此以深几乎没有很大的变化。温带海域表层盐度有季节性变化，200～300 m以深的盐度随深度而变低，在1000 m附近达到最小值，1000～3000 m水层稍稍增大。热带海域在100～200 m水层出现盐度最大值，再向下急剧降低，800～1000 m层出现最小值，深度再增加时，又缓慢升高。4500 m以深，寒带、温度和热带三个海域的盐度基本一致。

3.2.2　盐度的测定方法

除电导率测定法外，盐度测定还有如下几种方法。

1. 光学测定盐度法

此法是利用光的折射原理测定海水盐度。不同盐度和不同温度的海水折射率是不同的。1967年Rusby发表的折射率差值和盐度关系式为：

$$S = 35.000 + 5.3302 \times 10^3 \Delta n + 2.274 \times 10^5 \Delta n^2 + 3.9 \times 10^6 \Delta n^3 + 10.59 \Delta n (t - 20) + 2.5 \times 10^2 \Delta n^2 (t - 20) \tag{3-2}$$

式中 S 为盐度，t 为温度(℃)，$\Delta n = n_t - n_{35}$：光的波长 $\lambda = 5462.27$ m。公式的使用范围 $\Delta n = -8.000 \times 10^{-4} \sim 7.000 \times 10^{-4}$；$S$ 为 30.9～38.8；t 为 17～30 ℃。

目前使用的仪器有通用的阿贝折射仪、多棱镜差式折射仪、现场折射仪等，虽然利用此种仪器可以测定盐度，但是精度折合成盐度最高也仅为0.001，不能满足现代海洋资料精度要求，且精度很难有所突破。

2. 比重测定盐度法

其理论依据国际海水状态方程，当测得海水的密度、温度和深度时，就可以反算出海水盐度。主要工具如比重计。虽然现场测定理论上可行，但现场测定其他参数的精度不高，所以现场测定的盐度精度也不高，一般仅在室内测定用此方法。当然在一些盐度精度要求不高的场合，可以利用此法进行盐度测定，如制盐场和渔业系统。

3. 声学测定盐度法

其理论依据是利用声速与海水盐度、温度和压力的关系，利用声速仪测得声速，并测出海水温度和深度来反算盐度，其精度也不高。常用的经验公式为：

$$C = 1449.2 + 4.6t - 0.055t^2 + 0.00029t^3 + (1.34 - 0.010t)(S - 35) + 0.016D \tag{3-3}$$

上述以电导率测定盐度法为主要测定方法，其他方法在有些场合，如精确度要求不高或电导率测定盐度法不便使用等，可作为辅助方法。

目前，我国一些从事海洋研究、调查和开发的单位引进和研制的主要现场盐度测量仪器有国产现场盐度计、美国Plssey公司的9050型多要素剖面仪(可测海水盐度、温度、深度、溶解氧、电导率等要素)、IO公司的513D(可测海水盐度、温度、深度、溶解氧、pH、浊度等要素)、布朗公司的CTD系统、日本鹤见精株式会社的M-3测量仪等以及美国劳雷公司的SBE-911Plus

CTD 直读式温盐深剖面仪等。

海水盐度图是海洋水文图的一种，是反映海水盐度分布情况的专题性海图。分平面分布和垂直分布两种。平面分布按月或季表示，有时分别表示表层的海水盐度和各深度层的海水盐度，大多用等值线表示。垂直分布图也按照月或季表示，同时绘制出剖面的位置。

3.3　海水密度

3.3.1　海水密度的定义、特点及分布

海水密度也是海水的基本物理要素之一。

海水密度是指单位体积海水含有的质量，海水密度的单位是 kg/m^3，符号为 ρ。海水密度是海水温度、盐度和压力的函数，常表示为 $\rho(S,t,P)$，用以表示在盐度 S、温度 t(℃) 和压力 P(MPa) 时的海水密度，又称现场密度。海水密度可用 6 ～ 7 位数据表示，如 $\rho = 1028.723\ kg/m^3$。

一切影响温度和盐度的因子都会影响到海水的密度。海水的密度随地理位置、海洋深度都有复杂的分布，并随时间而变化。海水的密度与温度和盐度也存在着必然的联系，盐度高则密度大，温度高，则密度小。

由于太阳辐射和蒸发的作用，从总体来看，赤道地区海水密度低，向两极则逐渐增大。表层海水密度的水平分布受海流的影响较大，有海流的地方，密度的水平差异比较大。

在垂直方向上，密度向下递增，在海洋的上层，密度垂直梯度较大；约从 1500m 开始，密度的垂直梯度便很小；在深层，密度几乎不随深度而变化。

密度随时间的变化主要是表面海水密度的日变化，另外还有年变化。如前所述，海水的密度与温度和盐度及压力有关，在海面，密度的分布和变化仅取决于温度和盐度。在盐度变化较小的海区，海水的密度主要决定于温度状况。在中国海近岸地区，特别是河口地区，海水的盐度变化较大，因而那里的密度分布和变化主要由盐度来支配，而在近岸和离河口较远的海区，则主要由温度来支配。中国近海表层海水密度分布的一般规律是：冬季普遍较高，夏季普遍降低，春秋季介于二者之间，而且随纬度增高而增大。

3.3.2　海水密度的测定

海洋表层密度的测定可以通过 Knudsen(1902) 密度模型通过测定盐度 S 获得。

$$\rho = -0.093 + 0.8149S - 0.000482S^2 + 0.0000068S^3 \tag{3-4}$$

海洋表层以下的海水密度一般采用数值计算的方法利用实测的盐度 S、温度 t(℃) 和压力 P(MPa) 求得。F. J. Millero 等人于 1980 年提出了一个与 1978 年实用盐标相一致的海水状态方程，反映海水密度与温度、实用盐度和压强的关系，可用于计算海水密度。

$$\rho(S,t,p) = \rho(S,t,0)\left(1 - 10 \cdot \frac{P}{K(S,t,p)}\right)^{-1} \tag{3-5}$$

其中，$\rho(S,t,0)$ 为一个标准大气压下的海水密度，温度为 −2 ～ 40℃。盐度范围在 0 ～ 42，ρ_0 为标准平均大洋海水密度，则实用海洋表层以下密度为：

$$\rho(S,t,0) = \rho_0 + AS + BS^{3/2} + CS^2 \tag{3-6}$$

$$\rho_w = 999.842594 + 6.793952 \times 10^{-2} t - 9.095290 \times 10^{-3} t^2 + 10001685 \times 10^{-4} t^3$$
$$- 1.120083 \times 10^{-6} t^4 + 6.536332 \times 10^{-9} t^5$$

$A = 8.24493 \times 10^{-1} - 4.0899 \times 10^{-3} t + 7.6438 \times 10^{-5} t^2 - 8.2467 \times 10^{-7} t^3$
$+ 5.3875 \times 10^{-9} t^5$

$B = -5.72466 \times 10^{-3} + 1.0227 \times 10^{-4} t - 1.6546 \times 10^{-6} t^2 \quad C = 4.8314 \times 10^{-4}$

$K(S,t,p) = K(S,t,0) + A_1 p + B_1 p^2 \quad K(S,t,0) = K_w + aS + bS^{3/2}$

$K_w = 19652.21 + 148.4206t - 2.327105t^2 + 1.360477 \times 10^{-2} t^3 - 5.155288 \times 10^{-5} t^4$

$A_1 = A_w + cS + dS^{3/2} \quad B_1 = B_w + eS$

$A_w = 3.239908 + 1.43713 \times 10^{-2} t + 1.16092 \times 10^{-3} t^2 - 5.77905 \times 10^{-6} t^3$

$a = 54.6746 + 0.603459t + 1.09987 \times 10^{-2} t^2 - 6.1670 \times 10^{-5} t^3$

$b = 7.944 \times 10^{-1} + 1.6483 \times 10^{-2} t - 5.3009 \times 10^{-4} t^2$

$c = 2.2838 \times 10^{-2} - 1.0981 \times 10^{-4} t - 1.0678 \times 10^{-5} t^2$

$d = 1.91075 \times 10^{-3} \quad B_w = 8.50935 \times 10^{-3} - 6.12293 \times 10^{-4} t + 5.2787 \times 10^{-6} t^2$

$e = -9.9348 \times 10^{-5} + 2.0816 \times 10^{-6} t + 9.1697 \times 10^{-8} t^2$

上述各式中 S 表示盐度，密度 ρ 单位为 kg/m^3，温度 t 单位为 ℃，压强 P 单位为 Mpa。公式适用范围：盐度 0～42，温度 2～40℃，压强 0～100 Mpa。尽管上述公式比较复杂，但利用计算机编程计算则相当方便、快捷。

海水密度图是海洋水文图的一种，是一种反映海水密度分布的专题海图。通常按照月或季表示其平面分布情况，多采用等值线分布图，以“g/ml”为单位，有时表示为表层的海水密度和各层的海水密度。

3.4 海水透明度、水色

海水透明度和水色是两个关键的海洋水文要素，它们决定着海洋测量中水深遥感以及机载激光测深的作用深度范围和精度，对海洋测量具有重要的作用。

透明度是表示海水能见程度的一个量度，即光线在水中传播一定距离后，其光能强度与原来光能强度之比。水色是指海水的颜色，是由水质点及海水中的悬浮质点所散射的光线来决定的。太阳直射光从天空经海面进入海中，受到水体的光谱吸收和多次散射，这种光传输过程由海洋辐射传递规律决定，因此海面辐射光谱分布和海水水色不仅与海水固有的光学性质有关，还与海洋表面光学性质和海面受到辐射度有关。海水水色与海洋水体所包含的物质成分密切相关，故大洋和近海的水色有明显的差异。在清洁的大洋中，悬浮颗粒少，粒径小，分子散射起着重要的作用，使大洋的颜色呈深蓝色。近海中含有较多的有机和无机悬浮物，因此，近海水的颜色呈现蓝绿色甚至黄褐色。此外，海洋中有多种颜色的游浮生物，它们在海体中大量繁殖，影响了水域的颜色。在近岸和河口水域，因悬浮大量的泥沙，水色变黄。

水色与透明度之间存在着必然的联系，一般说来，水色高，透明度大，水色低，透明度小。决定水色和透明度分布和变化的主要因素是悬浮物质（包括浮游生物）。此外，海流的性质、入海径流的多少和季节变化等都将影响透明度和水色。

海水透明度是指用直径为 30 cm 的白色圆盘，将其垂直沉入海水中，直至刚好看不见的深度，单位为 m。这一深度，是白色透明度盘的反射、散射和透明度盘以上水柱的散射光与周围海水的散射光平衡时的状况，所以称为相对透明度。应用圆盘测量透明度虽简单、直观，但受到海面反射光、观测者眼高和视力、海水背景、海流等因素的影响，因此，测量的结果精度不高。而且透明度盘只能测出垂直方向上的透明度，无法测出水平方向上的透明度。为此，国际上多采用透明度仪进行观测，并对透明度作了新的定义。新定义为：光线在水中传播一定距离后，其光能强度与原来光能强度之比。透明度 T（也称为投射率）是与衰减系数 c 和光在海水中的传播距离 z 有关的量，存在关系 $T = e^{-cz}$。在海洋调查中，水色通常采用弗雷尔 - 乌勒标准水色液配制的水色计目测确定。

近年来，随着海洋遥感技术的发展，遥感观测方法可实现对海水透明度、水色、叶绿素浓度、悬浮物含量等要素的测定。

海水透明度图和水色图均是海洋水文图，是分别反映海水透明度分布情况和水色分布情况的专题海图，均按照月、季绘制。海水透明度图以等值线表述，单位为 m；水色是 1/2 透明度处海水所呈现的颜色，通常用罗马数字表示，数值大则水色高，反之则水色低。由于海水透明度与水色关系密切，透明度图和水色图可在一幅图内表示。

3.5 潮汐及潮汐观测

3.5.1 潮汐

受月球和太阳吸引力的作用，海水产生一种规律性的升降运动，称之为海洋潮汐。海洋潮汐是海水的一种周期性运动，经过一段时间以后，又反复地变化着。在多数的情况下，潮汐运动的平均周期为半天左右，一昼夜内约有两次海面涨落运动，古人常把白天的涨落称为潮，夜间的涨落称为汐，合称为潮汐。产生潮汐现象的主要原因是由于地球上各点距离月球和太阳的相对位置不同引起海面升降现象。通过在海边水中设立一固定标尺观测海面高度在数天内的变化，并展绘到潮高 - 时间坐标平面上可以得到如图 3-2 所示曲线，该曲线即为海面潮汐变化曲线，其形态可以用下面的一些术语描述。

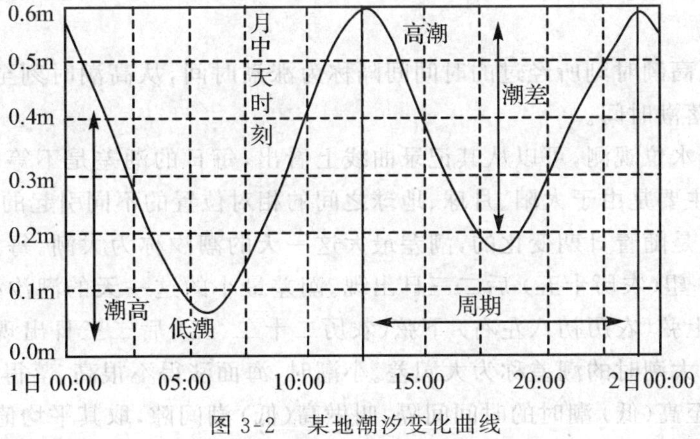

图 3-2　某地潮汐变化曲线

潮高，从某一基准面量至海面的高度，称为潮高。

月球经过某地子午线圈的时刻称为月中天（如图 3-3）。月球每天经过子午线圈两次，离天顶较近的一次为月上中天，离天顶较远的一次为月下中天。地球绕太阳公转一周为一年，地球自转一周为一天，月球绕地球公转一周约为一月。

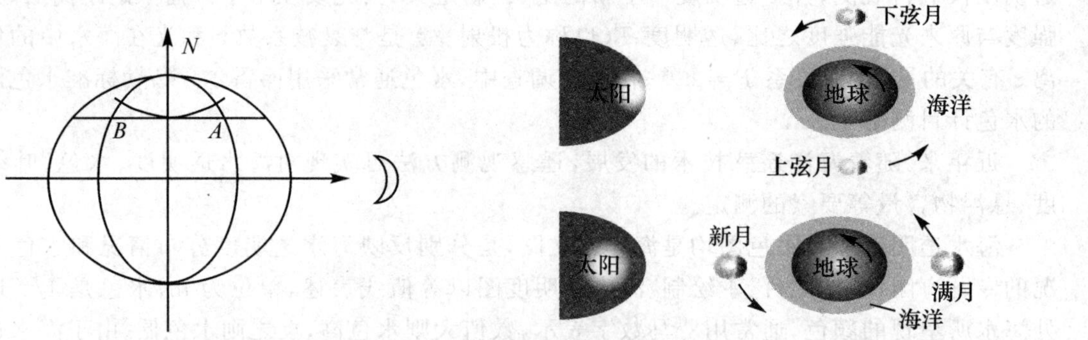

图 3-3 月中天(左)及引力引起的潮汐变化(右)

高潮和低潮,在海面升降的每一个周期中,海面上涨到不能再升高时称为高潮或满潮;海面下降到不能再下降时,称为低潮或干潮。

涨潮和落潮,海面从低潮上升到高潮的过程中,海面逐渐上升,称为涨潮。从高潮至低潮的过程中,海面逐渐下落,称为落潮。

平潮和停潮,当海面达到高潮时,在一段时间内海面暂时停止上升,此时称为平潮。当海面达到低潮时候,在一段时间内海面暂时停止下降,此时称为停潮,有时将平潮和停潮合称为平潮。平潮(停潮)时间的长短,一般因地而异,有的地方几分钟或几十分钟,最长的可达一两个小时以上。高潮时和低潮时,一般取平潮(停潮)中间时刻为高潮时(低潮时)。

两个相邻的高潮和低潮的水位高度差,称为潮差。潮差的大小因地因时而异,我国最大的潮差在杭州湾,有8m左右(著名的钱塘潮);世界上最大潮差在北美芬地湾(Bay of Fundy),约有18m之多,取一段时间内潮差的平均值叫平均潮差。两个相邻高潮或两个相邻低潮之间的时间间隔,称为周期。有的地方潮汐的周期约半天,其平均值是12 h 25 min;有的地区是一天,其平均值为24 h 50 min;有的地方潮汐的周期是一个月内既有半天的也有是一天的,属于混合潮地区。

从低潮时刻至高潮时刻所经过的时间间隔称为涨潮时间,从高潮时刻至低潮时刻所经过的时间间隔,称为落潮时间。

通过长时间的水位观测,可以从其记录曲线上看出,每日的潮差是不等的,这种现象称为潮汐日不等现象。主要是由于太阳、月球、地球之间的相对位置的不同引起的。大、小潮,经过长时间观测发现潮差是随着日期变化的,潮差最大这一天的潮汐称为大潮。每月有两次大潮,一般在朔(农历初一)望(农历十五)后二三日出现。潮差最小的这一天的潮汐称为小潮。每月有两次小潮,一般在上弦(农历初八左右)下弦(农历二十二、三)后二三日出现。大潮时,海面涨得最高,落得最低,大潮时的潮差称为大潮差。小潮时,海面涨得不很高,落得也不太低。高(低)潮间隙,从月中天至高(低)潮时的时间间隔,叫做高(低)潮间隙,取其平均值为平均高(低)潮间隙。分点潮和回归潮,从潮汐曲线上可以看出,同一天的两次高潮(低潮)的高度不相等,较高的一次高潮叫高高潮,较低的一次高潮叫低高潮,较低的一次低潮叫低低潮,较高的一次低潮叫高低潮。这种现象是由月球赤纬的变化而引起的。当月球在赤道附近,则两高潮(低潮)的潮高约相等,这时候的潮汐称为分点潮(见图3-4)。若在春、秋分前后的分点潮时,此间潮差比通常大潮的潮差约大10%左右。这种一日内两次高潮或低潮潮高不等现象,称为日潮不等。日潮不等主要是由月球赤纬变化产生的，当月球在最北或最南附近时，所产生的日潮不等为最大，此时潮汐叫回归潮(见图 3-5)。回归潮与分点潮都是随着赤纬变化而变化的，所以又称回归不等，其周期为半个回归月(一个回归月等于 27.321582 个平太阳日)。潮差的大小是随着月球与地球的距离不同而变化的，月地距离近时，潮差较大，通常在月球经过近地点两天后，其潮差为最大，而在月球经过远地点两天后，其潮差为最小，此种潮汐不等现象叫做视差不等。视差不等的周期为一个近点月(一个近点月等于 27.55455 个平太阳日)。

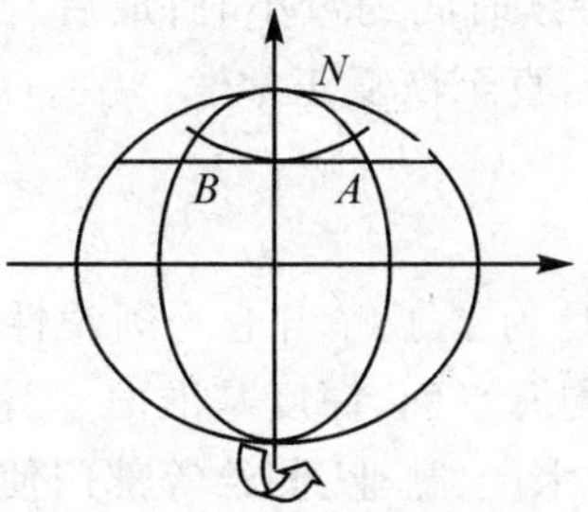

图 3-4　分点潮

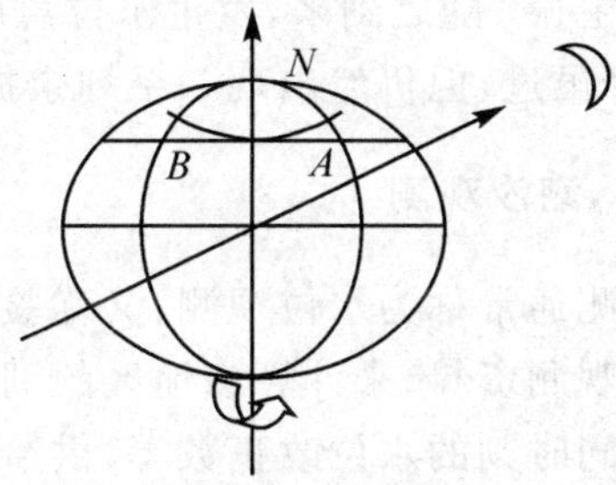

图 3-5　回归潮

不同的地方其潮汐变化曲线不同，最为明显的就是其变化周期是不同的，根据此特点，一般将潮汐类型分为 4 类：① 正规半日潮，一个太阴日(约 24 h 50 min)内，有两次高潮和两次低潮，相邻的高低潮之间的潮差几乎相等，此类潮汐称为正规半日潮。② 不正规半日潮，一个太阴日内，也有两次高潮和两次低潮，但相邻的高低潮之间的潮差不等，涨落潮时间也不等，且是变化的。③ 不正规日潮，一个朔望月内大多数天是不正规半日潮，但有几天会出现一日一次高潮和一次低潮的日潮类型。④ 正规日潮，一个朔望月内大多数天是日潮的性质，少数天发生不正规半日潮。潮汐变化及其特征如图 3-6 所示。

随着气候的变化，近年来我国很多地区出现风暴潮，为此，下面介绍风暴潮的一些基本概念。

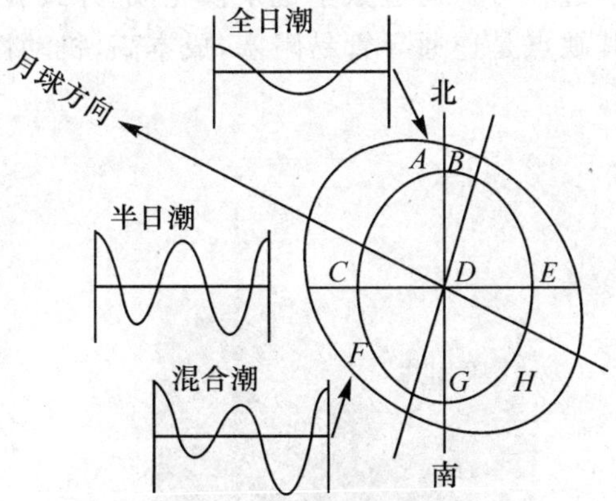

图 3-6　潮汐变化及其特征

风暴潮亦称气象海啸或风暴增水，是来自海上的一种巨大的自然灾害现象。由热带气旋、温带气旋和冷锋过境强风作用以及气压剧变等天气系统引起的海面异常升降现象。风暴潮往往伴随着狂风巨浪，淹没乡村、城镇，造成巨大损失。风暴潮多发生在夏秋季节。

按照诱发风暴潮的大气扰动特征来分类，通常把风暴潮分为两类：一类是由热带风暴引起的，另一类是由温带气旋所引起的。但是，在我国的渤海、黄海还存在另一种类型的风暴潮。在春、秋过渡季节，渤海和北黄海是冷、暖气团角逐较激烈的地域，由寒潮或冷空气所激发的风暴潮非常显著，其特点为水位变化持续但不急剧。因寒潮或冷空气没有低压中心，故有人称此类风暴潮为风潮。

风暴潮发生一般经历三个阶段，首先是“初振”，它是由于风暴系统的移动小于风暴所引起的自由长波的传播速度，这些比风暴系统来的早的先兆波的到达造成沿岸海面的缓慢上升和下降；接着“主振”随之到来，发生水位急剧上升（增水），持续时间约数小时；最后，当风暴离去时，水位高峰虽过，但仍然出现一系列余振，水位缓慢下降，直至恢复正常。

3.5.2 潮汐观测

潮汐观测通常称为水位观测，又称验潮。验潮的目的是为了了解当地的潮汐性质，应用所获得的潮汐观测资料，来计算该地区的潮汐调和常数、平均海平面、深度基准面、潮汐预报以及提供测量不同时刻的水位改正数等，供给有关军事、交通、水产、盐业、测绘等部门使用。潮汐观测是海洋工程测量、航道测量等工作的重要组成部分。

1. 水尺验潮

一种类似于用水准尺量测水位的一种验潮方式。水尺一般固定在码头壁、岩壁、海滩上（图 3-7）。水尺上面标有一定的刻度，一般最小刻度为 cm，长度大约为 3 ～ 5m，利用人工方法读取水位。水尺验潮具有工作简单、机动性较强、易操作、技术含量低、造价低的特点，常用于临时验潮的情况。该方法的观测精度受涌浪、观测误差等多种因素的影响，一般约为 10 ～ 15 cm。

2. 井式自记验潮仪验潮

其主要结构由验潮井、浮筒、记录装置组成。

工作原理是通过在水面上随井内水面起伏的浮筒带动上面的记录滚筒转动，使得记录针在装有记录纸的记录滚筒上画线，来记录水面的变化情况，达到自动记录潮位的目的。目前，这种通过机械运动获得潮位的过程可以通过数字记录仪完成。井式验潮结构见图 3-8，其特点是坚固耐用，滤波性能良好，其缺点是连通导管易阻塞，成本高，机动性差。

图 3-7 水尺

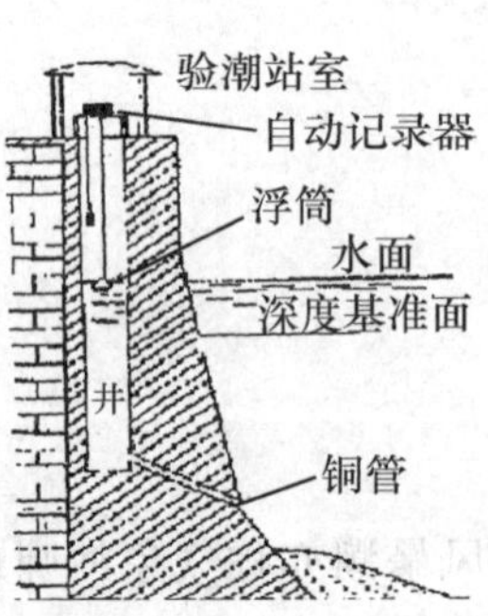

图 3-8 井式验潮站

3. 超声波潮汐计验潮

超声波潮汐计主要由探头、声管、计算机等部分组成(图 3-9)。其主要特点是利用声学测距原理进行非接触式潮位测量。基本工作原理是通过固定在水位计顶端的声学换能器向下发射声信号,信号遇到声管的校准孔和水面分别产生回波,同时记录发射接收的时间差,进而求得水面高度。特点是使用方便,工作量小,滤波性能良好,适于测量。

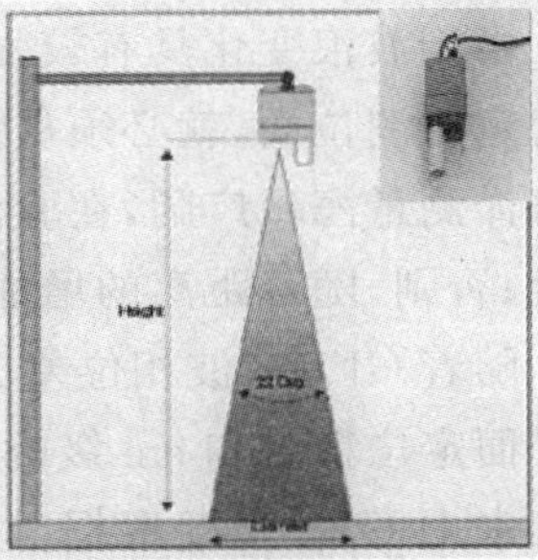

图 3-9 声学水位计

声学测量中,温度的影响是产生测量偏差的主要原因,温度变化 1℃,将影响声速变化约 0.18%,为了在不均匀的声场进行准确测量,采集水位的同时,还要采集声程中的温度,修正声速,对水位测量值进行温度补偿,减小温度梯度造成的测量误差,提高测量精度。

4. 压力式验潮仪验潮

压力式验潮仪按照结构可以分为机械式水压验潮仪和电子式水压验潮仪。机械式水压验潮仪主要由水压钟、橡皮管、U 形水银管和自动记录装置组成。其基本原理是通过测量水下或与海水相联系的水面以上某一界面上由于海面变化引起的压力变化来测量水位。特点是无验潮井,坚固耐用,调整方便,成本低,滤波性能良好。

电子式水压验潮仪主要由水下机、水上机、电缆、数据链等部分组成(图 3-10)。其测量水位的原理与机械式水压验潮仪基本相同,即通过测量水下压力变化获得水位变化的。只不过其利用压力传感器代替水压钟和 U 形管,又利用数字电子技术将压力变化转换成水位变化,从而达到水位观测的目的。特点是安装方便,精度高,携带方便,从观测数据到数据处理可以完全计算机自动化,高效率,滤波性能良好,还可以做近距离遥控。

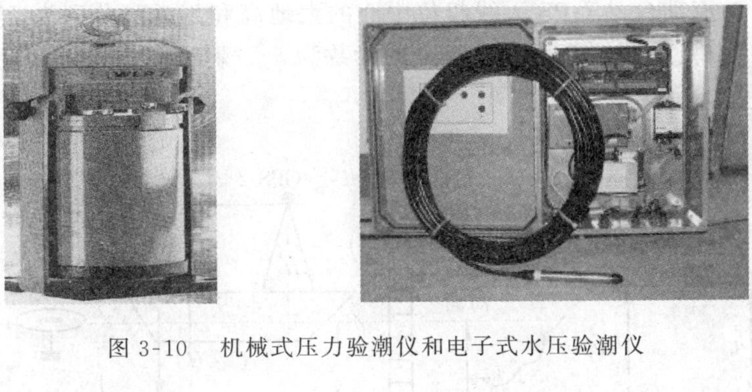

图 3-10 机械式压力验潮仪和电子式水压验潮仪

5. GPS 在航潮位测量

GPS 在航潮位测量方法是最近几年兴起的潮位测量方法。

瞬时海面 T_s 是潮汐 T 和波浪 w 综合作用的结果,可表达为:

$$T_s(t) = T(t) + w(t)$$

$$w(t) = \sum_{i=1}^{n} (a_i \cos\tilde{\omega}_i t + b_i \cos\tilde{\omega}_i t) \tag{3-7}$$

$$T(t) = MSL_0 + \sum_{i=1}^{n} f_i H_i \cos(q_i t + G(V_0 + u) - g_i)$$

由于波浪变化具有较强的地域性，近岸波浪和远岸波浪之间存在着较大差异，因此为了得到稳定的潮位面，就必须从潮位观测量中消除波浪的影响。潮位的变化具有较强的时空性，由于海洋测量海域广阔，在验潮站的有效作用距离范围内，利用验潮数据可获得较高的潮位改正精度；否则，随着距离的增加，潮位需通过外推获得，精度将会变得较差。

随着 GPS 载波相位差分测量技术的日益成熟，在动态情况下，它可获得 cm 级甚至 mm 级的平面定位精度和 cm 级的高程定位精度，这为动态环境下的潮位测定奠定了理论基础。

水上 GPS 验潮根据其载体的不同分为船载和浮标 GPS 验潮，两种方法的思想基本相同，即均采用 GPS 载波相位差分测量技术作为定位基础，利用大地高反算潮位，其区别仅在于载体。船载 GPS 验潮中，GPS 架设在船体的中心或重心上方；浮标 GPS 验潮，浮标的下方悬坠一个重物，保证浮标具有一定的吃水和稳定度，GPS 天线安置在浮标内吃水面上一定高度；为了削弱多路径效应的影响，GPS 天线必须带有抑径板和设置一定的高度角。

根据图 3-11，基准站、流动站天线相位中心的正常高为：

$$H_M^r = h_a^r + h_{ro} \qquad H_M^k = h_a^k + T \tag{3-8}$$

当基准站和流动站间距离不是很远(如 30 km 以内)时，下式成立：

$$\xi = H_g^r - H_M^r = H_g^k - H_M^k \tag{3-9}$$

则潮位值为：

$$\begin{aligned} H_M^k &= H_g^k - \xi = H_g^k - H_g^r + h_a^r + h_{ro} \\ T_{GPS} &= H_M^k - h_a^k \end{aligned} \tag{3-10}$$

以上便是 GPS 验潮的基本原理。

为了验证这种方法的正确性，现将水尺验潮思想引入。图 3-11 中参考站的天线高为 h_a^r，流动站天线高为 h_a^k(GPS 天线相位中心到船体或浮标吃水面的垂距，当 GPS 天线位于浮标吃水面上时，$h_a^k = 0$)，已知点的正常高为 h_{ro}，参考站 GPS 天线处的大地高和正常高分别为 H_g^r、H_M^r，高程异常为 ξ；流动台站 GPS 天线相位中心的大地高和正常高分别为 H_g^k、H_M^k；水尺零点与已知点的高差为 h_{ruler0}，瞬时海面在水尺上的读数为 h_{sr0}；瞬时潮位为 T。

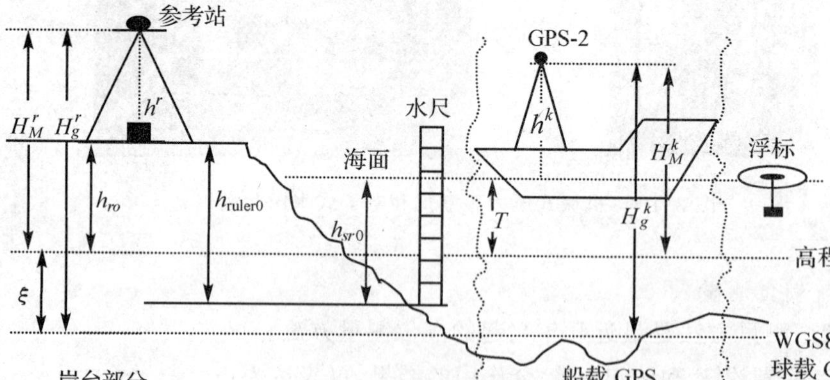

图 3-11　GPS 验潮原理图

水尺零点的高程为：

$$H_{\text{ruler}} = h_{ro} - h_{\text{ruler0}} \tag{3-11}$$

则潮位表达式为：

$$T_{\text{ruler}} = H_{\text{ruler}} + h_{sr0} \tag{3-12}$$

则理论上应有：

$$T_{\text{GPS}} = T_{\text{ruler}} \tag{3-13}$$

上述验潮方法虽然很好地克服了传统验潮方法不能在水上或偏远地区进行验潮的缺陷和潮位模型误差的影响，但同传统方法一样，也存在着波浪对潮位观测数据的影响，为了消除该影响，下面介绍一种波浪滤除方法 —— 姿态补偿和门限滤波。

波浪是引起船姿变化的一个主要因素，它可通过 GPS 或姿态传感器来测定。参考图 3-11、图 3-12 和图 3-13，船姿作用下 GPS-2 天线相位中心到船体吃水面的垂距发生瞬时改变，该变化量即为船姿对水位测量的补偿量，设 p、r 为纵摇和横摇，则船姿补偿量为：

$$\Delta h_a^k = h_a^k(2 - \cos p - \cos r) \tag{3-14}$$

则瞬时垂距为：

$$h'^k_a = h_a^k - \Delta h_a^k \tag{3-15}$$

船台 GPS-2 肩负着潮位和姿态测量的双重角色，经上式补偿后，瞬时海面高程 T_s 为：

$$T_s = (Z_2 - H_g^r + h_a^r + h_{ro} - h_a^k) + \Delta h_a^k \tag{3-16}$$

式中，Z_2 为 GPS-2 测量的大地高。以上瞬时海面并不代表实际潮位面 $T(t)$，还需消除涌浪 w 的影响，为此必须进行门限滤波。

由于波浪的涌动，船体被抬高或降低，其影响较大。根据式(3-7)，潮位项为长周期项，周期一般至少大于 1 h；第二项为涌浪影响项，短波项，周期为 10 ～ 60 s。两项的周期变化如图 3-12 和图 3-13 所示。对式(3-7) 两边在[0,Δt] 区间取积分平均：

$$\frac{1}{\Delta t}\int_0^{\Delta t} T_s(t)\,\mathrm{d}t = \frac{1}{\Delta t}\int_0^{\Delta t} T(t)\,\mathrm{d}t + \frac{1}{\Delta t}\int_0^{\Delta t} w(t)\,\mathrm{d}t \tag{3-17}$$

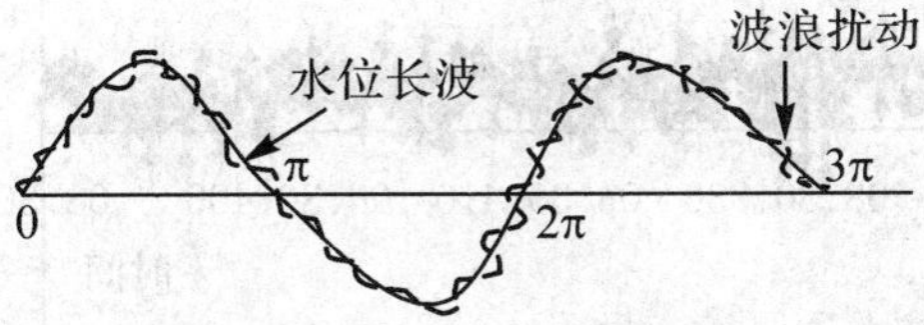

图 3-12　水位周期示意图

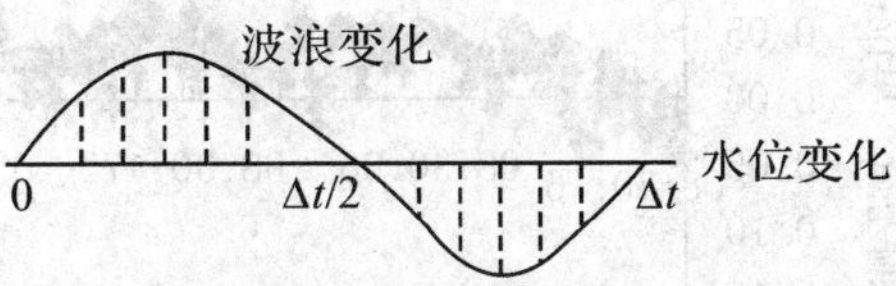

图 3-13　波浪周期示意图

图 3-12 和图 3-13 说明，只要选择适当的 Δt(涌浪周期)，便可利用下式实现涌浪的滤除：

$$\frac{1}{\Delta t}\int_0^{\Delta t} w(t)\,\mathrm{d}t = 0,\quad \frac{1}{\Delta t}\int_0^{\Delta t} T(t)\,\mathrm{d}t = \frac{1}{\Delta t}\int_0^{\Delta t} T_s(t)\,\mathrm{d}t \tag{3-18}$$

Δt 取值过大不但会引起波浪相位的延迟，而且还会引起潮位本身的滤波问题。但取值过小，波浪的影响将不能很好消除。为了更好地确定 Δt，下面介绍一种循环尝试法，这种方法主要考虑两个方面，一是波浪的周期变化基本趋于平稳，二是短时间内潮位不发生变化。利用这种方法进行事后滤波，其设计流程如图 3-14 所示。将确定的 Δt 带入式(3-17)，便可确定出 $[0, n\Delta t]$ 时间段内的潮位。

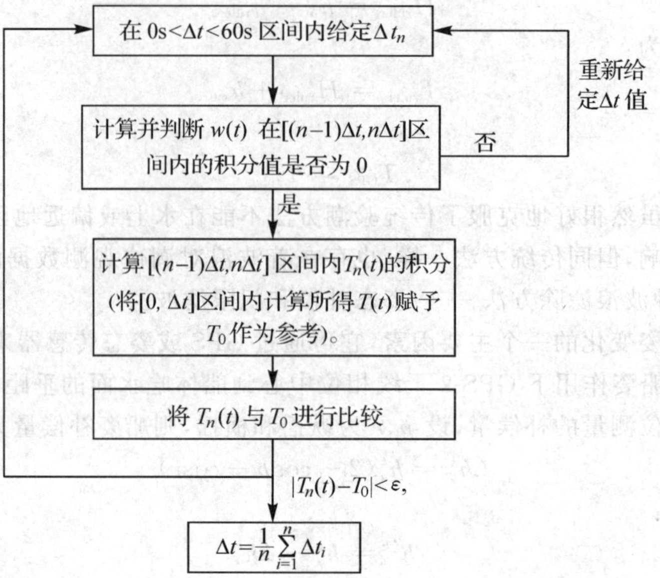

图 3-14　涌浪滤除示意图

下面介绍一个 GPS 潮位测量试验。在这个试验中，采用了四台双频 GPS 接收机，接收机的数据采样率均设置为 1 s。数据处理及分析如下：

（1）动态基线解算精度分析。图 3-15 和图 3-16 表明，基线长度解算精度最大偏差为 7 cm，一般情况下小于 5 cm，从而说明 GPS 载波相位测量中整周模糊度的解算是正确的，可以保证定位精度。

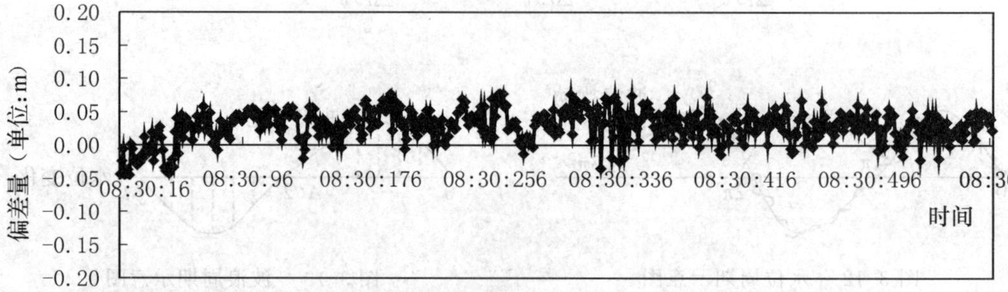

图 3-15　中心 GPS 到船弦 GPS 天线间的测量距离与固有距离的偏差

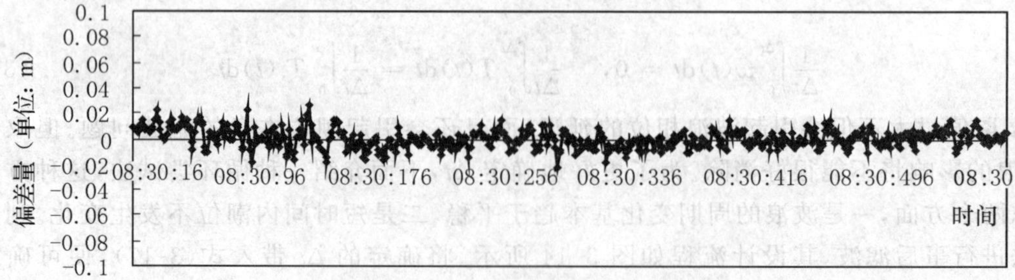

图 3-16　中心 GPS 到船尾 GPS 天线间的测量距离同固有距离的偏差

目前，主要利用高分辨率测深仪进行内波测量。其主要根据是内波的存在使得海水运动和水文要素变得更为复杂。密度跃层引起的界面震动影响着上下水层之间的交换，它使得下层海水的溶解氧得不到补充，海洋生物因缺氧而无法生存，因此浮游生物将移居于上层海水。当声波入射到浮游生物形成的散射界面时，部分反向散射的回波信号被测深仪接收到并被记录下来。由于浮游生物近似地视为中性浮体，它伴随着内波一起起伏运动。这样利用测深仪测得的散射回波随时间的变化就反映了内波的运动特征。

另外，利用海流剖面仪（ADCP）也可以连续观测内波运动。关于ADCP测量将在本章最后一节给予介绍。

海面上最为常见的波动是风浪和涌浪，合称为海浪。

风浪亦称风成波。在风力的直接作用下，海面或湖泊产生的波动，属强制波。波浪级别的划分主要根据观测所得的平均周期 T，在100个波浪中测15个完整且较大的波浪，取其中10个较大的波高的平均值，作为1/10部分大波波高 $H_{1/10}$ 值，由表3-1可以得到相应的波级；采用同样的原理，可以得到 $H_{1/3}$ 的波级。涌浪则指的是海面上由其他海区传来的或者当地风力迅速减小、平息，或者风向改变后海面上遗留下来的波动。在海洋中风浪和涌浪会单独存在，也往往同时存在，其传播方向也往往不同。

表3-1　　波级表

波级	$H_{1/3}$ 波高范围/m	$H_{1/10}$ 波高范围/m	浪级
0	0	0	无浪
1	$H_{1/3}<0.1$	$H_{1/10}<0.1$	微浪
2	$0.1\leqslant H_{1/3}<0.5$	$0.1\leqslant H_{1/10}<0.5$	小浪
3	$0.5\leqslant H_{1/3}<1.25$	$0.5\leqslant H_{1/10}<1.5$	轻浪
4	$1.25\leqslant H_{1/3}<2.5$	$1.5\leqslant H_{1/10}<3.0$	中浪
5	$2.5\leqslant H_{1/3}<4.0$	$3.0\leqslant H_{1/10}<5.0$	大浪
6	$4.0\leqslant H_{1/3}<6.0$	$5.0\leqslant H_{1/10}<7.5$	巨浪
7	$6.0\leqslant H_{1/3}<9.0$	$7.5\leqslant H_{1/10}<11.5$	狂浪
8	$9.0\leqslant H_{1/3}<14.0$	$11.5\leqslant H_{1/10}<18.0$	狂浪
9	$H_{1/3}\geqslant 14.0$	$H_{1/10}\geqslant 18.0$	怒浪

风浪的特征是波面比较杂乱粗糙，波形比较尖陡，波向基本与风向相同。风浪的盛衰取决于风要素的大小。依赖于风速和风向变化的海浪状态为定常状态；在给定的风速下，风区和风速足够大，海浪达到最大尺寸，此时，风传递于波的能量与波破碎和涡粘消耗能量达到平衡状态的风浪为充分成长状态。

涌浪属于自由波。涌浪的特点是波面圆滑，波形对称，波陡小，其波峰线比风浪的长，波向明显。涌浪的大小决定于风区内的风浪大小和向外传播的距离。涌浪的周期随传播距离增大，而波高随之减小。风暴水域传播出来的涌浪先头波，其波速比风暴中心移动速度快得多，可以用来预报风暴的来袭。

涌浪对测深具有很大的影响，目前，涌浪一般通过涌浪补偿器来测定。

引起海面起伏的原因很多，如海浪、潮汐等，但在海上分布最广、出现概率最高、明显对测量船（即对测深数据）产生影响的是由风浪引起的波浪。这一部分是测量中受其影响最明显而最不容易消除的部分。

由于波浪的随机性使得在测量过程中测量海区中的每一个测点的任何时间、任何地点的波浪的波高无法预知，没有规律性，而且不同的地点在同一时刻的波高也各不相同，即使相隔几米其波面高之差比两点的潮汐差一般要大得多。虽然我们在测量过程中已经知道测深数据受其影响，但要消除波浪对测深数据影响绝非易事。一般波浪预报是采用概率统计的方法去估算预报波高、波周期和波长，所以得到的只是某海区范围内的统计值，而不是海区内每一点的波浪要素，这不符合水深测量的实时、同步要求。

测量船艇在海上进行测量时，在有波浪的状态下，能够使得测量船产生横纵摇、艏摇和升沉运动。这种运动直接影响了测深基准面（测深零位面）的稳定性和测深数据的准确性，从而影响了海洋测深的精度和成果质量。随着高精度海底地形测量的发展，波浪对测深数据的影响日益受到重视，波浪对测深数据的影响已成为提高测深精度的一个重要内容。

从上述的理论计算结果可以看出：在测量过程中，波浪造成测量船的升沉及纵横摇，这给测深带来很大的影响，表 3-2 对这种影响给出了估计值。该影响与船速、波向角、波高和波周期等因素有关，测深仪零位的升沉大小与测量船的升沉大小相等。如在波高 0.7 m 和 1.0 m 的情况下，测深仪零位的升沉大小就达到 10 余厘米到 40 cm。这对测深而言，显然不能不顾及。而在目前的测量过程中，没有将此作为影响测深精度的因素显然是不正确的。

表 3-2　**实际波高与测量船升沉值估计**

波高 /m	0.7	1.0	1.5	2.0
升沉 /cm	0.7 ～ 17	42 ～ 59	67 ～ 78	72 ～ 95

另外，测船的横纵角变化是在 0 ～ 7 度以内。其对测深数据的影响在浅水地区只有几厘米的差值，但在超过 20 m 的水深地区则可达到 10 余厘米、几米甚至更大。若不消除波浪的这部分影响，也会严重影响测深精度。

为了消除波浪对海洋测深的影响，现在，精密水深测量一般均配备波浪补偿仪和姿态传感器，以监测波浪对船体产生的上下涌动（Heave）和纵向、横向摇晃（Pitch，Roll）。通过这些参数测量和数据处理，最大限度地削弱波浪对测深的影响。

3.7　海流的类别及其特点

海流亦称洋流，海洋中海水以相对稳定的速度，沿一定的方向做大规模的非周期性运动。其流动方向有水平方向，也有垂直方向。环绕大洋或者海区作循环的流称为海洋环流。海流的强弱用流速表示，单位为 cm/s 或 kn；流向指海流流去的方向，以角度表示。流向与风向的表示恰恰相反。一般表层的流速为几个 cm/s 到 300cm/s，深层流速则在 10 cm/s；垂直流速非常小，一般在数 10 cm/d。

海流发生的原因主要是海面风力、海水压强梯度力、地球偏向力和摩擦力的作用，同时还受到海底地形、海岸轮廓和水深的影响。由盛行风产生的海流称为风生海流，若风生海流具有独自的体系，称之为风生环流。由于海面受热冷却不均匀，蒸发降水不均匀，结冰融冰及大陆径流等使海水的温度、盐度发生变化而导致海水密度分布不均匀，产生了压强梯度力，由此产生的海流称为热盐环流。风生环流影响的范围仅限于海洋上层和中层，而热盐环流既可以发生在海洋的上层和中层，又可以发生在深层。

海流按照流经海洋温度的差异，可分为寒流和暖流。

寒流是指水温低于所流经海区水温的海流。一般自高纬度海区向低纬度海区流动，如北非的加那利寒流、中美洲的秘鲁寒流和东格陵兰寒流。寒流的水温较低，盐度也比较低，水色较低，透明度小，使流经海区沿海温度降低、气候干燥，在航海图上用蓝色流线表示。

暖流与寒流相对，是指水温高于所流经海区水温的海流。一般自低纬度海区向高纬度海区流动，如黑潮、北大西洋暖流。暖流的水温高，盐度也比较大，水色较高，透明度大，使流经海区沿海温度升高、湿度增加、气候温暖湿润，在航海图上用红色流线表示。

按照与海岸的关系，可分为沿岸流、离岸流和向岸流。由风力作用或江河水入海产生局部海水沿岸流动，速度相对稳定的海流。当波浪传播方向与海岸斜交时，其平行于海岸方向的波流亦称为沿岸流。沿岸流含有丰富的营养物质，对养殖产生一定的作用；同时，其所含带的泥沙对海岸产生一定的影响。同样受风或其他因素的影响，产生离开海岸的海流。有时受风作用冲上海岸的海水产生的回流，或大洋海流遇到海岸的阻挡使流向发生变化，产生反向的逆流也称为离岸流。

按照海流的成因，又分为风海流、密度流、倾斜流和补偿流。

风海流是由稳定的风长期吹刮在海面上，通过风对海面的摩擦力和施加在海浪迎风面上的压力而形成的一种稳定海流。摩擦效应对与风海流是至关重要的。正是由于海水的涡动摩擦效应才把能量传递给海水的表层及其以下各层，从而使海水沿着一定的方向流动。根据艾克曼假定(1905)，风海流是摩擦力与地转偏向力取得平衡时的一种稳定流，可推导出风海流在不同层中的流速。

1. 表面流的流向和流速

表面流的流速可以根据海流和风速的同时观测值，建立它们之间的经验关系式。

$$V_0 = 0.0127u/\sqrt{\sin\phi} \tag{3-19}$$

式中 V_0 为表面海流的流速(cm/s)；u 为风速(cm/s)；ϕ 为纬度(°)。

可见表层流流速的大小除与风速有关外，还与纬度有关。在风速相同条件下，纬度越高，它的量值越小。这是因为当 $\sin\phi$ 大时，对一定的流速，地转偏向力大，它很快与摩擦力平衡；而当 $\sin\phi$ 小时，只有流速 V 较大时，地转偏向力才能与摩擦力达到平衡。

2. 风海流的流速和流向随深度的变化

随着深度的增加，流向不断右偏(南半球左偏)，流速以指数规律递减。如果将等深间隔的海流用箭矢来表示，以箭矢的方向表示海流的流向，以箭矢的长度代表海流的速度，那么这些等深间隔的箭矢便形成了一个螺旋形的梯子(如图 3-20 所示)，梯子的每一级随深度的增加方

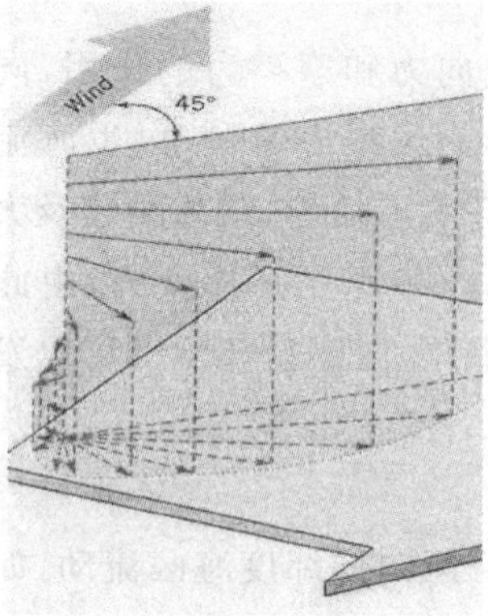

图 3-20　深海风海流立体结构

向不断右旋(北半球),其宽度变得愈来愈窄,如果将这些箭矢的终点投影在平面上,就形成一条螺旋线,叫艾克曼螺旋。通常就用艾克曼螺旋来表示风海流的流向和流速随深度的变化规律。

3. 风海流的作用深度

风海流的作用深度 D 与风速 u 以及地理纬度 ϕ 有关,其关系可用下列经验公式表达:

$$D = 7.6u/\sqrt{\sin\phi} \tag{3-20}$$

从式中可以看出,纬度的变化对摩擦深度影响不大,随风速增加摩擦深度显著增大。

密度流是指在非外力作用下,海水因密度分布不均匀,由水平方向的差异而产生的海水流动。海水密度差异是由于海水的温度、盐度和同一深度层上的压强差异而产生的。海越深,海水的密度越均匀,故密度流随深度而递减。除江河入海口水域外,在一定范围的浅海内,盐度和压强的变化不大,温度是改变密度的主要因素,因此可根据水温来判断密度流的方向。由于受地球偏向力的作用,在北半球,密度流大致沿等温线流动,流向的右侧水温高,左侧水温低,在南半球则相反。若密度流沿等密度线流动,则流向的右侧密度小,左侧密度大,在南半球则相反。通常在大洋中的海流都具有密度流的性质,密度流的深度较深,流经范围较广,从几百米到几千米。

倾斜流亦称坡度流。在均匀密度的海水中,由于风力作用,气压变化、江河水的流入、大量降水和冰融等原因,造成海水不均匀的堆积,海面倾斜导致海水的流动。倾斜流沿着等水位线流动,在地球偏向力的作用下,流向在北半球向右偏转,在南半球向左偏转。流向的确定与密度流方向的确定类似,在北半球流动方向的右侧为高水位,左侧为低水位,在南半球则相反。倾斜流从海面到海底整个流动具有相同的速度,其流速的大小与等压面倾斜程度有关,倾斜程度越大,水平压强梯度力也越大,则倾斜流的流速就越大。

补偿流是指某一海区的海水流出后,邻近海区的海水随即流进补充,从而产生的海水流动。补偿流有水平方向,也有垂直方向的。垂直方向的补偿流,分别为上升流和下降流两种。上升流是因表层流场的水平辐散,使表层以下的海水垂直上升的流动;下降流是因表层场的水平辐合,使海水由海面垂直下降的流动。上升流和下降流合称为“升降流”,是海洋环流的重要组成部分。近岸的升降流形成与风有着密切关系,在北半球,当平行于海岸的风较长时间的吹刮,在地偏向力的作用下产生的风海流,使沿岸海面减水,下层海水上升形成了上升流。当风与海岸垂直时,向岸风使沿岸地区发生增水现象,迫使表层海水下沉,产生了下降流。在海洋许多地区均有这种现象发生,如美国的加利福尼亚外海、索马里和阿拉伯半岛东海岸均有上升流存在,中国的浙江和海南岛近海也有上升流存在。上升流的流速甚小,只有($10^{-4}\sim10^{-2}$ m/s),流速因地而异。近岸的升降流现象比较显著,对海区的水文要素分布和海洋生产力有重要意义,对沿岸气候变化有极大影响。上升流一般水温较低,有显著的冷却和稳定作用,使所流经海区降水稀少,但可带来下层的营养物质,对鱼类有益,如中美洲的秘鲁沿海。在大洋中也有升降流现象,流速比沿岸弱,如热压带中纬度以及南极大陆附近,有一条海水辐聚带,它使海水下降;而在赤道区则形成海水的辐散,它使海水上升。这些升降运动,对整个大洋海水的垂直循环及温盐分布起着十分重要的作用。

上面从成因的角度介绍了几种主要类型的海流，表 3-3 对它们的特点进行了比较。

表 3-3　　**几种不同成因类海流比较**

成因类型	倾斜流	密度流	风海流
形成原因	外部因素如气压变化、风引起的增水减水等	海水内部密度水平分布的不均匀	风对海面的切应力和施加在海浪迎风面的正压力
受力情况	水平压强梯度力与地转偏向力取得平衡时的海流	水平压强梯度力与地转偏向力取得平衡时的海流	风的切应力与摩擦力、地转偏向力取得平衡时的海流
表面流流向	与水平压强梯度力垂直且在地球北半球偏右	与水平压强梯度力垂直且在地球北半球偏右	与风向成 45° 夹角，北半球偏右，南半球偏左
流向随深度变化	无	无	不断偏转
流速随深度变化	上下一致	上下一致	以指数规律递减
流速计算公式	$V=\dfrac{g\tan\alpha}{2\omega\sin\varphi}$	$V=\dfrac{g\tan\alpha}{2\omega\sin\varphi}$	$V=\dfrac{0.0127u}{\sqrt{\sin\varphi}}$
与纬度有无关系	有	有	有
作用深度	整个水层	深度大	深度较小

按海流的运动特征，可分为潮汐和潮流。

潮流是海水质点随潮汐垂直运动的同时，还在做水平运动，即潮流（见图 3-21）。在接近海岸时，潮流一般都要变大，同时，它们在局部环流中起着十分重要的作用。例如，在局部有混合作用的河口中，潮流比非潮流至少要强 10 倍；然而，在大洋中，潮流流速只有 2 ～ 3 cm/s，因此，在沿岸区域研究潮流更具有意义。和潮汐一样，潮流主要起因于月亮和太阳的引力，可以理解为同一个问题的两个方面，即引力作用海面使得海水升降的同时使得海水进行堆积和扩散运动。因引力的周期性变化，所以潮流呈现着周期性的往复流动，其流速和流向也随之发生变化。在我国多数海区，潮汐的升降与潮流进退两者的周期是相同的，这也表明，潮汐的上涨使外海海水涨潮潮流流入，潮汐的下落是海水流向外海的结果。但也有些海区潮汐的升降与潮流进退两者的周期是不相同的。例如在秦皇岛附近的海区，潮汐属于规则日潮性质，而潮流则属于半日潮流性质。对于潮汐与潮流的异同，可以用各海区的潮波运动理论解释。总之，不同地点的潮流性质是不同的，需要实际观测和计算才能深入认识和了解。

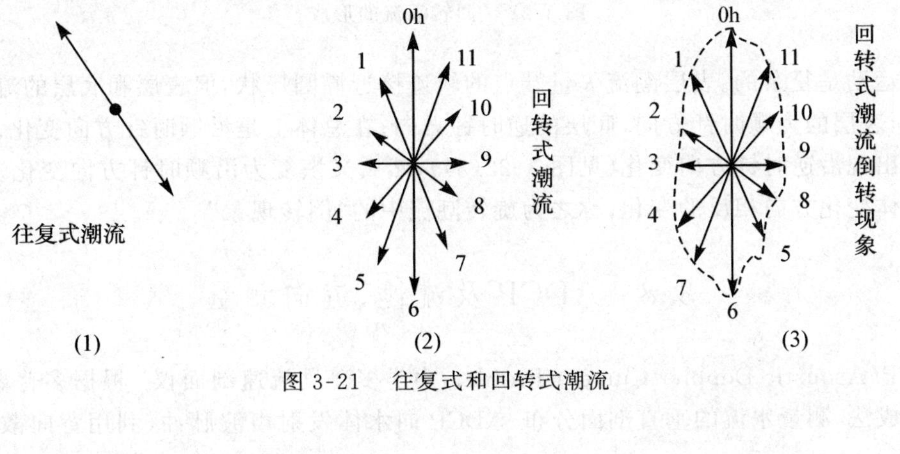

图 3-21　往复式和回转式潮流

潮流的典型形式有往复式潮流和回转式潮流两种。

1. 往复式潮流

往复式潮流又称直线式潮流，在海峡、水道、河口或狭窄港湾内的潮流，受地形限制，潮流一般为往复式交换。在外海某些海区，若处于右回旋式或左回旋式潮流的交界处，也会出现往复式潮流。往复式潮流的特点是流向只有两个，如东西向或南北相对流，流速是变化的。在半日周期的往复式潮流，流速变化在每一涨潮潮流或落潮流约为 6 h，以憩流时间为准，在憩流后 3 h 左右的流速为最强。潮流在每半个月大潮和小潮时间的变换约为：

$$大潮流速 = 2 \times 小潮流速 = \frac{4}{3} 平均流速 \tag{3-21}$$

2. 回转式潮流

又称八卦流，若海区内同时有几个潮波存在时，便可产生相互干扰作用，因此可形成回转式潮流。例如有两个往复式潮流成斜交时，此时潮流可形成回转式潮流。

如图 3-22 所示，图中 A 及 B 分别为两往复式潮流系统，在 C 点合成后形成回转式潮流。在北半球回转式潮流的方向是顺时针方向旋转；在南半球其方向是反时针方向。产生这种现象是由于地球自转效应的结果。例如我国长江口的潮流，属于回转式潮流，流向也是顺时针方向变动，流速较大，对船只航行很有影响。潮流的回转现象，不仅在广阔的海上观测得到，就是在某些较宽的海峡也能观测得到。在这样海区形成回转式潮流的原因，可以这样理解，若海峡在高潮与低潮时的中间时刻转流，由于潮高下降，在落潮的半潮面转流，则纵向的潮流停止，可是潮高仍然下降，就发生从岸边由横向来补充海峡中央的潮流；在涨潮的半潮面时，当纵向停止流动，则海峡中央有横向流动，故由于出现横向补充流再加上受柯氏力的作用，也可以形成回转式潮流。当海峡或水道的回转式潮流的椭圆长轴比短轴长得多，回转式潮流就接近往复式潮流。

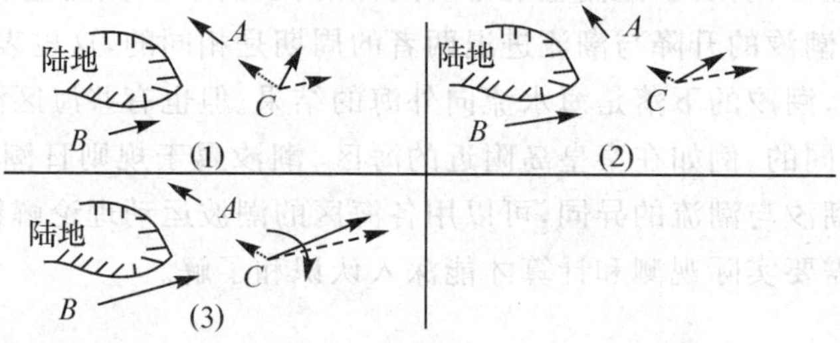

图 3-22　回转潮流的形成

潮流运动是复杂的。表层潮流矢量端点的轨迹接近椭圆形状，但表层和底层的流矢量变化方向相反，表层的为顺时针方向，底层的逆时针方向；在总体上是沿顺时针方向变化，但在某一段时间里出现沿逆时针方向变化(见图 3-22(3))，然后又恢复为沿顺时针方向变化。这种与潮流矢量总体变化方向相反的变化，称之为旋转潮流中的“倒转现象”。

3.8　ADCP 及流速、流向测量

ADCP(Acoustic Doppler Current Profiler，声学多普勒流速剖面仪）根据多普勒原理，利用矢量合成法，测量水流的垂直剖面分布。ADCP 向水体发射声波脉冲，利用背向散射声波脉

冲的多普勒频移可以连续地测量各层水体的三维流速。ADCP 向水体中发射的声波脉冲碰到水体中悬浮的、随水体运动的微粒后，产生反射，其中的部分信号被反射到 ADCP，ADCP 发射的声波脉冲和接收的被反射的声波脉冲频率会有一定的差异（称为多普勒频移），该频率变化完全取决于反射体的速度，即水流速度，ADCP 可根据该多普勒频移计算出相对于 ADCP 的流速大小。相对于传统的测流方法，ADCP 具有以下特点：① 测量速度快，可进行断面同步测量；② 能体现三维流速和流向的特性；③ 能自动消除各种外界因素的影响，还具有对数据资料进行评判的能力；④ 在测量中对流层无破坏作用；⑤ 测量范围广、线性好；⑥ 无需定期进行水槽率定。ADCP 的工作方式主要有三种，分别为：① 船载式 ADCP，可以在大范围水域内走航测量水体的三维流速分布。② 直读式 ADCP，用于近岸、海洋平台附近测量，一次可以测量一个剖面上的若干层水体流速的三维分量和绝对方向。③ 自容式 ADCP，用于海底、河底、浮标、潜标中进行长期定点监测。

3.8.1 ADCP 测流原理

从原理上讲，使用两个换能器就可以获得以测船为坐标系的水体流速与流向，加上测船的航速及航向，便可求得水体相对于大地的绝对流速及流向。但在实际船载式 ADCP 测量中大多采用四个换能器斜正交配置的 ADCP 系统，以便最大限度地减少测船航行给 ADCP 测量带来的误差。四个换能器斜正交配置的 ADCP 系统见图 3-23。每个换能器波束与水平面的夹角为 60°，相邻两个换能器波束的水平投影的夹角为 90°。

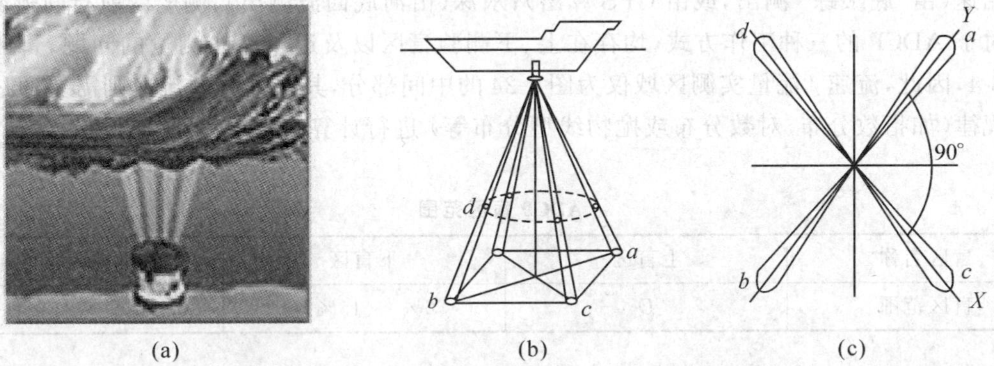

图 3-23　四个换能器斜正交配置的 ADCP 系统

安装在测船上，与 ADCP 系统轴线成一定倾角（一般为 30°）的四个换能器既是发射器又是接收器。换能器发射的声波脉冲集中在较窄的波束范围内，每个换能器对应于一个波束，发射固定频率的声波脉冲，然后接收来自水体中的浮游生物、泥沙小颗粒物质等反射回来的声波脉冲，并假定水体中颗粒物质与水体流速相同。当颗粒物质的移动方向接近换能器时，换能器接收到的回波频率比发射频率高，而当颗粒物质的移动方向是背向换能器时，换能器接收到的回波频率比发射频率低。除此之外，回波强度还取决于声波脉冲在水中的传播、吸收、散射及 ADCP 的发射功率。通过四个换能器波束所测流速的相互关系即可确定沿水深各深度单元水体相对于 ADCP（即测船）的三维（垂向、东 / 西、南 / 北）流速。

在 ADCP 坐标系下，每一个换能器波束方向上每一深度层上的水体的流速分量可以根据在该深度层水体上测得的声学多普勒频移来计算：

$$V = C\Delta F_d / 2F_s \tag{3-22}$$

式中：V 为相对于测船的水体流速，即 $\vec{W} = \vec{U} + \vec{V}$，其中 U 为船速，W 为流速。ΔF_d 为声学多普勒频移；F_s 为发射声波脉冲频率；C 为声波脉冲在水中的传播速度：

$$C = 1449.2 + 4.6T - 5.5 \times 10^{-2} T^2 + 2.9 \times 10^{-4} T^3 \tag{3-23}$$

其中 T 为换能器附近的水体温度。

ADCP 的每个换能器轴线即为一个波束坐标，每个换能器测量的流速是沿其波束坐标方向的流速，任意三个换能器轴线组成一个相互独立的空间波束坐标系。另外，ADCP 自身有直角坐标系(x, y, z)，其中的 z 方向与 ADCP 轴线一致。ADCP 首先测出每一个波束坐标的流速，然后转换成(x, y, z)坐标系下的三维流速(V_X, V_X, V_X)。因为(x, y, z)是局部坐标系，利用罗盘仪和倾斜计提供的方向和倾斜角度，(x, y, z)坐标系下的流速(V_X, V_X, V_X)可以转换成大地坐标系下的三维流速(V_E, V_N, V_{UP})。

利用不断发射的声波脉冲，确定一定的时间间隔及滞后，通过对多普勒频移和谱宽度的估算，便可确定整个水体剖面上各层水体的流速。

3.8.2 ADCP 流量测量及其测量盲区

从原理上讲，ADCP 流量测量原理与传统的人工测量方法是一样的，都是在测流断面上布设多条垂线，在每条垂线上测量水深并测量多点的流速从而得到平均流速，只是 ADCP 所布设的垂线可以很多，每条垂线上的测点也可以很多（如美国 RDI600 可测层数最多达 128 层）。为了计算流量，ADCP 在走航测验中测量水流的相对速度（相对于测船的速度，由“水跟踪”测出）；船速（由“底跟踪”测出，或由 GPS 算出）；水深（由河底回波测出）；测船的航行轨迹数据。

对于 ADCP 的三种工作方式，均存在上、下测验盲区以及近岸无法测量的问题，盲区范围见表 3-4，因此，流速 / 流量实测区域仅为图 3-24 的中间部分，其余部分的流速则需要通过流速分布规律（如指数分布、对数分布或抛物线型分布等）进行计算。

表 3-4　**ADCP 盲区范围**

盲区名称	上盲区	下盲区	近岸区盲区
盲区范围	D	$6\% \sim 15\% H$	$8\% \sim 15\% B$

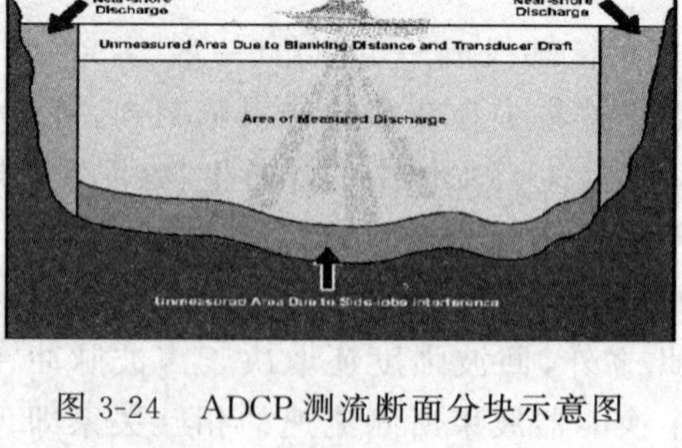

图 3-24　ADCP 测流断面分块示意图

水面附近的信号传播盲区的形成是由于在换能器由发射状态转换为接收状态时，需要一个时段（发射后的空白历时），而在该时段内，换能器面附近水域的背向散射信号已经返回，但换能器没来得及接收这些信息，因而形成了该盲区。该盲区的大小取决于所发射声波脉冲的频宽，频宽越大，盲区越大。该盲区一般为 1 m 左右。下盲区是由于受来自水域边界强背向散射体的强背向散射信号的影响，使这部分水域的反射信号失真而形成的，该盲区约占整个水深的 10% 左右，见图 3-25。近岸盲区的形成是由于两岸的水深较浅，导致 ADCP 测船不能靠近或不能获得有效深度单元的测量数据。

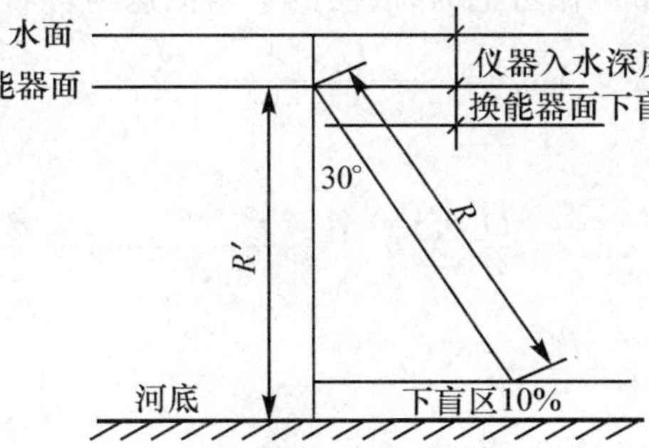

图 3-25　ADCP 工作盲区示意图(上、下盲区)

应用船载式 ADCP 测量流量是计算两岸间横断面上每一条垂线上的流量。通常用"流速 - 面积"法计算流量，计算公式为：

$$Q_t = \iint_S \vec{V}_f \cdot \vec{n} \mathrm{d}s \tag{3-24}$$

式中：Q_t 为总流量；S 为河流断面面积；$\mathrm{d}s$ 为河流断面上的微元面积；$\vec{V}_f$ 为河流断面上某点处平均流速矢量；$\vec{n}$ 为测船航迹上的单位法线矢量。

这种流量计算的方法，其实质是河流断面横向的积宽和垂向的积深，其测验精度与测船的航迹无关，只要从河面的一侧测至另一侧，无需测船保持直航，即能采集到精确的流量数据。在计算流量前，应首先确定表层、底层及中间层的尺寸。

表层、底层及中间层的边界为：

$$\begin{aligned} Z_1 &= D_{\text{total}} - D_{\text{LG}} - D_a/2 \\ Z_2 &= D_{\text{total}} - D_{\text{top}} + D_a/2 \\ Z_3 &= D_{\text{total}} \end{aligned} \tag{3-25}$$

表层厚度：

$$D_{\text{Top}} = Z_3 - Z_2 \tag{3-26}$$

中间层厚度：

$$D_{\text{Middle}} = Z_2 - Z_1 \tag{3-27}$$

底层厚度：

$$D_{\text{Bottom}} = Z_1 \tag{3-28}$$

由于 ADCP 存在上下两个盲区，故垂线平均流速按表层、中间层和底层三部分计算。

中间层平均流速：由 ADCP 系统直接测出，其大小为第一个垂向单元至靠近河底单元的所有单元测得的流速的平均值，x 方向流速分量为(y 方向流速分量类似)：

$$V_{xM} = \frac{1}{n}\sum_{j=1}^{n} u_{xj} \tag{3-29}$$

式中，V_{xM} 为 x 方向流速平均值；u_{xj} 为垂向深度单元 j 测得的 x 方向流速；n 为垂线上的单元个数。

表层流速：ADCP 借助于垂线流速分布（如指数分布、对数分布、抛物线型分布等）规律或常数法来推求表层或底层平均流速及流量。若采用指数分布规律，则表层平均流速：

$$V_{xT} = \frac{D_a(d^{b+1} - z_2^{b+1})}{(d - z_2)(z_2^{b+1} - z_1^{b+1})}\sum_{j=1}^{n} u_{xj} \tag{3-30}$$

底层流速：在按指数分布规律考虑时，底层的平均流速为：

$$V_{xB} = \frac{D_a z_1^{b+1}}{z_1(z_2^{b+1} - z_1^{b+1})}\sum_{j=1}^{n} u_{xj} \tag{3-31}$$

垂线平均流速：

$$\begin{aligned} V_x &= \frac{1}{a}\int_0^d u\,\mathrm{d}z = \frac{D_a}{d}\sum_{j=1}^{n} u_{xj}\left[\frac{z_1^{b+1}}{z_2^{b+1} - z_1^{b+1}} + 1 + \frac{d^{b+1} - z_2^{b+1}}{z_2^{b+1} - z_1^{b+1}}\right] \\ &= D_a\frac{d^b}{z_2^{b+1} - z_1^{b+1}}\sum_{j=1}^{n} u_{xj} \end{aligned} \tag{3-32}$$

同理，y 方向各分量与上述各式类似。

实际测量中对上下盲区流速的估算通常采用常系数法。

水面处水体流速和 ADCP 实测第一个单元流速之间的关系公式为：

$$v_s = v_1 \times \mathrm{coe}f_1 \tag{3-33}$$

式中：v_s 为水面流速；v_1 为 ADCP 在垂直方向所测的第一个有效单元流速；$\mathrm{coe}f_1$ 为表层流速外延系数，对于长江口地区，其值在 0.95 ～ 1.05，通常采用 1.02。

河底处水体流速和 ADCP 实测最后一个有效单元流速之间的关系公式为：

$$v_B = v_L \times \mathrm{coe}f_2 \tag{3-34}$$

式中：v_B 为河底流速；v_L 为 ADCP 在垂直方向所测最后一个单元流速；$\mathrm{coe}f_2$ 为底层流速外延系数，其值与河床特性及测量垂线的水深有关，经对大量的比测资料分析，对于长江口地区，其值在 0.79 ～ 0.85，通常采用 0.795。

ADCP 通过遍历由中间层厚度确定的范围来计算中间层流量。

对于每一个水深单元，其流量 Q_i 为：

$$Q_i = u_{xi}\Delta t D_a \tag{3-35}$$

式中：Q_i 为垂线上第 i 个水深单元的流量；u_{xi} 为垂线上第 i 个水深单元的流速；Δt 为连续垂线的时间间隔。中间层的流量 Q_{mid} 为：

$$Q_{\mathrm{mid}} = \sum_{i=1}^{N} Q_i \tag{3-36}$$

式中：N 为中间层的水深单元个数。

靠近河岸两侧的区域，其流量需通过实测区域数据外延来估算。ADCP 采用比例内插方法对近岸流量进行估算，利用靠近河岸的第一条或最后一条垂线的流速，推求近岸部分的平均流速，进而得到近岸流量。

近岸流量的估算公式为：

$$Q_{NS} = CV_m L d_m \tag{3-37}$$

式中：Q_{NS} 为近岸流量；L 为岸边至测量起点微小单元（或终点单元）的距离；d_m 为起点（或终点）微小断面处的水深；V_m 为起点（或终点）微小断面内的垂线平均流速；C 为河流断面形状系数，三角形断面 $C = 0.35$，矩形断面 $C = 0.91$。

3.8.3 ADCP误差控制

在水文测验中,流速、流量、水深等的测量都含有一定的误差。对于水文测验来说,误差来源主要有以下几个方面:① 设备误差;② 环境误差;③ 方法误差;④ 模型误差;⑤ 人员误差。按照测量误差的不同特点,可将水文测量误差分为系统误差、随机误差和粗大误差三类。ADCP的测量精度主要受海况、水质、噪音及船速等几方面因素的影响。

根据上述分析,可以采取以下措施控制船载式ADCP流量测验误差:

(1) 一般情况下,ADCP适用于河面宽、水深及流速大的河流;测验前需对ADCP进行定点比测,以确保ADCP性能稳定。

(2) 船速是惟一可以人为控制的因素,应根据河流流速状况,控制适宜的船速,使测船尽可能保持匀速航行。

(3) 流量与垂线平均流速有关,而垂线平均流速测验误差仅取决于水深,因此,水深测量应准确可靠。

(4) 在测验过程中,为保证测船沿断面航行,采用差分GPS进行定位,并对GPS进行性能测试,保证其数据采集的精度;每隔一段时间(一般为4～6 h)进行一次ADCP与GPS的时间校验;控制测船偏航距离小于10m,以保证测验精度。

(5) 由于河床底部泥沙的输移运动,形成"运动河床",致使ADCP用"底跟踪"方法不能得到正确的相对于大地的船速,从而产生观测误差。解决这个问题的方法之一是采用GPS技术,即采用GPS系统测定船速。另外,对于近岸水面宽度的确定,应用GPS定位或激光测距仪将大大降低该测距误差;对提供ADCP航向的电罗经进行叠标校正,以保证ADCP系统与大地坐标系统的一致。

(6) 掌握测验河段垂线流速分布规律,使盲区外延流速尽可能符合实际。同时还应严格控制盲区范围,使两岸岸边盲区范围不超过河流全宽的5%(斜浅岸)或2%(陡深岸),河底盲区部分流量约估值不超过总流量的5%。

(7) 选择适宜的深度单元。受深度单元尺寸影响的参数有:① 流速测验精度;② 流速测量垂向分辨率;③ 断面深度;④ 测量范围(深度方向)。

水深单元尺寸小,流速测量垂向分辨率高(垂向数据点多),但流速测验精度降低,并使断面深度降低。因此,当水深较深时,宜采用较大的深度单元;相反,当水深较浅时,宜采用较小的深度单元,以增加垂向有效单元的数目。垂向第一个数据点的深度位置与深度单元尺寸呈线性关系,同时靠近河底的下盲区至少有一个深度单元的尺寸,因此,深度单元大,上下盲区范围也大;反之,上下盲区范围就小。

(8) 高含沙水流对ADCP流量测验的影响。高含沙量的水体对声波脉冲能量的反射和吸收都增强。但高含沙量只影响ADCP断面深度,而流速测量精度不受影响。对于大部分河流,高含沙量的影响可导致底跟踪和水深测量失效。高含沙量的影响程度与ADCP的系统频率有很大关系。系统频率越高,声波脉冲穿透能力越低,对含沙量越敏感。系统频率越低,声波脉冲穿透能力越强,对含沙量越不敏感。因此,对高含沙量的河流,宜选用频率较低的ADCP系统。

3.8.4 ADCP测验成果输出格式

ADCP测验成果有多种输出(显示)格式,主要格式有反映流速大小的彩色断面图、反映测船航行的测船航线图、记录测量数据的文本文件等图表及文件,如表3-5所示。

表 3-5　　　　　　　　　　**常用 ADCP 测验成果输出格式**

格式名称	内　容	备　注
剖面图	各种测量参数的单线图	包含流速大小、方向，流量等
流速彩色图	由四个换能器测得的相对地球的速度组成	东／西、南／北、垂向三个方向及速度误差
测船航线图	ADCP 的水平方向行进速度	参考系为河床或 GPS
时间序列图	与时间相关的数据	包含航向、流速、船速等
文本文件	所有深度层的深度、流速、流向及流量	输出格式固定

ADCP 流速彩色图如图 3-26 所示。

ADCP 流速彩色图可以反映每个深度单元的垂线号、深度、水平流速的大小，同时还能反映出河床底部起伏变化状况以及上、下盲区的位置及大小（图 3-26 中横线以下的空白区域为上盲区范围；底部粗线为河底，细线以下至底部粗线之间为下盲区范围）。

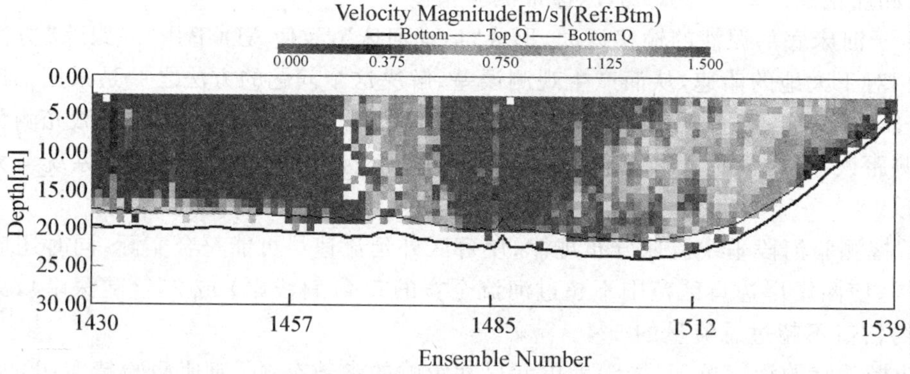

图 3-26　ADCP 流速彩色图

测船航迹图反映 ADCP 测船航行的路线及相同深度的水深单元组成的水平线上的流速及流向，如图 3-27 所示。基于 ADCP 测船相对河床的航迹及流速，测船航迹图反映出 ADCP 测船

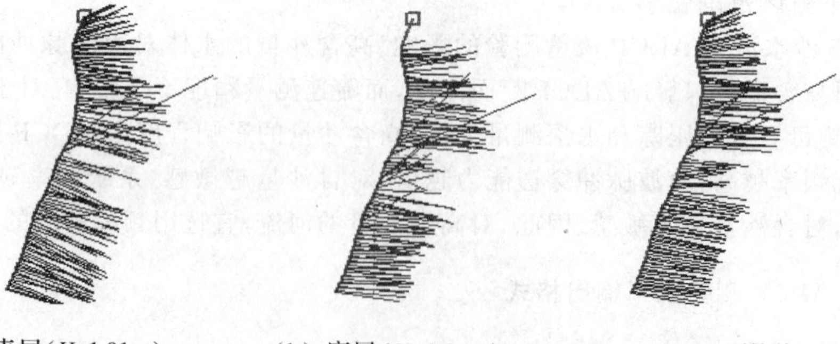

（a）表层（H=1.91m）　　（b）底层（H=9.26m）　　（c）平均值

图 3-27　ADCP 测船航迹图

的航行情况以及测量的水平流速及流向。该图是测船运动的“绝对计算图”，而测船运动是以ADCP底部航迹速度的水平分量为依据的。该图的横坐标（向右）为东向位置，纵坐标（向上）为北向位置。图中的每条射线为该点实测的水平流速及流向。

测船航迹图可以反映出测船水平方向的位移（东／西向和南／北向），并且可以分别反映同一深度单元的水平流速及流向，以及各垂线上的平均流速及流向。

思 考 题

1. 与海洋声速相关的海洋水文要素有哪些？简述其测量原理。
2. 简述潮汐的定义、类型。简述一种海洋潮汐测量的传统方法。
3. 简述在航潮位测量的基本思想。
4. 简述海洋波动的类型及其特点。
5. 简述海流的类型及其特点。

第 4 章　海洋声速及声线跟踪

在各种水下辐射形式中，以声波在海水中的传播为最佳。海洋传递声音的性能比大气好得多，且在海洋中声波的衰减远小于无线电波的衰减。水声的这些特性使它成为海洋工程的重要工具，作为通信、导航、探测和监测手段，水声技术被广泛地用于海洋开发和军事领域。

4.1　海 洋 声 学

1490 年，意大利列昂纳多·芬奇在摘记中写道："如果使船停航，将长管的一端插入水中，而将管的开口放在耳旁，则能听到远处的航船。" 这是人类利用水声探测水下目标的最早记载，这种原始"声呐"一直到第一次世界大战还广为采用。水声的第一次定量测量在 1827 年，瑞士物理学家 D. Colladon 和法国数学家 C. Sturm 合作，在日内瓦测量了声速，测得的声速值为 1435 m/s，与现代测量值十分接近。水声换能在 1840 年取得了突破性的进展，焦耳发现了磁致伸缩效应，1880 年皮埃尔·居里发现了压电效应；在此基础上，后人支撑和发展了水声压电换能器和磁致伸缩换能器，实现水中电能和声能之间的转换。1912 年，英国"泰坦尼克号" 和冰山相撞海难事件发生后不久，英国人 L. F. Richardson 提出水下回声定位方案。到了第一次世界大战后期，反潜成为一个主要研究方向。法国物理学家 B. Langeven 和俄国电气工程师 C. Chilowsky 采用电容发射器和碳粒接收器作了水下目标的探测实验，1916 年接收到海底回波和 200 m 以外的一块装甲板的回波；1917 年 Langeven 研究成功了石英-钢夹心换能器，并利用了真空管放大器，首次将电子学应用于水声技术，1918 年，成功地探测到 1500 m 以外的水下潜艇的反射声。他首次实现了利用回声探测水下目标。随着水声技术的持续发展，1925 年，用于船舶导航的水声设备 —— 回声测深仪问世。第二次世界大战进一步推动了水声技术的发展，取得的主要成果有主、被动声呐，水声制导鱼雷，音响水雷和扫描声呐等。第二次世界大战以后，随着电子信息技术和水声技术的迅速发展，形成了低频、大功率、大基阵和综合信号处理为特征的新一代声呐。近年来，最佳时空增益处理机理论的发展、信号处理的自适应技术和大规模集成电路的应用，又酝酿更新一代水声设备的诞生。

第二次世界大战期间，人们对海水中声波传播规律了解甚少，感到探测距离随季节和一天的"早、中、晚" 变幻莫测，使水声设备的使用受到限制，"下午效应"（即声速随温度的降低而产生的变化）就是这方面的一个例子。这些反而促进了各国海军进行水声物理方面的一系列研究，并得出了一系列规律。这些规律包括：海水中声速变化对声线的影响；用射线理论分析海洋中声传规律；海洋中声传播衰减规律和吸收机理；海底、海面的声学特性及对声传播的影响；舰船噪声、混响，海洋环境噪声等水声干扰特性；舰船等目标的反射本领等。这些为水声设备选择合理参数提供了重要的依据，并形成一门独立学科 —— 海洋水声学。第二次世界大战后，水声技术在民用方面的应用日益广泛，海洋开发、捕鱼、海底地质测绘、导航、水下机器人研制等方面都有水声设备的应用。

海洋声学主要是研究声波在海洋中传播的特性、规律和利用声波探测海洋的学科。是海洋学和声学的边缘学科，也是物理海洋学的分支。海洋声学的基本内容包括三个方面：① 声在海水中传播的规律和海洋环境条件对声传播的影响，主要包括不同水文和底质条件下声波的传播规律，海水对声的吸收，声波的起伏、散射和海洋噪声等。② 利用声波探测海洋。③ 海洋声学技术和仪器。

声波在海洋测量中扮演着重要的角色，为了加强对海洋测绘相关知识的了解，下面介绍与海洋测绘相关的一些海洋声学知识、技术及其在海洋测绘中的应用。

4.1.1 海洋声速

海水中的声速随着温度、盐度和压力的增加而增加，是压力 P(bar) 或深度 Z(m) 的线性函数，是温度 T(℃)、盐度 S 的非线性函数。海水中的声速可以用声速剖面来描述。声速剖面亦称“声速垂直分布”，反映的是声速沿深度的变化规律。声速随深度的相对变化率，即单位深度内声速的相对变化量，称之为声速梯度，单位为 1/s。声速梯度可表达为：

$$\frac{\mathrm{d}C}{\mathrm{d}Z} = \frac{\partial C}{\partial T}\cdot\frac{\partial T}{\partial Z} + \frac{\partial C}{\partial S}\cdot\frac{\partial S}{\partial Z} + \frac{\partial C}{\partial P}\cdot\frac{\partial P}{\partial Z} \tag{4-1}$$

令 C_T、C_S、C_P 分别为温度、盐度、流体静压力沿深度方向的梯度。假设一个海区中盐度随深度的变化很小，C_S 可以略去不计；C_P 可视为常量，即 $C_P = 0.1\mathrm{bar/m}$，故有：

$$\frac{\mathrm{d}C}{\mathrm{d}Z} = C_T\frac{\partial C}{\partial T} + 0.1\frac{\partial C}{\partial P}$$

式中的 $\partial C/\partial T$ 和 $\partial C/\partial P$ 可由海水声速经验公式获得。

经实际测量，海水温度变化 1℃，海水声速变化约为原来的 0.35%；盐度每增加 1‰，声速约增加 1.14m/s；深度每增加 100m，声速约增加 1.75m/s。其中以水温变化对声速影响为最大。根据海区常见的水文条件(图 4-1(a))及静压力随深度的变化(4-1(b))，根据声速经验公式可绘出典型的声速剖面图(图 4-1(c))。

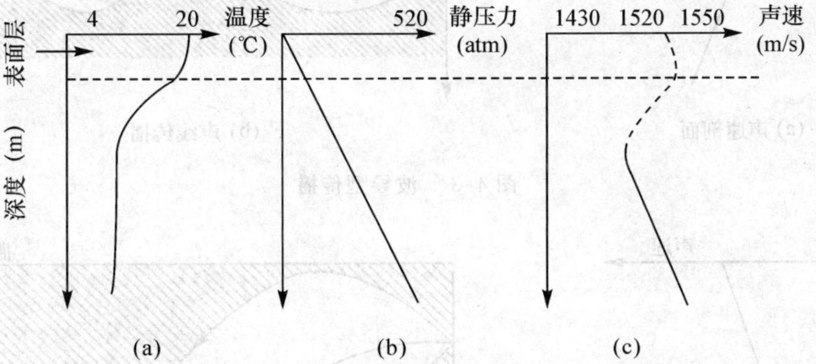

图 4-1　深海声速垂直分布

由图 4-1 可见，海水中声速在垂直方向的变化可分为三个水层，即表层(0 ～ 150 m)、中间层(150 ～ 1500 m) 和深水层(1500 m 以下)。表层和深水层温度分布较均匀，由于压力影响，声速随深度而增加；中间层中的声速由于温度迅速降低而减小。声速在海水中存在的这种阶跃现象，称之为声跃层。声跃层强度最低标准是当水深为 200 m 时，声速梯度为 0.5/s；当水深大于

200 m 时，声速梯度为 0.2/s。由于声速随海水的温度、盐度和压力而变化，所以声速有季节性变化；同样在较深处还存在着主跃层，典型的分布在 1000 m 深度附近，相对稳定。

4.1.2 声波在海水中传播特性

声波在两种介质的界面上或同一种介质性质发生变化时会发生反射和折射，且符合反射、折射定律。折射的程度与声速差有关，声线总是向声速较小的区域弯曲。在介绍声线的传播特性前，下面首先介绍 Snell 法则。Snell 法则可表述为：

$$\frac{\sin\theta_i}{C_i} = \frac{\sin\theta_{i+1}}{C_{i+1}} = p \tag{4-2}$$

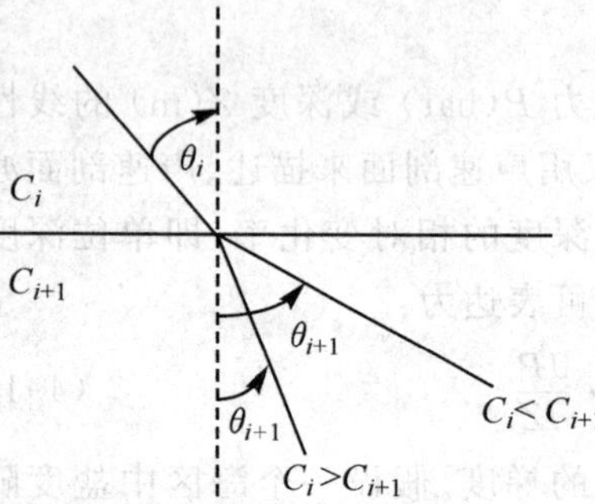

图 4-2 Snell 法则示意图

式中 θ_i 和 θ_{i+1} 是声速为 C_i 和 C_{i+1} 相邻介质层界面处波束的入射角和折射角，p 为 Snell 常数。入射角 $\theta \neq 0$ 时，波束在界面处发生折射，若经历的水柱中有 $N+1$ 个不同介质层，则产生 N 次折射，波束的实际传播路径为一个折线。Snell 法则不但解释了波束在水中的折射特性，还给出了求解声线路径的算法。关于声线跟踪（或声线改正）将在本章的后面部分介绍。

由于折射的结果，当声速随深度增加而增加时，声线向上弯曲并经海面反射（图 4-3）；当声速随深度增加而减小时，声线弯向海底并经海底反射（图 4-4）。由于水面反射的损耗远比海底小，浅海冬季声速多呈图 4-3(a) 的分布，故冬季声能传播较夏季远得多，表层温度很高的夏季声能的传播条件最差。

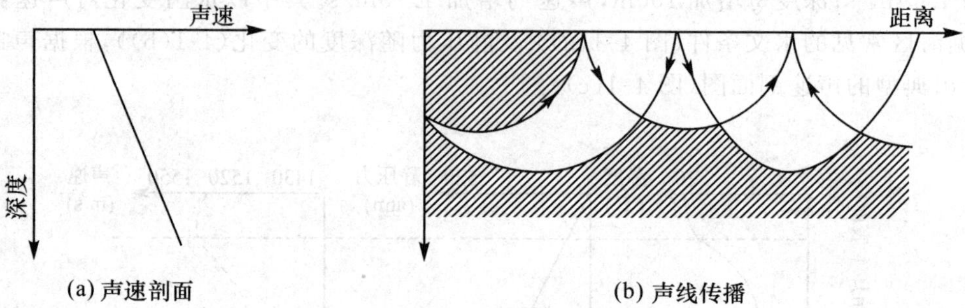

图 4-3 波导型传播

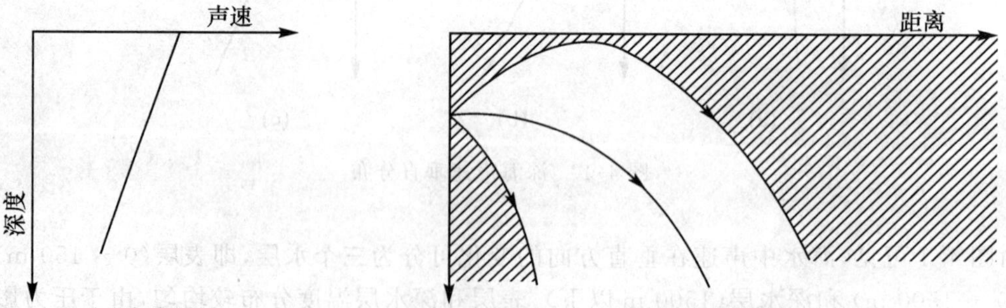

图 4-4 反波导型传播

等温层下有跃层时，在等温层下边界附近(即声速分布由正梯度变为负梯度时)，声线束会产生上下分裂，从而出现内外两个声线直接到达的影区(图 4-6)。由于折射引起的影区的存在，会限制通信探测范围，影响探测精度。

费尔玛原理证明，在一个波长的距离上介质的折射率没有剧烈变化时，射线理论是波动理论的一级近似。在海洋中，若海水介质的不均匀性没有剧烈变化，应用射线理论逐层分析。在介质突变区(如海底、温盐密跃层等)，则需直接用折射定律计算。

如前所述，由于海洋中每点的温度、盐度以及压力是不同的，因而声波在海水中的传播声速也是变化的，声波穿过不同的水层而产生折射和反射现象，且服从折射定律。折射后的声线是向声速减小的方向弯曲。当声速为正梯度变化时($G_v = \mathrm{d}C/\mathrm{d}Z > 0$)时，声线弯向海面，其声线轨迹如图 4-5 所示；当声速为负梯度变化时($G_v = \mathrm{d}C/\mathrm{d}Z < 0$)时，声线弯向海底，其声线轨迹如图 4-5 所示。

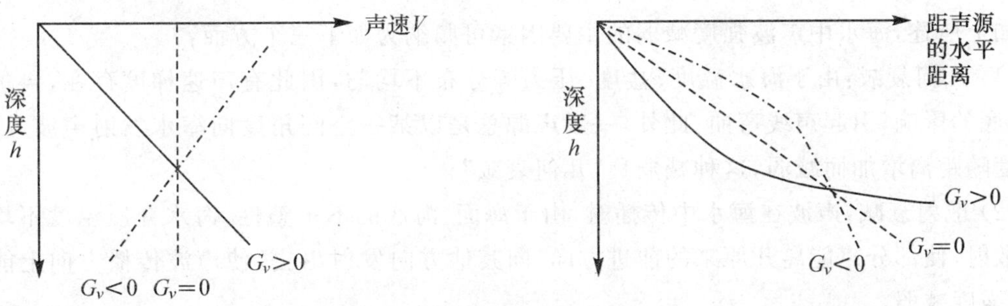

图 4-5　不同声速梯度下的声线弯曲

特别是，当海水温跃层存在时，由于折射而使得声线方向发生的变化尤为显著。同时温跃层使得声波发生反射，从而也使穿透跃层的能量大大减少。在海洋测量中实施侧扫声呐和多波束探测地貌时就经常遇到因跃层带来的问题。由于跃层的存在，常导致侧扫声呐和多波束的探测成果产生失真，严正影响了测量成果的质量，甚至导致仪器不能正常工作，所以，实施侧扫声呐和多波束测量前的海区海水跃层的调查非常重要。

声波在两种介质的界面处也会发生反射。声波由海水射向海面时，在海水与空气界面上所产生的反射，称为海面反射。海面反射与海面的不平整程度、声波频率和入射方向有关。海面平静时，射向海面的声能几乎全部反射。声波由海水射向海底时，在海水与海底的界面上所产生的反射，称为海底反射。海水反射与海底地质、声波频率等有关。

在介质界面上的反射程度依据两种介质的性质而定，主要参数是密度和声速的乘积，即声学阻抗 ρC。在给定的 ρC 条件下，反射的总量随入射角 θ_i 而变化，相互间的关系是(其符号说明见图 4-6)：

$$\frac{I_\tau}{I_i} = \frac{\rho_2 c_2 \sin\theta_i - \rho_1 c_1 \sin\theta_\tau}{\rho_2 c_2 \sin\theta_i + \rho_1 c_1 \sin\theta_\tau} \tag{4-3}$$

声波在介质和传播遇到障碍物时，射到障碍物上的一部分声能不再按照原来的传播方向传播，而是向其他地方发散出去，即产生再辐射，这种再辐射称为散射。由于海水介质的不均匀性，当声波在海水介质中传播时，必然会被各种不均匀体，如悬浮粒子、生物、气泡、海面海底不平整性、海水介质温度不均匀等所散射。这些不均匀体就是散射体。

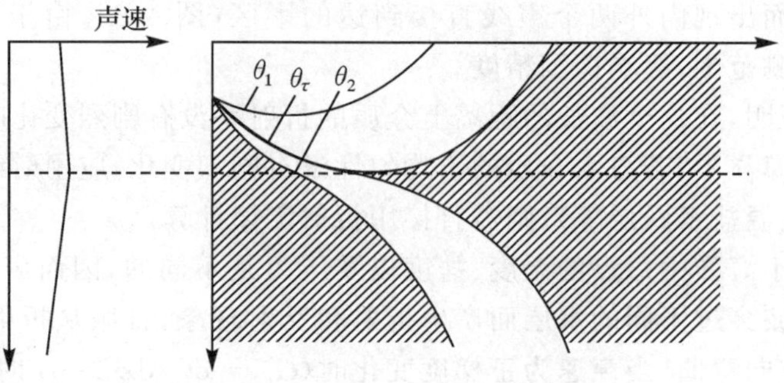

(a) 声速剖面　　　　(b) 声线轨迹

图 4-6　波导型传播

如上所述,海水中声波强度减弱的主要因素可归纳为如下三个方面:

(1) 几何衰减:由于海水温度、盐度、压力等分布不均匀,因此有声速梯度存在,再加上海面、海底的影响,引起声线弯曲。此外,一般声源总是以某一空间角度向海水发射声波,因此声波强度随距离增加而减弱,这种减弱称"几何衰减"。

(2) 散射衰减:声波在海水中传播时,由于海面、海底的不平整性、海水介质温度不均匀而产生散射,使部分声能离开原来的前进方向,向其他方向发射出去,使声波传播方向上能量减少,声强度减弱。

(3) 海水对声波的吸收:由于声波在海水介质中传播时要引起海水内部发生一些变化,如海水温度的变化,在传播过程中,相邻的海水介质要发生相对运动,有一部分声能要用来克服因海水介质相对运动而产生的摩擦力,消耗于海水中,使声强度减弱。

4.1.3　声道

当声波在海洋中传播时,若有一部分声能在海中某一水层内而不逸出该水层,则称此为声道,亦称声波道。在沿深度方向声速极小处,声源发出的声线将向上和向下弯曲返回极值区,而保留在该水层上下两个声速相等的深度之间传播,这就是声道中声波传播的机理,见图 4-7。

声速分布在极小值深度处的水平线称为声道轴。与声道上、下限相切的声线称为极限声线。极限声线与声道轴的交角称为临界角;大于临界角的声线将遇到海底或海面的反射使得声能强烈地损耗而衰减,而小于临界角的声线则可传播到很远。这是因为,在声道中,声波为柱面传播,传输损耗接近于距离的一次方,而无声道或界面反射时,声波呈球面传播,传输损耗接近于距离的平方。

理想情况下,声源在声道轴上,被声道最初捕获的声能可以一直留在声道中,在实际海洋里,由于温度、盐度微结构变化而产生的声速场的微小扰动,都要引起一些能量向声道之外散射,初始声线的方向与声道轴之间的夹角,表示声线离声源的初始情况。

利用声波在声道中的超远距离传播特性,可在大洋不同海域建立声发接收站以确定远距离目标方位,或者利用声道进行远距离通信。

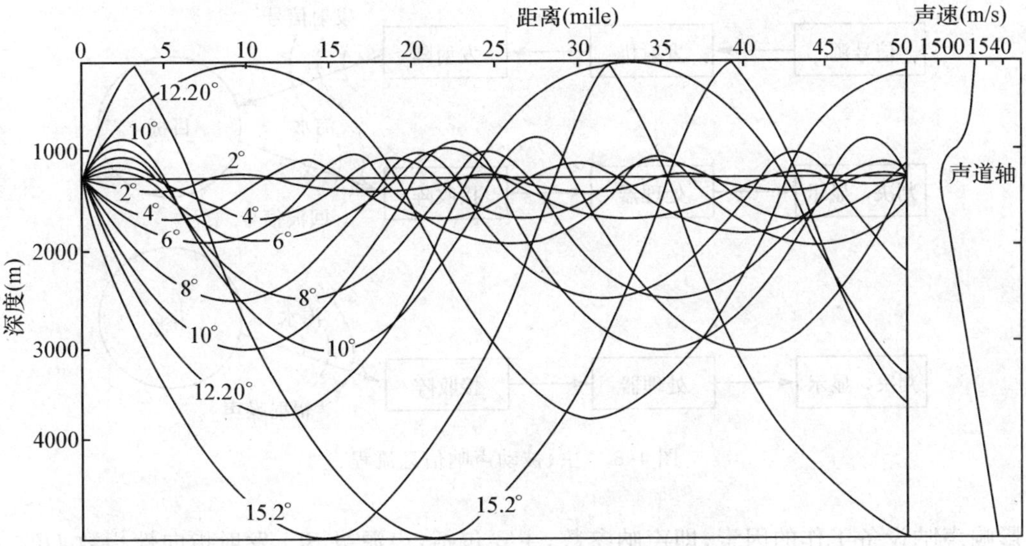

图 4-7　某一个深水道产生的典型的声线图

4.1.4　海洋噪声

海洋是不平静的，存在着各种各样的噪声。就水声学研究范畴而言，水中噪声分为环境噪声和舰艇噪声两大类。海洋环境噪声包括：① 海洋动力噪声，如风吹在海面上引起的噪声，流过海底的海流、碎浪及降雨引起的声响。② 生物噪声。海洋中的这些声音既可作为一种干扰，又可作为一种信号，这一切都要根据使用者的意图加以利用。在海洋测量中，海洋环境噪声是由海洋中大量的各种各样的噪声源发出的声波构成的，它是声呐设备的一种背景干扰。环境噪声级 NL 是度量环境噪声强弱的量，它定义为：

$$NL = 10\lg \frac{I_N}{I_0} \tag{4-4}$$

式中，I_N 是测量带宽内（或 1Hz 频带内）的噪声强度；I_0 为参考声强度。

4.2　声呐及其工作方式

声呐是利用水下声信息进行探测、识别、定位、导航和通信的系统。按照工作方式分为主动声呐和被动声呐两种。

主动声呐信息的流程为：发射系统发射携带一定信息的声信号（发射信号），在海水中传播时如遇到障碍物（潜艇、水雷、鱼雷、冰山、暗礁，统称声呐目标），产生回声信号；在某一方向上的回声信号传到接收基阵，并将其转换为电信号，经处理器处理后送到判决器，根据预先确定的原则进行判决，最后显示判决结果。

被动声呐（噪音声呐站）信息的流程为：被动声呐通过接收被探测目标（声源部分）如鱼雷、潜艇等的辐射噪声，来实现水下目标探测。

主、被动声呐信息的流程如图 4-8 所示。在该图中，主、被动声呐工作信息流程的基本组成包括声信号传播介质（海水）、被探测目标和声呐设备。

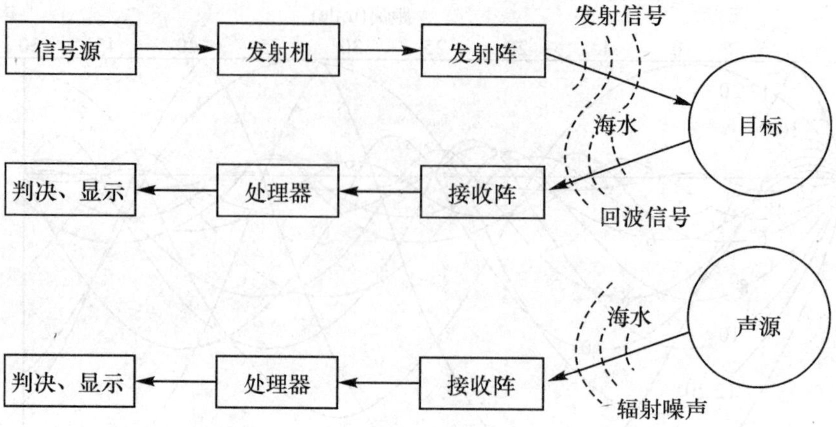

图 4-8　主、被动声呐信息流程

影响声呐设备工作的因素，即声呐参数，主要包括：声源级 SL、发射指向性指数 DI_T、声功率 P_a、传播损失 TL、目标强度 TS、海洋环境噪声级 NL、等效平面波混响级 RL、接收指向性指数 DI 以及检测阈 DT。

声源级 SL 是用来描述主动声呐所发射的声信号的强弱，反映发射器辐射声功率的大小。若 I 为发射器声轴方向上离声源声中心 1m 处的声强，I_0 为参考声强（均方根声压为 1 微帕的平面波的声强），$I_0 = 0.67 \times 10^{-18}\,\mathrm{W/m^2}$，则 SL 的定义为：

$$SL = 10\lg \frac{I}{I_0}\bigg|_{r=1} \tag{4-5}$$

为了提高主动声呐的作用距离，它的发射器做成具有一定的发射指向性 DI_T，如图 4-9 所示。DI_T 可定义为：

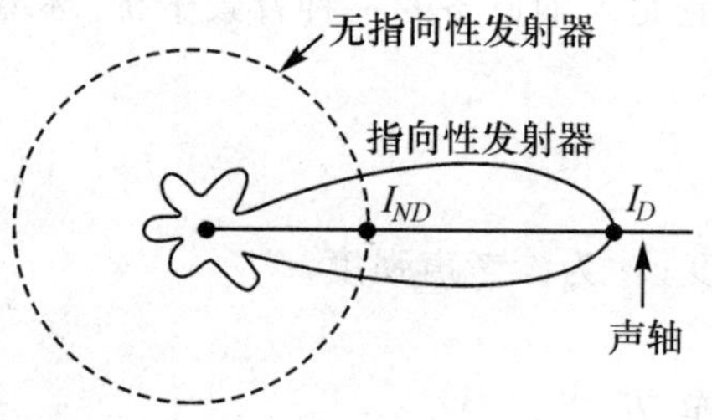

图 4-9　指向性

$$DI_T = 10\lg \frac{I_D}{I_{ND}} \tag{4-6}$$

式中，I_D 为指向性发射器在声轴上测得的声强度；I_{ND} 为无指向性发射器辐射的声强度。

DI_T 的含义是在相同距离上，指向性发射器声轴上声级高出无指向性发射器辐射声场声级的分贝数。DI_T 越大，声能在声轴方向集中的程度越高，声呐的作用距离就越远。主要是因为发射指向性可以提高辐射信号的强度，相应地也提高了回声信号的强度，增加接收信号的信噪比，从而增加声呐的作用距离。

若介质无声吸收，声源为点声源，辐射声功率为 P_a(W)，距声源中心 1m 处声强度 I 为：

$$I|_{r=1} = P_a/4\pi(\mathrm{W/m^2}) \tag{4-7}$$

则可得无指向性声源辐射声功率 P_a 与声源级 SL 的关系：

$$SL = 10\lg P_a + 170.77 \tag{4-8}$$

有指向性声源辐射声功率与声源级的关系：

$$SL = 10\lg P_a + 170.77 + DI_T \tag{4-9}$$

由于海水介质本身的声吸收、声传播过程波阵面的扩展及海水中各种不均匀的散射等原因，声波的声强度逐渐减弱，由此产生的损失称为传播损失 TL。传播损失 TL 定量描述声波传播一定距离后声强度的衰减变化，它定义为：

$$TL = 10\lg\frac{I_1}{I_r} \tag{4-10}$$

式中，I_1 是离声源声中心 1m 处的声强度；I_r 离声源声中心 r m 处的声强度。

在同样入射声波的照射下，不同目标的回波强度是不一样的，即存在目标反射本领的差异。它除了与入射声波特性（频率、波阵面形状）有关，还与目标的特性（几何形状、材料等）有关。目标强度 TS 定量描述目标反射本领的大小，它定义为：

$$TS = 10\lg\frac{I_r}{I_i}\bigg|_{r=1} \tag{4-11}$$

式中，I_i 是目标处入射声波的强度；I_r 离目标声中心 1m 处的回波强度。

海洋环境噪声是由海洋中大量的各种各样的噪声源发出的声波构成的，它是声呐设备的一种背景干扰。环境噪声级 NL 是度量环境噪声强弱的量，其定义式见式(4-4)。

接收换能器的接收指向性指数 DI 定义为：

$$DI = 10\lg\frac{\text{无指向性水听器产生的噪声功率}}{\text{指向性水听器产生的噪声功率}} \tag{4-12}$$

其中，指向性水听器的轴向灵敏度等于无指向性水听器的灵敏度。

设水听器的灵敏度为单位值，噪声场为各向同性的，单位立体角内的噪声功率为 I_i，无指向性水听器产生的均方电压为：

$$R_N = m\int_{4\pi} I_i \mathrm{d}\Omega = 4\pi m I_i \tag{4-13}$$

式中，m 为比例常数；$\mathrm{d}\Omega$ 是元立体角。指向性水听器产生的均方电压为：

$$R_D = m\int_{4\pi} I_i b(\theta,\varphi)\mathrm{d}\Omega = mI_i\int_{4\pi} b(\theta,\varphi)\mathrm{d}\Omega \tag{4-14}$$

其中，$b(\theta,\varphi)$ 是归一化的声束图函数，θ,φ 是空间方位角。则接收指向性指数 DI 为：

$$DI = 10\lg\frac{R_N}{R_D} = 10\lg\left(\frac{4\pi}{\int_{4\pi} b(\theta,\varphi)\mathrm{d}\Omega}\right) \tag{4-15}$$

参数 DI 只对各向同性噪声场中的平面波信号（是完全相关信号）有意义；否则需用阵增益来代替 DI。对于几何形状简单的换能器阵，可用阵尺寸来表示它的 DI 值（见表 4-1）。

表 4-1　**不同的换能器阵列形式对应的声束图函数和 *DI***

阵列形式	声束图函数	$DI = 10\lg$
长度为 $L \gg \lambda$ 的连续线阵	$\left[\dfrac{\sin(\pi L/\lambda)\sin\theta}{(\pi L/\lambda)\sin\theta}\right]^2$	$\dfrac{2L}{\lambda}$
无限障板上直径为 $D \gg \lambda$ 的活塞	$\left[\dfrac{2J_1[(\pi D/\lambda)\sin\theta]}{(\pi D/\lambda)\sin\theta}\right]^2$	$\left(\dfrac{\pi D}{\lambda}\right)^2$
间距为 d 的 n 个等间隔基元构成的线阵	$\left[\dfrac{\sin(n\,\pi d\sin\theta/\lambda)}{n\sin(\pi d\sin\theta/\lambda)}\right]^2$	$\dfrac{n}{1+\dfrac{2}{n}\sum\limits_{\rho=1}^{n-1}\dfrac{(n-\rho)\sin(2\rho\,\pi d/\lambda)}{2\rho\,\pi d/\lambda}}$
双基元阵，间距为 $d, n=2$	$\left[\dfrac{\sin(2\pi d\sin\theta/\lambda)}{2\sin(\pi d\sin\theta/\lambda)}\right]^2$	$\dfrac{2}{1+\dfrac{\sin(2\pi d/\lambda)}{2\pi d/\lambda}}$

根据以上参数，可以给出声呐方程。声呐方程是综合反映水声现象和效应对声呐设备的设计和应用所产生影响的关系式，它将海水介质、声呐目标和声呐设备的作用联系在一起。

声呐方程的基本原则是：信号级 − 背景干扰级 = 检测阈（刚好完成预定职能）。

收发合置的主动声呐信号强度变化如图 4-10 所示。

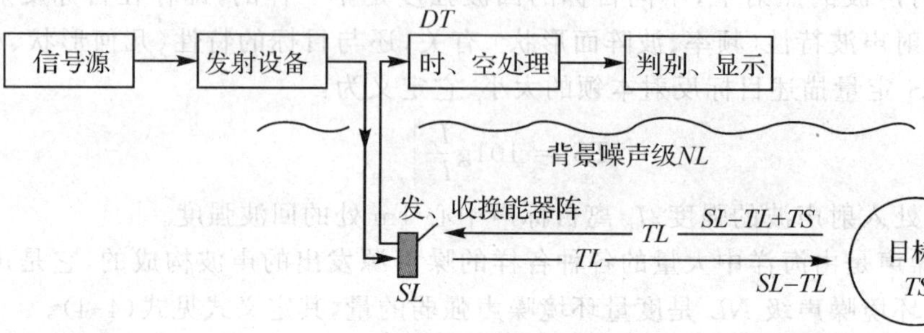

图 4-10　收发合置的主动声呐信号强度变化图

回声到达接收阵的声级即回声信号级为 $SL - 2TL + TS$；背景干扰级为 $NL - DI$（接收阵接收指向性指数压低背景噪声）；处理器处的电信号的信噪比为 $(SL - 2TL + TS) - (NL - DI)$，则主动声呐方程：

$$(SL - 2TL + TS) - (NL - DI) = DT \tag{4-16}$$

对于主动声呐，混响也是它的背景干扰，而混响是非各向同性的，当混响成为主要背景干扰，应使用等效平面波混响级 RL 替代 $NL - DI$，则这时的主动声呐方程为：

$$SL - 2TL + TS - RL = DT \tag{4-17}$$

与主动声呐相比，被动声呐比较简单。噪声源发出的噪声直接由噪声源传播至接收换能器；噪声源发出的噪声不经目标反射，即无 TS；背景干扰为环境噪声。被动声呐方程为：

$$(SL - TL) - (NL - DI) = DT \tag{4-18}$$

式中，SL 为噪声源辐射噪声的声源级。

4.3　海洋声速及声速剖面类型划分

声速决定着声波在海水中传播的时间以及路线（声线），因此，对于海洋测量人员而言，研究和确定不同水层中的声速及其变化特征显得尤为重要。

4.3.1　海洋声速的确定

海洋中的声速可以通过直接法和间接法两种渠道获得。

所谓直接法就是利用声速剖面仪直接测定声速。凡通过测量声速在某一固定距离上传播的时间或相位，从而直接计算该深度层海水声速的方法均称为直接声速测定。声速测量仪依据的原理有脉冲时间法、干涉法、相位法和脉冲循环法等。

(1) 脉冲时间法是原理上非常简单的一种声速测量方法，在海水介质中放设一组发射和接收换能器（机械能与电能相互转换的设备），在它们之间的距离 S 已知的情况下，测出声脉冲的传播时间 t，根据传播距离和时间，即可求得声速 $C = S/t$。

(2) 干涉法声速测量基于被测海水介质中连续干涉声波效应引起的驻波声场。在驻波声场中两个相邻波峰或波谷之间的距离即为一个声波波长。在发射换能器固定的情况下，移动接收换能器记下最大输出(波峰)时的距离即为波长或波长的整数倍，为减少实际测量的误差，常常进行若干次测量后取平均。该测量方法的误差在很大程度上取决于距离测量的精度。

(3) 相位法测量是根据固定距离范围内测量声波的相位变化来确定声速。

(4) 脉冲循环法(亦称环鸣法)：脉冲循环法声速剖面仪是一种现场测量声速的仪器。这种仪器的特点是结构紧凑，使用方便，刻度线性，且直接提供频率输出，便于数字显示和记录，因此它是目前应用最广的一种声速测量仪。

脉冲循环法声速测量仪的工作原理：首先多谐振荡器产生一个触发脉冲，触发发射电路工作，并形成前沿陡峭的电脉冲击，以激励发射换能器，受激励换能器便在其自身固有谐振频率上产生声脉冲振荡。高频声脉冲由换能器向被测海水辐射出去，被相距 S 处的接收换能器收到，接收到的信号经放大整形后随即触发多谐振荡器，使其产生新的触发脉冲触发发射电路工作，与此同步地辐射出下一个声脉冲，这一声脉冲传播 S 距离后又被接收换能器接收，这一过程不断循环进行。循环脉冲的重复周期(其倒数即是循环频率) 就是声脉冲传播距离 S 所历经的时间 T。

船用声速测量仪分吊放式和消耗式两种。吊放测量时，测量船处于锚泊或漂泊状态。该种声速测量也称为测站式声速测量。消耗式适用于航行时使用，因而有利于船只机动。消耗式声速测量探头投放到水下便自由下沉，深度剖面上测得的循环频率通过电缆线传输到船上。该种声速测量也称为走航式声速测量。

吊放式声速剖面测量时，首先要选择具有代表性、分布均匀的声速采样站，并结合采样站的水文要素，决定施测时声速采样的水层厚度和站间距(一般为 20 ～ 30km)。表 4-2 给出了吊放式声速测量通常采用的经验声速剖面深度采样间隔。

表 4-2　**通常采用的声速剖面测量深度间隔**

测区深度范围(m)	水层间隔(m)	测区深度范围(m)	水层间隔(m)
1 ～ 50	1	200 ～ 300	50
50 ～ 100	10	300 ～ 2000	100
100 ～ 200	25	2000 ～ 3000	200
3000 ～ 12000	500		

海洋环境变化复杂，为了真实地反映波束在海水中的传播速度，还要考虑如下因素：

(1) 测区的水文要素。如水流、水温和盐度变化等。

(2) 声速在海水中的传播特性。一般情况下，在声速梯度变化较大的水层，采用小深度间距采样；变化较稳定的水层，可采用大深度间距采样。

(3) 特殊水域。声速剖面变化复杂的海域，声速剖面测量需做小深度间距测量。

(4) 表层和底部的声速测量非常重要。除用于确定声速剖面外，表层声速还是计算波束角的关键因子，底部声速是声线弯曲改正的重要参数。

海水中声速 C 是水温 T、盐度 S 和压力 P 或深度 Z 的函数。根据测得的温度、盐度和压力，用声速经验公式计算海水中声速的方法称为间接声速测量。为了建立水中声速与这些参变量之间的关系，首先必须在实验室内对不同温度、盐度、压力下的海水中声速值进行精确测量。当然，也可通过测定海水的介质密度、压缩率、比热系数等参数由理论公式计算声速。目前，已有较多描述温度、盐度和深度(或静压力)与海水中声速间关系的经验公式。下面给出7种比较常用的声速经验公式及其使用范围。

(1) Dell Grosso公式。Dell Grosso(1952年、1973年和1974年)分别给出了较为精确的声速计算图表和经验公式。利用该公式进行声速计算,具有简洁方便等特点,但应用范围太小。

$$\left.\begin{aligned}
&C = C' + C_P \\
&C' = 1448.6 + 4.618T - 0.0523T^2 + 0.00023T^3 + 1.25(S-35) \\
&\qquad -0.11(S-35)T + 2.7\times10^{-8}(S-35)T^4 - \\
&\qquad 2\times10^{-7}(S-35)^4(1+0.577T-0.0072T^2) \\
&C_p = 0.160518Z + 1.0279\times10^{-7}Z^2 + 3.451\times10^{-12}Z^3 - 3.503\times10^{16}Z^4
\end{aligned}\right\} \quad (4\text{-}19)$$

(2) W. D. Wilson精确公式。W. D. Wilson于1960年导出了更精确的声速公式:

$$\left.\begin{aligned}
&C = C_{0,35,0} + \Delta C_T + \Delta C_S + \Delta C_P + \Delta C_{TSP} \\
&C_{0,35,0} = 1449.22 \\
&\Delta C_T = 4.6233T - 5.4585\times10^{-2}T^2 + 2.822\times10^{-4}T^3 - 5.07\times10^{-7}T^4 \\
&\Delta C_S = 1.391(S-35) - 7.8\times10^{-2}(S-35)^2 \\
&\Delta C_P = 1.60272\times10^{-1}P + 3.5216\times10^{-9}P^3 - 3.3603\times10^{-12}P^4 \\
&\qquad + 1.0268\times10^{-5}P^2 \\
&P = 1.11 + 1.02663\times10^{-1}Z + 2.691\times10^{-7}Z^2 - 4.11\times10^{-12}Z^3 \\
&\Delta C_{TSP} = (S-35)(-1.197\times10^{-2}T + 2.61\times10^{-5}Z - 1.96\times10^{-9}Z^2 - \\
&\qquad 2.09\times10^{-7}ZT) + (-2.796\times10^{-5}T + 1.3302\times10^{-6}T^2 - \\
&\qquad 6.644\times10^{-9}T^3)Z + (-2.391\times10^{-9}T + 9.286\times10^{-12}T^2)Z^2 - \\
&\qquad 1.747\times10^{-13}TZ^3
\end{aligned}\right\} \quad (4\text{-}20)$$

实践表明,温度、压力和盐度分别在 $-4℃ < T < 30℃$、$1\ \mathrm{kg/cm^2} < P < 1000\ \mathrm{kg/cm^2}$ 和 $0\ \mathrm{ppt} < S < 37\ \mathrm{ppt}$ 范围时,可获得精度优于0.3m/s的声速,比较适合我国海区。

(3) W. D. Wilson简化公式。由于W. D. Wilson精确公式比较复杂,1975年,H. Medwin在Wilson公式的基础上提出了简化的Wilson声速公式。

$$C = 1449.2 + 4.6T - 0.055T^2 + 0.00029T^3 + (1.34 - 0.01T)(S-35) + 0.016Z \quad (4\text{-}21)$$

随后罗斯(D. Ross)发现Wilson公式与近代数据之间存在大的不符值,于1978年提出了适合海面船只和潜艇声呐测量的声速公式:

$$\left.\begin{aligned}
&C_{水面} = 1449.1 + 4.656T - 0.0517T^2 + 2.21\times10^{-4}T^3 \\
&\qquad + (1.338 - 0.013T + 10^{-4}T^2)(S-35) \\
&C_{水下} = 0.01635Z + 1.75\cdot10^{-7}Z^2 + 2.05\cdot10^{-5}TZ - 8.1\cdot10^{-9}TZ^2 \\
&\qquad + (2.05\cdot10^{-5}Z - 2.55\cdot10^{-9}Z^2)(S-35)
\end{aligned}\right\} \quad (4\text{-}22)$$

(4) Leroy(1969)给出的经验公式为:

$$\begin{aligned}
C = {}& 1492.9 + 3(T-10) - 0.006(T-10)^2 - 0.04(T-18)^2 + 1.2(S-35) \\
& - 0.01(S-35)(T-18) + Z/61
\end{aligned} \quad (4\text{-}23)$$

(5) Mackenzie根据前人研究,于1981提出了特定条件下的声速公式(E式):

$$\begin{aligned}
C = {}& 1448.96 + 4.591T - 5.304\times10^{-2}T^2 + 2.374\times10^{-4}T^3 \\
& + 1.340\times(S-35) + 1.630\times10^{-2}Z + 1.675\times10^{-7}Z^2 \\
& - 1.025\times10^{-2}T(S-35) - 7.139\times10^{-13}TZ^3
\end{aligned} \quad (4\text{-}24)$$

适用范围:$0 \leqslant T \leqslant 30℃$,$30 \leqslant S \leqslant 40\mathrm{ppt}$,$0 \leqslant Z \leqslant 8000\mathrm{m}$

(6) Chen-Millero-Li 经验公式。1994 年，美国华盛顿大学应用物理实验室的几位专家提出了 Chen-Millero-Li(1998) 声速方程，对其测程范围有了进一步的扩展。

$$
\left.\begin{aligned}
C &= C_W(T,P) + C_C(T,P) + A(T,P)S + B(T,P)S^{3/2} + Z(P)S^2 \\
A(T,P) &= 1.389 - 1.262\times10^{-2}T + 7.164\times10^{-5}T^2 + 2.006\times10^{-6}T^3 \\
&\quad - 3.21\times10^{-8}T^4 + (9.4742\times10^{-5} - 1.2580\times10^{-5}T - 6.4885 \\
&\quad \times10^{-8}T^2 + 1.0507\times10^{-8}T^3 - 2.0122\times10^{-10}T^4)P + (-3.9064 \\
&\quad \times10^{-7} + 9.1041\times10^{-9}T - 1.6002\times10^{-10}T^2 + 7.988\times10^{-12}T^3)P^2 \\
&\quad + (1.100\times10^{-10} + 6.649\times10^{-12}T - 3.389\times10^{-13}T^2)P^3 \\
C_W(T,P) &= 1402.388 + 5.03711T - 5.80852\times10^{-2}T^2 + 3.3420\times10^{-4}T^3 \\
&\quad - 1.4780\times10^{-6}T^4 + 3.1464\times10^{-9}T^5 + (0.153563 + 6.8982 \\
&\quad \times10^{-4}T - 8.1788\times10^{-6}T^2 + 1.3621\times10^{-7}T^3 - 6.1185 \\
&\quad \times10^{-10}T^4)P + (3.1260\times10^{-5} - 1.7107\times10^{-6}T + 2.5927 \\
&\quad \times10^{-8}T^2 - 2.5335\times10^{-10}T^3 + 1.0405\times10^{-12}T^4)P^2 \\
&\quad + (-9.7729\times10^{-9} + 3.8504\times10^{-10}T - 2.3643\times10^{-12}T^2)P^3 \\
C_C(T,P) &= (0.0029 - 2.19\times10^{-4}T + 1.4\times10^{-5}T^2)P + (-4.76\times10^{-6} \\
&\quad + 3.47\times10^{-7}T - 2.59\times10^{-8}T^2)P^2 + 2.68\times10^{-9}P^3 \\
B(T,S) &= -1.922\times10^{-2} - 4.42\times10^{-5}T + (7.3637\times10^{-5} \\
&\quad + 1.7945\times10^{-7}T)P \\
Z(P) &= 1.727\times10^{-3} - 7.9836\times10^{-6}P
\end{aligned}\right\} \tag{4-25}
$$

式中：温度 T(℃)：$0℃ < T < 40℃$，压力 P(bars)：$0 < P < 1000$，盐度 S(ppt)：$0 < S < 40$。$C_W(T,P)$ 代表纯水中的声速，$C_C(T,P)$ 代表对原方程的改正。在 $T = 40, P = 1000, S = 40$ 的情况下，声速 $C = 1745.0954$ m/s。

(7) EM 分层简化公式

表层声速公式：

$$
\begin{aligned}
C(T,0,S) &= 1449.05 + T(4.57 - T(0.0521 - 0.00023T)) \\
&\quad + (1.333 - T(0.0126 - 0.00009T))(S - 35)
\end{aligned} \tag{4-26}
$$

淡水中深度达到 200m、海水中深度达到 1000m 时的声速公式：

$$
C(T,Z,S) = C(0,T,S) + 16.5Z \tag{4-27}
$$

淡水中深度达到 2000m、海水中深度达到 11000m 时的声速公式：

$$
C(T,Z,S) = C(0,T,S) + Z(16.3 + Z(0.22 - 0.003Z\sqrt{T+2})) \tag{4-28}
$$

深度大于 5000m 时，声速公式应考虑纬度(单位为度) 改正：

$$
\left.\begin{aligned}
C(T,Z,S) &= C(0,T,S) + Z'(16.3 + Z(0.22 - 0.003Z\sqrt{T+2})) \\
Z' &= Z(1 - 0.0026\cos2\phi)
\end{aligned}\right\} \tag{4-29}
$$

应用以上声速经验公式时，需要注意各公式产生的年代以及适用范围。

4.3.2 声速剖面的分类

海洋测量中，声速是一个非常关键的参数，它决定着声波的传播路线，因而，声速剖面及其结构一直是河道 / 海道测量人员关注的焦点。测区声速结构通常是利用几个离散的声速剖面来反映的，其代表性误差常常会给实际声线跟踪带来系统性的影响，这就需要进行合理的声速剖面内插，而识别相似结构的声速剖面对于提高内插精度是非常必要的。此外，划分声速剖面类型对于分析区域声速结构及其变化规律也非常重要。

长期以来，声速剖面分类通过人工方法来实现，该方法效率低下，且人为因素影响突出。基于自组织神经网络(SOFM)的声速剖面分类方法在近几年取得了很大的发展，下面主要介绍这种分类方法。

Kohonen 在 1987 年提出了自组织特征映射网络的理论和模型，认为神经网络在接受外界输入时会自动的对输入信号特征进行学习，进而自动的组织形成不同的区域，且各区域对输入模式将具有不同的响应特征。在输出空间中，这些神经元将形成影射图，图中功能相同的神经元比较靠近，反之比较疏远。若有 R 维输入和 S 维输出，则 SOFM 网络结构如图 4-11 所示。

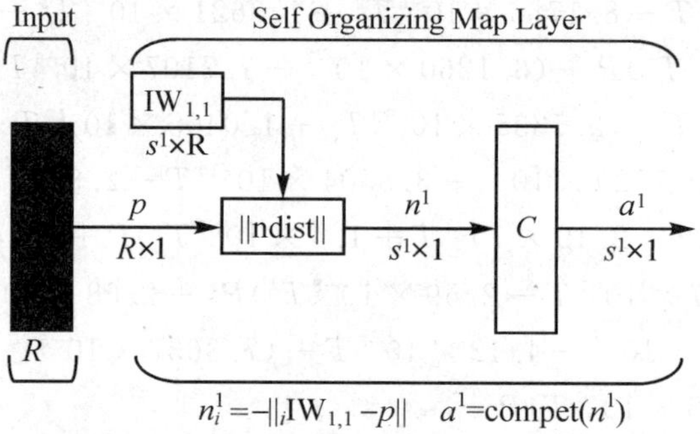

图 4-11　自组织特征神经网络结构图

根据接受的输入向量 p 和输入权值 W，$\|$ ndist $\|$ 对输入矢量 p 和神经元权值矢量之间的距离取负，并形成一个 S 维向量。当某神经元与输入矢量达到最佳匹配时，根据 Kohonen 的最佳匹配单元邻域的概念，在竞争层 C 中，竞争中获胜的神经元输出为 1，失败者为 0。为了在邻域内获得较好的聚类效果，权值需要不断的进行修正，直至收敛。权值的修正模型为：

$$_{i^*}w(q)=(1-a)\,_{i^*}w(q-1)+ap(q) \tag{4-30}$$

其邻域神经元权值也进行了调整，调整模型为：

$$_{j}w(q)=\,_{j}w(q-1)+0.5a(p(q)-\,_{j}w(q-1)) \tag{4-31}$$

式中，i^* 为获胜神经元，该神经元属于半径为 d 的一定邻域 $N_{i^*}(d)$。$N_{i^*}(d)$ 是为以 i^* 为中心，半径为 d 的神经元的集合。

$$N_{i^*}(d)=\{j,d_{ij}\leqslant d\} \tag{4-32}$$

当输入向量 p，则获胜神经元以及其邻域神经元的权值将根据上述模型不断的进行调整，以实现其同输入向量 p 的匹配。经多次训练，邻域内的神经元将训练成为同输入向量十分匹配且相互相似，最终实现同特征输入向量聚类的结果。

自组织特征是通过在输入空间中划分相同的特征组来进行分类的。不同于竞争层，SOFM 网络邻域的神经元通过学习识别输入空间的邻域部分来进行训练和调整的，因此，网络需同时学习输入向量的分布以及拓扑关系。通常情况下，各层中神经元的物理位置安排在格网上(正方形格网、六边形格网或任意形状格网)

声速剖面的结构可以通过声线中代表层上的声速 C 来描述，也可通过梯度来描述。对于后者，若知道表层声速和声线过程中声速梯度的变化，也可以反算各表层声速，因而，二者是一致的。表层声速变化往往比较显著，随着深度的增加，声速梯度的变化逐渐趋于平缓。为真实的反映声速在不同水层的结构，在声速变化比较复杂时，声速梯度计算的深度间隔需取小步长，反之，需适当的增加深度步长。过小的深度间隔虽然增强了对声速剖面的反映和聚类分析的详细度，但同时也增加了网络训练和计算；过大的间隔虽然减少了计算量，但不利于声速剖面的细致分类，因而声速梯度间隔的计算一定要适中。

SOFM 构造网络和划分声速剖面类型的过程可归纳如下：

(1) 假设存在 R 个需要分类的声速剖面，对应着 S 个输出类别，则首先需要赋予 R 个声速剖面到 S 个输出类型之间映射的初始权值。

(2) 将前面获得描述声速剖面结构的梯度序列输入到神经网络中。

(3) 根据神经元在格网上的物理位置及初始权值，计算神经元之间的距离。

(4) 根据选定的获胜神经元、神经元间的距离和初始邻域距离构造邻域。

(5) 通过反复训练和调整神经元的权值，确保邻域内的神经元与输入向量达到最大的匹配并实现它们之间最大的相似，从而达到分类的目的。

一旦输入和输出间映射关系建立起来，网络训练中 2 ～ 4 是一个循环过程。当新的声速梯度向量输入后，经过该过程，对应该声速剖面类别的输出神经元便可以确定。

图 4-12 为一个声速剖面分类的例子，表 4-3 对各声速剖面的分类结果进行了解释。

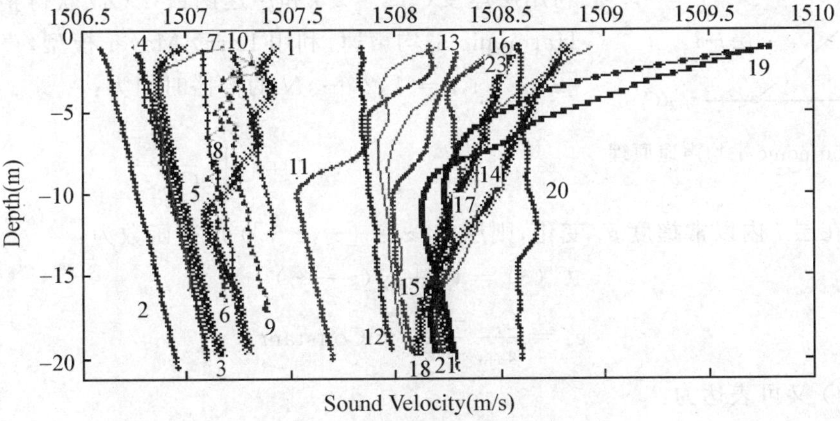

图 4-12　声速剖面的分类

表 4-3　**声速剖面分类的解释**

声速剖面编号(SVP)	分类情况解释
2,3,4,8,9,10,12,20	小幅度的正梯度变化
1,11,15,17,18,19	10m 以上为明显的负梯度变化；10m 以下为小幅度的正梯度变化
7,13,16	4m 以上为明显的负梯度变化；4m 以下为小幅度的正梯度变化
5,6	2m 以上为明显的负梯度变化；2m 以下为小幅度的正梯度变化
14,22	6m 以上为明显的负梯度变化；6 ～ 16m 为小幅度的正梯度变化；16m 以下为小幅度的负梯度变化

4.4 声线跟踪

实际测量中，由于大量存在入射角不为零的波束，即非垂直入射波束，简单的一级近似（即认为声线在整个水柱中按直线传播，采用三角法直接得到海底点的坐标）计算精度难以满足要求，因此研究高精度的声线跟踪算法是十分重要的。

声线跟踪（Sound Ray Tracing）是建立在声速剖面基础上的一种波束脚印（投射点）相对船体坐标系坐标的计算方法。声线跟踪通常采用层追加方法，即将声速剖面内相邻两个声速采样点划分为一个层，层内声速变化可假设为常值（零梯度）或常梯度。对于前者，计算思想和过程简单，后者相对比较复杂。在后者的声线跟踪计算过程中，声速变化函数采用Harmonic平均声速。

1. Harmonic 平均声速

Harmonic 平均声速定义为：
$$C_H=\frac{z-z_0}{t}=(z-z_0)\left[\int_{z_0}^{z}\frac{\mathrm{d}z}{C(z)}\right]^{-1} \tag{4-33}$$

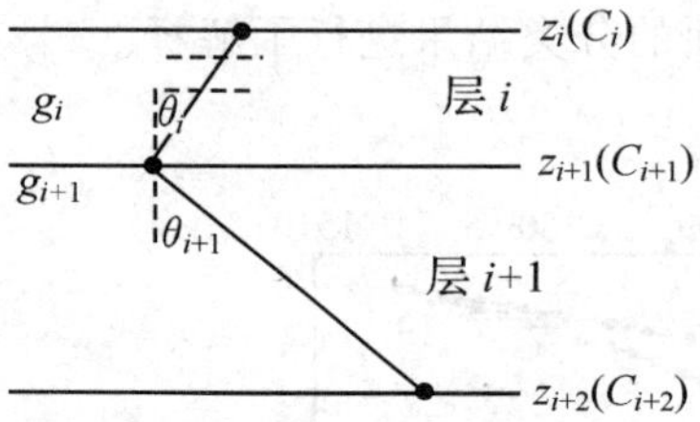

图 4-13 Harmonic 平均声速原理

假设波束经历的水柱$[z_0,z]$有 N 层（即声速剖面内有 $N+1$ 个声速采样点，层 i 的表面声速为 C_i）（图 4-13），则可利用层厚度（$z_{i+1}-z_i$）和声速函数 $C^i(Z)$ 获得整个水柱中的 Harmonic 平均声速。利用 Larry Mayer 模型，声速在第 i 层$[z_i,z_{i+1}]$，$i=1,2,\cdots,N$ 的传播时间为：

$$t_i=\int_{z_i}^{z_{i+1}}\frac{\mathrm{d}z}{C^i(z)} \tag{4-34}$$

若声速在层 i 内以常梯度 g_i 变化，则层内（$z\in[z_i,z_{i+1}]$）声速函数为：

$$C^i(z)=C_i+g_i(z-z_i)$$
$$g_i=\frac{C_{i+1}-C_i}{z_{i+1}-z_i}=\text{Constant} \tag{4-35}$$

式(4-34) 又可表达为：

$$t_i=\int_{z_i}^{z_{i+1}}\frac{\mathrm{d}z}{C^i(z)}=\frac{1}{g_i}\ln\frac{C_{i+1}}{C_i} \tag{4-36}$$

设波束经历整个水柱$[z_0,z]$的时间为 T_V，则 Harmonic 平均声速 C_H 为：

$$C_H=(z-z_0)T_V^{-1}$$
$$T_V=\sum_{i=1}^{N}t_i=\sum_{i=1}^{N}\left(\frac{1}{g_i}\ln\frac{C_{i+1}}{C_i}\right) \tag{4-37}$$

即
$$C_H=(z-z_0)\left(\sum_{i=1}^{N}\frac{1}{g_i}\ln\left(1+\frac{g_i}{C_i}\Delta z_i\right)\right)^{-1} \tag{4-38}$$

若 $g_i\approx 0$，则有：
$$\frac{1}{g_i}\ln\left(1+\frac{g_i}{C_i}\Delta z_i\right)\rightarrow\frac{\Delta z_i}{C_i}$$

C_H 获得后，则深度为：
$$(z-z_0)=C_HT_V \tag{4-39}$$

2. 基于层内常声速($g=0$)下的声线跟踪

假设波束经历由 N 层组成的水柱，声速在层内常速传播(图 4-14)，结合图 4-14，设层厚度为 $\Delta z_i(\Delta z_i = z_{i+1} - z_i)$，则波束在层 i 内的水平位移 y_i 和传播时间 t_i 分别为：

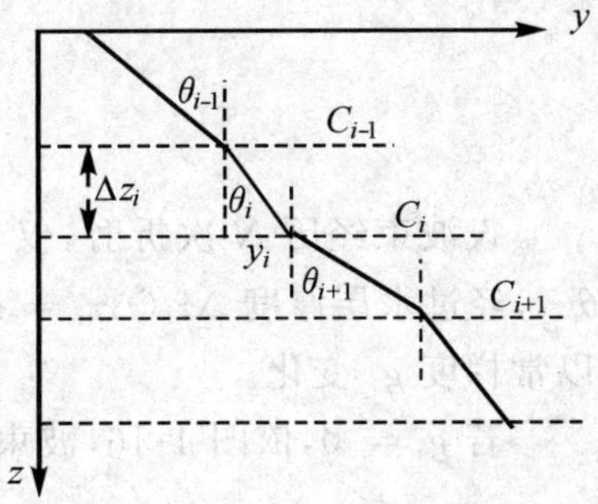

图 4-14 常声速声线跟踪原理图

$$
\left.\begin{aligned}
y_i &= \Delta z_i \tan\theta_i = \frac{\sin\theta_i \Delta z_i}{\cos\theta_i} = \frac{pC_i\Delta z_i}{\left(1-(pC_i)^2\right)^{1/2}} \\
t_i &= \frac{y_i/\sin\theta_i}{C_i} = \frac{y_i}{pC_iC_i} = \frac{\Delta z_i}{C_i\left(1-(pC_i)^2\right)^{1/2}}
\end{aligned}\right\} \tag{4-40}
$$

则波束经历整个水柱的传播时间和水平距离为：

$$
\begin{aligned}
y &= \sum_{i=1}^{N} \frac{pC_i\Delta z_i}{\left(1-(pC_i)^2\right)^{1/2}} \\
t &= \sum_{i=1}^{N} \frac{\Delta z_i}{C_i\left(1-(pC_i)^2\right)^{1/2}}
\end{aligned} \tag{4-41}
$$

3. 基于层内常梯度($g \neq 0$)下的声线跟踪

假设波束经历由 N 个不同介质层组成的水柱，声速在各层中以常梯度 g_i 变化。

如图 4-15 所示，设层 i 上、下界面处的深度分别为 z_i 和 z_{i+1}，层厚度为 Δz_i；波束在层内的实际传播轨迹为一连续的、带有一定曲率半径 R_i 的弧段。根据上图，则曲率半径 R_i 为：

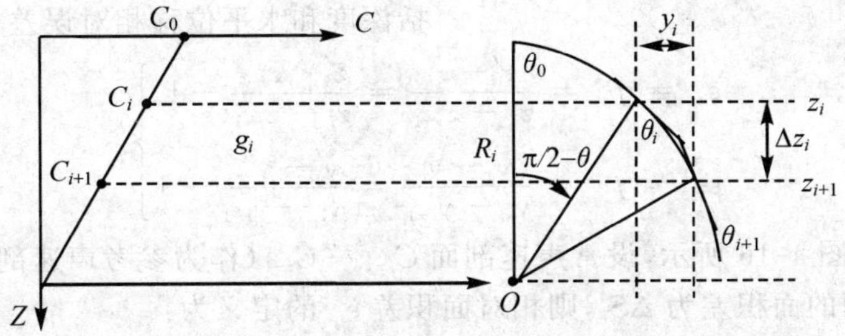

图 4-15 声速以常梯度变化情况下的声线跟踪原理

$$
R_i = -1/pg_i \tag{4-42}
$$

层 i 内声线的水平位移 y_i 为：

$$
y_i = R_i(\cos\theta_{i+1} - \cos\theta_i) = \frac{\cos\theta_i - \cos\theta_{i+1}}{pg_i}
$$

$$
\cos\theta_i = (1-(pC_i)^2)^{1/2} \quad \Delta z_i = z_{i+1} - z_i
$$

波束在该层经历的弧段长度 $S_i = R_i(\theta_i - \theta_{i+1})$，则经历该段的水平位移 y_i 和时间 t_i 为：

$$
\left.\begin{aligned}
y_i &= \frac{[1-(pC_i)^2]^{1/2} - [1-p(C_i+g_i\Delta z_i)^2]^{1/2}}{pg_i} \\
t_i &= \frac{R_i(\theta_i - \theta_{i+1})}{C_{Hi}} = \frac{\theta_{i+1} - \theta_i}{pg_i^2\Delta z_i}\ln\left[\frac{C_{i+1}}{C_i}\right] \\
&= \frac{\arcsin[p(C_i+g_i\Delta z_i)] - \arcsin(pC_i)}{pg_i^2\Delta z_i}\ln\left[1+\frac{g_i\Delta z_i}{C_i}\right]
\end{aligned}\right\} \tag{4-43}
$$

上述声线跟踪模型表明，波束脚印位置的计算过程是复杂的，且只有在声速剖面已知的情况下才能实施。为此，下面介绍一种简化的声线改正模型。

4.5 等效声速剖面法

设波束经历 N 次折射，仅分析层 i 的情况，根据图 4-16，设层面 z_{i-1} 的入射参数为 C_{i-1}、θ_{i-1}，经过水层厚度 $\Delta z_i(\Delta z_i = z_i - z_{i-1})$，传播时间 t_i，层面 z_i 的入射参数为 C_i、θ_i，声速在层内以常梯度 g_i 变化。

若 $g_i = 0$，依图 4-16，波束经历层 i 的水平位移 y'_i 和深度 z'_i 为：

$$z'_i = z_{i-1} + C_{i-1} t_i \cos\theta_{i-1} \quad y'_i = y_{i-1} + C_{i-1} t_i \sin\theta_{i-1} \tag{4-44}$$

若 $g_i \neq 0$，根据图 4-16，y_i 和 z_i 为：

$$\left.\begin{aligned} z_i &= z_{i-1} + \frac{(\sin\theta_i - \sin\theta_{i-1})}{pg_i} \\ y_i &= y_{i-1} + \frac{\cos\theta_{i-1} - \cos\theta_i}{pg_i} \end{aligned}\right\} \tag{4-45}$$

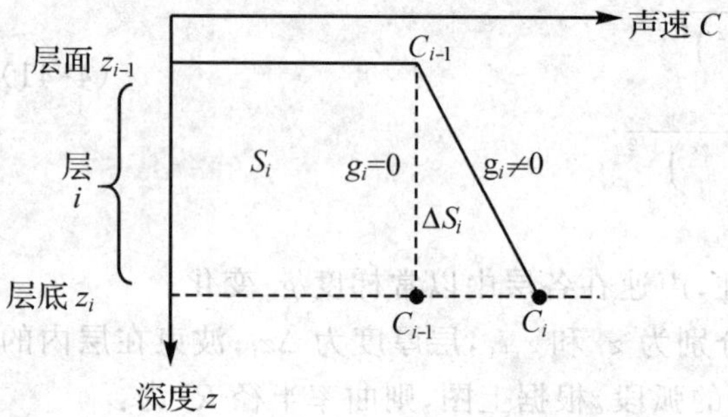

图 4-16 面积差示意图

式(4-44)在层内采用一级近似确定声线位移量，计算精度太低；式(4-45)虽保证了精度，但过于复杂。为保证计算精度且简化计算过程，现引入位置和面积相对误差两个概念。

定义层 i 内的位置相对误差，该相对误差包括深度和水平位移相对误差 f_{z_i}、f_{y_i}。

$$\left.\begin{aligned} \varepsilon_{z_i} &= f_{z_i} = \frac{z'_i - z_i}{z_i - z_{i-1}} = \frac{z'_i - z_{i-1}}{z_i - z_{i-1}} - 1 \\ \varepsilon_{y_i} &= f_{y_i} = \frac{y'_i - y_i}{y_i - y_{i-1}} = \frac{y'_i - y_{i-1}}{y_i - y_{i-1}} - 1 \end{aligned}\right\} \tag{4-46}$$

面积差思想如图 4-16 所示，设常声速剖面 $C_{i-1} - C_{i-1}$（作为参考声速剖面）与常梯度声速剖面 $C_{i-1} - C_i$ 之间的面积差为 ΔS_i，则相对面积差 ε_{s_i} 的定义为：

$$\varepsilon_{s_i} = \frac{\Delta S_i}{S_i} = \frac{(C_i - C_{i-1})}{2C_{i-1}}$$

$$\Delta S_i = \frac{1}{2}(C_i - C_{i-1})(z_i - z_{i-1}) \quad S_i = C_{i-1}(z_i - z_{i-1}) \tag{4-47}$$

根据 Snell 法则，有

$$\sin\theta_i = (1 + 2\varepsilon_{s_i})\sin\theta_{i-1} \quad t_i = \frac{1}{g_i}\ln\left[\frac{C_i(1+\cos\theta_{i-1})}{C_{i-1}(1+\cos\theta_i)}\right] \tag{4-48}$$

将式(4-44)、式(4-45)代入式(4-46)，并利用式(4-47)和式(4-48)，则 f_{z_i}、f_{y_i} 可表达为：

$$f_{z_i}(\varepsilon_{s_i}, \theta_{i-1}) = \frac{\cos\theta_{i-1}}{2\varepsilon_{s_i}}\ln\left[(1+2\varepsilon_{s_i})\frac{1+\cos\theta_{i-1}}{1+\sqrt{1-[(1+2\varepsilon_{s_i})\sin\theta_{i-1}]^2}}\right] - 1$$

$$f_{y_i}(\varepsilon_{s_i}, \theta_{i-1}) = \frac{(\sin\theta_{i-1}/2\varepsilon_{s_i})\ln\left\{(1+2\varepsilon_{s_i})\left[(1+\cos\theta_{i-1})/(1+\sqrt{1-[(1+2\varepsilon_{s_i})\sin\theta_{i-1}]^2})\right]\right\}}{(\sqrt{1-[(1+2\varepsilon_{s_i})\sin\theta_{i-1}]^2} - \cos\theta_{i-1}/\sin\theta_{i-1} - (1+2\varepsilon_{s_i})\sin\theta_{i-1})} - 1 \tag{4-49}$$

从式(4-49)可以看出，深度和水平位移相对误差 f_{z_i} 和 f_{y_i} 仅与层面入射角和相对面积差有关，而与其他参数无关。

1. 误差修正法

根据深度和水平位移相对误差 f_{z_i} 和 f_{y_i} 计算模型的特点，结合式(4-46)，可得出相对于式(4-44)的补偿模型：

$$\begin{aligned} z_i &= z_{i-1} + (z'_i - z_{i-1})/(1 + f_{z_i}(\varepsilon_{s_i}, \theta_{i-1})) \\ y_i &= y_{i-1} + (y'_i - y_{i-1})/(1 + f_{y_i}(\varepsilon_{s_i}, \theta_{i-1})) \end{aligned} \tag{4-50}$$

若将层 i 内的计算思想推广到整个水柱，设波束的初始入射角、声速、入射水层深度和水平位移分别为 θ_0、C_0、z_0 和 y_0，波束在海底的投射点为 (z_B, y_B)，则有：

$$\begin{aligned} &z_B = z_0 + \frac{z'_B - z_0}{1 + f_z(\varepsilon_s, \theta_0)} \quad y_B = y_0 + \frac{y'_B - y_0}{1 + f_y(\varepsilon_s, \theta_0)} \\ &z'_B - z_0 = C_0 T\cos\theta_0 \quad y'_B - y_0 = C_0 T\sin\theta_0 \end{aligned} \tag{4-51}$$

由式(4-51)可知，只要已知 θ_0、C_0、z_0、y_0 和波束的传播时间 T 即可确定深度和平面位移。

实际声速剖面同参考声速剖面间的关系可简化为图 4-17 中的三种形式。对图 4-17(b)中实际声速剖面(实线部分)在声速发生改变处(深度为 z_m)进行分割，z_m 线以上的部分与图 4-17(a)中的情况相同；最复杂的当属图 4-17(c)中的情况，分割点不但要选取实际声速剖面的转折点，还要选取实际声速剖面与参考声速剖面的交点。实际声速剖面同参考声速剖面之间的关系可描述为图 4-17 中的一种或几种情况的组合。

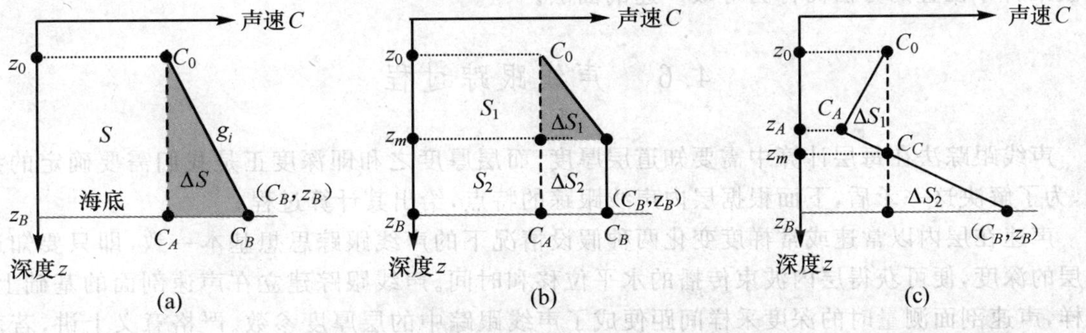

图 4-17 实际声速剖面(实线)与参考声速剖面(虚线)间关系示意图

由于这种方法不是直接依赖于实际声速剖面进行声线跟踪计算，而是通过选择一个简单的声速剖面(如零梯度声速剖面)作为参考声速剖面，根据相对面积差，建立参考声速剖面与实际声速剖面间的联系，进而修正参考声速剖面的计算结果，获得最终的波束脚印位置，因此，该方法被称为误差修正法。

2. 等效声速剖面法

Geng 和 Zielinski 1999 年认为，声线跟踪时，总可以寻找到一个简单的声速剖面替代实际声速剖面。

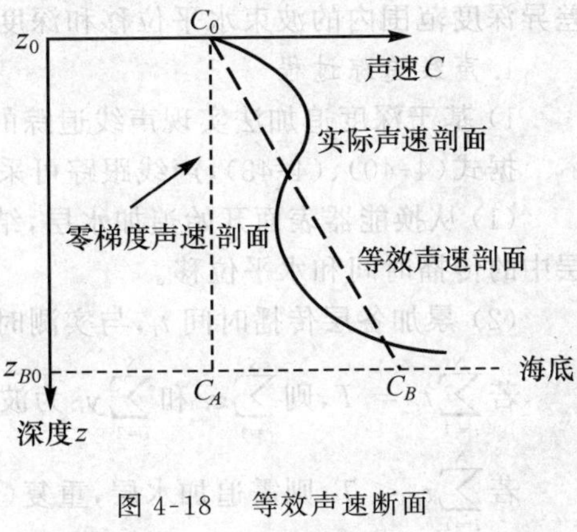

图 4-18 等效声速断面

根据图 4-18，设常梯度声速剖面 $C_0 - C_B$ 与实际声速剖面的面积差为 0，以零梯度声速剖面 C_0 －

C_A 作为参考声速剖面，根据上述结论，采用误差修正思想，只要得到常梯度声速剖面 $C_0 - C_B$ 的梯度，便可将波束在整个水柱的传播情况视为常梯度变化，采用类似于常梯度声线跟踪的方法获得深度。

设 ε_S 为实际声速剖面与零梯度声速剖面间的面积差，入射角为 θ_0 的波束的参考深度 z_{B0} 已知，零梯度声速剖面确定的深度为 z'_{B0}，则深度相对误差 ε_z 可定义为：

$$\varepsilon_z = (z'_{B0} - z_{B0})/z_{B0} \tag{4-52}$$

根据梯度的定义，可以得到常声速剖面的梯度 g_{eq} 以及对应的声线弧段曲率半径 R_{eq}：

$$g_{eq} = \frac{C_B - C_0}{z_{B0} - z_0} = \frac{2\varepsilon_S C_0}{Z_{B0} - Z_0} \tag{4-53}$$

$$R_{eq} = \frac{-1}{pg_{eq}} = \frac{-C_0}{g_{eq}\sin\theta_0} \tag{4-54}$$

若波束往返程时间为 t，根据常梯度声线跟踪原理，深度 z_B 为：

$$z_B = z_0 + R_{eq}\left(\sin\theta_0 + \frac{2g_{eq}R_{eq}(1+\cos\theta_0)C_0\exp(g_{eq}t/2)}{(g_{eq}R_{eq}(1+\cos\theta_0))^2 + (C_0\exp(g_{eq}t/2))^2}\right) \tag{4-55}$$

由式(4-55)可以看出，深度计算仅利用了表层声速 C_0 和参考深度 z_{B0}，实际声速剖面仅用于面积差计算。

由于常梯度声速剖面与实际声速剖面具有相同的积分面积，利用常梯度声速剖面计算的结果同实际声速剖面相同，因此，常梯度声速剖面被称为等效声速剖面，利用等效声速剖面确定波束脚印位置的方法简称为等效声速剖面法。

4.6　声线跟踪过程

声线跟踪法在每层计算中需要知道层厚度，而层厚度之和即深度正是我们需要确定的参量，为了解决这一矛盾，下面根据层内声线跟踪的特点，给出其计算过程。

声速在层内以常速或常梯度变化两种假设情况下的声线跟踪思想基本一致，即只要知道各层的深度，便可获得层内波束传播的水平位移和时间。声线跟踪建立在声速剖面的基础上，这样，声速剖面测量时的深度采样间距便成了声线跟踪中的层厚度参数。严格意义上讲，若声速剖面采样站分布均匀且被准确测量，采用常梯度- 声线跟踪法确定的波束投射点位置应该是十分准确的，但由于声速剖面采样站的布设密度不可能非常大，加之海底地形变化的多样性和复杂性，实际测量深度同声速剖面的最大采样深度或多或少地存在着差异，考虑声速剖面测站的作用范围和海底地形变化的平缓性，用声速剖面最大深度采样点处的声速变化规律计算差异深度范围内的波束水平位移和深度，其计算误差应该是非常小的。

1. 声线追踪过程

1）基于深度追加法实现声线追踪的过程

据式(4-40)、(4-43)，声线跟踪可采用深度追加法实现，其过程为：

(1) 从换能器表面开始追加水层，结合声速剖面，根据式(4-40)和式(4-43)计算波束在各层中的传播时间和水平位移。

(2) 累加各层传播时间 t_i，与实测时间 T 比较，判断是否追加新的水层，或多追加了。

若 $\sum_{i=1}^{N} t_i = T$，则 $\sum_{i=1}^{N} z_i$ 和 $\sum_{i=1}^{N} y_i$ 为波束脚印的深度和水平位移。

若 $\sum_{i=1}^{N} t_i < T$，则需追加水层，重复(1)中的计算和(2)中的判断。

若 $\sum_{i=1}^{N} t_i > T$，不再追加水层，而需根据下式计算多追加部分的厚度 $\Delta z'$ 和水平位移 $\Delta y'$：

$$\left.\begin{aligned} \Delta z' &= \left(\sum_{i=1}^{N} t_i - T\right) C_N \cos\theta_N \\ \Delta y' &= \left(\sum_{i=1}^{N} t_i - T\right) C_N \sin\theta_N \end{aligned}\right\} \tag{4-56}$$

式中 C_N、θ_N 为声速剖面最后一层（第 N 层）的声速和入射角。

多追加部分的厚度 $\Delta z'$ 和水平位移 $\Delta y'$ 获得后，实际深度 z 和水平位移 y 为：

$$\left.\begin{aligned} z &= \sum_{i=1}^{N} z_i - \Delta z' \\ y &= \sum_{i=1}^{N} y_i - \Delta y' \end{aligned}\right\} \tag{4-57}$$

常声速-声线跟踪法或常梯度-声线跟踪法对声速剖面的依赖性较强，计算比较复杂，但计算过程却十分严密。

相对上述两种声线跟踪法，误差修正法和等效声速剖面法的计算过程就显得十分简单。计算前，首先确定参考声速剖面，参考声速剖面的选择视计算精度而定，若精度要求不是非常高，建议以常声速剖面作为参考声速剖面。

2）误差修正法的声线跟踪过程

（1）将层 i 的表面声速作为参考声速剖面（即常声速剖面）。

（2）根据式（4-47）计算常声速剖面与实际声速剖面的面积差、相对面积差 ε_{s_i}。

（3）采用式（4-44）计算一级近似下的 z'_i 和 y'_i。

（4）利用式（4-46）计算深度和水平位移的相对误差 f_{z_i} 和 f_{y_i}。

（5）将 f_{z_i} 和 f_{y_i}、z'_i 和 y'_i 代入式（4-50），计算波束经历层 i 后的水平位移 y_i 和层厚度 z_i。

（6）追加水层，依（1）～（5）跟踪计算直至最后一水层，便可得到波束脚印的位置。

以上过程是将误差修正法应用于各层得到波束脚印位置。若将波束经历的整个水柱视为单层，采用误差修正法的计算过程与上述近似，计算模型为式（4-51）。

3）等效声速剖面法的计算过程

（1）在波束脚印附近给出参考深度 z_{B0}（可通过其他测深资料获得）。

（2）计算 z'_{B0}（这里是对整个水柱采用一级近似，而非单层）。

（3）依式（4-53）和式（4-54）计算等效声速剖面的梯度 g_{eq} 和声线弧段的曲率半径 R_{eq}。

（4）将 g_{eq} 和 R_{eq} 代入式（4-55）确定深度 z_B。

（5）同样的方法确定水平位移 y_B。

2. 各种方法的比较

根据上述方法的计算过程，下面从计算条件、精度、简易程度方面对它们进行比较。

（1）对实际声速剖面的依赖性。上述方法对实际声速剖面均有一定程度的依赖，不过依赖程度不同。声线跟踪法完全依赖于实际声速剖面，每层计算均建立在声速剖面的基础上；误差修正法与等效声速剖面法虽然也需要实际声速剖面，但只要在实际声速剖面的有效作用范围内，面积差一般保持不变（或变化值较小），因而在该范围内，所有波束的声线改正计算均采用相同的面积差或相对面积差作为计算参数，从而大大简化了计算。

（2）计算精度。由于常梯度-声线跟踪法的假设与实际比较吻合，计算精度相对较高，有实验表明，$z<100$m 时，其深度相对误差优于 z‰；常声速-声线跟踪法的计算精度较差，$z<60$m 时，深度相对误差优于 z%；$z<100$m 时，误差修正法和等效声速剖面法的深度确定精度一般不大于 $4z$‰。

(3) 计算过程的复杂性。声线跟踪法需要根据实际声速剖面计算波束在每层的水平和垂直位移，并叠加各层位移量得到波束脚印位置，计算烦琐；误差修正法和等效声速剖面法，只要确定参考声速剖面与实际声速剖面的相对面积差，依此为参数，修正一级近似结果，计算过程十分简单。

(4) 条件的苛刻性。上述方法均需声速剖面，声速剖面分布越密，越具有代表性，计算精度越高；反之，计算精度越低，这就为声速剖面的布设和施测提出了一定的要求；另外，参考深度作为等效声速剖面法中的一个重要参数，其精度的高低也直接影响着计算结果。

综上所述，常梯度-声线跟踪法的计算精度最高，但计算过程烦琐；等效声速剖面法的计算精度仅次于常梯度-声线跟踪法，但参考深度的要求相对苛刻；误差修正法的计算精度相对前两者稍差，但也能满足 HIO 的测深精度要求，且计算过程简单；精度最差的当属常声速-声线跟踪法，其计算过程也比较复杂。

图 4-19 至图 4-22 为采用不同声线跟踪方法所得深度计算精度的一个试验性结果，它从侧面也反映出了不同方法的声线跟踪精度。

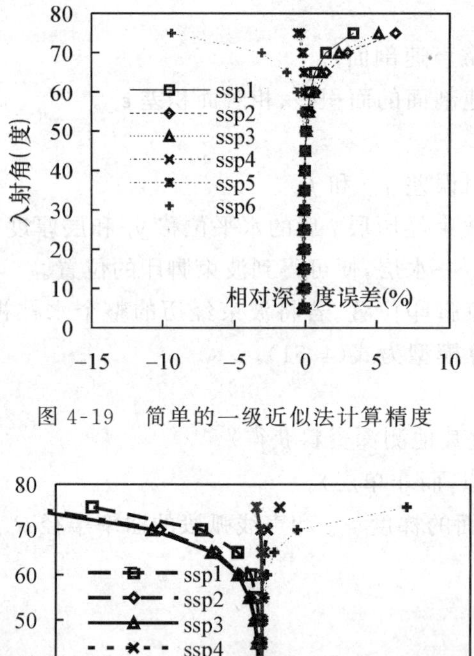

图 4-19 简单的一级近似法计算精度

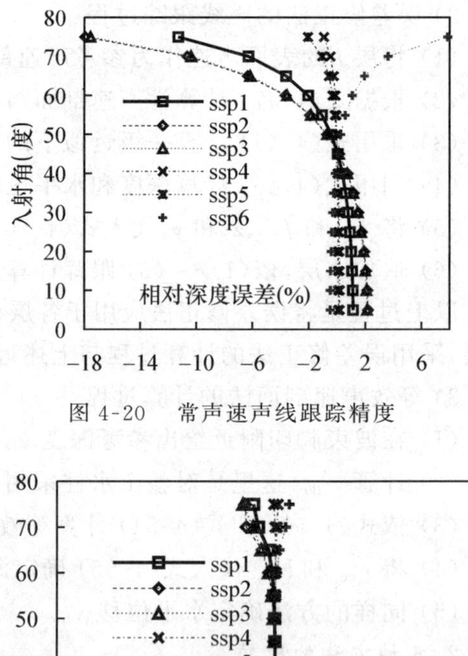

图 4-20 常声速声线跟踪精度

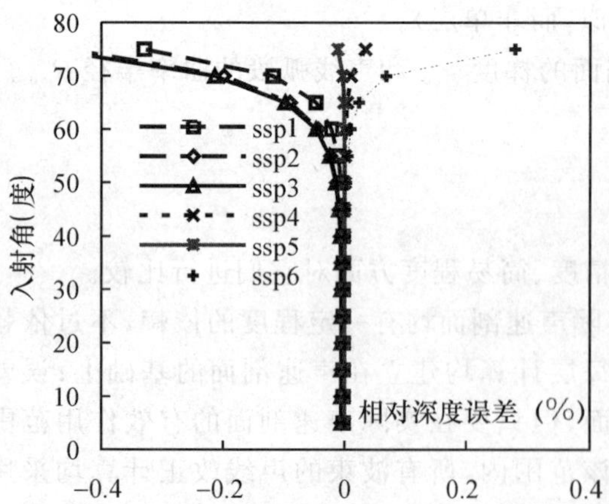

图 4-21 等效声速剖面法计算精度

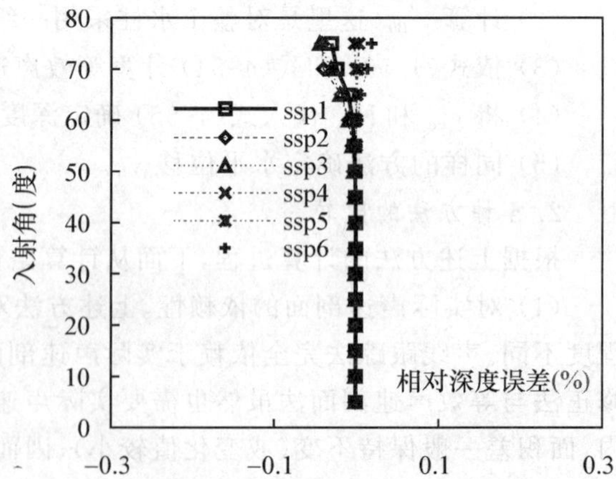

图 4-22 常梯度-声线跟踪法计算精度

4.7 声速测量误差对水深计算的影响

声速剖面直接决定着声线的实际轨迹，是声线改正的基础。为此，下面介绍声速测量误差对深度计算的影响。

1. 声速剖面测量误差

海洋测量中，声速剖面对测量结果的影响是多方面的，其影响有时相当显著。声速剖面测量误差主要源于仪器的系统误差和环境变化的影响。对于常采用的 CTD 声速剖面测量法，其系统偏差为：

$$\Delta T = 3 \times 10^{-3}(℃) \quad \Delta s = 2 \times 10^{-3}(\text{ppt}) \quad \Delta D = 3d(\text{bar})$$

根据 Mackenzie 声速公式和误差传播理论，声速测量误差为：

$$\Delta C = \left[\left(\frac{\partial C(T,s,D)}{\partial T}\Delta t\right)^2 + \left(\frac{\partial C(T,s,D)}{\partial s}\Delta s\right)^2 + \left(\frac{\partial C(T,s,D)}{\partial D}\Delta D\right)^2\right]^{\frac{1}{2}} \tag{4-58}$$

$$= 0.051\text{m/s}$$

影响声速的三个主要因素是温度 T、盐度 s 和深度 D，其中温度对表层海水的作用使得声速的变化比较复杂，在一天测量内，气温对表层水温的影响最大时可达 10 多度(部分地区可能更大)，对于声速的影响是非常显著的；另外，特殊水域水文因素的改变、水流的作用对于声速测量的影响也不可忽视。因此，在声速测量时，需要根据特定海域的情况，制定严密的声速剖面测量方案。

2. 声速误差的影响

为了简化计算和说明问题，下面根据常声速-声线跟踪法的计算模型说明声速测量误差的影响。设层 i 的表层入射参数 C_{i-1}、θ_{i-1}，没有测量和计算误差，层内声速 C_i 的测量误差为 $\mathrm{d}C_i$，根据 Snell 法则，$\mathrm{d}C_i$ 对该层折射角的影响为：

$$\mathrm{d}\theta_i = \frac{\sin\theta_{i-1}}{\cos\theta_i C_{i-1}}\mathrm{d}C_i \tag{4-59}$$

则 $\mathrm{d}C_i$ 对水平位移的影响为：

$$\mathrm{d}y_i = \Delta z_i \sec^2\theta_i \mathrm{d}\theta_i \tag{4-60}$$

$$t_i = \frac{\Delta s_i}{C_i(z)} = \frac{\Delta z_i \sec\theta_i}{C_i}$$

则声速误差 $\mathrm{d}C_i$ 对时间的影响为：

$$\mathrm{d}t_i = \frac{\Delta z_i \sec\theta_i \tan\theta_i}{C_i}\mathrm{d}\theta_i - \frac{\Delta z_i \sec\theta_i}{C_i^2}\mathrm{d}C_i \tag{4-61}$$

依分层计算思想，上层声速和入射角测量或计算误差将对下层的折射角产生影响，进而影响波束在下一层的水平位移和传播时间。设下一层的声速和折射角分别为 C_{i+1}、θ_{i+1}，且声速没有测量误差，根据 Snell 法则，层 i 内声速、入射角误差 $\mathrm{d}C_i$、$\mathrm{d}\theta_i$ 对层 $i+1$ 的影响为：

对折射角 $\mathrm{d}\theta_{i+1}$ 的影响：

$$\mathrm{d}\theta_{i+1} = \frac{1}{\cos\theta_{i+1}}\left(\frac{C_{i+1}}{C_i}\cos\theta_i \mathrm{d}\theta_i - \frac{C_{i+1}\sin\theta_i}{C_i^2}\mathrm{d}C_i\right) \tag{4-62}$$

对水平位移量的影响为：

$$\mathrm{d}y_{i+1} = \Delta z_{i+1}\sec^2\theta_{i+1}\mathrm{d}\theta_{i+1} \tag{4-63}$$

对波束经历层 $i+1$ 传播时间的影响 $\mathrm{d}t_{i+1}$ 为：

$$\mathrm{d}t_{i+1} = \frac{\Delta z_{i+1}\sec\theta_{i+1}\tan\theta_{i+1}}{C_{i+1}}\mathrm{d}\theta_{i+1} \tag{4-64}$$

若层 $i+1$ 内声速也存在误差 dC_{i+1}，则它们对层内折射角、传播时间和水平位移的影响为：

$$d\theta_{i+1} = \frac{1}{\cos\theta_{i+1}}\left(\frac{C_{i+1}\cos\theta_i}{C_i}d\theta_i - \frac{C_{i+1}\sin\theta_i}{C_i^2}dC_i + \frac{\sin\theta_i}{C_i}dC_{i+1}\right) \tag{4-65}$$

$$dt_{i+1} = \frac{\Delta z_{i+1}\sec\theta_{i+1}\tan\theta_{i+1}}{C_{i+1}}d\theta_{i+1} - \frac{\Delta z_{i+1}\sec\theta_{i+1}}{C_{i+1}^2}dC_{i+1} \tag{4-66}$$

$$dy_{i+1} = \Delta z_{i+1}\sec^2\theta_{i+1}\,d\theta_{i+1}$$

$$dz_{i+1} = t_{i+1}\cos\theta_{i+1}\,dC_{i+1} + C_{i+1}\cos\theta_{i+1}\,dt_{i+1} - C_{i+1}t_{i+1}\sin\theta_{i+1}\,d\theta_{i+1} \tag{4-67}$$

可见声速测量误差不但对本层折射参数产生影响，还影响着下一层的折射参数，该影响对于波束经历整个水柱所造成的水平位移和深度误差具有积累性，表层声速误差影响最大。

设声速剖面测量误差对层 i 内的水平位移影响量为 dy_i，对传播时间的影响量为 dt_i，则对波束投射点坐标(D_y，D_z)的影响为：

$$\left.\begin{aligned} D_z &= \left(C_{\text{mean}}\sum_{i=1}^{N}dt_i\right)\cos\theta_N \\ D_y &= \sum_{i=1}^{N}dy_i \end{aligned}\right\} \tag{4-68}$$

式中 C_{mean}、θ_N 分别为波束经历水柱最后一层的平均声速和波束入射角。

思　考　题

1. 简述声波在海水中传播的特点。
2. 简述海水中声速确定的两种方法。
3. 简述建立局部海洋声场的基本思想。
4. 简述层内-常声速声线跟踪和层内-常梯度声线跟踪的基本思想。
5. 各种声线跟踪方法的比较。

第5章　潮汐调和分析及海洋垂直基准面

5.1　平衡潮理论

5.1.1　引潮力(势)

人们早就认识到太阳、月亮与地球的相对运动是引起海面周期性涨落的根本动因。尽管太空中的其他星体也对地球产生引力作用,但它们使地球变形的影响很小,可以忽略,本节讨论月球和太阳对地球的引潮作用,并视月球和太阳为引潮天体。

引潮力是地球上任何一点所受的天体引力减去该天体对地球中心的引力。地球上任意单位的质点,在面向月球的一边,它们距离月球比地心距离月球要近,该质点受月球的引力大于地心受月球的引力;在背向月球的一侧,质点距离月球比地心距离月球远,该质点受月球的引力比地心受月球的引力要小。总体来说,地球上单位质量的质点所受月球的引力,大小不同,方向也不同,但都指向月球中心。根据引潮力的定义,地球面对月球一边的各个质点所受月球的引力减去月球对地心的引力,得到一个趋向月球的力场;而在背向月球的一侧,各质点受月球的引力减去月球对地心的引力后,得到一个背向月球的力场,这两个力场合称为月球的引力场。月球引潮力是太阳引潮力的2.17倍。

图5-1以月球为例,对于任意地面点X,天体之间的万有引力是维持公转的向心力M,而就一个天体整体而言,旋转运动产生的离心力N必然与向心力平衡,即地心处的离心力和向心力必然大小相等、方向相反,合力为零。因为平动,地球各点所受离心力相等。而由于各点相对引潮天体中心的距离与方向不同,所受万有引力各异。于是,除地心之外,单位质点在各点的所受合力是不同的,该合力即引潮力F,由于月球绕地球作周期性的运动,其产生的引潮力也相应产生周期性的变化,也就引起弹性地球形变和海洋水体的周期性运动与涨落。对引力和惯性离心力分解如下:

$$\vec{F}_{月} = \vec{F}_V + \vec{F}_H \tag{5-1}$$

因为具体地点引潮力是引潮天体直接的引力作用和对地心的引力作用的矢量差F,故:

$$M_V = \mu_0 \frac{M}{D^2}\cos(\theta+\varphi),\quad N_V = \mu_0 \frac{M}{r}\cos\theta,\quad F_V = M_V - N_V$$

$$M_H = \mu_0 \frac{M}{D^2}\sin(\theta+\varphi),\quad N_H = \mu_0 \frac{M}{r^2}\sin\theta,\quad F_H = M_H - N_H$$

它具有与引力相同的基本性质,也是保守力,可以表示为位函数的梯度。引潮力的位函数即引潮力位(势)。引潮力位是天体引力位和离心力位的和。

地面点X处相对地心的引力势为:$-\mu_0 M\left(\dfrac{1}{D}-\dfrac{1}{r}\right)$

地面点X处相对地心的惯性离心力为:$-\mu_0 \dfrac{M}{r^2}\rho\cos\theta$

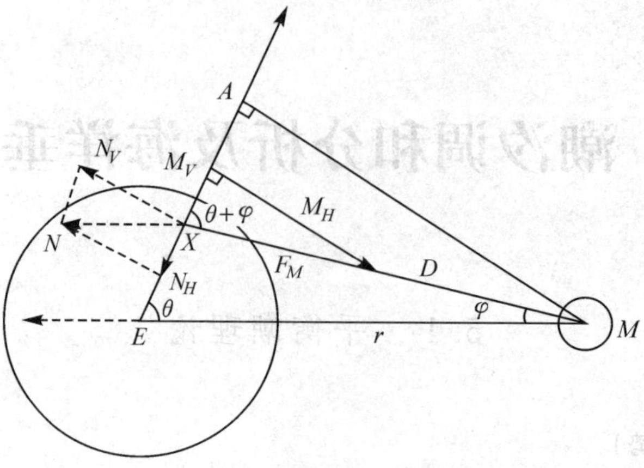

图 5-1　引潮力分解剖面图

地面点 X 所受月球引潮力势为：$\Omega_M = -\mu_0 M\left(\frac{1}{D} - \frac{1}{r} - \frac{\rho}{r^2}\cos\theta\right)$　(5-2)

而根据物理大地测量基本知识：$\frac{1}{D} = \frac{1}{r}\sum_{j=0}^{\infty}\left(\frac{\rho}{r}\right)^j P_j(\cos\theta)$

代入月球引潮势表达式有：$\Omega_M = -\frac{\mu_0 M}{r}\sum_{j=2}^{\infty}\left(\frac{\rho}{r}\right)^j P_j(\cos\theta)$　(5-3)

同理，太阳引潮势为：$\Omega_S = -\frac{\mu_0 S}{r_1}\sum_{j=2}^{\infty}\left(\frac{\rho}{r_1}\right)^j P_j(\cos\theta_1)$　(5-4)

总的引潮势为：$\Omega = \Omega_M + \Omega_S$　(5-5)

由上述计算公式可以看出，地球上各质点受到的引潮力与天体的质量成正比，与到天体的距离平方成反比，还与天体到该处的天顶距有关，因此，引潮力因地而异。与此同时，运动着的地球、月球和太阳相对位置亦出现多种变化周期，因此，大洋中的海水产生多种周期组合在一起的复杂周期性波动。这种波动在月球和太阳引力潮的作用下，在海陆分布、海洋深度、海岸形状和地球自转偏向力等因素的共同影响下做出不同的响应，形成各自的潮波系统。所以各地的潮高和潮时因时因地而异且作周期性的变化。

关于引潮力的周期性变化，从人们直观的感觉来看，首先是地球的自转，其次是地、月的相对运动和地、月相对太阳的运动。单就地、月运动而言，由于月球一个恒星月(27.32 平太阳日)绕地球一周，所以月球在其轨道上每天大约移动 13.3°，因此，月球引潮力场因月球的运动一天中变化不大，正是由于地球的自转，在任一固定点上观测者才发觉出引潮力的变化比较快，大约一天中有两个周期。至于太阳的引潮力场，若地球不自转，而只有公转，那么它在一天中改变还不到 1°；正是因为地球既有公转又有自转，才使得太阳引潮力场在地球上某点一天内出现两个变化周期。此外，由于地、月、日相对运动，还将导致引潮力场发生半月、一月、半年、一年和多年的变化。

5.1.2　引潮力势的调和展开

1. 拉普拉斯展开

考虑到地面点和引潮天体天顶距 θ 随时间的变化，因此，该角可以表示为研究点、引潮天

体(中心)的地理坐标以及时间(或时角)的函数,即:

$$\cos\theta = \sin\varphi\sin\delta + \cos\varphi\cos\delta\cos T \tag{5-6}$$

月球在地球表面及内部任一点 P 产生的引潮力位决定于 P 点相对于月心的位置,是 P 点的坐标(φ,λ,r)和月心的坐标(赤经 α、赤纬 δ、地心与月球中心距离 r_m)六个变量的函数。1799 年拉普拉斯将月球引起的引潮力位引入地理纬度 φ、月球赤纬 δ、月球时角 T_1 代替天顶距 θ,代入式(5-3):

$$\Omega_M = -\frac{\mu_0 M}{r}\sum_{j=2}^{\infty}\left(\frac{\rho}{r}\right)^j P_j(\cos\theta)$$

显然,引潮势的球函数级数表示中的第 j 项与引潮天体距地心距离 $j+1$ 次方成反比,其量值随阶次的提高迅速减小。通常取 $j=2$,对该项引潮势具体展开为:

$$\bar{\zeta} = \bar{\zeta}_0 + \bar{\zeta}_1 + \bar{\zeta}_2 = 2G\left(\frac{\bar{r}}{r}\right)^3\left\{\left[\frac{3}{2}\left(\sin^2\varphi - \frac{1}{3}\right)\left(\sin^2\delta - \frac{1}{3}\right)\right]\right.$$
$$\left. + \frac{1}{2}\sin 2\varphi\sin 2\delta\cos T_1 + \frac{1}{2}\cos^2\varphi\cos^2\delta\cos 2T_1\right\} \tag{5-7}$$

其中 $G = \frac{3}{4}g\frac{M}{E}\left(\frac{\rho}{\bar{r}}\right)^3\rho$。

至此,将月球引潮力势展开为长周期潮簇、日潮簇和半日潮簇。

2. Doodson 展开

Doodson 于 1921 年将月球的二阶引潮力位进一步利用六个天文变量进行展开,这些天文变量分别为平太阴(月球)地方时 τ、月球的平经度 s、太阳的平经度 h、月球近地点平经度 p、月球升交点平经度 $N'(N'=-N)$ 和太阳近地点的平经度 p'。这六个参数均是时间 t 的线性函数,通过它们可以计算任意 t 时刻月球和太阳的平位置,然后,通过对平位置修正,得到真位置。

Doodson 将此六个天文变量作为时间的变量,使展开式中各潮波的振幅不显含与时间的关系,各潮波的相角为六个天文变量的线性组合。这样,Doodson 按照布朗月球运动理论给出了调和展开,得到的是纯调和项,并给出 Doodson 码,见表 5-1。

表 5-1 **Doodson 展开式中六个天文参数的角速度和周期**

参数	意义	角速度 °/h	周期
τ	平太阴(月球)地方时	14.4920521	1 平太阴日 = 1.03505 平太阴日
s	月球的平经度	0.5490165	1 回归月 = 27.321528 平太阳日
h	太阳的平经度	0.0410686	1 回归年 = 365.242199 平太阳日
p	月球近地点平经度	0.0046418	月球平近地点周期 8.847 年
N'	月球升交点平经度	0.0022064	月球升交点周期 18.613 年
P'	太阳近地点平经度	0.0000020	太阳近地点周期 20940

3. Darwin 展开

潮高公式可利用拉普拉斯展开,其月球潮高公式展开式为:

$$\overline{\zeta} = f(\gamma, \varphi, \delta, T_1) \tag{5-8}$$

其中 $\gamma, \varphi, \delta, T_1$ 仍为非均匀的天文变量，必须进一步展开。1883 年达尔文利用月球运动理论引入平衡潮后展开潮高公式，并对展开式的主要项用一定的符号来标记，即分潮，此符号已被国际公认，一直沿用下来。达尔文展开式各项的系数部分还包含着随时间变化的因子，相角部分也包含不随时间均匀变化的量，且采用的天文常数不够准确并需在应用时作一些近似假设，因而得到的不是调和项，仅是准调和项。

5.1.3 平衡潮及其主要结论

牛顿运用引力的观点解释海洋潮汐现象，创立了潮汐平衡潮理论，后为贝努利所完善，所以称之为潮汐静力学理论。其理论假设地球表面为等深海水所包围，不考虑海水惯性、粘性、海底摩擦，忽略地球自转偏向力。所谓平衡潮就是建立在该假设下的潮汐理论。

引潮力的铅直分量对海水运动几乎没有影响，产生海洋潮汐的真正原动力是引潮力的水平分量，因此，根据平衡潮概念，某一瞬间地球表面的海水在引潮力水平分量和重力作用下相平衡。显然这是一种动态平衡，随着天体的运动，新的平衡不断取代旧的平衡，在新旧平衡的转换过程中使得海水产生流动（即潮流）和某地海水的聚散（即潮汐）。以月球为例，在某一瞬间，在月球引潮力水平分量作用下，海面相对于原静止的水面发生倾斜，倾角为 α，并产生的压强梯度力，使海水运动，海面产生升降。

其建立的引潮力势 Ω 与潮高 $\overline{\zeta}$ 的关系为：

$$\overline{\zeta} = \frac{\Omega}{g} \tag{5-9}$$

虽然平衡潮理论能够很好地解释某些潮汐变化的原因（如大洋潮汐），但缺点是它的理论假设与实际海洋不符，如海洋被错综复杂的陆地分割问题，海水的粘性问题，海底、海岸和海面的摩擦，使得海水不能立即响应并达到平衡状态，因而大多数潮汐现象无法得到合理的解释，例如浅海潮汐。

5.1.4 实际潮汐的潮高

平衡潮理论的结论虽然可以说明实际海洋中的一些简单潮汐现象，但是由于平衡潮理论的假定与实际相差甚远，并将原为动力学的问题按静力学问题处理，因此，用有关的理论公式并不可能计算出任一点的实际海洋潮汐。事实上，实际海洋潮波是天体引潮力作用下的一种波动，由于陆地存在、海底地形起伏变化、海底摩擦及地球自转等影响，潮波变化十分复杂，某一潮位站的潮汐观测仅是对复杂潮波系统在这一点振动的采样。

虽然在单个验潮站实际观测的潮高变化与平衡潮理论给出的理论潮高变化有很大差别，各种频率成分（分潮）的贡献与这些频率成分之间的理论比值不同，但实际海洋必然要在天文引潮力的源动力下作相同频率的振动，或海水系统对引潮力各分量做出频率成分相对应的响应。因而可以将实际潮汐分成许多有规律的分振动，这些分离出来的具有一定周期、一定振幅的分振动就叫分潮。表 5-2 给出了 11 个主要分潮的周期和相对振幅。分潮在近海和沿岸，由于气象对浅水作用的明显增强，在摩擦力的作用下，形成浅海分潮（倍潮与复合潮）。

要将理论潮高满足实际海洋潮汐，则必须经过一些订正。实际海水的涨落总可以表示为一些已知频率的振动及非潮汐因素的扰动之和，则实际潮汐部分的潮高 h 可表示为：

表 5-2　**11 个主要分潮及其周期和相对振幅**

分潮符号（假想天体符号）	名称	周期（平太阳时）	相对振幅（取 $M_2=100$）
	半日分潮		
M_2	太阴主要半日分潮	12.421	100.0
S_2	太阳主要半日分潮	12.000	46.5
N_2	太阴椭率主要半日分潮	12.658	19.1
K_2	太阴 — 太阳赤纬半日分潮	11.967	12.7
	全日分潮		
K_1	太阴 — 太阳赤纬全日分潮	23.934	54.4
O_1	太阴主要全日分潮	25.819	41.5
P_1	太阳主要全日分潮	24.066	19.3
Q_1	太阴椭率主要全日分潮	26.868	7.9
	浅海分潮		
M_4	太阴浅水 1/4 日分潮	6.210	
M_6	太阳浅水 1/6 日分潮	4.140	
MS_4	太阴、太阳浅水 1/4 日分潮	6.103	

$$h_t = S_0 + \sum_{i}^{m}(fH)_i\cos(q_it + G(v_{0i}+u_i) - g_i) + \gamma(t) \tag{5-10}$$

式中，S_0 为长期平均水位高度，H_i、g_i 为调和常数，f_i 为分潮 i 的交点因子，q_i 为分潮 i 的角速率，v_{0i} 为分潮 i 的格林威治零时天文初相角，u_i 为分潮 i 的交点订正角，γ 为扰动项，H_i 为分潮 i 的平均振幅，g_i 为分潮 i 的区时专用迟角，t 为时间。

5.2 潮汐、潮流分析

潮汐分析亦称潮汐调和分析，把任一海港的潮位变化看做是许多分潮余弦振动之和，根据最小二乘或波谱分析原理由实测数据计算出各分潮平均振幅和迟角的过程，即潮汐调和分析过程。根据观测时间的长短，一般可将调和分析分为短期、中期和长期三类。短期分析，潮汐观测序列的时间长度一般为一天到数天；中期分析，序列的时间长度一般为半月到数月；长期分析，潮汐观测序列的时间长度一般为一年以上。经典的潮汐调和分析有 Darwin 分析法、Doodson 分析法。现代潮汐调和分析多采用最小二乘分析法、傅立叶分析法和波谱分析法等。下面具体介绍潮汐分析的原理以及一些主要分析方法。

5.2.1 潮汐分析

根据物理学有关原理可知，任何一种周期性的运动，都可以由许多简谐振动组成。潮汐变化是一种非常近似的周期性运动，因而也可以分解为许多固定频率的分潮波，进而求得分潮波的振幅和相位。根据式(5-10)，某一时期的潮高表达式为：

$$
\left.\begin{aligned}
h_t &= S_0 + \sum_i^m (fH)_i \cos(q_i t + G(v_{0i} + u_i) - g_i) + \gamma(t) \\
h_t &= S_0 + \sum_i^m R_i \cos(q_i t - \theta_i) + \gamma(t) \\
h_t &= S_0 + \sum_i^m (a_i \cos q_i t + b_i \sin q_i t) + \gamma(t)
\end{aligned}\right\} \tag{5-11}
$$

忽略扰动项 $\gamma(t)$，则：

$$
h_t = S_0 + (a_i \cos q_i t + b_i \sin q_i t) + \sum_{j=1}^{m-1} (a_j \cos q_j t + b_j \sin q_j t) \tag{5-12}
$$

根据三角函数的正交性，在式(5-12)中，若欲保留 i 分潮，而消除其余的 j 分潮，则须满足一定的分析长度 n，即时间长度。

$$
n = \frac{q_i}{P(q_i - q_j)} r \qquad \text{（分潮日）} \tag{5-13}
$$

上式中，n 为欲保留的 i 分潮所需的分潮日数，取正整数，即分析长度；q 为分潮角速率；r 为任意整数；P 为分潮的周期数，如半日潮、日潮、1/4 日潮……；P 分别为 2、1、4…；例如为求 M_2 分潮，最好用 1 年的资料消除 S_2 分潮，对于其他的分潮利用同样的方法求得分析长度（或称最佳期限）。换句话说，若要分离某两个分潮，资料期限必须大于分析长度；分离多个分潮，取两两之间最大的分析长度为最佳分析长度，否则因混淆现象，无法进行分潮的分离。

利用一定分析长度的潮汐观测资料求得 a、b 后，利用(5-14)式，进而求得 R_i、θ_i，最后求得各分潮的调和常数 H_i、g_i。

$$
R_i = \sqrt{a_i^2 + b_i^2}, \quad \theta_i = \arctan \frac{b_i}{a_i}, \quad H_i = \frac{R_i}{f_i}, \quad g_i = G(v_{0i} + u_i) + \theta_i \tag{5-14}
$$

1. Darwin 分析法

Darwin 分析法是 Darwin 于 1883 年提出的。此法是对 30 天潮汐资料连续观测序列进行处理的准调和分析。众所周知，分潮当中的一些分潮，它们的频率成倍数关系，例如 M_1、M_2、M_4…，S_1、S_2、S_4… 等，这些频率成倍数的分潮称为分潮系。Darwin 分析法就是利用潮汐由许多分潮系组成，并以其周期不等的特点将它们从观测资料中分离出来，然后再将分潮系中的分潮逐个分离出来，最后求出各分潮的调和常数。分潮系的分离是依赖各分潮系的周期，即分潮日。如 M 分潮系的周期 1 分潮日 = 24.84 h，1 分潮时 = 1 分潮日 /24；S 分潮系的周期 1 分潮日 = 24 h，1 分潮时 = 1 分潮日 /24。对某一分潮系而言，在该分潮系的不同分潮日的同一分潮时刻，其分潮的相位相同。其他分潮系所含的分潮的相位因周期不同而不同。如果选择适当的天数，将某一分潮系的不同分潮日的同一分潮时的观测潮高相加，则该分潮系的分潮高越加越大，而其他分潮系则被抵消。各分潮系从观测资料中分离出来以后，由于分潮系中各分潮的频率成倍数，所以可以利用傅立叶方法求得各分潮的 R_i、θ_i，最后求得各分潮的调和常数 H_i、g_i。

2. Doodson 分析法

Doodson 分析法是 Doodson 于 1928 年和 1954 年提出的。此法将分潮中所有周期相近的分潮称为一个分潮族，例如半日分潮族、全日分潮族、1/4 分潮族等。首先从实测潮汐资料中分离分潮族，然后将分潮族中的各个分潮分离出来。为了进行分潮族的分离，Doodson 给出了 16 种基本线性组合，利用这些基本组合再作组合，消除其他分潮族的影响，得到主要包含某一分潮族贡献的函数值。这些函数值仅包含某一分潮族的贡献，其余分潮的影响忽略不计，则可以利用这些函数值建立类似调和原理的方程求解分潮族内的各个分潮的调和常数。此法的特点是不采用分潮时的潮高计算，而直接以平太阳时的潮高进行线性组合。

3. 用最小二乘法作调和分析

上面的两种方法都是以手工计算为主要目的，随着电子计算机的广泛应用，Horn 在 1960 年提出了利用最小二乘法进行调和分析的思想。其基本原理是：在一段时间内（大于等于分析长度），每时的潮高 h_i 可以用 m 个分潮的叠加表示，则建立如下方程：

$$h_i = S_0 + \sum_{i=1}^{m} a_i \cos q_i j + \sum_{i=1}^{m} b_i \sin q_i j \quad (1 \leqslant i(j) \leqslant n) \tag{5-15}$$

n 个潮高可以组成 n 个含有 $2m+1$ 个未知数 (S_0, a, b) 的方程组，利用最小二乘原则，使得左边的实测值与右边的计算值之差的平方和为最小，求解未知数，再根据式(5-14)求得 m 个分潮的调和常数，从而达到潮汐分析的目的。

潮汐分析经过几百年的研究和发展，还有许多其他的方法，如傅立叶分析法、八分算法等，当前的小波分析法已成为研究潮汐的另一个研究热点。

另外，海道测量中常常需要潮汐和潮流的预报。实际上，潮汐和潮流的预报是潮汐和潮流分析的逆运算，在方法上没有太大的区别。除了上述调和分析和准调和分析方法外，潮汐动力学的潮波数值解算也是潮汐分析和预报的方法。

5.2.2 潮流分析

潮流同潮汐一样，起因于月亮和太阳等引潮天体的引力，是同一个问题的两个方面（水平与垂直方向的位移）。因此，与潮汐一样，潮流也可表示为许多分潮流之和的形式。只不过为了分析和预报的方便，一般把流速 w 分解为向北和向东的分量，记为北分量 u 和东分量 v；流向记为 θ，则表示为：

$$\left.\begin{aligned} u &= w\cos\theta \\ v &= w\sin\theta \end{aligned}\right\} \tag{5-16}$$

或

$$\left.\begin{aligned} u &= U_0 + \sum_i U_i \cos(v_i - \xi_i) = U_0 + \sum_i U_i \cos(\sigma_i t + v_{0i} - \xi_i) \\ v &= V_0 + \sum_i V_i \cos(v_i - \eta_i) = V_0 + \sum_i V_i \cos(\sigma_i t + v_{0i} - \eta_i) \end{aligned}\right\} \tag{5-17}$$

U_0、V_0 为除去全日、半日 …… 潮流后的剩余部分，称为余流；U_i、ξ_i 为北分流的调和常数，V_i、η_i 为东分流的调和常数，与潮汐调和常数的意义近似。但为了了解某地潮流的变化特征，潮流的调和常数不够直观，但若考察各分潮北、东分流的合成则更为明显。由上式可表示为：

$$\left.\begin{aligned} u &= U_i \cos(v_i - \xi_i) = u'_i \cos\sigma_i t + u''_i \sin(\sigma_i t) \\ v &= V_i \cos(v_i - \eta_i) = v'_i \cos\sigma_i t + v''_i \sin(\sigma_i t) \end{aligned}\right\} \tag{5-18}$$

上式为一个椭圆方程，即由分量 u、v 矢量的矢端画出的轨迹是一个椭圆。潮流调和分析同上述潮汐分析一样，即利用式(5-17)计算各分潮流的调和常数 U_i、ξ_i、V_i、η_i 的过程。根据分析的结果进行潮流预报、潮流性质的分析以及潮流椭圆的绘制。

潮流椭圆是用一些分潮流流速矢量端点的连线绘制而成的形如椭圆的图，它只是表示分潮潮流变化的一种类型。分潮流流动的类型与海岸和海底地形密切相关。实测潮流流速矢量端点的连线一般较为复杂，人们常把实测潮流分解为许多周期不同的分潮流，每个分潮流的流速和流向随时间而变化，一般呈回转流，它是无数的水质点在潮波运动中水平方向的周期性运动。潮流的特点在3.7节已经进行了描述，潮流椭圆见图3-42。

5.2.3 潮汐动力学理论

虽然潮汐静力学理论(即平衡潮理论)能够解释一些潮汐现象，但由于平衡潮理论的假定与实际相差甚远，并将原本为动力学的问题当成静力学问题处理，所以存在许多缺点，有许多潮汐现象解释不了。1775年拉普拉斯根据流体动力学方程，提出潮汐是海水质点在水平引潮力作用下的长波运动。以后，Kelvin、Proundman、Defant、Airy、Sverdrup、Doodson等人从海水运动观点出发，相继研究了潮波运动以及在引潮力作用下潮汐的形成问题，发展并建立了潮汐动力学理论。

1. *潮汐动力学理论的基本思想*

潮汐动力学理论是从动力学观点出发来研究海水在引潮力作用下产生潮汐的过程。此理论认为，对于运动的海水来说，引起海洋潮汐的源动力是水平引潮力，而铅直引潮力和重力相比，作用非常小。潮汐动力学理论还认为，海洋潮汐实际上是海水在月球和太阳水平引潮力作用下的一种长波运动，即水平方向的周期运动和海面起伏的传播。海洋潮波在传播过程中，除受引潮力作用外，还受到海陆分布与海岸形状、海底地形、地转效应以及摩擦力等因素的影响。通过建立各种海区的潮波运动方程，进行相应的潮波数值解，从而达到解释潮汐现象的目的。

以下根据潮汐动力学理论，解释海洋潮波在几种特殊海区中的传播特点。

2. Kelvin *波(狭长沟渠潮波运动)*

1879年，Kelvin研究了自由潮波在狭长沟渠(狭长海峡)中顾及地转偏向力(科氏力)作用下的潮波运动。如图5-2所示，取X轴沿沟渠长轴，且以自由潮波传播方向为正，不计横向流速，当潮波传入狭长沟渠时，这个潮波是沿着海峡轴线X方向传播的前进波。根据前进波的性质，波峰处水质点的运动方向与传播方向相同。波谷处水质点的运动方向与传播方向相反，所以，当潮波波峰传到海峡中的任意断面bc皆为高潮，潮流流向与潮波传播方向相同，但在科氏力的作用下，从潮波前进方向看，使右岸的水位高于左岸；当波谷到达bc断面皆出现低潮，而流向与潮波传播方向相反，同样在科氏力的作用下，左岸的水位高于右岸。由此可引申出狭长沟渠中潮汐的普遍性质，在北半球的狭长沟渠中，沿潮波传播方向看，右岸的潮差大于左岸，而在南半球则相反。上述理论可以解释辽东半岛和朝鲜半岛面向黄海一侧的潮差大，而山东半岛面向黄海一侧的潮差小，并形成多沙滩现象的原因。

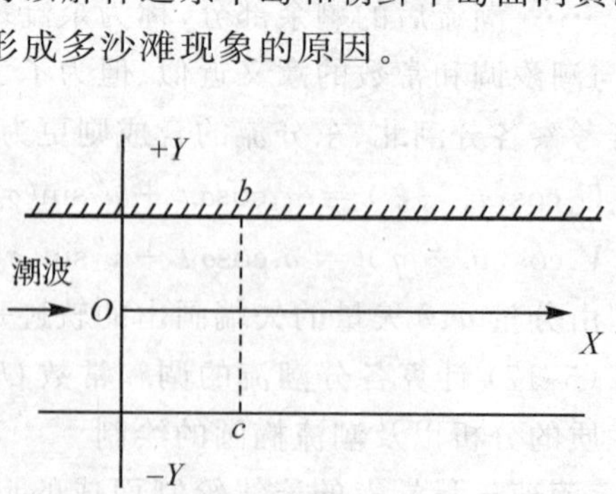

图5-2　科氏力作用下海峡的潮波运动

3. 自由潮波在变形海湾中的传播

当一个前进潮波自外海传入海湾时(称为入射波),其运动方程可表示为:

$$\frac{g}{b}\frac{\partial}{\partial x}\left(hb\frac{\partial \zeta}{\partial x}\right)+\sigma^2\zeta=0 \tag{5-19}$$

若海湾深度 h 为恒量,宽度 $b=b_0 \cdot X/l$,如图 5-3,经计算得知,随着潮波的向里传播,越向湾里潮差越大。若海湾深度 $h=h_0 x/l$,宽度 $b=b_0 X/l$,如图 5-4,则随着潮波的向里传播,对于这种海湾,振幅向湾里增大比前一种情况大,湾顶比湾口增大一半以上。

另一种解释为,当一个前进波自外海转入海湾时,在湾顶发生全反射,而产生了一个反射波,这两个波叠加而成的驻波构成海湾的潮波,湾内潮高变化很大,实际潮波为一波形不传播的驻波,出现有的海面不发生升降,即出现无潮线。

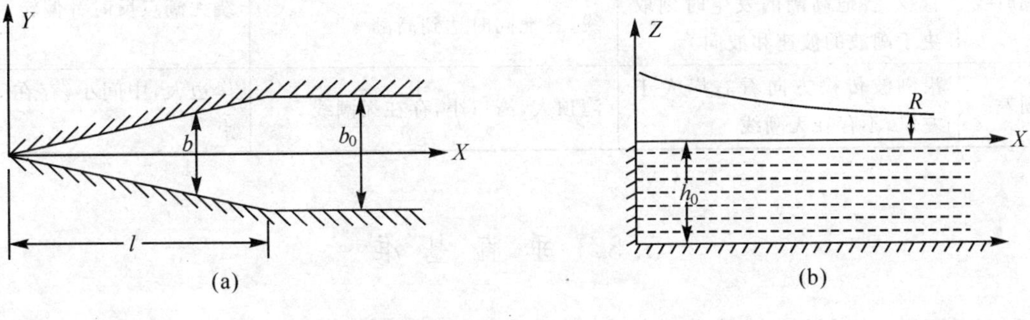

图 5-3　海湾形状平面图(左)和纵剖面图(右)

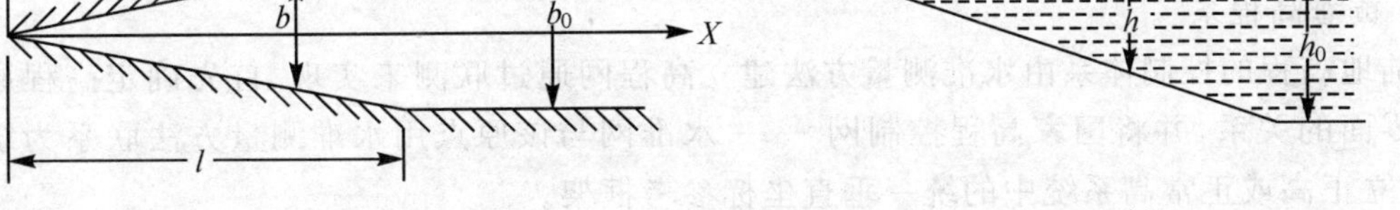

图 5-4　海湾形状平面图(左)和纵剖面图(右)

4. 各种形态海区中潮波特性的比较

这里仅列举了两种潮波传播的特点,而海洋中情形要复杂得多。《海洋科学导论》中给出了三种海区潮波特性的比较。由表 5-3 可见,当潮波传入不同形态的海区时,将有不同的波动形式。如果是窄长半封闭海湾,由于湾顶的反射将形成驻波;若在半封闭的宽海湾,因科氏力对潮波运动的影响不能忽略,潮波成为旋转潮波;当在长海峡中传播,由于地转效应也使潮波发生变形。当然,表中也给出了海区潮流的变化,而潮流与潮汐是同一个问题的不同方面。在不同形态的海区,潮流、潮汐的变化规律往往有较大的差异,即使是相近的海区,潮差及潮时都可能不一样,潮汐动力学理论对这些现象给出了很好的解释。

表 5-3　　　　　　　　**各种形态中潮波特性的比较(λ为波长)**

潮波特征	长海峡 (北半球)	窄长半封闭海湾 (长度 $\leqslant \lambda/4$,宽度 $\leqslant \lambda$)	半封闭宽海湾 (北半球)
潮波	前进波	驻波(因湾顶全反射形成)	两驻波叠加
潮流	往复流 高潮:流向与潮波传向相同; 低潮:流向与潮波传向相反; 高、低潮时流速最大; 半潮面时流速为 0	往复流 涨潮向里,高潮时流速为 0;退潮向外,低潮时流速为 0; 半潮面对流速最大,湾顶处潮流始终为 0	旋转流 潮流矢量反时针偏转,矢量末端连线为椭圆,无潮点潮流始终为最大,各地潮流始终不为 0
等潮时线	一组与潮波传播方向垂直的直线,各地高潮的发生时刻取决于潮波的波速和波向	一组与潮波传播方向相同的直线,各地同时达到高潮	绕无潮点反时针偏转
潮差	沿潮波传播方向看右岸大于左岸,不存在无潮线	湾顶大,湾口小,存在无潮线	岸边大,中间小,存在无潮点

5.3　垂直基准

陆地高程与海洋深度都需要固定的起算面,这里统称这些垂直坐标的参考面为垂直基准,垂直基准包括高程基准和水深基准。

在测量实践中,陆地高程的起算面通常取为某一特定验潮站长期观测水位的平均值——长期平均海面,即定义该面的高程为零,因此具有参考面的意义。在我国,该面选定为青岛大港验潮站 19 年的平均海面的滑动平均值,并命名为“1985 黄海平均海面”,所确定的高程系为“1985 黄海高程系”。

陆地高程的控制体系由水准测量方法建立高程网通过联测来实现。首先确定高程原点与高程零面的关系,并将国家高程控制网——水准网与该原点用水准测量方法联系为统一整体,建立正高或正常高系统中的统一垂直坐标参考框架。

海洋测量中常采用深度基准面。深度基准面是海洋测量中的深度起算面。不同的国家和地区及不同的用途采用不同的深度基准面。

因此,就实际测量而言,高程基准与深度基准并不统一,这种不统一主要源于海道测量服务于航行安全这一实用目的。从海道测量担负着提供精确的海洋地形、地貌基础地理信息的角度看,建立与独立高程基准相统一和协调的海洋垂直基准无疑是必要的,这就需要建立深度基准与当地平均海面的关系模型,及当地平均海面相对于高程基准的关系模型,它涉及深度基准值空间模型和海面地形模型的建立与表示。如果将深度看做海洋的一种属性,那么该属性的表示应该是稳定的和可重复观测的,这就要求深度的表示应有足够高的精度。这一切都要求有精确的平均海面作为垂直坐标起算的参考基准。更进一步地分析,海洋深度是人们在海上从事各种活动所关心的,海洋深度的概念实际是指特定地点海洋水体的厚度,而由于海洋水体处于不断的动态变化状态,深度应用稳定的数值来表示,于是,除采用海图深度基准之外,还可采用当地平均海面作为垂直基准,依据这两种基准,分别产生了保守水深和平均水深。

无论陆地高程基准还是海洋水深基准都与平均海面有关，可以说平均海面是所有垂直基准中最重要的参考面，或可理解为一切垂直基准的基准，因此，下面首先介绍验潮站稳定平均海面的求定方法，在此基础上讨论海图深度基准面的计算及传递方法。

5.3.1 平均海平面

1.平均海平面的定义与算法

平均海平面亦称海平面，指某一海域一定时期内海水面的平均位置。是大地测量中的高程起算面，由相应期间逐时潮位观测资料获得，高度一般由当地验潮站零点起算。

验潮站的水位记录装置有其自身的记录零点，记录零点在水下的深度随地点的不同而异，随记录装置的设立而定，这里统称为水尺零点，得到的最原始的水位观测值即相对于该零点。假如水位观测是连续曲线 $y(t)$，则 T 时间内的平均海平面可表示为：

$$\mathrm{MSL}_T = \frac{1}{T}\int_0^T y\mathrm{d}t \tag{5-20}$$

式中的 MSL_T 为平均海平面高度。

一般情况下验潮站的水位观测值取为时间间隔为一小时的观测序列，因此，实际计算时常用的方法是直接对一定时间周期（同时也近似地认为潮汐周期：如 24h、一个月、一年和多年等）的观测值直接取算术平均：

$$\mathrm{MSL}_n = \frac{1}{n}\sum_{i=1}^{n} h_i \tag{5-21}$$

h 为水位观测值，n 为观测个数，对于一天的观测取其值为 24，一个月、一年和多年均取实际观测个数，也可以由短期平均海平面计算长期平均值，即在日平均海平面的基础上计算月平均海平面、而由月平均值求年均值及多个年均值求多年平均值。这些平均海平面分别称为日、月、年和多年平均海平面。

利用前面介绍的潮汐调和分析，在计算分潮调和常数的同时也可以得到平均海平面值。事实上，平均海平面作为潮汐振动的起算面，本身可以看成零频分潮，这样计算的平均海平面的意义是潮汐振动相对应的平衡面，其数值表示滤除潮汐成分的海平面高度。当观测时间足够长时，调和分析给出的结果和直接算术平均结果的偏差甚微，如用一年的潮汐观测数据，两种方法计算的结果非常一致。而直接算术平均实质上也是一种滤波算法。平均海平面的计算对非潮汐成分的消除程度取决于所用水位数据的观测时间长短。利用长时间的潮汐观测数据，采用算术平均可以很好的消除非潮汐因素的影响，获得较高精度的海平面高度。

2.平均海平面的稳定性

由于所取的观测时间长度不可能刚好为各分潮的整周期，因此，平均海平面受剩余潮汐成分的影响，而且短期平均海平面还包含着长周期分潮的贡献。另外，非潮汐因素（主要由气象原因引起）在不同的时间长度内表现为不同的性质，在足够长的时间内可视为噪声，而短时间内则表现为信号，即具有一定的规律性。这使得不同时间长度的平均海平面稳定性不同。因为日平均海平面受到上述因素的严重影响，在一个月内其数值会存在较大抖动。因受气象因素的年周期变化及半年变化产生的 S_a 和 S_{Sa} 分潮的影响，一年内各月平均海平面有比较可观的变化幅度。年平均海平面还受更长周期分潮的影响，如周期为 8.6 年分潮和周期为 18.61 年的月球交点潮，但其量值很小，对年平均海平面的周期性变化影响不明显。综合上述因素，不同年份的平均海平面具有偶然性变化的性质。

各年平均海平面的计算值可视为对理想的无扰动海平面的等精度观测值，按直接平差原理得到的、作为理想无扰动海平面估计值的、多个年平均海平面的、平均值及作为单位权方差估值的各年平均海平面的精度指标：

$$\mathrm{MSL}_{my}=\frac{1}{n}\sum_{i=1}^{n}\mathrm{MSL}_{yi} \tag{5-22}$$

$$\hat{\sigma}_0^2=\frac{1}{n-1}\sum_{i=1}^{n}(\mathrm{MSL}_{yi}-\mathrm{MSL}_{my})^2 \tag{5-23}$$

而多年平均海平面的方差为：
$$\hat{\sigma}_{my}^2=\frac{\hat{\sigma}_0^2}{n} \tag{5-24}$$

可见，随着年数 n 的增加，多年平均海平面具有较高的精度，可视为理想的无扰动海平面，并可作为其他时间尺度平均海平面变化的比较基准。

在海洋学中，通常根据某地点不同期间平均海平面高度的最大互差统计平均海平面的稳定性。若认定平均海平面序列服从特定概率分布，可建立极差与中误差的关系。方国洪等 1986 年对中国近海不同时间长度的平均海平面与多年平均海平面的最大偏差进行了统计，统计结果如表 5-4 所示：

表 5-4 **中国海区不同时间尺度平均海平面变化量**

观测时间	1月	3月	半年	1年	2年	5年
平均海平面与多年平均海平面的最大偏差(cm)	60	40	25	10	8	5

平均海平面的精度要求 $\hat{\sigma}_{my}$，可计算多年平均海平面计算所需年数 n：

$$n=\sqrt{\frac{1}{n(n-1)\hat{\sigma}_{my}^2}\sum_{i=1}^{n}(\mathrm{MSL}_{yi}-\mathrm{MSL}_{my})^2} \tag{5-25}$$

在以往的研究中，通常以 95% 的置信概率定义多年平均海平面的精度，并将该精度意义下的误差量值取为 1cm。此时需引入年平均海平面服从正态分布的假设：

由
$$P(|\mathrm{MSL}_y-\mathrm{MSL}_{my}|<1\mathrm{cm})=0.95 \tag{5-26}$$

得
$$\left|\frac{\mathrm{MSL}_y-\mathrm{MSL}_{my}}{\hat{\sigma}/n}\right|=1.96 \tag{5-27}$$

即
$$n=1.96^2\hat{\sigma}_0^2\approx 3.84\hat{\sigma}_0^2 \tag{5-28}$$

由此得到在 95% 概率意义下中国沿海几个验潮站达到 1 cm 平均海平面所需观测年数（表 5-5）。由表中可以发现，在不同海区，平均海平面的稳定性有较大差异。黄海沿岸在一个交点周期内即可得到相当稳定的平均海平面，而渤海的情况却较为复杂。

表 5-5 **中国沿海几个重要验潮站 1cm 精度平均海平面所需要观测年数**

验潮站	威海	乳山口	连云港	营口	秦皇岛	塘沽
所需年数(年)	18	16	17	50	28	118

平均海平面的长期趋势性变化，特别是海平面上升在近几十年来已引起大地测量学家和海洋学家甚至政治家的广泛关注，成为多学科交叉研究的课题之一。绝对海平面变化主要受全

球性因素如温室效应引起的极地冰盖融化等因素引起的，它对稳定的平均海平面的确定有一定影响。

5.3.2 国家高程基准

目前，世界各国或地区均以一个或几个验潮站的长期平均海平面定义高程基准。美国以波特兰验潮站、日本以东京灵岸岛验潮站、欧洲地区以阿姆斯特丹验潮站的多年平均海平面定义各自的高程基准面。

由于历史的原因，解放前我国的高程基准面比较混乱，采用的基准面有十多个，如大沽零点、吴淞零点、罗星塔零点、珠江基面、大连基面、坎门基面等。这些基准面有的是验潮站的平均海平面，而有的采用某港口的海图深度基准面。1954 年，总参测绘局利用沿海部分水准观测资料，组成 24 个环，进行水准网平差，并定义青岛（1953 ～ 1954 两年数据）和坎门两站的平均海平面高程为零，作为约束条件，建立了“1954 年黄海平均海平面基准”。1956 年，则选定青岛大港验潮站 1950 ～ 1956 年 7 年的平均海平面作为全国统一的高程基准面，该基准沿用了 30 年。

原则上应采用长期平均海平面定义高程基准，至少要顾及交点潮引起的平均海平面年际周期变化。这就要求作为高程起算面的平均海平面观测时间应不短于 19 年，而这样的时间长度，根据上节的稳定性分析，在青岛附近即便包含着交点潮影响，以 95% 置信概率指标，也可达 1 cm 精度。基于这样的考虑和已积累的足够长时间的观测数据，建立了“1985 国家高程基准”。“1985 国家高程基准”在具体建立时，采用了 1952 ～ 1979 年共 28 年的数据（1950 年和 1951 年数据因水尺变动原因而不使用）。具体计算则是采用 10 组 19 年数据滑动平均，最后取 10 组滑动平均值的总平均。国家水准原点在该基准面上 72.260 m。1985 黄海高程系与 1956 高程系的差值仅为 2.9 cm，这表明青岛附近的年平均海平面是非常稳定的。

5.3.3 海图深度基准面

1. 海图深度基准面确定的基本原则

海洋水深测量的深度观测值经吃水、声速等项改正后，可方便地归算为相对于瞬时海平面的深度值。因为瞬时海平面具有明显的时间变化特性，以瞬时海平面为基准会给水深数据表示带来不确定性。为方便水深数据表示和管理，选用稳定的基准面是非常必要的。

长期平均海平面具有良好的稳定性，因此长期平均海平面本身即是理想的深度起算面。测量和绘制海图的目的主要为航海服务，因此，海图深度基准面确定的原则是：既要考虑到舰船航行安全，又要照顾到航道利用率。海图深度基准面基本可描述为：定义在当地稳定平均海平面之下，使得瞬时海平面可以但很少低于该面。在具体求定时，需考虑当地的潮差变化。深度基准面是相对于当地稳定（或长期）平均海平面定义的。

为了使得确定的深度基准面满足于上述两条原则，下面给出深度基准面保证率的定义：深度基准面保证率是在一定时间内，高于深度基准面的低潮次数与总次数之比的百分数。

$$\text{海图深度基准面航海保证率} = \frac{\text{高于基准面的低潮次数}}{\text{低潮总次数}} \times 100\% \tag{5-29}$$

我国航海图采用的深度基准面为理论最低潮面，其保证率为 95% 左右。

2. 理论深度基准面的计算

世界各沿海国家根据海区潮汐性质的不同采用不同的计算模型。这些模型主要有：① 平均大潮低潮面：采用公式 $L = H_{M_2} + H_{S_2}$ 计算基准面与平均海平面的差距，采用的国家有意大利、德国、阿尔巴尼亚、希腊、加拿大(大西洋沿岸)、丹麦、比利时、挪威、印度尼西亚、阿根廷和巴拿马等。② 平均低潮面:以 M_2 分潮的振幅确定深度基准面在平均海平面下的位置,采用的国家有美国(大西洋沿岸)、瑞典(北海地区)和荷兰等。③ 平均低低潮面:即用公式 $H_{M_2}+(H_{K_1}+H_{O_1})\cos 45°$ 计算与平均海平面的差值,采用的国家有美国(太平洋沿岸、阿拉斯加)、菲律宾等。④ 略最低低潮面:采用计算公式 $H_{M_2}+H_{S_2}+H_{K_1}+H_{O_1}$,印度洋沿岸和日本等国家采用。⑤ 观测的最低潮面:采用的计算公式为 $1.2(H_{M_2}+H_{S_2}+H_{K_2})$,采用的国家主要有法国、葡萄牙和巴西等国。中国、前苏联、朝鲜、越南等国家采用理论深度基准面。

理论深度基准面又称理论上可能最低潮面,其计算方法是由弗拉基米尔斯基提出的。基本计算原理是由 M_2、S_2、N_2、K_2、K_1、O_1、P_1、Q_1 这八个分潮叠加计算相对于潮汐振动平均位置(长期平均海平面)可能出现的最低水位,并附加考虑浅海分潮 M_4、MS_4 和 M_6 及长周期分潮 S_a 和 S_{Sa} 的贡献。

8 个主要分潮叠加后相对于平均海平面的潮高可表示为:

$$h(t)=\sum_{i=1}^{8} f_i H_i \cos(\sigma_i t+V_{0i}+u_i-g_i) \tag{5-30}$$

将该潮高表示的最低潮位置作为深度基准面 L 值,即定义:

$$L=-\min\left[\sum_{i=1}^{8} f_i H_i \cos(\sigma_i t+V_{0i}+u_i-g_i)\right] \tag{5-31}$$

因为预报潮高是时间 t 的三角函数,显然该极值问题难以解析求解,因此,通过简化与变换寻求简便的求解方式。为简便起见,采用如下简化符号:

$$\begin{aligned}
f_{M_2}H_{M_2}&=M_2 \qquad & \sigma_{M_2}t+V_{0M_2}-g_{M_2}&=\varphi_{M_2}\\
f_{S_2}H_{S_2}&=S_2 \qquad & \sigma_{S_2}t+V_{0S_2}-g_{S_2}&=\varphi_{S_2}\\
&\vdots & &\vdots\\
f_{Q_1}H_{Q_1}&=Q_1 \qquad & \sigma_{Q_1}t+V_{0Q_1}-g_{Q_1}&=\varphi_{Q_1}
\end{aligned} \tag{5-32}$$

于是,略去分潮相角的交点改正后,(5-30) 式改写为:

$$\begin{aligned}
h(t)=&M_2\cos\varphi_{M_2}+S_2\cos\varphi_{S_2}+N_2\cos\varphi_{N_2}+K_2\cos\varphi_{K_2}\\
&+K_1\cos\varphi_{K_1}+O_1\cos\varphi_{O_1}+P_1\cos\varphi_{P_1}+Q_1\cos\varphi_{Q_1}
\end{aligned} \tag{5-33}$$

将各分潮相角 φ 用基本天文变量的 Doodson 数组合表示,则存在如下关系:

$$\begin{aligned}
\varphi_{M_2}-\varphi_{O_1}&=\varphi_{K_1}-(g_{K_1}+g_{O_1}-g_{M_2})=\varphi_{K_1}+a_1=\tau_1\\
\varphi_{S_2}-\varphi_{O_1}&=\varphi_{K_1}-(g_{K_1}+g_{P_1}-g_{S_2})=\varphi_{K_1}+a_2=\tau_2\\
\varphi_{N_2}-\varphi_{Q_1}&=\varphi_{K_1}-(g_{K_1}+g_{Q_1}-g_{N_2})=\varphi_{K_1}+a_3=\tau_3\\
\varphi_{K_2}&=2\varphi_{K_1}+2g_{K_1}-g_{K_2}=2\varphi_{K_1}+a_4
\end{aligned} \tag{5-34}$$

于是以分潮相角为变量(时间 t 引含在分潮相角中)的潮高表达式为:

$$\begin{aligned}
h(t)=&M_2\cos\varphi_2+O_1\cos(\varphi_{M_2}-\tau_1)+S_2\cos\varphi_S+P_1\cos(\varphi_{S_2}-\tau_2)\\
&+N_2\cos\varphi_N+P_1\cos(\varphi_{N_2}-\tau_3)+K_2\cos(2\varphi_{K_1}+a_4)+K_1\cos\varphi_{K_1}
\end{aligned} \tag{5-35}$$

对每对分潮叠加形式 $A\cos\varphi+B\cos(\phi-\tau)$ 可进行如下变换:

$$A\cos\varphi+B\cos(\varphi-\tau)=(A+B\cos\tau)\cos\varphi+B\sin\tau\sin\varphi \tag{5-36}$$

令: $$A+B\cos\tau=R\cos\varepsilon \quad B\sin\tau=R\sin\varepsilon \tag{5-37}$$

则得: $$A\cos\varphi+B\cos(\varphi-\tau)=R\cos(\varphi-\varepsilon) \tag{5-38}$$

其中：$$R=\sqrt{A^2+B^2+2AB\cos\tau} \quad \varepsilon=\arctan\frac{B\sin\tau}{A+B\cos\tau} \tag{5-39}$$

将式(5-36)～(5-38)处理过程代入式(5-35)，得到以四个分潮的相角为变量的复杂函数：

$$\begin{aligned} h(\varphi_{K_1},\varphi_{M_2},\varphi_{S_2},\varphi_{N_2}) = & K_1\cos(\varphi_{K_1})+K_2\cos(2\varphi_{K_1}+a_4)+R_1\cos(\varphi_{M_2}-\varepsilon_1) \\ & +R_2\cos(\varphi_{S_2}-\varepsilon_2)+R_3\cos(\varphi_{N_2}-\varepsilon_3) \end{aligned} \tag{5-40}$$

注意到后三项的振幅及迟角也均是 K_1 分潮相角的函数：

$$\begin{aligned} R_1 &= \sqrt{M_2^2+O_1^2+2M_2O_1\cos\tau_1} \qquad \varepsilon_1=\arctan\frac{O_1\sin\tau_1}{M_2+O_1\cos\tau_1} \\ R_2 &= \sqrt{S_2^2+P_1^2+2S_2P_1\cos\tau_2} \qquad \varepsilon_2=\arctan\frac{P_1\sin\tau_2}{S_2+P_1\cos\tau_2} \\ R_3 &= \sqrt{N_2^2+Q_1^2+2N_2Q_1\cos\tau_3} \qquad \varepsilon_3=\arctan\frac{Q_1\sin\tau_3}{N_2+Q_1\cos\tau_3} \end{aligned} \tag{5-41}$$

直接求(5-40)式的极值仍很困难。于是采用进一步的近似处理，首先化简它们为极小值形式，即取：

$$\varphi_{M_2}-\varepsilon_1=180° \quad \varphi_{S_2}-\varepsilon_2=180° \quad \varphi_{N_2}-\varepsilon_3=180° \tag{5-42}$$

于是，潮高表达式仅变为以 K1 分潮相角为自变量的单变量函数：

$$h(\varphi_{K_1})=K_1\cos(\varphi_{K_1})+K_2\cos(2\varphi_{K_1}+a_4)-(R_1+R_2+R_3)(\varphi_{K_1}) \tag{5-43}$$

对该表达式在 K_1 分潮相角的一个变化周期内以适当取值间隔对自变量离散化，获得一组函数值，取最小值（符号为负，绝对值最大）即得所需深度基准相对于平均海平面的差距 L，L 值通常以绝对值表示。

3. 深度基准面计算中的几个关键技术问题。

1) f 的选取

在式(5-32)中，交点因子被合并到分潮振幅中，不同的取值会产生不同的深度基准值。为了获得最低潮位值，应考虑交点因子的最大影响，而各分潮的 f 值是不同的，当变化周期基本为18.61年，即主要取决于月球轨道升交点经度，两个太阳分潮 S_2 和 P_1 的交点因子恒为1。对于分潮 M_2 和 N_2，当 $N=180°$ 时，f 取值最大；当 $N=0°$ 时，f 取值最小。而三个其余全日分潮的 f 值与 N 的关系则与这两个半日分潮刚好相反，因此，需根据潮汐性质取不同的 f 值组合。由于交点因子取月球升交点赤经的两个特殊角，因此，在分潮相角定义和不同分潮相角关系表示中，略去 u 不会对计算结果产生影响。

2) 关于浅海分潮和长周期分潮改正的算法

利用八个分潮计算可能的最低水位的优点在于可将分潮分为四对，每对分潮的相角组合都与 K_1 分潮的相位有关，从而使得简化后极值解可以在 K_1 分潮的一个周期内寻找。当考虑更多的分潮时，分潮之间则不再有类似的关系，此时需采用附加修正的方法给以处理。

浅海分潮的相角与其源分潮的相角有如下关系：

$$\left.\begin{aligned} \varphi_{M_4} &= 2\varphi_{M_2}+2g_{M_3}-g_{M_4} \\ \varphi_{M_6} &= 3\varphi_{M_2}+3g_{M_3}-g_{M_6} \\ \varphi_{MS_4} &= \varphi_{M_2}+\varphi_{S_2}+g_{M_3}+g_{S_2}-g_{MS_4} \end{aligned}\right\} \tag{5-44}$$

考虑式(5-42)的前两式，可得浅海分潮相角与辅助角 ε、进而与 τ、与 K_1 分潮相角的关系。从而根据(5-43)式取极小值的 K_1 分潮相角推导得到满足式(5-42)的主要分潮 M_2 与 S_2 的相角，再由式(5-44)得到浅海分潮相角，从而计算浅海分潮对深度基准值的修正：

$$\Delta L_{\text{Shallow}} = f_{M_4} H_{M_4} \cos\varphi_{M_4} + f_{M_6} H_{M_6} \cos\varphi_{M_6} + f_{MS_4} H_{MS_4} \cos\varphi_{MS_4} \tag{5-45}$$

两个主要长周期的分潮相角可表示为：

$$\varphi_{S_a} = \varphi_{K_1} - \frac{1}{2}\varepsilon_2 + g_{K_1} - \frac{1}{2}g_{S_2} - g_{S_a} - 180° \tag{5-46}$$

$$\varphi_{S_{Sa}} = 2\varphi_{K_1} - \varepsilon_2 + 2g_{K_1} - g_{S_2} - g_{S_{Sa}} \tag{5-47}$$

根据式(5-45)，取极小值的 K_1 分潮相角，可获得这两个长周期分潮的相角，从而计算对深度基准值的改正量。

$$\Delta L_{\text{long}} = H_{S_a} \cos\varphi_{S_a} + H_{S_{Sa}} \cos\varphi_{S_{Sa}} \tag{5-48}$$

理论深度基准面相对于平均海平面的数值是通过简化的计算模型得到的，在这些简化处理过程中多次引入近似假设。第一个主要假设出现在式(5-42)中，从而使(5-40)式先获得后三项的部分极小值形式，将多变量函数变为单自变量函数，这个处理方式可能使最终获得的计算值偏大。而浅海分潮和长周期潮改正是另外一个主要近似，即这些分潮贡献对深度基准数值的修正是在取极值时的 K_1 分潮相角处获得的，而不是所有分潮的综合极小值，这样的改正有可能反映不出这几个分潮的贡献。

两个长周期分潮名义上为分潮，但其主要动因并不是天文引潮势，而是气象因素的影响，需要一年以上水位观测数据分析求得，而实践表明，这两个长周期分潮的年际差异较大，应采用怎样的数据尚待研究。

到目前为止，对理论深度基准面的计算方法和结果并没有系统的评价研究，包含的问题是为了深度基准值计算的稳定性，应对所采用的潮汐调和常数提出怎样的质量要求，即要求调和常数的精度如何。用极值方法计算的深度基准面本身不顾及航海保证率要求，若海平面动态变化仅由潮汐引起，而没有非潮汐因素作用，且潮高表示模型是完善的(及其他小分潮可以完全忽略不计)，则这样计算的基准面的航海保证率应为100%。但考虑到非潮汐因素和其他分潮影响，可能使其保证率略有降低，从而与95%的航海保证率原则基本适应。

海图深度基准面是相对于当地平均海平面定义的，平均海平面实质上是海图深度的更高一级基准。就海洋的深度稳定表示而言，具有稳定的平均海平面和深度基准面在其下的数值已经足够，这两个面本身构成独立的垂直基准体系，而不必归算到国家统一高程系统，因为，在海洋上人们主要关心海洋的深度，即水层厚度，一般并不需要海底的高程信息。

直接的水位观测值以水尺零点为基准，因此，计算所得长期平均海平面高度也是相对该零点的，即平均海平面首先在水尺零点上标定。根据计算的深度基准值 L，也可以将深度基准面标定到水尺零点上。为了水位改正的需要或潮汐预报的需要，通常水位从理论深度基准面(也作为潮高起算面)起算，这时则是将海图深度基准面作为零点，通过对水尺零点数据采用一个简单的变化来实现。

为了近岸海图与陆图的拼接，必须首先统一二者的垂直基准，基本方法是纳入到国家高程体系。沿岸验潮站在设立时，同时设立验潮站工作水准点和主要水准点，这些水准点不仅可监测和修正水尺零点的变化，还与国家水准网相连接，因此，可方便地获得水尺零点的高程，进而求得当地平均海平面在国家高程系中的高程及海图深度基准面相对于国家高程零点的差距，该量也为海图水深与陆图高程不符值。

平均海平面和海图深度基准面求定精度取决于测深精度的要求，用于水位控制的平均海平面显然并不必要像定义国家高程基准那样高的精度，但应高于测深精度，对于沿岸浅海区，一般其误差应不大于 10 cm。而因为深度基准面相对平均海平面定义，所以，平均海平面的精度应更高，在不同海区，不同时间长度的平均海平面稳定性不同，但水位观测时间长度应至少达到一年以上。在布设于外海的验潮站（包括岛屿验潮站和海底水位计）其平均海平面等数值无法以足够高的精度标定到国家高程体系，而在这类区域，因无拼图需要，这种标定实际上也失去了意义。因此，只需相对于水尺零点计算平均海平面和深度基准面，并把深度基准面视为零，则可直接用于水位控制。在开阔的深海，测深精度降低，同时海平面潮汐变化减弱，因此实践中对深于200 m的海洋在海平面变化量不显著（测深精度低于海平面变化量）时不需水位归算，实际上对瞬时海平面、平均海平面和海图深度基准面不再加以区别。

5.4 基准传递与推估

只有在长期验潮站才能获得稳定的平均海平面，而长期验潮站不可能以足够高的密度布设，而通常在测量期间布设短期或临时验潮站，在这些验潮站上只能获得短期平均海平面，而水位控制所需的稳定海平面基准必须通过传递方法推估得到。

5.4.1 短期验潮站平均海平面的确定

根据附近长期验潮站信息推求短期验潮站稳定（长期）平均海平面的方法有三种：水准联测法、同步改正法、线性关系最小二乘拟合法（回归分析法）。不论采用哪种方法，其传递精度应满足对平均海平面的要求，传递误差应小于水深测量误差。

1. 水准联测法

若长期验潮站和短期验潮站的水准点均连接在国家水准网中，或两站水准点间可直接进行水准观测，则两站主要水准点的高差为：

$$h_{AB} = H_B - H_A \tag{5-49}$$

长期验潮站长期平均海平面的高程 H_{OA} 可由水尺零点在水准点下的高度 h_{OA}（正值表示）和平均海平面在水尺零点上的高度 MSL_A 获得：

$$H_{OA} = H_A - h_{OA} + \mathrm{MSL}_A \tag{5-50}$$

假定两验潮站的长期平均海平面位于同一等位面上，则有：

$$H_{OB} = H_{OA} \tag{5-51}$$

于是，短期验潮站 B 的长期平均海平面在水尺零点上的高度为：

$$\mathrm{MSL}_B = h_{OB} - (H_B - H_{OB}) = h_{OB} - h_{AB} - h_{OA} + \mathrm{MSL}_A \tag{5-52}$$

其中：h_{OB} 为短期验潮站水尺零点在水准点下的垂直距离（高度，记为正值）。

该方法的适用条件是两站水准点之间的高差必须可以以较高精度计算或直接观测，因此，验潮站必须在陆地沿岸。另外，两验潮站的平均海平面处于同一等位面上，这就忽略了海平面地形的影响，但在近距离范围内，其影响可以不考虑。

2. 同步改正法

基本原理是在同一短时间内，两验潮站短期平均海平面与长期平均海平面的差距（称为短期平均海平面距平）一致，其依据是两验潮站的气象对水位作用的平均效应及长周期分潮贡献相同，一定时间长度的平均海平面已基本消除了主要潮汐成分的作用，所以潮汐性质的不同对传递精度的影响不大。

在长期验潮站有以水尺零点为基准的长期和两站同步期间的短期平均海平面 MSL_{AL}、

MSL_{AS}，据此，在长期验潮站处平均海平面的短期距平为：

$$\Delta MSL_A = MSL_{AS} - MSL_{AL} \tag{5-53}$$

在短期验潮站可写出相同的距平公式：

$$\Delta MSL_B = MSL_{BS} - MSL_{BL} \tag{5-54}$$

在两站短期距平相等 $\Delta MSL_B = \Delta MLS_A$ 的假设下，求得短期站的长期平均海平面（相对于本验潮站水尺零点）的高度为：

$$MSL_{BL} = MSL_{BS} - MSL_{AS} + MSL_{AL} \tag{5-55}$$

用这种方法实施平均海平面传递的可靠性取决于其假设条件的可靠性和同步时间长度。该法在对两站距离不太远的条件下，对验潮站的种类没有特殊要求，可以传递沿岸和岛屿验潮站的稳定平均海平面。

3. 线性关系最小二乘拟合法

上面的同步改正法假定两验潮站的平均海平面短期距平相等，下面将该假设进一步放宽，认为两站的平均海平面短期距平具有比例关系：

$$\Delta MSL_B = k\Delta MSL_A \tag{5-56}$$

这样的假设与实际情况更为接近，因为，这种比例关系实质上考虑到了两站天文、气象效应在不同的水深和岸形作用下表现的量值不同。

根据式(5-53)和式(5-54)，将式(5-56)展开，有：

$$MSL_{BS} = kMSL_{AS} + MSL_{BL} - kMSL_{AL} \tag{5-57}$$

令：

$$MSL_{BL} = kMSL_{AL} + C \tag{5-58}$$

则短期平均海平面有如下关系：

$$MSL_{BS} = kMSL_{AS} + C \tag{5-59}$$

即两站的长期平均海平面与短期平均海平面有相同的线性关系，常数 C 的意义是两站水尺零点偏差。

剩下的问题则是对参数 k 和 C 的估计。取两站同步期间的日平均海平面序列，获得一系列形如式(5-59)的观测方程，在这些方程中，因为两站的日平均海平面均是具有一定误差的观测量，故可以将(5-59)式的关系看做线性回归问题。而两个参数的估计可由最小二乘法实现。求得参数后，代入式(5-58)，并顾及长期站平均海平面为已知，故可得短期验潮站的长期平均海平面。

作为参数估计问题，可以根据平差理论对两个参数的精度进行估计，并根据误差传播定律对由(5-58)式获得的短期站长期平均海平面进行精度评定。作为回归分析问题，上述求得的参数则可视为回归系数，并可进行方差分析和回归方程显著性检验，根据检验结果对模型本身的合理性，即有关假定的合理性进行评价。

4. 多站传递推估数据的处理

有时会有两个以上同步观测的长期验潮站可以用于平均海平面传递，此时可用每个验潮站实现传递获得多组短期验潮站平均海平面估计，然后根据短期站与长期站的空间分布或单纯以距离倒数加权得到最后结果。

当用两个以上已知长期验潮站与短期验潮站同步观测时，可直接对两个已知站按二维回归方法，即用回归平面实现平均海平面传递。

5.4.2 深度基准面传递与推估

用短期验潮站的观测数据进行潮汐分析难以得到稳定的潮汐调和常数，不稳定的调和常数用于直接按深度基准面确定方法计算的深度基准值L是不可靠的，因此，海图深度基准面需采用传递的方法推估。海图深度基准面传递的主要方法是潮差比法，因为深度基准面数值等效于最大半潮差，可以假定两站的短期潮差比与两站的理想最大潮差比相等，即有：

$$\frac{R_B}{R_A} = \frac{L_B}{L_A} = r \tag{5-60}$$

因此，由同步观测时间的潮差比r可以获得短期站深度基准值：

$$L_B = rL_A \tag{5-61}$$

由短期站的平均海平面高度获得深度基准面在水尺零点上的高度：

$$H_{LB} = \mathrm{MSL}_B - L_B \tag{5-62}$$

实践证明，深度基准面的这种传递方法精度较差，这可能是因为(5-60)式的假设与实际情况有一定偏差及理论深度基准面本身的极值意义在不同点有所不同。因此，在有多个已知长期验潮站时通常采用深度基准值的直接内插推估方法，如采用距离倒数加权内插法：

$$L = \sum_{i=1}^{n} \frac{L_i}{S_i} \Big/ \sum_{i=1}^{n} \frac{1}{S_i} \tag{5-63}$$

或在长期站和短期站调和常数已知时，以略最低潮面值为中介，即按如下方法推估：

$$L = \left[\frac{1}{n}\sum_{i=1}^{n} \frac{L_i}{(H_{M_2} + H_{S_2} + H_{K_1} + H_{O_1})_i}\right](H_{M_2} + H_{S_2} + H_{K_1} + H_{O_1}) \tag{5-64}$$

5.4.3 平均海平面和深度基准面的综合传递

平均海平面与深度基准面综合传递法可采用两类数据，即两站的逐时水位观测序列和对应的日平均海平面、高、低潮序列。前者称为曲线比较法。

曲线比较法是假设长期验潮站和短期验潮站的水位序列分别可表示为$C(i)$、$D(i)$，二者的关系可用数学模型表示为：

$$D(i) = xC(i+y) + z \tag{5-65}$$

其中，x表示两站的潮差比，y为两站间潮波传播延迟系数，即潮时差，z为基准面偏差。

实际水位序列用离散化函数表示，体现了不同分潮叠加及非潮汐作用共同影响下的复杂形式。计算时，首先取前两个参数的近似值$x_0 = 1$、$y_0 = 0$对(5-65)式序列线性化，得线性化后的误差方程：

$$V = AX - l \tag{5-66}$$

其中，$l_i = x_0C(i+y_0) - D(i)$，A矩阵的第i行元素为$\left[C(i+y_0), x_0\dfrac{\partial C(i+y_0)}{\partial y}, 1\right]$，前两项用函数插值法得到，而未知数向量为：$X = (\Delta x, \Delta y, \Delta z)^{\mathrm{T}}$。

在最小二乘意义下对式(5-66)求解，获得X后由

$$(x, y, z)^{\mathrm{T}} = (x_0, y_0, z)^{\mathrm{T}} + (\Delta x, \Delta y, 0)^{\mathrm{T}} \tag{5-67}$$

再次作为近似值迭代求解。

最终的x值即深度基准值传递所需的潮差比，事实上，由于每天各分潮的相互作用不同，用日观测序列求得的x值不够稳定，用于传递基准面需要较长时间的观测资料，求平均意义下的潮差比。认为平均海平面和深度基准面作为特定的观测量也满足式(5-64)，此时不必顾及潮时差的作用，也可实现平均海平面和深度基准值的传递。平均海平面序列与高、低潮序列综合推估法认为长期验潮站和短期验潮站的日平均海平面序列、高、低潮序列同时满足式(5-59)，长期平均海平面、最高潮位、最低潮位同时满足式(5-58)，则在最小二乘意义下求解参数后，实

现平均海平面与深度基准面的传递。

5.5 海洋垂直基准统一框架

5.5.1 平均海平面作为海洋统一垂直参考基准

在大地测量数据表示中，人们总希望用大地水准面作为统一的垂直基准，这不仅使垂直方向的测量信息具有明确的物理意义，同时也使得测量点在统一的三维坐标框架中能够得以表示。但目前，建立厘米级的高精度大地水准面仍是大地测量学家努力研究的目标。利用验潮站的长期观测数据，可以获得具有厘米级精度的平均海平面，因此，各国的高程系统都用特定验潮站的长期平均海平面来确定。

在海洋上，大地水准面也同样具有重要意义，可以说它是大地测量与海洋学之间密切联系的一个纽带。大地水准面是与全球平均海平面形状最为接近的地球重力场等位面。由于恒定的海洋动力原因，不同验潮站的平均海平面并不处于同一等位面上，这是由于实际平均海平面相对大地水准面的起伏正是维持大规模海洋环流的原因，若将各验潮站的平均海平面以大地水准面为基准表示，则海平面地形就会得以呈现。

海洋大地水准面有四种定义，其中三种与海平面地形有关，即在不同意义下使平均海平面分布在大地水准面之上或其下的机会均等，对实际稳态海洋面实现了均分。

海道测量实践证明，无论长期站平均海平面的直接计算还是短期站平均海平面的传递都可达到较高的精度。这样，若以当地平均海平面为垂直基准，就可以获得以该垂直基准表示的深度，即平均水深或无扰动水深。在地学意义上，通过施加海平面地形改正，则可获得以大地水准面为基准的深度。以平均海平面表示的深度与以大地水准面表示的深度，存在量值和海平面地形高度的差值。

在海道测量中，以海图深度基准面为基准表示的深度主要方便于航海应用和为航海安全提供保障，但深度基准面的直接计算和传递误差均较大，这样，在同一测区，不同观测年份或用不同验潮站组合确定的深度基准面可能存在较大的偏差，不便于海洋深度的惟一描述。

平均海平面具有很高的观测和计算精度，可以作为海道测量的基本垂直基准，并用于海洋深度基础地理信息的表示。对于以海图深度基准面为基准表示的传统航海图，可通过基准变换得到以平均海平面为基准的深度。

5.5.2 以椭球面作为海洋统一垂直参考基准

在所采用的海洋垂直基准参考面中，椭球面、大地水准面是连续的，而海图理论深度基准面却是不连续的、有缝的。随着GPS在河道/海道测量中的广泛应用，ADAMS Ruth 2003年提出了以椭球面为海洋统一垂直基准面，建立海洋无缝垂直参考基准面的思想。基于该思想，加拿大New Brunswick大学（UNB）的海洋图形组OMG在Saint John河上建立了无缝垂直参考基准面，并构造了相关的模型。下面介绍这种以椭球面为海洋统一垂直参考基准面的相关理论和方法。

随着GPS RTK在河道测量中的广泛应用，将GPS实测的大地高转换为具有较强实用价值的海图高变得越来越迫切。大地高转换为海图高需要两步来实现，即从大地高到正高然后再到海图高。对于第一步转换，可采用几何法或大地水准面模型法，后者往往需要精化以提高模型的精度。对于第二步转换，由于海图深度基准的定义是离散的和跳变的，若将其直接应用于水下地形测量，势必导致实测河床与实际不匹配，并在相邻海图深度基准定义段的界面处出现跳跃性地形。为此，必须建立一个既能反映已有海图基准定义，又能反映海图基准变化连续性和渐进性的海图基准高程模型。

对于第一步转换，即大地高到正高的转换，通常采用基于大地水准面模型的几何修正法。大地水准面模型虽在整个国家区域内实现了与实际大地水准面间偏差最小，但难以保证与局域大地水准面紧密吻合。为此，必须对其进行局域修正。这种局域偏差主要是由于重力数据或水准点比较稀少或分布不均匀所致，因而，可以认为这种偏差是位置的函数，并能够采用与位置相关的几何方法对其进行描述。大地水准面模型的修正需满足一定数量和分布的 GPS 水准点。在这些点上，首先利用大地水准面模型计算这些点上的大地水准面差距 N_m；再利用各点上的大地高 h 和正高 H_L^o 计算大地水准面差距 N_L，比较 N_m 和 N_L，其差值反映了大地水准面模型在局域的误差 ΔN。ΔN 随位置的变化，实际上反映了大地水准面模型在这个区域的偏差分布。结合这些 GPS 水准点的位置，建立大地水准面模型的几何修正模型，并计算实际的大地水准面差距 N。

$$\begin{aligned}\Delta N(B,L) &= N_m(B,L) - (h - H_L^o) = cX^{\mathrm{T}} + v \\ N(B,L) &= N_m(B,L) - \Delta N(B,L)\end{aligned} \tag{5-68}$$

几何法也是一种确定局域大地水准面的方法。利用一定数量的、均匀分布的 GPS 水准点，也可构造大地水准面差距的几何模型，直接反映大地水准面差距在局域的变化。

$$\begin{aligned}N(\Delta B,\Delta L) &= f(\Delta B,\Delta L) \\ \Delta B = B - B_0 \quad &\Delta L = L - L_0\end{aligned} \tag{5-69}$$

物理大地水准面模型是利用重力、水准和 DTM 等数据，通过复杂的模型计算而获得的，因而，建立精确的模型是比较复杂的，尤其对于模型确定所需的数据比较少的情况。与此同时，物理大地水准面模型在大的区域内实现了与实际大地水准面的最好吻合，但在局域还同实际存在着一定的出入，因而需要修正后才能精确反映局域大地水准面。需要指出的是，物理大地水准面模型一旦建立，可长久使用。而对于纯几何法，只要 GPS 水准点足够多、分布理想，便可在小区域范围内拟合一个反映大地水准面起伏变化的几何模型，该法简单易行。但仅适用于大地水准面差距变化不大，地形相对平坦的小区域。局域大地水准面模型确定后，便可将大地高 h 转换为正高 H^o。

$$H^o(B,L) = h(B,L) - N(B,L) \tag{5-70}$$

海图深度基准面是根据验潮站常年的潮位观测资料建立的。可以利用水准联测，获得该基准面相对大地水准面的高程，即海图基准高程。下面利用潮位站上这两个基准面之间的关系，介绍一种横断面线性内插法，实现正高向海图高的转换。

对于相邻两个海图基准定义点 $T_1(x_1, y_1)$ 和 $T_2(x_2, y_2)$，位于 T_1 和 T_2 河段间的任意一点 $P(x, y)$ 在 T_1T_2 连线上的投影点 P' 的坐标(x', y')为：

$$\left.\begin{aligned}x' = \frac{x + k_0 y - k_0 b_0}{k_0^2 + 1} \quad & y' = k_0 x' + b_0 \\ k_0 = \frac{y_2 - y_1}{x_2 - x_1} \quad & b_0 = y_1 - k_0 x_1\end{aligned}\right\} \tag{5-71}$$

如果 T_1 和 T_2 上的海图基准高程分别为 h_1^c 和 h_2^c，则 P 点的海图基准高程 h_P^c 可通过如下模型确定：

$$h_P^c = h_1^c + S_{T_1P}\frac{(h_2^c - h_1^c)}{S_{T_1T_2}} \tag{5-72}$$

式中，S_{T_1P} 为 T_1 到 P 之间的距离；$S_{T_1T_2}$ 为 T_1 和 T_2 之间的距离。

获得了海图基准高程的内插模型后，便可实现正高 H^o 向海图高 H^c 的转换：

$$H^c = H^o + h^c \tag{5-73}$$

基于上述思想，OMG UNB 在 Saint John 河上实现了 GPS 实测的 NAD83 大地高到 CD2000 海图高的转换，并克服了海图深度基准不连续所带来的高程转换问题。沿着 Saint John 河分布着 13 个验潮站，从 Fredericton 到 Indian Town，海图基准高程的变化小于 1m；而从 Indian Town 到 Saint John，海图基准高程的变化达到了 4.5m。经上述两步转换后，在 Saint John 河，NAD83 椭球面到 CD2000 海图基准面间的分离模型便被建立，由于该模型是位置的函数，因而，利用该函数可计算河段内任何位置的总分离量（图 5-5）。从图 5-5 可以看出，从 Fredericton 到 Indian Town 等值线分布均匀，但从 Indian Town 到 Saint John，等值线分布比较密集，这主要是由于海图基准高程的跳变引起的。

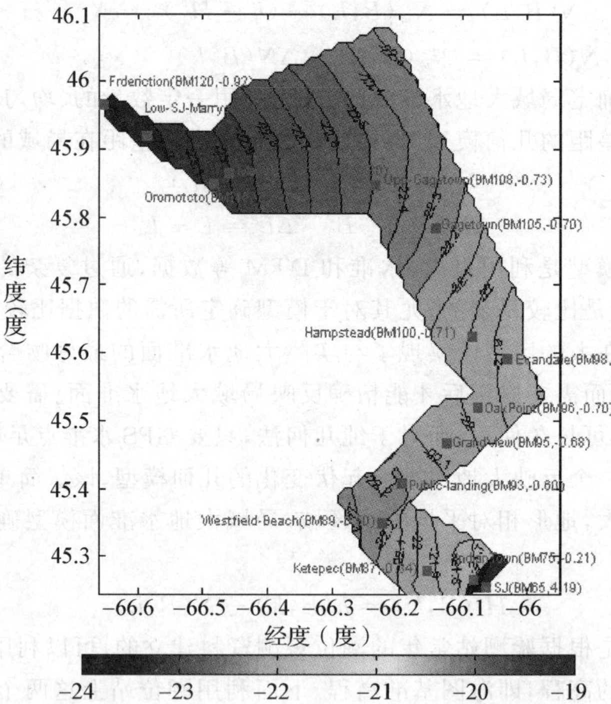

图 5-5　Saint John 河 NAD83 椭球面到 CD2000 海图深度基准面间差距的分布

上述方法实现了从椭球面到海图深度基准面的转换，实际上也就保证了海洋垂直基准间分离变化的连续性和局域无缝垂直参考基准面的建立。

思　考　题

1. 潮汐调和分析有哪几种方法？分析这些方法的特点。

2. 海洋测量中主要涉及哪些垂直基准面?给出这些垂直基准面的定义。

3. 通常情况下,平均海平面是如何确定的?

4. 确定理论深度基准面时,需要注意哪些问题?

5. 垂直基准的传递与推估有哪几种方法?简述其中的一种方法。

第6章　GPS定位与海底声学定位

6.1　概　　述

海洋定位测量是海洋测量的一个重要内容。在海洋测量工程中无论测量某一几何量或物理量，如水深、重力、磁力等，都必须固定在某一种坐标系统相应的格网中。海洋定位是海洋测绘和海洋工程的基础。海洋定位主要有天文定位、光学定位、陆基无线电定位、空基无线电定位（即卫星定位）和水声定位等手段，并在实际海洋作业中发挥着非常重要的作用。

天文定位是一套独立的定位系统，借助于天文观测，确定海洋上船只的航向以及经纬度，从而实现导航和定位。这种方法主要局限于观测条件，阴天或云层覆盖比较严重时，该方法无法实施，同时，因观测手段的局限，该方法很难实现实时连续定位，目前，海上作业中，很少采用这种定位方式。

光学定位只能用于沿岸和港口测量，一般使用光学经纬仪进行前方交会，求出船位，也可使用六分仪在船上进行后方交会测量。由于六分仪受环境的影响和人为因素的影响较大。观测精度较低，现已很少使用。随着电子经纬仪和高精度红外激光测距仪的发展，全站仪按方位—距离极坐标法可为近岸动态目标实现快速跟踪定位。由于其自动化程度高，使用方便、灵活，在当前沿岸、港口、水上测量中的使用日益增多。

无线电定位分为陆基无线电定位和空基无线电定位。

陆基无线电定位即传统意义上的无线电定位。无线电定位通过在岸上控制点处安置无线电收发机（岸台），在载体上设置无线电收发、测距、控制、显示单元，测量无线电波在船台和岸台间的传播时间或相位差，利用电波的传播速度，求得船台至岸台的距离或船台至两岸台的距离差，进而计算船位，无线电定位多采用圆—圆定位或双曲线定位方式。无线电定位系统按作用距离可分为远程定位系统，其作用距离大于1000 km，一般为低频系统，精度较低，适合于导航，如罗兰C；中程定位系统，作用距离300～1000 km，一般为中频系统，如Argo定位系统；近程定位系统，作用距离小于300 km，一般为微波系统或超高频系统，精度较高，如三应答器(Trisponder)、猎鹰IV等。这些定位系统因定位精度低以及空基无线电定位系统的出现逐渐被淘汰，我国目前已基本关闭了沿海陆基无线电定位系统台链。

空基无线电定位即卫星定位，为目前海上定位的主要手段，如全球定位系统GPS、我国的北斗双星定位系统以及欧洲的伽利略定位系统。GPS全球定位系统是美国发展的第三代卫星定位系统。它具有全天候、全球覆盖、连续实时、高精度定位等特点。全球任何地点，包括近低空间的用户都能利用全球定位系统获得高精度的三维位置、三维速度和时间信息：定位精度优于10m，测速精度优于0.1 m/s，计时精度优于10μs，相对世界协调时UTC的授时精度优于1μs。系统一次定位时间仅需要不到1 s，这对动态用户特别有利。全球定位系统由三个主要部分组成：空间部分、地面控制部分和用户设备部分，它的卫星轨道配置如图6-1所示。

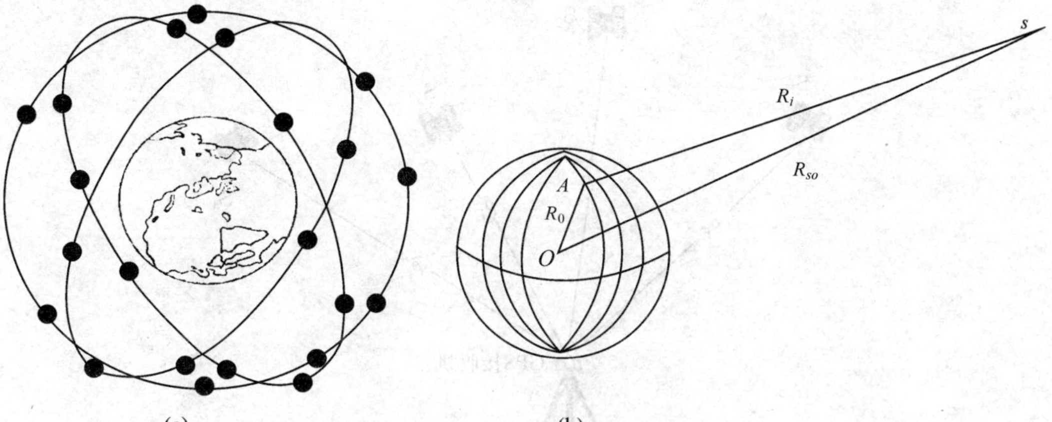

(a) (b)

图 6-1 GPS 卫星轨道及卫星定位原理

水下声学技术可以解决海洋测量的许多问题，如水深测量，观测海面波浪和海流，探测水下地形地貌，海底底质和浅层地质结构，也可用于导航定位和水下通讯等。用水下声标作为海底控制点，精确联测其坐标，可直接为船泊、潜艇及各种海洋工程导航、定位。也是今后开展近海及远海测量的重要手段，对于军事和民用均具有重要的应用价值。

以上各种定位系统都有各自的局限性，把几种定位系统组合起来，能达到取长补短，减小外界影响，提高定位精度的目的。再采用卡尔曼滤波数据处理方法，使得组合导航系统无论在定位精度、可靠性、连续性和实时性等方面都远比单一系统更有优越性。

鉴于目前各定位系统的发展和使用状况，下面主要介绍 GPS 定位系统和水下声学定位系统。目前，已有不少关于全球定位系统的专门著作或教材，因此，我们对系统组成、各部分的结构和功能均不予涉及，仅对该系统的动态定位原理和在海洋测量中的应用给予介绍。

6.2 GPS 绝对定位

绝对定位是以地球质心为参考点，确定接收机天线在 WGS-84 坐标系中的绝对位置。由于定位作业仅需一台接收机工作，因此又称为单点定位。由于单点定位结果受卫星星历误差、信号传播误差及卫星几何分布影响显著，所以定位精度较低。一般适用于低精度的导航领域。

GPS 绝对定位的基本原理是以 GPS 卫星和用户接收机天线之间的距离观测量为基准，根据已知的卫星瞬时坐标，来确定用户接收天线所对应的位置。绝对定位方法的实质是空间距离后方交会。因此，在一个测站上，只需 3 个独立距离观测量。但是，由于 GPS 采用的是单程测距原理，同时卫星钟与用户接收机钟又难以保持严格同步，实际上观测的是测站至卫星之间的距离，由于受卫星钟和接收机钟同步差的共同影响，故又称伪距离测量。当然，卫星钟钟差是可以通过卫星导航电文中所提供的相应钟差参数加以修正的，而接收机的钟差，一般难以预先准确测定。所以，可将其作为一个未知参数与观测站坐标在数据处理中一并解出。因此，在一个测站上，为了实时求解 4 个未知参数(3 个点位坐标分量及 1 个钟差参数)，至少应有 4 个同步伪距观测量，即至少必须同步观测 4 颗卫星。如图 6-2 所示。

GPS 绝对定位，根据用户接收机天线所处的状态不同，又可分为动态绝对定位和静态绝

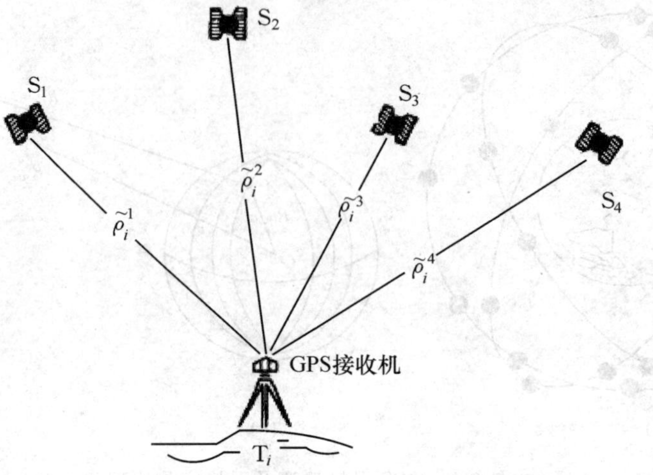

图 6-2　GPS 绝对定位原理

对定位。当用户接收设备安置在运动的载体上，确定载体瞬时绝对位置的定位方法，称为动态绝对定位。动态绝对定位，一般只能得到没有多余观测量的实时解。这种定位方法，被广泛地应用于船舶等运动载体的导航中。另外，在航空物探和海洋卫星遥感等领域也有广泛的应用。

6.2.1　伪距观测方程及其线性化

为了建立伪距观测方程，引进 t^j(GPS)表示第 j 颗卫星发出信号瞬间的 GPS 标准时间；t^j 是相应的卫星钟钟面时刻；t_i 是相应的接收机钟钟面时刻；δt^j 代表卫星钟钟面时相对 GPS 标准时间的钟差，而 δt_i 则是接收机钟钟面时相对 GPS 标准时间的钟差。

显然，卫星钟和接收机钟的钟面时与 GPS 标准时之间，存在如下关系：

$$\left.\begin{aligned} t^j &= t^j(\text{GPS}) + \delta t^j \\ t_i &= t_i(\text{GPS}) + \delta t_i \end{aligned}\right\} \tag{6-1}$$

由此，卫星信号到达测站的钟面传播时间：

$$\Delta t_i^j = t_i - t^j = t_i(\text{GPS}) - t^j(\text{GPS}) + \delta t_i - \delta t^j \tag{6-2}$$

如不考虑大气折射影响，由钟面传播时间乘以光速 C，即得卫星 S^j 至测站 T_i 间的伪距

$$\tilde{\rho}_i^j = C[t_i(\text{GPS}) - t^j(\text{GPS})] + C(\delta t_i - \delta t^j) \tag{6-3}$$

若 ρ_i^j 为卫星 S^j 至测站 T_i 间的几何距离；δt_i^j 为接收机钟与卫星钟的相对钟差，于是有

$$\rho_i^j = C[t_i(\text{GPS}) - t^j(\text{GPS})] \tag{6-4}$$

与

$$\delta t_i^j = \delta t_i - \delta t^j \tag{6-5}$$

把公式(6-4)与公式(6-5)代入公式(6-3)中，即得简化后的伪距表达式：

$$\tilde{\rho}_i^j = \rho_i^j + C\delta t_i^j \tag{6-6}$$

式中第二项 $C\delta t_i^j$ 表示接收机钟与卫星钟之间相对钟差的等效距离误差。若顾及大气层折射影响，则伪距观测方程可写为

$$\tilde{\rho}_i^j(t) = \rho_i^j(t) + C\delta t_i^j + \delta I_i^j(t) + \delta T_i^j(t) \tag{6-7}$$

式中，$\delta I_i^j(t)$为 t 时刻电离层折射延迟的等效距离误差；$\delta T_i^j(t)$则为 t 时刻对流层折射延迟

的等效距离误差。公式(6-7)中 $\rho_i^j(t)$ 是非线性项,表示测站与卫星之间的几何距离。即

$$\rho_i^j(t)=[(X^j(t)-X_i)^2+(Y^j(t)-Y_i)^2+(Z^j(t)-Z_i)^2]^{1/2} \tag{6-8}$$

这里 $X^j(t)$、$Y^j(t)$、$Z^j(t)$ 为 t 时刻卫星 S^j 的三维地心坐标,X_i、Y_i、Z_i 则是测站 T_i 的三维地心坐标。

若设:
$$X_i=X_i^0+\delta X_i \quad Y_i=Y_i^0+\delta Y_i \quad Z_i=Z_i^0+\delta Z_i \tag{6-9}$$

式中,(X_i^0,Y_i^0,Z_i^0) 为测站三维地心坐标的近似值。如果视导航电文所提供的卫星瞬时坐标为固定值,那么,对 $\rho_i^j(t)$ 以 (X_i^0,Y_i^0,Z_i^0) 为中心用泰勒级数展开并取一次项后得

$$\rho_i^j(t)=(\rho_i^j(t))_0+\left(\frac{\partial\rho_i^j(t)}{\partial X_i}\right)_0\delta X_i+\left(\frac{\partial\rho_i^j(t)}{\partial Y_i}\right)_0\delta Y_i+\left(\frac{\partial\rho_i^j(t)}{\partial Z_i}\right)_0\delta Z_i \tag{6-10}$$

式中:

$$\left(\frac{\partial\rho_i^j(t)}{\partial X_i}\right)_0=-\frac{1}{(\rho_i^j(t))_0}(X^j(t)-X_i^0)=-k_i^j(t)$$

$$\left(\frac{\partial\rho_i^j(t)}{\partial Y_i}\right)_0=-\frac{1}{(\rho_i^j(t))_0}(Y^j(t)-Y_i^0)=-l_i^j(t)$$

$$\left(\frac{\partial\rho_i^j(t)}{\partial Z_i}\right)_0=-\frac{1}{(\rho_i^j(t))_0}(Z^j(t)-Z_i^0)=-m_i^j(t)$$

于是,站星几何距离的线性化表达式为:

$$\rho_i^j(t)=(\rho_i^j(t))_0-k_i^j(t)\delta X_i-l_i^j(t)\delta Y_i-m_i^j(t)\delta Z_i$$

且
$$(\rho_i^j(t))_0=[(X_0^j(t)-X_i^0)^2+(Y_0^j(t)-Y_i^0)^2+(Z_0^j(t)-Z_i^0)^2]^{1/2} \tag{6-11}$$

为站星几何距离近似值,把式(6-10)代入公式(6-7)后可得线性化的伪距观测方程:

$$\tilde{\rho}_i^j(t)=(\rho_i^j(t))_0-k_i^j(t)\delta X_i-l_i^j(t)\delta Y_i-m_i^j(t)\delta Z_i+C\delta t_i^j+\delta I_i^j(t)+\delta T_i^j(t) \tag{6-12}$$

6.2.2 测相伪距观测方程及其线性化

设卫星 S^j 在卫星钟钟面时 t^j 发射的载波信号相位为 $\varphi^j(t^j)$,而接收机 M_i 在接收机钟钟面时 t_i 收到卫星信号后产生的基准信号相位为 $\varphi_i(t_i)$,历元 t 的相位观测量 $\tilde{\varphi}_i^j(t)$ 应当等于接收机基准信号相位与卫星发射信号相位之差减去相应于初时历元 t_0 的相位差整周数 $N_i^j(t_0)$。即有

$$\varphi_i^j(t)=\varphi_i(t_i)-\varphi^j(t^j)-N_i^j(t_0) \tag{6-13}$$

式中,$N_i^j(t_0)$ 称为整周未知数(整周模糊度)。

卫星钟和接收机钟的振荡器有良好的稳定度,通常可达 $10^{-11}\sim10^{-12}$ s,相应的频率漂移为 0.016~0.0016Hz。由于信号由卫星到达接收机的传播时间 Δt 极短,其取值范围约为 0.066~0.090s 之间,因此,忽略频漂产生的误差,即可视卫星信号频率与接收机基准频率相等,即

$$f^j=f_i=f \tag{6-14}$$

在此条件下,信号相位与频率之间存在关系式: $\varphi(t+\Delta t)=\varphi(t)+f\Delta t$ (6-15)

记 $t_i=t+\Delta t$,$t^j=t$ 且顾及(6-13)式则有: $\varphi_i^j(t)=f\Delta t-N_i^j(t_0)$ (6-16)

由于钟面时与 GPS 标准时之间存在差异,因此可设

$$t_i=t_i(\text{GPS})+\delta t_i \tag{6-17}$$

$$t^j=t^j(\text{GPS})+\delta t^j \tag{6-18}$$

式中,$t_i(\text{GPS})$ 与 $t^j(\text{GPS})$ 分别表示与钟面时 t_i 和 t^j 相应的标准 GPS 时间;δt_i 与 δt^j 则分

别是接收机钟与卫星钟的钟差改正数。于是，信号传播时间 Δt 可表示为：

$$\Delta t = t_i - t^j = t_i(\text{GPS}) - t^j(\text{GPS}) + \delta t_i - \delta t^j = \Delta\tau + \delta t_i - \delta t^j$$

将上式代入公式(6-16)，其相位观测量可进一步表示为：

$$\begin{aligned}\varphi_i^j(t) &= f[t_i(\text{GPS}) - t^j(\text{GPS})] + f\delta t_i - f\delta t^j - N_i^j(t_0)\\ &= f\Delta\tau + f\delta t_i - f\delta t^j - N_i^j(t_0)\end{aligned} \tag{6-19}$$

考虑到 $\Delta\tau = \frac{1}{c}\rho_i^j(t)$ 且顾及电离层和对流层对信号传播的影响，则有载波相位观测方程：

$$\varphi_i^j(t) = \frac{f}{c}[\rho_i^j(t) + \delta I_i^j(t) + \delta T_i^j(t)] + f\delta t_i - f\delta t^j - N_i^j(t_0) \tag{6-20}$$

若在公式(6-20)两边同乘以 $\lambda = \frac{c}{f}$，则有

$$\tilde{\rho}_i^j(t) = \rho_i^j(t) + \delta I_i^j(t) + \delta T_i^j(t) + C\delta t^j - \lambda N_i^j(t_0) \tag{6-21}$$

将公式(6-21)与公式(6-7)进行比较，可以看出，载波相位观测方程除了增加了整周未知数 N_0 外，其余部分和伪距观测方程完全相同。

式(6-20)或式(6-21) 给出的载波相位观测方程是一近似简化表达式。在相对定位中，当基线较短时，可以采用这种简化式，但是当基线较长时，则应采用较为严密的观测模型。

在公式(6-20)或(6-21)中，由于卫星发射载波信号的时刻一般是未知的，由

$$\Delta\tau = t_i(\text{GPS}) - t^j(\text{GPS})$$

可得：

$$t^j(\text{GPS}) = t_i(\text{GPS}) - \Delta\tau \tag{6-22}$$

即应将卫星发射信号的时刻表示成接收机信号时刻的函数。

由于信号传播时间与传播距离、传播速度存在关系 $\Delta\tau = \rho/c$，而卫星 j 与测站 i 之间的几何距离是卫星发射信号时刻 t^j 与接收信号时刻 t_i 的函数，则有

$$\Delta\tau = \frac{1}{C}\rho_i^j[t_i(\text{GPS}), t^j(\text{GPS})] - \frac{1}{C}\rho_i^j[t_i(\text{GPS}), t_i(\text{GPS}) - \Delta\tau] \tag{6-23}$$

将公式(6-23)按泰勒级数展开，取一次项可得

$$\Delta\tau = \frac{1}{C}\rho_i^j[t_i(\text{GPS})] - \frac{1}{C}\rho_i^j[t_i(\text{GPS})]\Delta\tau \tag{6-24}$$

考虑到接收机钟差，则有 $t_i(\text{GPS}) = t_i - \delta t_i$。那么将公式(6-24)表示成以观测历元 t_i 表示的形式：

$$\Delta\tau = \frac{1}{C}\rho_i^j(t_i) - \frac{1}{C}\rho_i^j(t_i)\Delta\tau - \frac{1}{C}\rho_i^j(t_i)\delta t_i \tag{6-25}$$

$\Delta\tau$ 的计算采用迭代法，若取 $\Delta\tau = \frac{1}{C}\rho_i^j(t_i)$，则公式(6-25)可写成：

$$\Delta\tau = \frac{1}{C}\rho_i^j(t_i) - \left[1 - \frac{1}{C}\rho_i^j(t_i)\right] - \frac{1}{C}\rho_i^j(t_i)\delta t_i \tag{6-26}$$

将此式代入式(6-19)，并考虑电离层和对流层的影响，可得较严密的载波相位观测方程：

$$\begin{aligned}\varphi_i^j(t) &= \frac{f}{c}\rho_i^j(t)\left[1 - \frac{1}{C}\rho_i^j(t)\right] + f\left[\left(1 - \frac{1}{C}\rho_i^j(t)\right)\right]\delta t_i\\ &\quad - f\delta t^j + \frac{f}{c}\delta I_i^j(t) + \frac{f}{c}\delta T_i^j(t) - N_i^j(t_0)\end{aligned} \tag{6-27}$$

与式(6-21)相同，式(6-27)亦可表示为：

$$\tilde{\rho}_i^j(t) = \rho_i^j(t)\left[1 - \frac{1}{C}\rho_i^j(t)\right] + C\left[1 - \frac{1}{C}\rho_i^j(t)\right]\delta t_i - C\delta t^j + \delta I_i^j(t) + \delta T_i^j(t) - \lambda N_i^j(t_0) \tag{6-28}$$

与伪距观测方程相同，测站与卫星之间的几何距离也是坐标的非线性函数，即有：

$$\rho_i^j(t)=[(X^j(t)-X_i)^2+(Y^j(t)-Y_i)^2+(Z^j(t)-Z_i)^2]^{1/2}$$

同样，可取测站坐标的近似值(X_i^0,Y_i^0,Z_i^0)，将其线性化后有：

$$\rho_i^j(t)=(\rho_i^j(t))_0-k_i^j(t)\delta X_i-l_i^j(t)\delta Y_i-m_i^j(t)\delta Z_i \tag{6-29}$$

将式(6-29)代入式(6-20)得线性化的载波相位观测方程：

$$\begin{aligned}\tilde{\varphi}_i^j(t)=&\frac{f}{c}(\rho_i^j(t))_0-\frac{f}{c}[k_i^j\delta X_i+l_i^j\delta Y_i+m_i^j\delta Z_i]+\\&\frac{f}{c}\delta I_i^j(t)+\frac{f}{c}\delta T_i^j(t)+f\delta t_i-f\delta t^j-N_i^j(t_0)\end{aligned} \tag{6-30}$$

同理，测相伪距观测方程的线性化形式为：

$$\begin{aligned}\tilde{\rho}_i^j(t)=&(\rho_i^j(t))_0-[k_i^j(t)\delta X_i+l_i^j(t)\delta Y_i+m_i^j(t)\delta Z_i]+\\&\delta I_i^j(t)+\delta T_i^j(t)+C\delta t_i-C\delta t^j-\lambda N_i^j(t_0)\end{aligned} \tag{6-31}$$

以上两式为载波相位观测的简化线性方程。同理，可以推得其较为严密的线性化形式。

6.2.3 动态绝对定位

GPS绝对定位主要是以卫星和用户接收机天线之间的距离为基本观测量，并利用已知的卫星瞬时坐标来确定接收机天线在协议地球坐标系中的位置。动态绝对定位是确定处于运动载体的接收机在运动的每一瞬间的位置，由于接收机天线处于运动状态，故天线点位的坐标是一个变化的量，因此，确定每一瞬间坐标的观测方程只有极少的多余观测(甚至没有多余观测)，其精度较低，一般仅有几十米的精度。

如果在历元t时刻，观测了测站至卫星之间的伪距，则有：

$$\tilde{\rho}_i^j(t)=\rho_i^j(t)+\delta I_i^j+\delta T_i^j+C\delta t_i-C\delta t^j \tag{6-32}$$

如果利用导航电文提供的改正量以及改正模型，对伪距观测量$\tilde{\rho}_i^j(t)$进行修正，并取

$$\rho_i^{j\prime}(t)=\tilde{\rho}_i^j(t)-\delta I_i^j-\delta T_i^j+C\delta t^j \tag{6-33}$$

则公式(6-32)的观测方程可写为：

$$\rho_i^{j\prime}(t)=\rho_i^j(t)+C\delta t_i \quad \rho_i^j(t)=\sqrt{(x^j-x_i)^2+(y^j-y_i)^2+(z^j-z_i)^2} \tag{6-34}$$

应用公式(6-10)线性化后可得：

$$\bar{\gamma}_i^j(t)=\rho_{i0}^j(t)-l_i^j(t)\delta X_i-m_i^j(t)\delta Y_i-n_i^j(t)\delta Z_i+C\delta t_i \tag{6-35}$$

假设在历元t时由测站i同步观测j颗卫星，$j=1,2,\cdots,n$，则可组成n个方程：

$$\left.\begin{aligned}\bar{\gamma}_i^1(t)&=\rho_{i0}^1(t)-l_i^1(t)\delta X_i-m_i^1(t)\delta Y_i-n_i^1(t)\delta Z_i+C\delta t_i\\\bar{\gamma}_i^2(t)&=\rho_{i0}^2(t)-l_i^2(t)\delta X_i-m_i^2(t)\delta Y_i-n_i^2(t)\delta Z_i+C\delta t_i\\&\cdots\\\bar{\gamma}_i^n(t)&=\rho_{i0}^n(t)-l_i^n(t)\delta X_i-m_i^n(t)\delta Y_i-n_i^n(t)\delta Z_i+C\delta t_i\end{aligned}\right\} \tag{6-36}$$

当观测的卫星数大于4时，可列误差方程，按最小二乘原理求解位置的三维坐标，即

$$\begin{pmatrix}V_i^1(t)\\V_i^2(t)\\\vdots\\V_i^n(t)\end{pmatrix}=\begin{pmatrix}l_i^1(t)&m_i^1(t)&n_i^1(t)&C\\l_i^2(t)&m_i^2(t)&n_i^2(t)&C\\\vdots&\vdots&\vdots&\vdots\\l_i^n(t)&m_i^n(t)&n_i^n(t)&C\end{pmatrix}\begin{pmatrix}\delta X_i\\\delta Y_i\\\delta Z_i\\\delta t_i\end{pmatrix}+\begin{pmatrix}\rho_{i0}^1(t)-\bar{\gamma}_i^1(t)\\\rho_{i0}^2(t)-\bar{\gamma}_i^2(t)\\\vdots\\\rho_{i0}^n(t)-\bar{\gamma}_i^n(t)\end{pmatrix} \tag{6-37}$$

用矩阵符号可表示为：

$$V_i(t)=A(t)\delta X+L(t) \tag{6-38}$$

由最小二乘法可得：

$$\delta X=-[(A(t))^{\mathrm{T}}A(t)]^{-1}(A(t))^{\mathrm{T}}L(t) \tag{6-39}$$

由此可得该位置的三维坐标：$\begin{pmatrix} X_i \\ Y_i \\ Z_i \end{pmatrix} = \begin{pmatrix} X_{i0} \\ Y_{i0} \\ Z_{i0} \end{pmatrix} + \begin{pmatrix} \delta X_i \\ \delta Y_i \\ \delta Z_i \end{pmatrix}$ (6-40)

式中，$[X_{i0}, Y_{i0}, Z_{i0}]$为该点位置的近似坐标。在动态定位中，一般可将前一时刻的点位坐标作为此时点位的初始坐标。因此，关键是确定第一个点位坐标的精确值。由于该点坐标的初始值难以较精确地求得，因此需要通过一定的算法，经过多次迭代求得第一点精确的三维坐标，并为后续点位的解算提供初始坐标值，这个迭代计算第一点位坐标值的过程也称为动态定位的初始化过程。

GPS动态绝对定位一般常采用测距码伪距定位方法，主要是因为该方法无论是在作业上，还是在计算上均简单易行。当然动态绝对定位也可采用载波相位伪距定位方法。由公式(6-31)知，载波相位观测方程为：

$$\lambda\varphi_i^j(t) = \rho_{i0}^j(t) - (l_i^j(t), m_i^j(t), n_i^j(t)) \begin{pmatrix} \delta X_i \\ \delta Y_i \\ \delta Z_i \end{pmatrix} - \lambda N_i^j(t_0) \tag{6-41}$$

$$+ C[\delta t_i - \delta t^j] + \delta I_i^j(t) + \delta T_i^j(t)$$

如果设$\bar{\rho}_i^{j\prime}$为经过电离层、对流层和卫星钟差改正后的观测值，即

$$\bar{\rho}_i^{j\prime}(t) = \lambda\varphi_i^j(t) - \delta I_i^j(t) - \delta T_i^j(t) + C\delta t^j \tag{6-42}$$

则方程(6-41)可写为：

$$\bar{\rho}_i^{j\prime}(t) = \rho_{i0}^j(t) - l_i^j(t)\delta X_i - m_i^j(t)\delta Y_i - n_i^j(t)\delta Z_i + C\delta t_i - \lambda N_i^j(t_0) \tag{6-43}$$

相应的误差方程为：$V_i^j(t) = -(l_i^j(t), m_i^j(t), n_i^j(t), C) \begin{pmatrix} \delta X_i \\ \delta Y_i \\ \delta Z_i \\ \delta t_i \end{pmatrix} - \lambda N_i^j(t_0) + L_i^j(t)$ (6-44)

式中，$L_i^j(t) = \rho_{i0}^j(t) - \tilde{\rho}_{i0}^{j\prime}(t)$，与测距码伪距观测方程相比，载波相位观测方程仅多了一个整周未知数，其余各项均完全相同。然而，正是由于观测方程中存在整周未知数，t时刻在i测站同步观测n^j颗卫星，则可列n^j个观测方程，方程存在$4+n^j$个未知数，因而难以利用载波相位进行实时定位。不过只要接收机保持对j卫星的连续跟踪，则整周未知数$N_i^j(t_0)$是一个不变的值。因此，只要通过一个初始化过程求出整周未知数$N_i^j(t_0)$，且GPS接收机在载体运动过程中保持对卫星信号的连续跟踪，则仍可用于GPS动态绝对定位，且精度优于测距码伪距动态定位，然而，要在载体运动过程中保持对卫星的连续跟踪是较为困难的，因此，目前动态绝对定位中主要采用测距码伪距定位法。

6.3 GPS静态相对定位

由于在GPS绝对定位(或单点定位)中，定位精度将受到卫星轨道误差、钟差及信号传播误差等因素的影响，虽然其中一些系统性误差可以通过模型加以削弱，但改正后的残差仍是不可忽略的。GPS相对定位，也叫差分GPS定位，是目前GPS测量中定位精度最高的定位方法，并广泛地应用于海洋测量中。

用两台接收机分别安置在基线的两个端点，其位置静止不动，同步观测相同的4颗以上

GPS 卫星，确定基线两个端点在协议地球坐标系中的相对位置，这种定位模式称为相对定位（图 6-3）。在实际工作中，常常将接收机数目扩展到 3 台以上，同时测定若干条基线向量（图 6-4），这样做不仅可以提高工作效率，而且可以增加观测量，提高观测成果的可靠性。GPS 静态相对定位在海洋大地控制网的建立以及高程传递中具有很重要的应用。

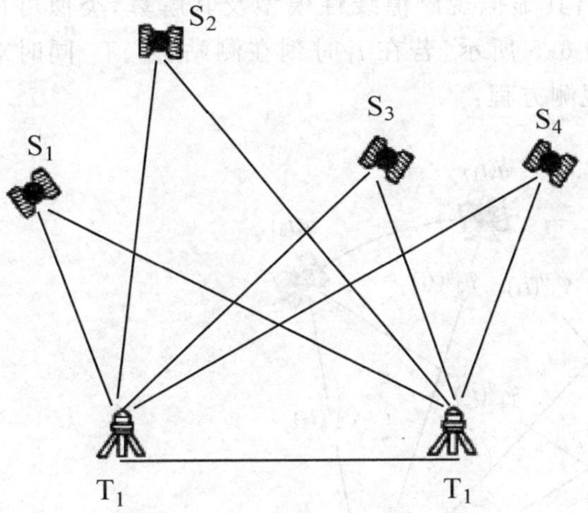

图 6-3　GPS 静态相对定位（两站）

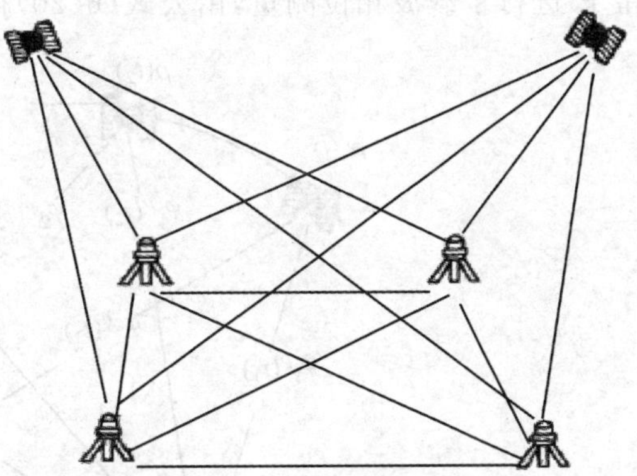

图 6-4　GPS 静态相对定位（多站）

静态相对定位采用载波相位观测量为基本观测量，由于载波波长较短，其测量精度远高于伪距测量精度，并且采用不同载波相位观测量的线性组合可以有效地削弱卫星星历误差、信号传播误差以及接收机钟不同步误差对定位的影响。天线长时间固定在基线两端点上，可保证取得足够多的观测数据，从而可以准确确定整周未知数 N_0。上述诸多优点，使得静态相对定位可以达到很高的精度。

利用载波相位进行测量，就其本身来讲，测量精度可达 0.5～2.0mm，但是，GPS 测量受到多种误差的影响，如卫星轨道误差、卫星钟差、接收机钟差以及电离层和对流层的折射误差的影响。为了提高定位精度，应研究各种误差规律，建立改正模型对其进行改正，但由于这种改正往往难以完全正确地反映误差的规律，所以，观测值中仍存在残余影响，一般可通过在观测方程中加入相应的附加参数来消除其影响，例如对接收机钟差，可按每一个观测历元设立一个钟差未知参数。同样对其他误差也可采用这样的办法。然而，这样做又给观测方程中增加了大量与定位无直接关系的多余未知参数，仅就钟差未知数而言，当观测 90min，每隔 15s 记录一次时，观测方程中将有 360 个独立的钟差未知参数。大量的多余未知参数不但增加了平差计算的工作量，而且还影响定位未知参数的可靠性。

由于上述 GPS 观测误差对两个观测站或多个观测站同步观测相同卫星具有较强的相关性，因此，一种简单有效消除或减弱误差影响的方法是将这些观测量进行不同的线性组合。在 GPS 相对定位中，通常采用的组合方式有三种，即单差、双差和三差。

1. 单差观测模型及解算

所谓单差是指不同观测站，同步观测相同卫星所得观测量之差。

若测站 T_1 和 T_2 分别在 t_1 和 t_2 时刻（历元）对卫星 p 和 q 进行了同步观测，如图 6-5，则可得载波相位观测量：$\varphi_1^p(t_1)$、$\varphi_1^p(t_2)$、$\varphi_1^q(t_1)$、$\varphi_1^q(t_2)$、$\varphi_2^p(t_1)$、$\varphi_2^p(t_2)$、$\varphi_2^q(t_1)$、$\varphi_2^q(t_2)$。那么，既可以在卫星间求差、接收机（测站）间求差，也可以在历元（时刻）间求差，则有：

$$\left.\begin{aligned}\Delta\varphi_i^{pq}(t_j)&=\varphi_i^q(t_j)-\varphi_i^p(t_j)\ i=1,2;j=1,2\\\Delta\varphi_{12}^k(t_j)&=\varphi_2^k(t_j)-\varphi_1^k(t_j)\ k=p,q;j=1,2\\\Delta\varphi_i^k(t_{12})&=\varphi_i^k(t_2)-\varphi_i^k(t_1)\ i=1,2;k=p,q\end{aligned}\right\}\tag{6-45}$$

将这种求差称为求单差，将求差后的线性组合当做虚拟观测值。可以看出在观测值间有三种求单差的形式，在此以测站间求差为例，给出其虚拟观测值线性模型及其解算，类似可得出卫星间求差、历元间求差后的观测模型。如图 6-5 所示，若在 t_1 时刻在测站 T_1、T_2 同时对卫星 P 进行了载波相位测量，由公式(6-20)得观测方程：

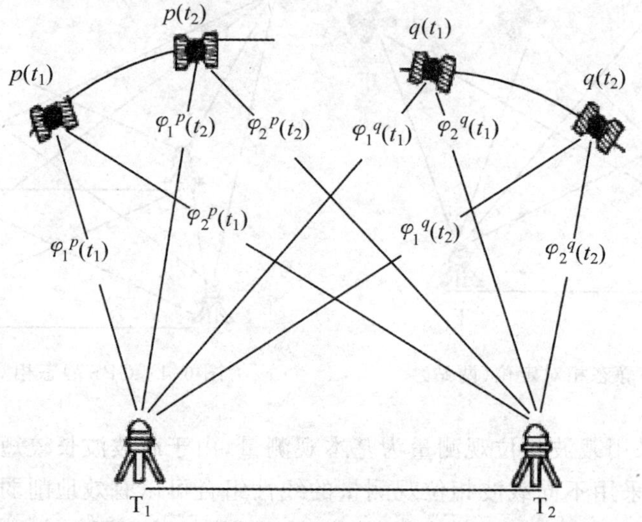

图 6-5 GPS 单差观测

$$\varphi_1^p(t_1)=\frac{f}{c}[\rho_1^p(t_1)+\delta I_1^p(t_1)+\delta T_1^p(t_1)]+f\delta t_1-f\delta t^p-N_1^p(t_0)\tag{6-46}$$

$$\varphi_2^p(t_1)=\frac{f}{c}[\rho_2^p(t_1)+\delta I_2^p(t_1)+\delta T_2^p(t_1)]+f\delta t_2-f\delta t^p-N_2^p(t_0)\tag{6-47}$$

将以上两式代入公式(6-45)中的第二式得：

$$\begin{aligned}\Delta\varphi_{12}^p(t_1)&=\varphi_2^p(t_1)-\varphi_1^p(t_1)\\&=\frac{f}{c}[\rho_2^p(t_1)-\rho_1^p(t_1)]+\frac{f}{c}[\delta I_2^p(t_1)-\delta I_1^p(t_1)]+\frac{f}{c}[\delta T_2^p(t_1)-\delta T_1^p(t_1)]+\\&\quad f[\delta t_2-\delta t_1]-f[\delta t^p-\delta t^p]-[N_2^p(t_0)-N_1^p(t_0)]\end{aligned}\tag{6-48}$$

设 $\rho_{12}^p(t_1)=\rho_2^p(t_1)-\rho_1^p(t_1)$，$\delta I_{12}^p=\delta I_2^p-\delta I_1^p$，$\delta T_{12}^p=\delta T_2^p-\delta T_1^p$，$\delta t_{12}=\delta t_2-\delta t_1$，$N_{12}^p(t_0)=N_2^p(t_0)-N_1^p(t_0)$，则单差虚拟观测方程为：

$$\Delta\varphi_{12}^p(t_1)=\frac{f}{c}\rho_{12}^p(t_1)+f\delta t_{12}-N_{12}^p(t_0)+\frac{f}{c}\delta I_{12}^p+\frac{f}{c}\delta T_{12}^p\tag{6-49}$$

由公式(6-49)可知，卫星钟差影响已消除。当两测站相距不太远(20 km 以内)时，由于对流层和电离层折射的影响具有很强的相关性，故在测站间求一次差可消除大气折射误差。在图 6-6 中 1、2 为测站的近似位置，S 为卫星的正确位置，设卫星的星历存在误差 ds，则由星历求出卫星的位置。若在测站 1 上进行单点定位时，ds 对测距的影响为 $\mathrm{d}D=\mathrm{d}s\cos\alpha$。

当在测站间求差后，ds 对测距的影响为：

$$dD_2 - dD_1 = ds(\cos a_2 - \cos a_1) = -2ds\sin\frac{a_2+a_1}{2}\sin\frac{a_2-a_1}{2}$$

$$= -ds\sin\frac{a_2+a_1}{2}(a_2-a_1)$$

而 $r=b\sin\theta$，由角度与弦长关系可得 $a_2-a_1=r/\rho=(b/\rho)\sin\theta$，若 $r=$ 20 km，$\rho=20000$ km，则 $(b/\rho)\sin\theta\leqslant 0.001$。这表明在测站间求差后，星历误差对测距的影响只有原来的千分之一。

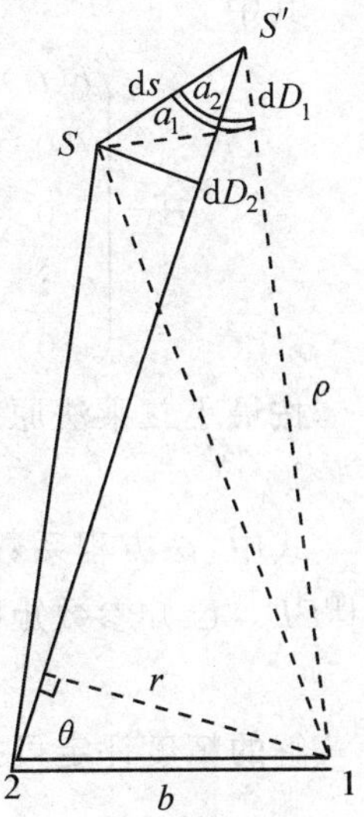

图 6-6　误差相关性

由以上讨论可知，测站间求单差的模拟观测模型具有下列优点：

(1) 消除了卫星钟差的影响。

(2) 大大削弱了卫星星历误差的影响。

(3) 大大削弱了对流层折射和电离层折射的影响，在短距离内几乎可以完全消除其影响。

在 n_i 个测站间求单差，通常以某点为已知参考点。例如在两个测站中，测站 1 作为已知参考点，坐标已知，测站 2 为待定点，应用公式(6-30)和公式(6-49)，且认为电离层、对流层折射影响已基本消除，可得单差观测方程的线性化形式：

$$\Delta\varphi_{12}^{p}(t_1) = -\frac{f}{c}\begin{bmatrix}k_2^p(t_1) & l_2^p(t_1) & m_2^p(t_1)\end{bmatrix}\begin{bmatrix}\delta X_2\\ \delta Y_2\\ \delta Z_2\end{bmatrix} + f\delta t_{12} - N_{12}^{p}(t_0) + \frac{f}{c}[\rho_2^p(t_1) - \rho_1^p(t_1)] \tag{6-50}$$

式中，$\rho_1^p(t_1)$ 为 t_1 时刻测站 1 至卫星的距离。

对单差观测方程可写出相应的误差方程：

$$\Delta V_{12}^{p}(t_1) = -\frac{f}{c}\begin{bmatrix}k_2^p(t_1) & l_2^p(t_1) & m_2^p(t_1)\end{bmatrix}\begin{bmatrix}\delta X_2\\ \delta Y_2\\ \delta Z_2\end{bmatrix} + f\delta t_{12} - \lambda N_{12}^{p}(t_0) + \Delta L_{12}^{p}(t_1) \tag{6-51}$$

式中，$\Delta L_{12}^{p} = \frac{f}{c}[(\rho_2^p(t_1))_0 - \rho_1^p(t_1)] - \Delta\varphi_{12}^{p}(t_1)$

如果两测站，同步观测 n^p 个卫星。则可相应列出 n^p 个误差方程。

$$\begin{bmatrix}\Delta V_{12}^{1}(t_1)\\ \Delta V_{12}^{2}(t_1)\\ \vdots\\ \Delta V_{12}^{p}(t_1)\end{bmatrix} = -\frac{f}{c}\begin{bmatrix}k_{12}^{1}(t_1) & l_{12}^{1}(t_1) & m_{12}^{1}(t_1)\\ k_{12}^{2}(t_1) & l_{12}^{2}(t_1) & m_{12}^{2}(t_1)\\ \vdots & \vdots & \vdots\\ k_{12}^{p}(t_1) & l_{12}^{p}(t_1) & m_{12}^{p}(t_1)\end{bmatrix}\begin{bmatrix}\delta X_2\\ \delta Y_2\\ \delta Z_2\end{bmatrix} +$$

$$f\begin{bmatrix}1\\ 1\\ \vdots\\ 1\end{bmatrix}\delta t_{12} - \lambda\begin{bmatrix}1 & 0 & 0 & \cdots & 0\\ 0 & 1 & 0 & \cdots & 0\\ \vdots & \vdots & \vdots & & \vdots\\ 0 & 0 & 0 & \cdots & 1\end{bmatrix}\begin{bmatrix}N_{12}^{1}(t_0)\\ N_{12}^{2}(t_0)\\ \vdots\\ N_{12}^{p}(t_0)\end{bmatrix} + \begin{bmatrix}\Delta L_{12}^{1}(t_1)\\ \Delta L_{12}^{2}(t_1)\\ \vdots\\ \Delta L_{12}^{p}(t_1)\end{bmatrix}$$

或用矩阵符号形式写为：$\underset{n^p\times 1}{V(t_1)} = \underset{n^p\times 3}{a(t_1)}\delta\underset{3\times 1}{X_2} + \underset{n^p\times 1}{b(t_1)}\delta t_{12} + \underset{n^p\times n^p}{c(t_1)}\underset{n^p\times 1}{N^p} + \underset{n^p\times 1}{L(t)}$

若设同步观测该组卫星的历元数为 n_t，则可列出 n_t 组误差方程式：

$$V = [V(t_1) \quad V(t_2) \quad \cdots \quad V(t_m)]^{\mathrm{T}}$$

即 $$V=A\delta X_2+B\delta t+CN^p+L \tag{6-52}$$

其中 $$A=[a(t_1)\quad a(t_2)\quad \cdots\quad a(t_{nt})]^{\mathrm T}$$

$$B=\begin{pmatrix} b(t_1) & 0 & 0 & \cdots & 0 \\ 0 & b(t_2) & 0 & \cdots & 0 \\ 0 & 0 & b(t_3) & \cdots & 0 \\ \vdots & \vdots & \vdots & & \vdots \\ 0 & 0 & 0 & \cdots & b(t_{nt}) \end{pmatrix}\quad \begin{aligned} C&=[C(t_1)\quad C(t_2)\cdots C(t_{nt})]^{\mathrm T} \\ V&=[V(t_1)\quad V(t_2)\cdots V(t_{nt})]^{\mathrm T} \\ L&=[L(t_1)\quad L(t_2)\cdots L(t_{nt})]^{\mathrm T} \end{aligned}$$

按最小二乘法原理对观测方程求解，有法方程：

$$NY+U=0 \tag{6-53}$$

式中，法方程系数矩阵 $N=[A\quad B\quad C]^{\mathrm T}\quad P[A\quad B\quad C]$，法方程常数矩阵 $U=[A\quad B\quad C]^{\mathrm T}PL$。已知参数矩阵 $Y=[\delta X_2\quad V\quad N^p]^{\mathrm T}$ 对法方程求解后有：

$$Y=-N^{-1}U \tag{6-54}$$

解的精度评定可按以下方式进行，由观测方程改正数可得单位权方差：

$$\sigma_0^2=\frac{V^{\mathrm T}pV}{f} \tag{6-55}$$

式中，f 为自由度，即多余观测数，而单差观测方程数：

$$n=(n_i-1)n^p n_i \tag{6-56}$$

式中，n_i 为测站数；n^p 为观测历元数，而模型中的未知参数的总数为：

$$u=(n_i-1)n^p n_i,\ f=n-u \tag{6-57}$$

未知数的协因阵 $Q_y=N^{-1}$，而未知数向量 Y 中任一分量的精度估值为：

$$\sigma_{yi}=\sigma_0\sqrt{1/p_{yi}} \tag{6-58}$$

2. 双差模型及其解算

所谓双差即不同观测站，同步观测同一组卫星，所得单差观测量之差。设在 1、2 测站 t_1 时刻同时观测了 p、q 两个卫星，那么对 p、q 两颗卫星分别有单差模型，见公式(6-48)，如果忽略大气折射残差，可得卫星求双差的虚拟观测方程：

$$\begin{aligned}\Delta\varphi_{12}^{pq}(t_1)&=\Delta\varphi_{12}^{q}(t_1)-\Delta\varphi_{12}^{p}(t_1)=\frac{f}{c}(\rho_{12}^{q}(t_1)-\rho_{12}^{p}(t_1))+f(\delta t_{12}-\delta t_{12})+\\ &(N_{12}^{q}(t_0)-N_{12}^{p}(t_0))=\frac{f}{c}\rho_{12}^{pq}(t_1)+N_{12}^{pq}(t_0)\end{aligned} \tag{6-59}$$

从公式(6-59)可以看出，两颗卫星观测方程在 t_1 时刻均含有相同的接收机钟差 δt_{12}，卫星间求差后，不再存在钟差。也就是说在双差模型中可以消除钟差影响。

将 $\rho_{12}^{pq}(t_1)$ 的线性化形式代入公式(6-59)可得线性化后的双差模型：

$$\begin{aligned}\Delta\varphi_{12}^{pq}(t_1)=&-\frac{f}{c}[\Delta k_{12}^{pq}(t_1)\Delta l_{12}^{pq}(t_1)\Delta m_{12}^{pq}(t_1)]\times\begin{bmatrix}\delta X_2\\ \delta Y_2\\ \delta Z_2\end{bmatrix}-N_{12}^{pq}(t_0)\\ &+\frac{f}{c}[(\rho_2^q(t_1))_0-\rho_1^q(t_1)-(\rho_2^p(t_1))_0+\rho_1^p(t_1)]\end{aligned} \tag{6-60}$$

设：$\Delta L_{12}^{pq}(t_1)=-\frac{f}{c}[(\rho_2^q(t_1))_0-\rho_1^q(t_1)-(\rho_2^p(t_1))_0+\rho_1^p(t_1)]-\Delta\varphi_{12}^{pq}(t_1)$，则有双差观测值的误差方程式：

$$V_{12}^{pq}(t_1)=-\frac{f}{c}[\Delta k_{12}^{pq}(t_1)\quad \Delta l_{12}^{pq}(t_1)\quad \Delta m_{12}^{pq}(t_1)]\begin{bmatrix}\delta X_2\\ \delta Y_2\\ \delta Z_2\end{bmatrix}-N_{12}^{pq}(t_0)+\Delta L_{12}^{pq}(t_1) \tag{6-61}$$

如果当两个观测站同步观测了 n^p 个卫星时,可得(n^p-1)个误差方程组:

$$\underset{(n^p-1)\times 1}{V(t_1)}=\underset{(n^p-1)\times 3}{a(t_1)}\underset{3\times 1}{\delta X_2}+\underset{(n^p-1)\times(n^p-1)}{c(t_1)}\underset{(n^p-1)\times 1}{N}+\underset{(n^p-1)\times 1}{\Delta L(t_1)} \tag{6-62}$$

式中,$V(t_1)=[V^{1p}(t_1)\quad V^{2p}(t_1)\quad \cdots\quad V^{(p-1)p}(t_1)]$。

若在两个测站同步观测了 n^p 组卫星、n_t 个历元,那么相应的误差方程为:

$$V=A\delta X_2+CN+L \tag{6-63}$$

式中各符号的意义,类似于公式(6-52),并由此得法方程:

$$NY+U=0\quad Y=-N^{-1}U\quad Y=[\delta X_2\quad N]^{\mathrm{T}}$$

同样,精度评定可按类似单差的方式进行。双差观测模型的总个数为:$(n_i-1)(n^p-1)n_t$;方程中待定总未知数的个数为 $3(n_i-1)+(n^p-1)(n_i-1)$。

3.三差模型

三差即不同历元,同步观测同一组卫星所得双差观测量之差。设在测站 T_1、T_2 分别在 t_1、t_2 历元同时观测了 p、q 卫星,则根据公式(6-59)有双差观测方程:

$$\Delta\varphi_{12}^{pq}(t_1)=\frac{f}{c}\rho_{12}^{pq}(t_1)+N_{12}^{pq}(t_0),\Delta\varphi_{12}^{pq}(t_2)=\frac{f}{c}\rho_{12}^{pq}(t_2)+N_{12}^{pq}(t_0)。$$

对以上两双差观测方程求三次差有:

$$\Delta\varphi_{12}^{pq}(t_1,t_2)=\frac{f}{c}(\rho_{12}^{pq}(t_2)-\rho_{12}^{pq}(t_1))+N_{12}^{pq}(t_0)-N_{12}^{pq}(t_0)=\frac{f}{c}\rho_{12}^{pq}(t_1,t_2) \tag{6-64}$$

由于整周未知数 $N_{12}^{pq}(t_0)$与观测历元无关,因而在相减时被消去,可见三差观测方程中已不存在整周未知数。对三差模型公式(6-64)进行线性化,则有:

$$\begin{aligned}\Delta\varphi_{12}^{pq}(t_1,t_2)=&-\frac{f}{c}[\Delta k_{12}^{pq}(t_1,t_2)\quad \Delta l_{12}^{pq}(t_1,t_2)\quad \Delta m_{12}^{pq}(t_1,t_2)]\begin{bmatrix}\delta X_2\\ \delta Y_2\\ \delta Z_2\end{bmatrix}+\\ &\frac{f}{c}[(\rho_2^q(t_2))_0-\rho_1^q(t_2)-(\rho_2^p(t_2))_0+\rho_1^p(t_2)-\\ &(\rho_2^q(t_1))_0+\rho_1^q(t_1)+(\rho_2^p(t_1))_0-\rho_1^p(t_1)]\\ =&-\frac{f}{c}[\Delta k_{12}^{pq}(t_1,t_2)\quad \Delta l_{12}^{pq}(t_1,t_2)\quad \Delta m_{12}^{pq}(t_1,t_2)]\begin{bmatrix}\delta X_2\\ \delta Y_2\\ \delta Z_2\end{bmatrix}+(\Delta\rho_{12}^{pq}(t_1,t_2))_0\end{aligned} \tag{6-65}$$

$$\Delta k_{12}^{pq}(t_1,t_2)=\Delta k_{12}^{pq}(t_2)-\Delta k_{12}^{pq}(t_1);\Delta l_{12}^{pq}(t_1,t_2)=\Delta l_{12}^{pq}(t_2)-\Delta l_{12}^{pq}(t_1);$$

式中,$\Delta m_{12}^{pq}(t_1,t_2)=\Delta m_{12}^{pq}(t_2)-\Delta m_{12}^{pq}(t_1);(\Delta\rho_{12}^{pq}(t_1,t_2))_0=(\rho_2^q(t_2))_0-\rho_1^q(t_2)-(\rho_2^q(t_2))_0$ $+\rho_1^p(t_2)-(\rho_2^q(t_1))_0+\rho_1^q(t_1)-(\rho_2^q(t_1))_0+\rho_1^p(t_1)$

同样对公式(6-65)可得相应的误差方程:

$$V_{12}^{pq}(t_1,t_2)=-\frac{f}{c}[\Delta k_{12}^{pq}(t_1,t_2)\quad \Delta l_{12}^{pq}(t_1,t_2)\quad \Delta m_{12}^{pq}(t_1,t_2)]\begin{bmatrix}\delta X_2\\ \delta Y_2\\ \delta Z_2\end{bmatrix}+\Delta L_{12}^{pq}(t_1,t_2) \tag{6-66}$$

当同步观测 n^p 个卫星的 n 个历元时,用与单差、双差类似的最小二乘法建立法方程,可对三差模型求解，在此不再赘述。此时未知参数中仅包含待定点的坐标，即未知数的个数为 $3(n_i-1)$，其观测模型总数为 $(n_i-1)(n^p-1)(n_i-1)$。

6.4 局域差分 GPS(LDGPS)定位

差分 GPS 根据其系统构成的基准站个数可分为单基准差分、多基准的局部区域差分和广域差分。而根据信息的发送方式又可分为伪距差分、相位差分及位置差分等。无论何种差分，其工作原理基本相同，都是由用户接收来自基准站的改正数，并对其测量结果进行改正以获得精密的定位结果。它们的区别在于提供的改正数内容不同。

局域差分 GPS 按照基准站的不同，又可以分为单站差分和多站差分。

单基准站差分 GPS 是根据一个基准站所提供的差分改正信息对用户站进行改正的差分 GPS 系统。该系统由基准站、无线电数据通信链、用户站三部分组成。基准站一般安放在已知点上，并配备能同步跟踪视场内所有 GPS 卫星信号的接收机一台，并应具备计算差分改正和编码功能的软件。无线电数据链将编码后的差分改正信息传送给用户，无线电数据链由基准站上的信号调制器、无线电发射机、发射天线、用户站的差分信号接收机和信号解调器组成。用户站即流动台站，根据各用户站不同的定位精度及要求选择接收机，同时用户站还应配有用于接收差分改正数的无线电接收机、信号解调器、计算软件及相应接口设备等。如图 6-7 所示为 GPS 动态相对定位示意图。

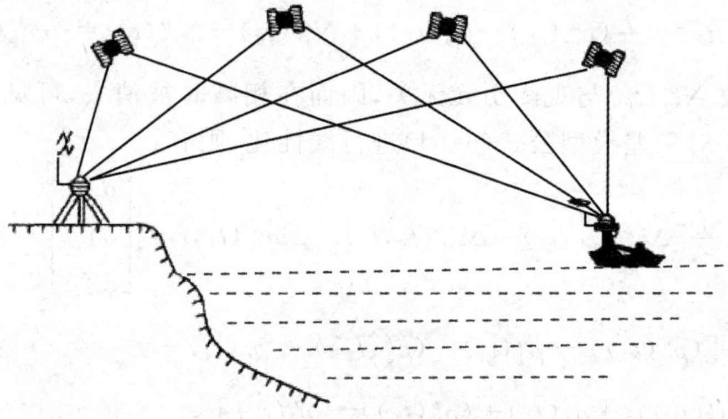

图 6-7　GPS 动态相对定位

单站差分 GPS 系统的优点是结构和算法都较为简单。但是该方法的前提是要求用户站误差和基准站误差具有较强的相关性，因此，定位精度将随着用户站与基准站之间的距离增加而迅速降低。此外，由于用户站只是根据单个基准站所提供的改正信息来进行定位改正，所以精度和可靠性均较差。当基准站出现故障，用户站便无法进行差分定位，如果基准站给出的改正信号出错，则用户站的定位结果就不正确。解决这一问题的方法是采用设置监控站对改正信号进行检核，以提高系统的可靠性。

在一个较大的区域布设多个基准站，以构成基准站网，其中常包含一个或数个监控站，位于该区域中的用户根据多个基准站所提供的改正信息经平差计算后求得用户站定位改正数，这种差分 GPS 定位系统称为具有多个基准站的局部区域差分 GPS 系统。

区域差分 GPS 提供改正量主要有以下两种方法：

(1) 各基准站以标准化的格式发射各自改正信息，而用户接收机接收各基准站的改正量，并取其加权平均，作为用户站的改正数。其中改正数的权，可根据用户站与基准站的相对位置来确定。由于应用了多个高速差分 GPS 数据流，所以要求多倍的通信带宽，效率较低。

(2) 根据各基准站的分布，预先在网中构成以用户站与基准站的相对位置为函数的改正数的加权平均值模型，并将其统一发送给用户。这种方式不需要增加通信带宽，是一种较为有效的方法。区域差分 GPS 系统较单站差分 GPS 系统的可靠性和精度均有所提高。但数据处理是把各种误差的影响综合在一起进行改正的，而实际上不同误差对定位的影响特征是不同的，将各种误差综合在一起，用一个统一的模式进行改正，就必然存在不合理的因素影响定位精度，且这种影响会随着用户站到基准站的距离的增加而变得越大，导致差分定位的精度迅速下降。所以在区域差分 GPS 系统中，只有在用户站距基准站不太远时，才能获得较好的精度。因而基准站必须保持一定的密度(小于 30 km)和均匀度。

下面根据基准站提供的差分改正信息的不同，将局域差分 GPS 分为伪距差分、位置差分和载波相位差分，并分别给予介绍。

1. 伪距差分原理

伪距差分是通过在基准站上利用已知坐标求出测站至卫星的距离，并将其与含有误差的测量距离比较，然后利用一个滤波器将此差值滤波并求出其偏差，并将所有卫星的测距误差传输给用户，用户利用此测距误差来改正测量的伪距，并解算出用户自身的坐标。

测站 i 与卫星 j 之间在 t 时刻的伪距为：

$$\tilde{\rho}_i^j=\rho_i^j+c(\delta t_i-\delta t^j)+\delta I_i^j+\delta T_i^j+\mathrm{d}\rho_i^j \tag{6-67}$$

式中符号意义与公式(6-7)相同，$\mathrm{d}\rho_i^j$ 为 GPS 卫星星历误差引起的距离偏差。

根据基准站的三维已知坐标和 GPS 卫星星历，可以算得该时刻两者之间的几何距离：

$$\rho_i^j=\sqrt{(X^j-X_i)^2+(Y^j-Y_i)^2+(Z^j-Z_i)^2}$$

故由基准站接收机测得的包含各种误差的伪距与几何距离之间存在差值：

$$\delta\rho_i^j=\tilde{\rho}_i^j-\rho_i^j \tag{6-68}$$

$\delta\rho_i^j$ 即为伪距的改正值，将此值发送给用户的接收机。用户接收机 k 将测量的伪距加上此项距离改正，便求得经过改正的伪距：

$$\tilde{\rho}'^j_k=\tilde{\rho}_k^j-\delta\rho_i^j \tag{6-69}$$

如果考虑信号传送的伪距改正数的时间变化率，则有：

$$\tilde{\rho}'^j_k=\tilde{\rho}_k^j-\delta\rho_i^j-\frac{\mathrm{d}\delta\rho_i^j}{\mathrm{d}t}(t-t_0) \tag{6-70}$$

当用户运动站与基准站之间的距离小于 100km，则有 $\mathrm{d}\rho_k^j=\mathrm{d}\rho_i^j$，$\delta I_k^j=\delta I_i^j$，$\mathrm{d}T_k^j=\mathrm{d}T_i^j$，且 $\delta t^j=\delta t^j$。因此改正后的伪距 $\tilde{\rho}'^j_k$ 为：

$$\tilde{\rho}'^j_k=\sqrt{(X^j-X_k)^2+(Y^j-Y_k)^2+(Z^j-Z_k)^2}+C\delta V_t \tag{6-71}$$

式中，δV_t 为两测站接收机钟差之差，(X_k,Y_k,Z_k)为用户站的位置。

当基准站同用户站同时观测相同的 4 颗或 4 颗以上的卫星时，即可实现用户站的定位。由于伪距差分可提供单颗卫星的距离改正数 $\delta\rho_i^j$，用户站可选择其中任意 4 颗相同卫星的伪距改正数进行改正，且伪距改正数是在 WGS-84 坐标系上进行的，无需进行坐标变换。

由于差分定位是利用两站公共误差的抵消来提高定位精度，而其误差的公共性与两站距离有关，随着两站距离的增加，其误差公共性逐渐减弱，因此，用户同基准站的距离对定位精度的影响起着决定性作用。

2. 位置差分原理

位置差分是一种最简单的差分方法。安置在已知点基准站上的 GPS 接收机通过对 4 颗或 4 颗以上的卫星观测，便可求出基准站的坐标(X', Y', Z')。由于存在着卫星星历、时钟误差、大气折射等误差的影响，该坐标与已知坐标(X, Y, Z)不一样，存在误差。即

$$\Delta X = X - X' \quad \Delta Y = Y - Y' \quad \Delta Z = Z - Z' \tag{6-72}$$

式中，ΔX、ΔY、ΔZ 为坐标改正数，基准站利用数据链将坐标改正数发送给用户站，用户站用接收到的坐标改正数对其坐标进行改正：

$$X_k = X'_k + \Delta X \quad Y_k = Y'_k + \Delta Y \quad Z_k = Z'_k + \Delta Z \tag{6-73}$$

如果考虑数据传送时间差而引起的用户站位置的瞬间变化，则可写为：

$$\left.\begin{aligned} X_k &= X'_k + \Delta X + \frac{\mathrm{d}(\Delta X + X'_k)}{\mathrm{d}t}(t - t_0) \\ Y_k &= Y'_k + \Delta Y + \frac{\mathrm{d}(\Delta Y + Y'_k)}{\mathrm{d}t}(t - t_0) \\ Z_k &= Z'_k + \Delta Z + \frac{\mathrm{d}(\Delta Z + Z'_k)}{\mathrm{d}t}(t - t_0) \end{aligned}\right\} \tag{6-74}$$

式中，t 为用户站时刻；t_0 为基准站校正时刻。

经坐标改正后的用户坐标消除了基准站与用户站的共同误差，如卫星星历误差、大气折射误差、卫星钟差、SA 政策影响等，提高了定位精度。坐标差分的优点是需要传输的差分改正数较少，计算方法较简单，任何一种 GPS 接收机均可改装成这种差分系统。其缺点主要为：① 要求基准站与用户站必须保持观测同一组卫星，由于基准站与用户站接收机配备不完全相同，且两个站观测环境也不完全相同，因此难以保证两个站观测同一组卫星，将导致定位误差的不匹配，从而影响定位精度。②坐标差分定位效果不如伪距差分好。

3. 载波相位差分原理

载波相位差分 GPS 定位与伪距差分 GPS 定位原理相类似。在基准站上安置一台 GPS 接收机，对卫星进行连续观测，并通过无线电设备实时地将观测数据及测站坐标信息传送给用户站；用户站一方面通过接收机接收 GPS 卫星信号，同时通过无线电接收设备接收基准站传送的信息，根据相对定位原理进行数据处理，实时地以厘米级的精度给出用户站三维坐标。载波相位差分 GPS 有两种定位方法，一种与伪距差分相同，基准站将载波相位的改正量发送给用户站，以对用户站的载波相位进行改正实现定位，该方法称为改正法；另一种是将基准站的载波相位发送给用户站，并由用户站将观测值求差进行坐标解算，这种方法称为求差法。

下面首先介绍改正法的定位原理。

在载波相位测量中，卫星到测站点之间的相位差值主要由三部分组成：

$$\Phi_i^j = N_i^j(t_0) + N_i^j(t - t_0) + \delta\varphi_i^j \tag{6-75}$$

式中，$N_i^j(t_0)$为起始整周模糊度；$N_i^j(t-t_0)$为从起始时刻至观测时刻的整周变化值；$\delta\varphi_i^j$ 为测量相位的小数部分。将上式乘以载波波长 λ，则可得卫星至测站点之间的距离：

$$\tilde{\rho}_i^j = \lambda(N_i^j(t_0) + N_i^j(t - t_0) + \delta\varphi_i^j) \tag{6-76}$$

在基准站利用已知坐标和卫星星历可求得基准站到卫星之间的真实距离 ρ_i^j，则测量得到的伪距可表示为：

$$\tilde{\rho}_i^j = \rho_i^j + c(\delta t_i - \delta t^j) + \delta I_i^j + \delta T_i^j + \delta M_i + V_i \tag{6-77}$$

式中，δt_i 为接收机钟差；δt^j 为卫星钟差；δI_i^j 为电离层误差；δT_i^j 为对流层误差；δM_i 为多路径效应；V_i 为 GPS 接收机噪声。在基准站求出的伪距改正数为：

$$\delta\rho_i^j=\tilde{\rho}_i^j-\rho_i^j=c(\delta t_i-\delta t^j)+\delta I_i^j+\delta T_i^j+\delta M_i+V_i \tag{6-78}$$

如果用 $\delta\rho_i^j$ 对用户站伪距观测值进行修正，则：

$$\tilde{\rho}_k^j-\delta\rho_i^j=\rho_k^j+c(\delta t_k-\delta t_i)+(\delta I_k^j-\delta I_i^j)+(\delta T_k^j-\delta T_i^j)+(\delta M_k-\delta M_i)+(V_k-V_i) \tag{6-79}$$

当基准站与用户站间距离小于 30km 时，则有 $\delta I_k^j=\delta I_i^j$，$\delta T_k^j=\delta T_i^j$，因此式(6-79)为：

$$\begin{aligned}\tilde{\rho}_k^j-\delta\rho_i^j&=\rho_k^j+c(\delta t_k-\delta t_i)+(\delta M_k-\delta M_i)+(V_k-V_i)\\&=\sqrt{(X^j-X_k)^2+(Y^j-Y_k)^2+(Z^j-Z_k)^2}+\Delta\delta\rho\end{aligned} \tag{6-80}$$

式中，$\Delta\delta\rho=c(\delta t_k-\delta t_i)+(\delta M_k-\delta M_i)+(V_k-V_i)$。

将载波相位伪距值(6-78)代入观测方程(6-80)，则可得：

$$\begin{aligned}\tilde{\rho}_k^j-\delta\rho_k^j&=\tilde{\rho}_k^j-\tilde{\rho}_i^j+\rho_i^j\\&=\rho_i^j+\lambda(N_k^j(t_0)-N_i^j(t_0))+\lambda(N_k^j(t-t_0)-N_i^j(t-t_0))+\lambda(\delta\varphi_k^j-\delta\varphi_i^j)\\&=\sqrt{(X^j-X_k)^2+(Y^j-Y_k)^2+(Z^j-Z_K)^2}+\Delta\delta\rho\end{aligned} \tag{6-81}$$

令 $N^j(t_0)=N_k^j(t_0)-N_i^j(t_0)$ 为起始整周数之差。在整个测量过程中，只要保持卫星不失锁，则 $N^j(t_0)$ 为常数。同时令 $\Delta\varphi=\lambda(N_k^j(t-t_0)-N_i^j(t-t_0))+\lambda(\delta\varphi_k^j-\delta\varphi_i^j)$ 为载波相位测量差值，则公式(6-81)可表示为：

$$\rho_i^j+\lambda N^j(t_0)+\Delta\varphi=\sqrt{(X^j-X_k)^2+(Y^j-Y_k)^2+(Z^j-Z_k)^2}+\Delta\delta\rho$$

或

$$\rho_i^j+\Delta\varphi=\sqrt{(X^j-X_k)^2+(Y^j-Y_k)^2+(Z^j-Z_k)^2}-\lambda N^j(t_0)+\Delta\delta\rho \tag{6-82}$$

式中，$N^j(t_0)$，X_k，Y_k，Z_k 及 $\Delta\varphi$ 为未知数，其中 $N^j(t_0)$ 为起始整周数之差，只要不失锁即为常数，而用户坐标值为变化量，$\Delta\delta\rho$ 也为一个变化量。由于接收机钟差之差、两站间多路径效应之差及两个 GPS 接收机的噪声之差在两历元之间的变化量均小于厘米级动态定位允许的误差，因此在求解过程中可以视为常数。

由公式(6-82)可知，如果起始整周未知数一旦被确定，就可通过在基准站和用户站同时观测相同的 4 颗卫星，求解出用户站的坐标(X_k，Y_k，Z_k)和 $\Delta\delta\rho$ 来实现定位。因此，如何快速求解起始整周未知数是实现载波相位差分动态定位的关键。

所谓求差法就是将基准站观测的载波相位观测值实时地发送给用户观测站，在用户站对载波相位观测值求差，获得诸如静态相对定位的单差、双差、三差求解模型，并采用与静态相对定位类似的求解方法进行求解。解算过程为：首先用户站在保持不动的情况下，静态观测若干历元，并将基准站上的观测数据通过数据链传送给用户站，按静态相对定位法求出整周未知数，即初始化；其次，将求出的整周未知数代入双差模型，此时双差只包括 ΔX、ΔY、ΔZ 三个位置分量，只需 4 颗以上卫星的一个历元的观测值，就可实时地求解出三个位置分量；然后，将求出的 ΔX、ΔY、ΔZ 坐标增量加上已输入的基准站的 WGS-84 地心坐标(X_i，Y_i，Z_i)就可求得此时用户站的地心坐标，即：

$$\begin{bmatrix}X_k\\Y_k\\Z_k\end{bmatrix}_{\text{WGS-84}}=\begin{bmatrix}X_i\\Y_i\\Z_i\end{bmatrix}_{\text{WGS-84}}+\begin{bmatrix}\Delta X\\\Delta Y\\\Delta Z\end{bmatrix} \tag{6-83}$$

利用已获得的坐标转换参数，将用户站的坐标转换到当地的空间直角坐标系。

由于求差模型可以消除或消弱多项 GPS 卫星观测误差，如消除了卫星钟差、接收机钟差，大大消弱了卫星星历误差、大气折射误差，因此可以大大提高实时定位的精度。而在实时动态定位(即 RTK 定位:Real Time Kinematic)中,关键是整周未知数的快速确定,它决定着定位成果的可靠性、速度。

6.5 广域差分 GPS(WADGPS)定位

广域差分 GPS 定位是针对局域差分 GPS 定位中存在的问题,将观测误差按误差的不同来源划分成星历误差、卫星钟差及大气折射误差来进行改正,以提高差分定位的精度和可靠性。

广域差分 GPS 定位的基本思想是在一个相当大的区域中用相对较少的基准站组成差分 GPS 网,各基准站将求得的距离改正数发送给数据处理中心,由数据处理中心统一处理,将各种 GPS 观测误差源加以区分,然后再传送给用户。这种系统称为广域差分 GPS 系统。

广域差分 GPS 是通过对星历误差、卫星钟差及大气折射误差三种误差源加以分离,并进行"模型化"来实现对用户站的误差源改正,达到削弱这些误差,改善用户定位精度的目的。

(1) 星历误差:广播星历是一种外推星历,精度较低,其误差影响与基准站和用户站之间的距离成正比,是 GPS 定位的主要误差来源之一。广域差分 GPS 依赖区域中基准站对卫星的连续跟踪,对卫星进行区域精密定轨,确定精度星历,并以之取代广播星历。

(2) 大气延时误差(包括电离层和对流层延时):普通差分 GPS 提供的综合改正值,包含基准站处的大气延时改正,当用户站的大气电子密度和水汽密度与基准站不同时,对 GPS 信号的延时也不一样,使用基准站的大气延时量来代替用户站的大气延时必然会引起误差。广域差分 GPS 技术通过建立精确的区域大气延时模型,能够精确地计算出其对区域内不同地方的大气延时量。

(3) 卫星钟差误差:普通差分 GPS 利用广播星历提供的卫星钟差改正数,这种改正数近似反映卫星钟与标准 GPS 时间的物理差异,残留的随机钟误差约有 ±30ns,等效伪距为 ±9m。广域差分 GPS 可以计算出卫星钟各时刻的精确钟差值。

如图 6-8 所示,广域差分 GPS 主要由主站、监测站、数据通信链和用户设备组成。

主站:根据各监测站的 GPS 观测量,以及各监测站的已知坐标,计算 GPS 卫星星历并外推 12 h 星历;建立区域电离层延时改正模型,拟合出改正模型中的 8 个参数;计算出卫星钟差改正值及其外推值,并将这些改正信息和参数传送到各发射台站。

监测站:一般设有一台铯钟和一台双频 GPS 接收机。各测站将伪距观侧值、相位观测值、气象数据等通过数据链实时地发射到主站。测站的三维地心坐标应精确已知,监测站的数量一般不应少于 4 个。

数据链:广域差分 GPS 的数据通信包括两部分,即监测站与主站之间的数据传递和广域差分 GPS 网与用户之间进行的数据通信。数据通信可采用数据通信网,如 Internet 或其他数据通信专用网,或选用通信卫星。

用户设备:一般包括单站 GPS 接收机和数据链的用户端,以便用户在接收 GPS 卫星信号的同时,还能接收主站发射的差分改正数,并据之以修正原始 GPS 观测数据,最后解出用户站的位置。

广域差分 GPS 提供给用户的改正量是每颗可见 GPS 卫星星历的改正量、时钟偏差修正量和电离层时延改正模型,其目的就是最大限度地降低监控站与用户站间定位误差的时空相关性和对时空的强依赖性,改善和提高实时差分定位的精度。与一般的差分 GPS 相比,广域差分 GPS 具有如下特点:

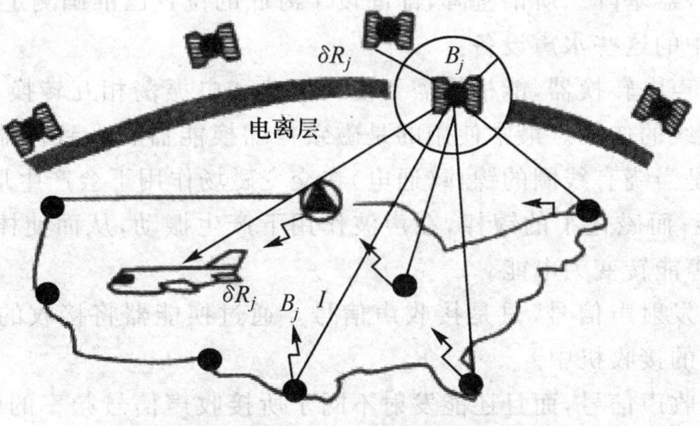

图 6-8　广域差分 GPS 系统

(1) 主站、监测站与用户站的站间距离从 100km 增加到 200km,定位精度不会出现明显的下降,即定位精度与用户和基准站(监测站)之间的距离无关。

(2) 在大区域内建立广域差分 GPS 网比区域 GPS 网需要的监测站数量少,投资小。例如,在美国大陆的任一地方要达到 5m 的差分定位精度,使用区域差分 GPS 方式需要建立 500 个基准站,而使用广域差分 GPS 方式的监测站个数将不超过 15 个。

(3) 广域差分 GPS 具有较均匀的精度分布,在其覆盖范围内任一地区定位精度大致相当,而且定位精度较局域差分 GPS 系统高。

(4) 广域差分 GPS 覆盖区域可以扩展到区域差分 GPS 不易发挥作用的地域,如海洋、沙漠、森林等。

(5) 广域差分 GPS 系统使用的硬件设备及通信工具昂贵,软件技术复杂,运行和维持费用较局域差分 GPS 高得多。

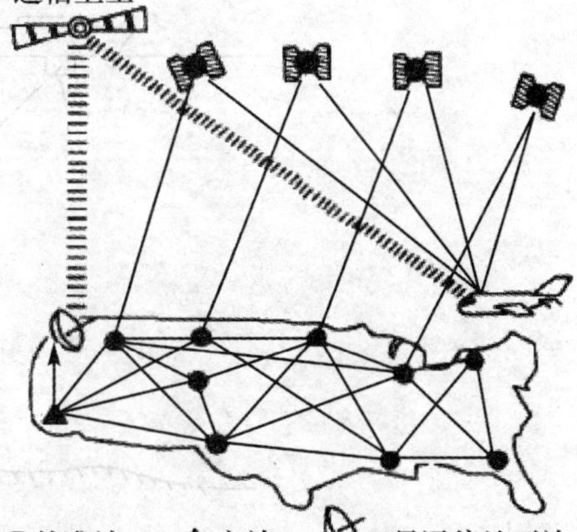

图 6-9　广域增强 GPS 系统(WAAS)

近年来,美国联邦航空局(FAA)在广域差分 GPS 的基础上,提出利用地球同步卫星(GEO),采用 L1 波段转发差分 GPS 修正信号,同时发射调制在 L1 上的 C/A 码伪距的思想,称为广域增强 GPS 系统(WAAS)图(6-9)。这一系统完全抛弃了附加的差分数据通信链系统,直接利用 GPS 接收机天线识别、接收、解调由地球同步卫星发送的差分数据链。而且,该系统利用地球同步卫星发射的 C/A 码测距信号,以增加测距卫星源,提高该系统导航的可靠性和精度。

6.6　水声定位的基本原理和方法

水声定位系统通常由船台设备和若干水下设备组成。船台设备包括一台具有发射、接收和测距功能的控制、显示设备和置于船底或置于船后“拖鱼”内的换能器以及水听器阵。水下设备主要是声学应答器基阵。所谓基阵,即固设于海底的位置已准确测定的一组应答器阵列。下面分别介绍系统中的这些水声设备。

换能器:是一种声电转换器,能根据需要使声振荡和电振荡相互转换,为发射(或接收)信号服务,起着水声天线的作用。最常使用的是磁致伸缩换能器和电致伸缩换能器。磁致伸缩换能器的基本原理是当绕有线圈的镍棒(通电)在交变磁场作用下会产生形变或振动而产生声波,电能转变成声能;而磁化了的镍棒,在声波作用下产生振动,从而使棒内的磁场也相应变化,而产生电振荡,声能转变为电能。

水听器:本身不发射声信号,只是接收声信号。通过换能器将接收的声信号转变成电信号,输入船台或岸台的接收机中。

应答器:既能接收声信号,而且还能发射不同于所接收声信号频率的应答信号,是水声定位系统的主要水下设备,它也能作为海底控制点的照准标志(即水声声标)。

水声定位系统通常有测距和测向两种定位方式。

1. 测距定位方式

水声测距定位原理如图 6-10 所示。它由船台发射机通过安置于船底的换能器 M 向水下应答器 P(位置已知)发射声脉冲信号(询问信号),应答器接收该信号后即发回一个应答声脉冲信号,船台接收机记录发射询问信号和接收应答信号的时间间隔,通过下式即可算出船至水下应答器之间的距离:

$$S=\frac{1}{2}Ct \tag{6-84}$$

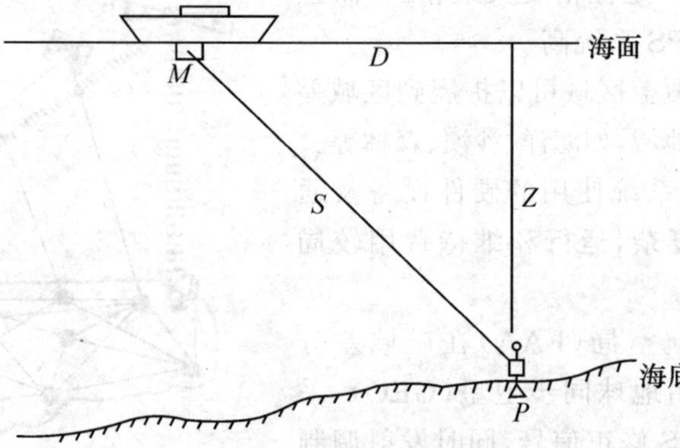

图 6-10　水声测距定位原理

由于应答器的深度 Z 已知,于是,船台至应答器之间的水平距离 D 可按下式求出:

$$D=\sqrt{S^2-Z^2} \tag{6-85}$$

当有两个水下应答器,则可获得两条距离,以双圆方式交会出船位。若对三个以上水下应答器进行测距,就可采用最小二乘法求出船位的平差值。

2. 测向定位方式

测向定位方式的工作原理如图 6-11 所示。船台上除安置换能器以外,还在船的两侧各安置一个水听器,即 a 和 b。P 为水下应答器。设 PM 方向与水听器 a,b 连线之间的夹角为 θ,a,b 之间距离为 d,且 $aM=bM=d/2$。

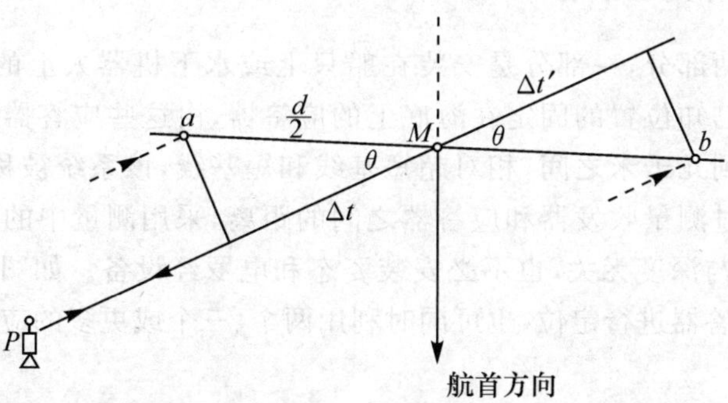

图 6-11　测向方式的工作原理

首先换能器 M 发射询问信号，水下应答器 P 接收后，发射应答信号，水听器 a,b 和换能器 M 均可接收到应答信号，由于 a,b 间距离与 P,M 间距离相比甚小，故可视发射与接收的声信号方向相互平行。但由于 a,M、b 距 P 的距离并不相等，若以 M 为中心，显然 a 接收到的信号相位比 M 的要超前，而 b 接收到的信号相位比 M 的要滞后。设 Δt 和 $\Delta t'$ 分别为 a 和 b 相位超前和滞后的时延，那么由图 6-11 可写出 a 和 b 接收信号的相位分别为：

$$\phi_a=\omega\Delta t=-\frac{\pi d\cos\theta}{\lambda}\quad \phi_b=\omega\Delta t'=\frac{\pi d}{\lambda}\cos\theta \tag{6-86}$$

于是水听器 a 和 b 的相位差为：

$$\Delta\phi=\phi_b-\phi_a=\frac{2\pi a}{\lambda}\cos\theta \tag{6-87}$$

显然当 $\theta=90°$ 时，a 和 b 的相位差为零。这只有船首线在 P 的正上方才行。所以只要在航行中使水听器 a 和 b 接收到的信号相位差为零，就能引导船至水下应答器的正上方。这种定位方式在海底控制点（网）的布设以及诸如钻井平台的复位等作业中经常用到。

6.7　水声定位系统

水声定位系统可采取许多不同的工作方式进行工作，如直接工作方式、中继工作方式、长基线工作方式、拖鱼工作方式、短基线工作方式、超短基线工作方式和双短基线工作方式等。不同的水声定位系统可以具有其中一种或多种工作方式。这里仅介绍具有两种最基本工作方式的定位系统，即长基线定位系统和短基线定位系统。所谓长基线，短基线，通常用声基线的距离或激发的声学单元的距离来对声学定位系统进行分类。在短基线定位系统的基础上，进一步缩短水听器阵列的距离，则形成超短基线定位系统。各水声定位系统声基线的长度如表 6-1 所示。

表 6-1　**水下声学定位系统**

分　类	声基线长度
超短基线 SSBL/USBL(super/ultra short baseline)	<10 cm
短基线 SBL(short baseline)	20～50 m
长基线 LBL(long baseline)	100～6000 m

6.7.1 长基线声学定位系统

长基线系统包含两部分，一部分是安装在船只上或水下机器人上的收发器(transducer)；另一个部分是一系列已知位置的固定在海底上的应答器，由这些应答器之间的距离构成基线。由于基线长度在百米到几千米之间，相对超短基线和短基线，该系统被称为长基线系统。长基线声学定位系统是通过测量收发器和应答器之间的距离，采用测量中的前方或后方交会，对目标实施定位，所以系统与深度无关，也不必安装姿态和电罗经设备。如图 6-12 所示。实际工作时，它既可利用一个应答器进行定位，也可同时利用两个、三个或更多的应答器来进行测距定位。

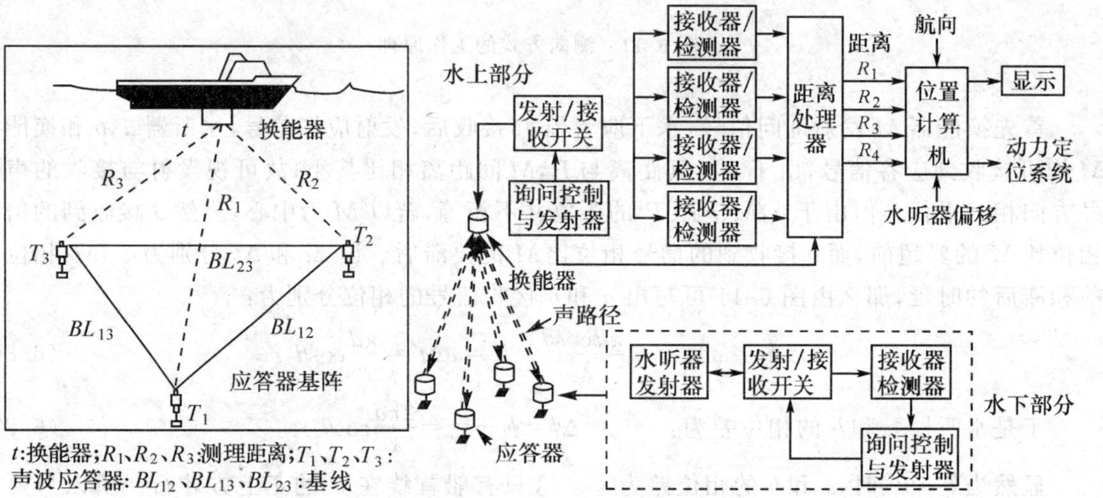

图 6-12　长基线系统的组成及工作原理

1. 一个应答器定位

如图 6-13 所示，$P(x_0,y_0)$为应答器，A,B 和 C 为具有航向 K 的航线上的三个船位，D_A，D_B，D_C 为应答器至 A，B，C 的水平距离。该船的航速为 V，由 A 到 B 的航行时间为 t_A，由 B 到 C 的航行时间为 t_c，于是容易得到距离公式：

$$\left.\begin{aligned}(x_A-x_0)^2+(y_A-y_0)^2=D_A^2\\(x_B-x_0)^2+(y_B-y_0)^2=D_B^2\\(x_C-x_0)^2+(y_C-y_0)^2=D_C^2\end{aligned}\right\}\tag{6-88}$$

式中：
$$\begin{aligned}x_A=x+Vt_A\cos(180°+K)\quad x_C=x+Vt_C\cos(K)\\y_A=y+Vt_A\sin(180°+K)\quad y_C=y+Vt_C\sin(K)\end{aligned}\tag{6-89}$$

显然，V，t_A，t_C，K，x_0，y_0，D_A，D_B，D_C 均为已知，仅有两个未知数 x，y，于是可用最小二乘法求出船位 B 的坐标 x，y。然后将 x，y 代入(6-89)式求出船位 A 和 C 的坐标。这种方法是以船速、船向误差较小为前提的，一般情况下定位精度不高。

2. 双应答器定位

如图 6-14，$P_1(x_1,y_1)$，$P_2(x_2,y_2)$，分别为两个声标的位置，C 为船位。α_{12} 为声标基线 d 的方位角，Φ 为声标 P_1 处三角形顶角，D_1、D_2 为船到声标的水平距离。由图 6-14 可得：

$$\alpha_{12}=\arctan\frac{\Delta y_{12}}{\Delta x_{12}}\tag{6-90}$$

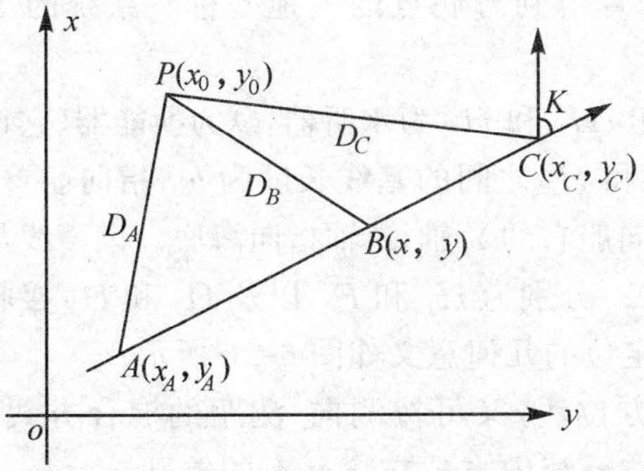

图 6-13　长基线系统中单应答器定位方式

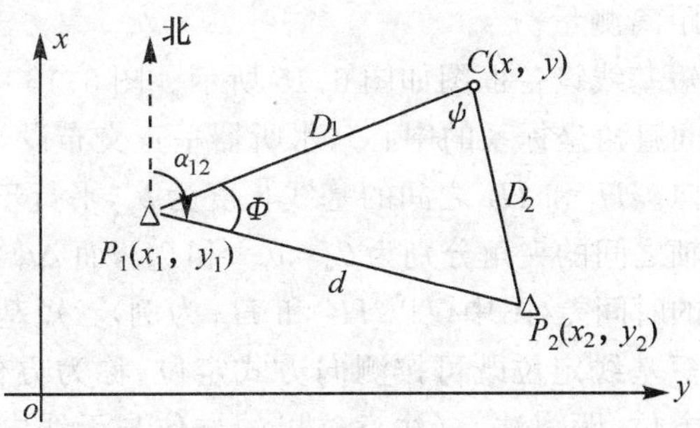

图 6-14　双应答器定位方式

$$\Phi=\arccos\frac{D_1^2+d^2-D_2^2}{2dD_1} \tag{6-91}$$

$$x=x_1+D_1\cos(\alpha_{12}-\Phi)\quad y=y_1+D_1\sin(\alpha_{12}-\Phi) \tag{6-92}$$

如果 C 在声标 P_1、P_2 联线的另一侧，则上式应为：

$$x=x_1+D_1\cos(\alpha_{12}+\Phi)\quad y=y_1+D_1\sin(\alpha_{12}+\Phi) \tag{6-93}$$

3. 三个应答器的定位公式

如图 6-12 左图，以 x、y 来表示测量船的平面坐标，z 为测量船换能器 t 的吃水深度；以 (x_i,y_i,z_i) $i=1,2,3$ 表示已知的水下声标 T 的坐标，$R_i(i=1,2,3)$ 为测量船至水下声标间的距离。由船到水下三个应答器的空间交会距离可得三个方程：

$$\left.\begin{aligned}R_1^2&=(x-x_1)^2+(y-y_1)^2+(z-z_1)^2\\R_2^2&=(x-x_2)^2+(y-y_2)^2+(z-z_2)^2\\R_3^2&=(x-x_3)^2+(y-y_3)^2+(z-z_3)^2\end{aligned}\right\} \tag{6-94}$$

解(6-94)式可得：

$$\left.\begin{aligned}x&=\frac{\eta_1(y_3-y_2)+\eta_2(y_1-y_3)+\eta_3(y_2-y_1)}{2[x_1(y_3-y_2)+x_2(y_1-y_3)+x_3(y_2-y_1)]}\\y&=\frac{\eta_1(x_3-x_2)+\eta_2(x_1-x_3)+\eta_3(x_2-x_1)}{2[y_1(x_3-x_2)+y_2(x_1-x_3)+y_3(x_2-x_1)]}\end{aligned}\right\} \tag{6-95}$$

式中 $\eta_i=x_i^2+y_i^2+z_i^2-R_i^2-2z_iz(i=1,2,3)$

显然它要求具有足够的测距精度且 $z_i(i=1,2,3)$为已知。

长基线系统的优点是独立于水深值；由于存在较多的多余观测值，因而可以得到非常高的相对定位精度；此外，长基线定位系统的换能器非常小，实际作业中，易于安装和拆卸。长基线系统的缺点是系统过于复杂，操作繁琐。布设数量巨大的声基阵需要较长的布设和回收时间，并且需要对这些海底声基阵进行详细对校准测量。长基线定位系统设备比较昂贵。

6.7.2　短基线系统

该系统的水下部分仅需要一个水声应答器，而船上部分是安置于船底部的一个水听器基阵。换能器之间的距离一般超过 10m，换能器之间的相互关系精确测定，并组成声基阵坐标系。基阵坐标系与船坐标系的相互关系由常规测量方法确定。短基线系统的测量方式是由一个换能器发射，所有换能器接收，得到一个斜距观测值和不同于这个观测值的多个斜距值。系统根据基阵相对船坐标系的固定关系，结合外部传感器观测值，如 GPS、动态传感器单元 MRU、罗经 Gyro 提供的船位、姿态和船艏向值，计算得到海底点的大地坐标。系统的工作方式是距离测量。

短基线设备框图如图 6-15 所示。图 6-16 中 H_1、H_2 和 H_3 为水听器，O 为换能器（它也是船体空间直角坐标系的中心），水听器呈正交布设，H_1 和 H_2 之间的基线长度为 b_x，指向船首，即 X 轴方向。H_2 和 H_3 之间的基线长度为 b_y，平行于指向船右的 Y 轴，Z 轴指向海底。设声线与三个坐标轴之间的夹角分别为 θ_{m_x}，θ_{m_y} 和 θ_{m_z}，而 Δt_1 和 Δt_2 分别为 H_1 和 H_2 以及 H_2 和 H_3 接收的声信号的时间差（图中仅以 H_1 和 H_2 为例）。短基线定位的几何意义如图 6-16 所示。

短基线定位既可按测向方式定位，称为方位-方位法，又可按测向-测距的混合方式定位，称为方位-距离法。（注意这里的方位与无线电定位系统中方位在含义上的差别）

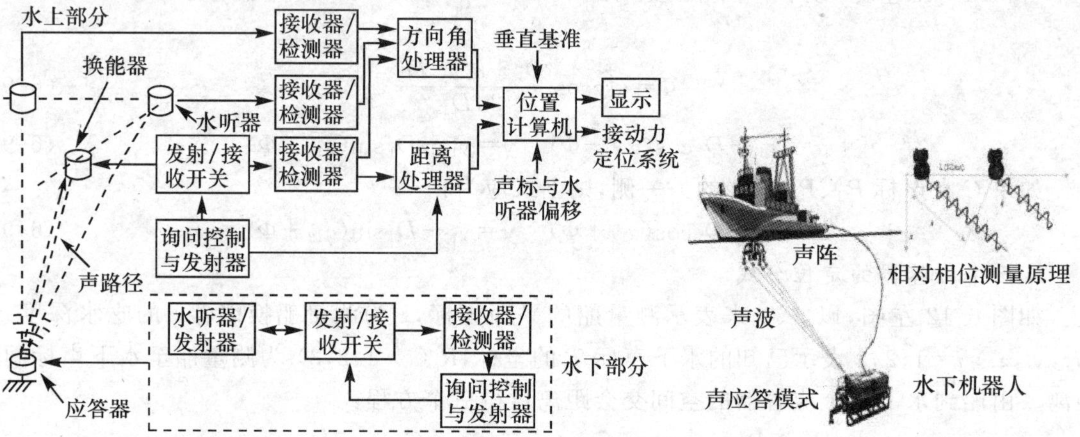

图 6-15　短基线设备框图

1. 方位-方位法

由图 6-16 不难得出：

$$\left.\begin{aligned}
&x=\frac{\cos\theta_{m_x}}{\cos\theta_{m_z}}\cdot z,\ y=\frac{\cos\theta_{m_y}}{\cos\theta_{m_z}}\cdot z\\
&\cos\theta_{m_x}=\frac{C\cdot\Delta t_1}{bx}=\frac{\lambda\Delta\phi_x}{2\pi b_x}\\
&\cos\theta_{m_y}=\frac{C\cdot\Delta t_2}{by}=\frac{\lambda\Delta\phi_y}{2\pi b_y}\\
&\cos\theta_{m_z}=(1-\cos^2\theta_{m_x}-\cos^2\theta_{m_y})^{\frac{1}{2}}
\end{aligned}\right\}\tag{6-96}$$

式中 z 为水听器阵中心与水下应答器间的垂直距离 $\Delta\Phi_x$ 与 $\Delta\Phi_z$ 分别为 H_1 和 H_2 以及 H_2 和 H_3 所接收的信号之间的相位差。

2. 方位-距离法

由图 6-17 可直接得出：

$$\left.\begin{aligned}
x&=S\cdot\cos\theta_{m_x}\\
y&=S\cdot\cos\theta_{m_y}\\
z&=S\cdot\cos\theta_{m_z}
\end{aligned}\right\}\tag{6-97}$$

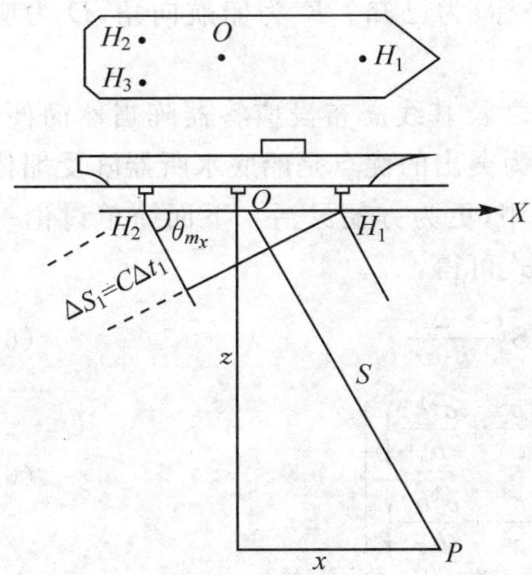

图 6-16　短基线的配置

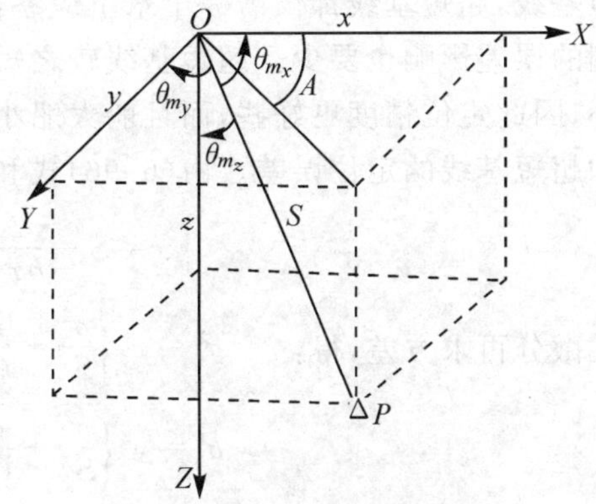

图 6-17　短基线定位

短基线的优点是集成系统价格低廉、系统操作简单、换能器体积小，易于安装。短基线的缺点是深水测量要达到较高的精度，基线长度一般需要大于 40m；系统安装时，换能器需在船坞上严格校准。

6.7.3　超短基线系统

超短基线安装在一个收发器中，组成声基阵，声单元之间的相互位置精确测定，组成声基阵坐标系。声基阵坐标系与船体坐标系之间的关系要在安装时精确测定，即需测定相对船体坐标系的位置偏差和声基阵的安装偏差角度（横摇角、纵摇角和水平旋转角）。系统通过测定声单元的相位差来确定换能器到目标的方位（垂直和水平角度）。换能器与目标的距离通过测定声波传播的时间，再用声速剖面修正波束线，确定距离。以上参数的测定中，垂直角和距离的测定受声速的影响特别大，其中垂直角的测量尤为重要，直接影响定位精度。所以，多数超短基线定位系统建议在应答器中安装深度传感器，借以提高垂直角的测量精度。

超短基线定位系统要确定目标的绝对位置，必须知道声基阵的位置、姿态以及船首向，这些参数可以由 GPS、运动传感器 MRU 和电罗经提供。系统的工作方式是距离和角度测量。

超短基线系统与短基线系统的区别仅在于，船底的水听器阵，以彼此很短的距离（小于半个波长，仅几厘米），按直角等边三角形布设而装在一个很小的壳体内。以方位-距离法定位，不过(6-96)式中的 $b_x=b_y$，结合(6-97)式有：

$$\left.\begin{aligned} x&=S\cos\theta_{m_x}=\frac{1}{2}ct\frac{\lambda\Delta\phi_x}{2\pi b}=\frac{c\cdot t\cdot\lambda\cdot\Delta\phi_x}{4\pi b}\\ y&=S\cos\theta_{m_y}=\frac{1}{2}ct\frac{\lambda\Delta\phi_y}{2\pi b}=\frac{c\cdot t\cdot\lambda\cdot\Delta\phi_y}{4\pi b}\end{aligned}\right\}\tag{6-98}$$

按(6-98)式还可求出声线方向和船首方向之间的夹角 A（参见图 6-17），所以

$$\tan A=\frac{y}{x}=\frac{\Delta\phi_y}{\Delta\phi_x}\quad A=\arctan\frac{\Delta\phi_y}{\Delta\phi_x}\tag{6-99}$$

于是在海平面直角坐标系中的船位，可按下式求出：

$$x=x_p-D\cos(A+K) \quad y=y_p-D\sin(A+K) \tag{6-100}$$

式中 x_p、y_p 为应答器在海面直角坐标系中的坐标，为已知。K 为船航向角，D 为应答器至船台水听器基阵中心的水平距离。

短基线，超短基线都仅需一个水下应答器，这较之长基线需布设应答器阵当然简便得多。所受到的误差影响也要少。超短基线较之短基线更为突出的优点是船底水听器阵受船体动态影响小，因此定位精度更好些，而且船大船小均可使用，更为方便灵活。下面简单讨论一下短基线和超短基线的定位误差。由(6-96)式和(6-97)式可得：

$$x=S\frac{c\cdot\Delta t_1}{bx} \quad y=S\frac{c\cdot\Delta t_2}{by} \tag{6-101}$$

将上式微分再求方差，得：

$$\left.\begin{aligned}\sigma_x^2&=x^2\left\{\frac{\sigma_s^2}{S^2}+\frac{\sigma^2\Delta t_1}{(\Delta t_1)^2}+\frac{\sigma_c^2}{c^2}+\frac{\sigma^2 b_x}{b_x^2}\right\}\\ \sigma_y^2&=y^2\left\{\frac{\sigma_s^2}{S^2}+\frac{\sigma^2\Delta t_2}{(\Delta t_2)^2}+\frac{\sigma_c^2}{c^2}+\frac{\sigma^2 b_y}{b_y^2}\right\}\end{aligned}\right\} \tag{6-102}$$

上式说明，船越接近声标上方，定位精度越高，相反，若水平位移很大，则定位精度降低。同时，定位精度还与斜距测定误差、声速测定误差以及水听器阵接收信号的时间间隔测定误差有关。在一般情况下，短基线和超短基线水声定位精度约为水深的1%。

超短基线的优点是集成系统价格低廉、操作简便容易；因实施中只需一个换能器，安装方便；定位精度比较高。超短基线的缺点是系统安装后的校准需要非常准确，而这往往难以达到；测量目标的绝对位置精度依赖于外围设备(电罗经、姿态和深度)的精度。

目前我国已经研发了水下 DGPS 高精度定位系统用于水下定位，该设备首次利用全球定位技术(GPS)解决水下设备导航问题和水下设备实时三维定位问题，如图 6-18 所示。该设备的研制成功，将传统水下定位精度从十多米提升到了亚米级，使我国成为继美、法、德之后世界上少数几个掌握水下高精度定位技术的国家之一。

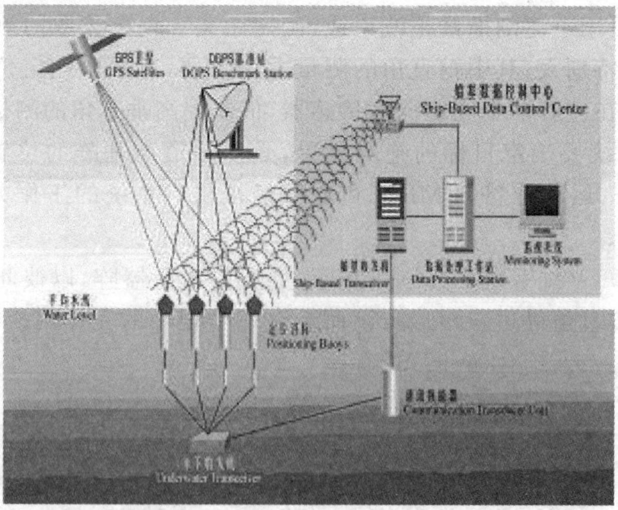

图 6-18　我国的 DGPS 定位系统

该系统静态定位精度为厘米级，动态定位精度小于 2m，工作深度大于 100m，水声作用距离大于 2000m，可实现水下目标跟踪与导航功能；其浮标连续工作时间大于 6 h，水下收发机连续工作时间大于 24 h。可用于水下目标跟踪或动态定位、水下目标导航与精密授时、水下目标瞬时水深监测、水下工程测量控制和水下工程结构放样。DGPS 水下定位系统的浮标如图 6-19 所示。

图 6-19　DGPS 水下定位系统的浮标

6.8　水声定位改正

水下声学定位系统的精确定位需要进行如下几种改正。

1. 船姿态改正

通常船姿态参数(横/纵摇角)由安装在船上的姿态传感器在位置测定的同时测出。假设水听器基阵中心与船台中心一致,船的纵倾角为 α,横摇角为 β。图 6-20 是船姿态改正的几何关系示意图。x 为未经船姿态改正的坐标,x 为改正后的坐标,显然有:

$$\left.\begin{aligned} x &= S\cos\left(\cos^{-1}\frac{x'}{S}-\alpha\right) \\ y &= S\cos\left(\cos^{-1}\frac{y'}{S}-\beta\right) \end{aligned}\right\} \tag{6-103}$$

上式说明,只有测出准确的 α 和 β,才能对 θ_{m_x}、θ_{m_y} 进行修正,进而才能得到准确的定位结果。

2. 水听器基阵偏移改正

基阵偏移指的是水听器基阵中心与船台中心(即船台天线中心)不一致的偏差。若在同一平面上,如图 6-21 所示,o 为船台中心,o' 为基阵中心,两者间距离为 d,显然它只是坐标系的平移问题。

设 d 与船台中心坐标系 x 轴的夹角为 θ,那么基阵偏移引起的坐标修正由下式计算:

$$\Delta x = d\cos\theta \quad \Delta y = d\sin\theta \tag{6-104}$$

事实上,基阵中心和船台天线中心往往既不重合,又不在同一平面上。两中心的距离是一条空间直线,设其在空间直角坐标系中的三个分量分别为 f、g、h,当把它们相对于海平面和子午线定向时,顾及航向角 K,纵倾角 α 和横摇角 β 的坐标改正则应按下式计算:

$$\begin{pmatrix} \delta_x \\ \delta_y \\ \delta_z \end{pmatrix} = \begin{pmatrix} \cos K & -\sin K & 0 \\ \sin K & \cos K & 0 \\ 0 & 0 & -1 \end{pmatrix} \begin{pmatrix} \cos\alpha & 0 & \sin\alpha \\ 0 & 1 & 0 \\ -\sin\alpha & 0 & \cos\alpha \end{pmatrix} \begin{pmatrix} 1 & 0 & 0 \\ 0 & \cos\beta & \sin\beta \\ 0 & -\sin\beta & \cos\beta \end{pmatrix} \begin{pmatrix} f \\ g \\ h \end{pmatrix} \tag{6-105}$$

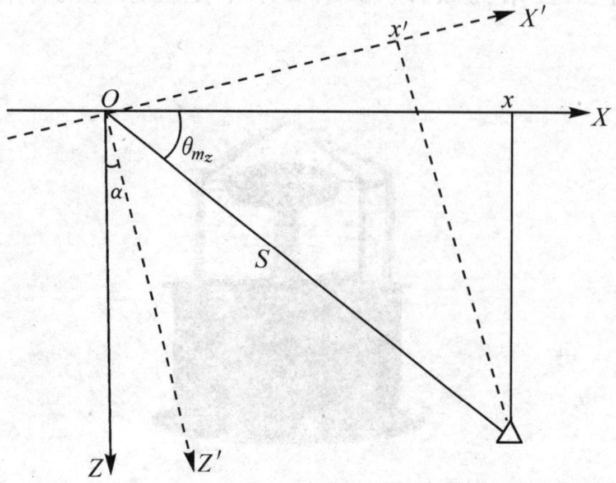

图 6-20　船姿态改正的几何关系

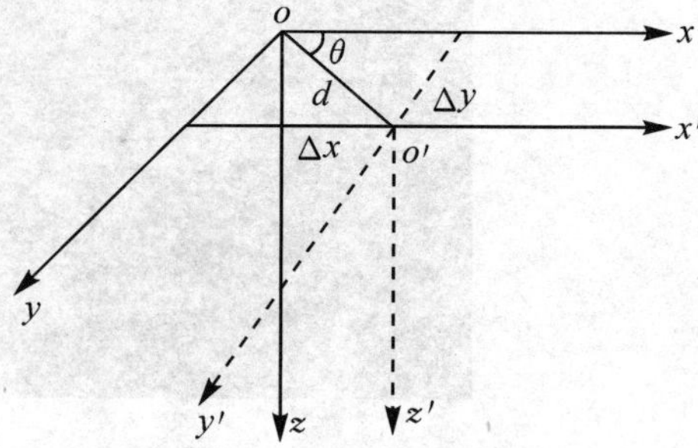

图 6-21　水听器基阵偏移示意图

3. 声线曲率改正

前已述及，声线是一条曲线，而我们测定的船台至水下应答器的斜距应该是一条直线。为此，在测距结果中应加声线曲率改正。参见图 6-22，在声速垂直剖面内取直角坐标系，x 轴平行于海面，y 轴垂直向下。将海区整个水层分层，并假定每层声速垂直梯度 G_C 为常数。图中 α_0 为声射线入射角，α_1 为声射线折射角，入射线与海平面夹角为 φ_0，每层中的声速分别为 c_i，由图可得：

$$\tan\alpha_1=\frac{\Delta x}{\Delta y}=\frac{\sin\alpha_1}{\sqrt{1-\sin^2\alpha_1}} \tag{6-106}$$

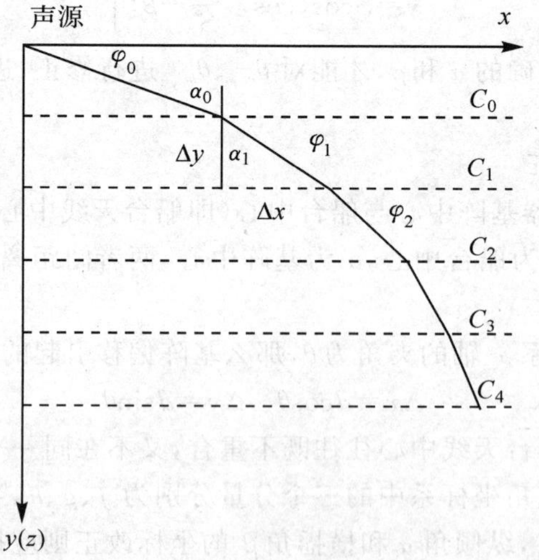

图 6-22　曲线改正

由 Snell 定律有$\dfrac{C_1}{\sin\alpha_1}=\dfrac{C_0}{\sin\alpha_0}=\dfrac{C_0}{\cos\varphi_0}$，故 $\sin\alpha_1=\dfrac{C_1}{C_0}\cos\varphi_0$，将其代入式(6-106)：

$$\frac{\Delta x}{\Delta y}=\frac{\frac{C_1}{C_0}\cos\varphi_0}{\sqrt{1-\frac{C_1^2}{C_0^2}\cos^2\varphi_0}} \tag{6-107}$$

顾及分层声速值 $C(Z)$ 得计算式：

$$C(Z)=C_0\pm G_C Z=C_0\left(1\pm\frac{1}{C_0}G_C Z\right)=C_0(1+aZ)$$

式中 $a=\frac{1}{C_0}\frac{\mathrm{d}C}{\mathrm{d}Z}$，称为声速的相对速度。$C_0$ 为声波入射海面层的声速。(6-107)式可写为：

$$\frac{\Delta x}{\Delta y}=\frac{(1+ay)\cos\varphi_0}{\sqrt{1-(1+ay)^2\cos^2\varphi_0}} \tag{6-108}$$

当海水分层很小时，将上式对 x 进行积分，经整理后可得：

$$\left(x-\frac{C_0}{G_C}\tan\varphi_0\right)^2+\left(y+\frac{C_0}{G_C}\right)^2=\frac{C_0^2}{G_C^2\cos^2\varphi_0} \tag{6-109}$$

这显然是一条以半径为 $R=\frac{C_0}{|G_C|\cos\varphi_0}$ 的圆弧。

在这种情况下，声线曲率改正可取圆弧长与圆弧两端的弦长之差来确定，即

$$S_S=-2R\left(\frac{\varepsilon}{\rho}-\sin\varepsilon\right) \tag{6-110}$$

式中 ε 为弦切角，如图 6-23 所示 。

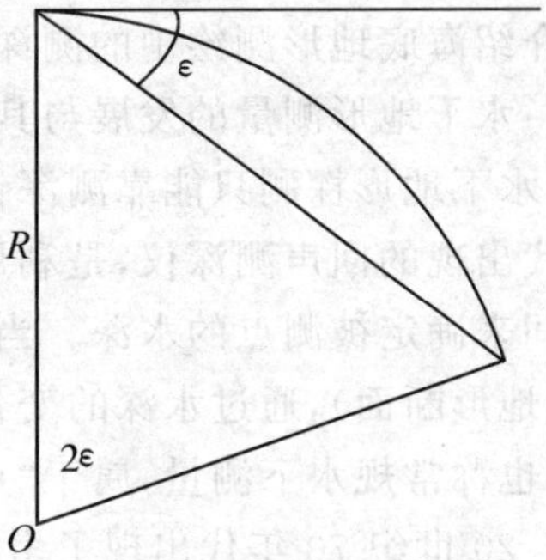

图 6-23　声线改正

这里再介绍一种近似改正方法。由于总是认为声线是在垂直面内弯曲，我们可视斜距测量为声线的水平方位的测量(参见图 6-17)，因此，在声标的深度 z 已知的情况下，无需另加声线曲率改正，而根据下式计算声标位置：

$$\left.\begin{aligned}x&=(S^2-z^2)^{\frac{1}{2}}\cos A\\ y&=(S^2-z^2)^{\frac{1}{2}}\sin A\\ A&=\arctan\left(\frac{\cos\theta_{m_y}}{\cos\theta_{m_x}}\right)\end{aligned}\right\} \tag{6-111}$$

思　考　题

1. 简述海上动态 GPS 定位方式及其分类原则。
2. 简述广域差分 GPS 定位的基本原理。
3. 水声定位有哪几种方式？
4. 简述超短基线系统的组成、定位的基本思想和作业中需要注意的事项。
5. 水声定位有哪几项改正？

第7章　水深测量及海底地形测量

7.1 概　　述

海底地形测量是测量海底起伏形态和地物的工作，是陆地地形测量向海域的延伸。按照测量区域可分为海岸带、大陆架和大洋三种海底地形。特点是测量内容多，精度要求高，显示内容详细。测量的内容包括水下工程建筑、沉积层厚度、沉船等人为障碍物、海洋生物分布区界和水文要素等，通常对海域进行全覆盖测量，确保详细测定测图比例尺所能显示的各种地物地貌，是为海上活动提供重要资料的海域基本测量。目前，海底地形测量中的定位通常采用GPS，在近岸观测条件比较复杂的水域，也采用全站仪。海上定位在第6章已经介绍，下面主要介绍海底地形测绘中的测深手段、数据处理方法以及海底地形图的绘制。

水下地形测量的发展与其测深手段的不断完善是紧密相关的。在回声测深仪尚未问世之前，水下地形探测只能靠测深铅锤来进行，这种原始测深方法精度很低，费工费时。20世纪20年代出现的回声测深仪，是利用水声换能器垂直向水下发射声波并接收水底回波，根据其回波时间来确定被测点的水深。当测量船在水上航行时，船上的测深仪可测得一条连续的水深线(即地形断面)，通过水深的变化，可以了解水下地形的情况。利用回声测深仪进行水下地形测量，也称常规水下测量，属于“点”状测量。

20世纪70年代出现了多波束测深系统和条带式测深系统，它能一次给出与航线相垂直的平面内几十个甚至上百个测深点的水深值，或者一条一定宽度的全覆盖的水深条带。所以它能精确地、快速地测出沿航线一定宽度内水下目标的大小、形状和高低变化，属于“面”测量。

还有一种具有广阔发展前途的测量手段，即激光测深系统。激光光束比一般水下光源能发射至更远的距离，其发射的方向性也大大优于声呐装置所发射的声束。激光光束的高分辨率能获得海底传真图像，从而可以详细调查海底地貌与海底底质。

侧扫声呐系统过去因难以给出深度而只能用于水下地貌调查，近年来，随着水下定位等相关技术的发展以及高分辨率测深侧扫声呐的面世，侧扫声呐也可用于水下地形测量；同时，AUV/ROV所承载的扫测设备也逐步成为高精度水下地形测量的一个非常有效的手段。

本章在介绍这些测深系统工作原理、组成及其数据处理理论的基础上，还讨论了水下地形的实施方法、相关的数据处理理论和海底地形图的绘制和表达方法。

7.2 回声测深原理

回声测深是利用声波在水中的传播特性测量水体深度的技术。声波在均匀介质中作匀速直线传播，在不同介面上产生反射，利用这一原理，选择对水的穿透能力最佳、频率在1500Hz附近的超声波，在海面垂直向海底发射声信号，并记录从声波发射到信号由水底返回的时间间隔，通过模拟或直接计算，测定水体的深度。如图 7-1 所示，安装在测量船下的发射机换能器，垂直向水下发射一定频率的声波脉冲，以声速 C 在水中传播到水底，经反射或散射返回，被接收机换能器所接收。设自发射脉冲声波的瞬时起，至接收换能器收到水底回波时间为 t，换能器的吃水深度 D，则水深 H 为：

$$H=\frac{1}{2}Ct+D \tag{7-1}$$

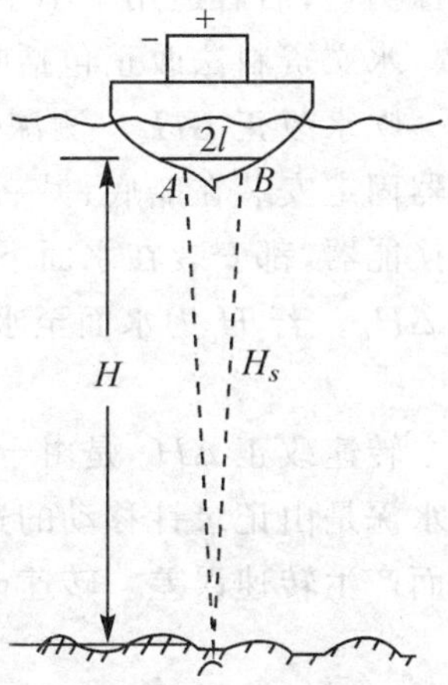

图 7-1　回声测深原理图

回声测深仪由发射机、接收机、发射换能器、接收换能器、显示设备和电源部分组成(图 7-2)。发射机在中央控制器的控制下周期性地产生一定频率、一定脉冲宽度、一定电功率的电振荡脉冲，由发射换能器按一定周期向海水中辐射。发射机一般由振荡电路、脉冲产生电路、功放电路所组成。接收机将换能器接收的微弱回波信号进行检测放大，经处理后送入显示设备。在接收机电路中，采用了现代相关检测技术和归一化技术、回波信号自动鉴别电路、回波水深抗干扰电路、自动增益电路、时控放大电路，使放大后的回波信号能满足各种显示设备的需要。发射换能器是一个将电能转换成机械能，再由机械能通过弹性介质转换成声能的电-声转换装置。它将发射机每隔一定时间间隔送来的有一定脉冲宽度、一定振荡频率和一定功率的电振荡脉冲，转换成机械振动，并推动水介质以一定的波束角向水中辐射声波脉冲。接收换能器是一个将声能转换成电能的声-电转换装置。它可以将接收的声波回波信号转变为电信号，然后再送到接收机进行信号放大和处理。现在许多水声仪器都采用发射与接收合一体的换能器。为防止发射时产生的大功率电脉冲信号损坏接收机，通常在发射机、接收机和换能器之间设置一个自动转换电路。当发射时，将换能器与发射机接通，供发射声波用；当接收时，将换能器与接收机接近，切断与发射机的联系，供接收声波用。显示设备直观地显示所测得的水深值。目前常用的显示设备有指示器式、记录器式、数字显示式、数字打印等。显示设备的另一功能是产生周期性的同步控制信号，控制与协调整机的工作。电源部分主要为全套仪器提供所需要的各种电源。图 7-3 所示为千米和万米测深仪。

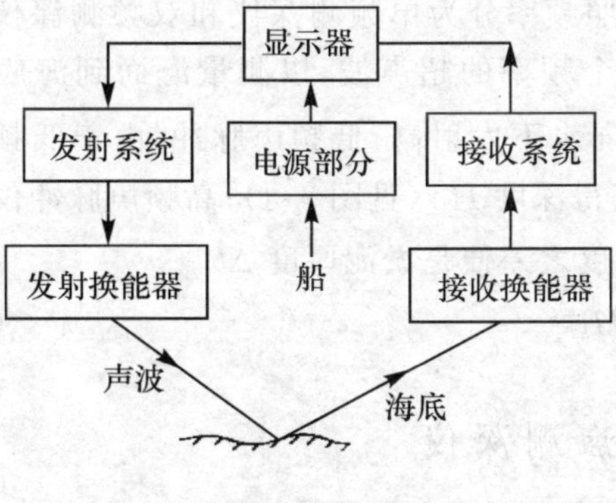

图 7-2　回声测深仪组成示意图

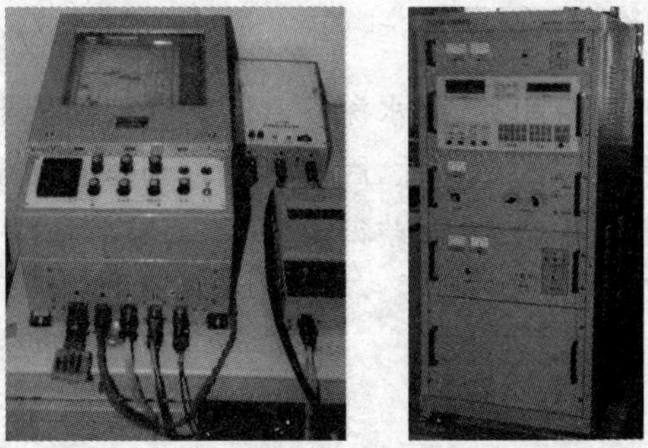
图 7-3　千米和万米测深仪

为了求得实际正确的水深而对回声测深仪实测的深度数据施加改正数，即回声测深仪总改正数。这种改正主要是由于回声测深仪在设计、生产制造和使用过程中产生的误差造成的。回声测深仪总改正数的求取方法主要有水文资料法和校对法。前者适用于水深大于 20 m 的水深测量，后者适用于小于 20 m 的水深测量。

水文资料法改正包括吃水改正 ΔH_b、转速改正 ΔH_n 及声速改正 ΔH_c。

吃水改正 ΔH_b。测深仪换能器有两种安装方式，一种是固定式安装，即将体积较大的换能器固定安装在船底；另一种是便携式安装，即将体积较小的换能器进行舷挂式安装。无论哪种换能器，都安装在水面下一定的距离，由水面至换能器底面的垂直距离称为换能器吃水改正数 ΔH_b。若 H 为水面至水底的深度；H_S 换能器底面至水底的深度，则 ΔH_b 为：

$$\Delta H_b = H - H_S \tag{7-2}$$

转速改正 ΔH_n 是由于测深仪的实际转速 n_S 不等于设计转速 n_0 所造成的。记录器记录的水深是由记录针移动的速度与回波时间所决定的。当转速变化时，则记录的水深也将改变，从而产生转速误差。转速改正数 ΔH_n 为：

$$\Delta H_n = H_S\left(\frac{n_0}{n_S} - 1\right) \tag{7-3}$$

声速改正 ΔH_c 是因为输入到测深仪中的声速 C_m 不等于实际声速 C_0 造成的测深误差。则 ΔH_c 为：

$$\Delta H_c = H_S\left(\frac{C_0}{C_m} - 1\right) \tag{7-4}$$

综上所述，测深仪总改正数 ΔH 为：

$$\Delta H = \Delta H_b + \Delta H_n + \Delta H_c \tag{7-5}$$

图 7-4　双频测深仪

在上述改正中，声速改正数 ΔH_c 对总改正数 ΔH 影响最大。

以上改正方法为水文资料法，一般用于水深大于 20m 以上的海区，浅海区适宜用校对法求测深仪总改正数。校对法是用检查板、水听器等，置于换能器下方一定深度 H 处，与测深仪在当时当地的实测深度 H_S 作比较，其差值 ΔH 即为测深仪总改正数。

若要将海底点的瞬时水深转换为相对某一垂直基准的绝对高程或水深，则还需要进行水位(潮汐)改正。水位改正将在后续介绍。

回声测深仪按照频率分为单频测深仪和双频测深仪。单频测深仪仅发射一个频率的超声波，以测量海面到海底表面之间的垂直距离，即水深。双频测深仪换能器垂直向水下发射高、低频声脉冲，由于低频声脉冲具有较强的穿透性，因而可以打到海底硬质层，获得深度 H_{lf}(见图 7-4)；高频声脉冲仅能打到海底沉积物表层，获得水深 H_{hf}，两个脉冲所得深度之差便是淤泥厚度 Δh。

$$\Delta h = H_{lf} - H_{hf} \tag{7-6}$$

7.3　四波束扫海测深仪

在港口与航道，通常要定期实施全覆盖扫测，以确保不遗漏水下浅点。由于四波束扫海测深仪具有安装灵活、操作方便等优点，至今在各国航道、港口及近岸地区大比例尺水下地形测量及障碍物探测中得到广泛应用。

四波束扫海测深仪主要由四个收、发台的换能器，同步控制器和图示记录器组成。四个换能器在船上的安装方式有舷挂式和悬臂式两种，详见图 7-5。其中舷挂式安装时，两个换能器垂直安装，另两个倾斜一定角度安装，以期实现对水下全覆盖探测。至于悬臂式，图上一目了然。以上安装换能器时，应将不同工作频率的相间安装，以防同频干扰。

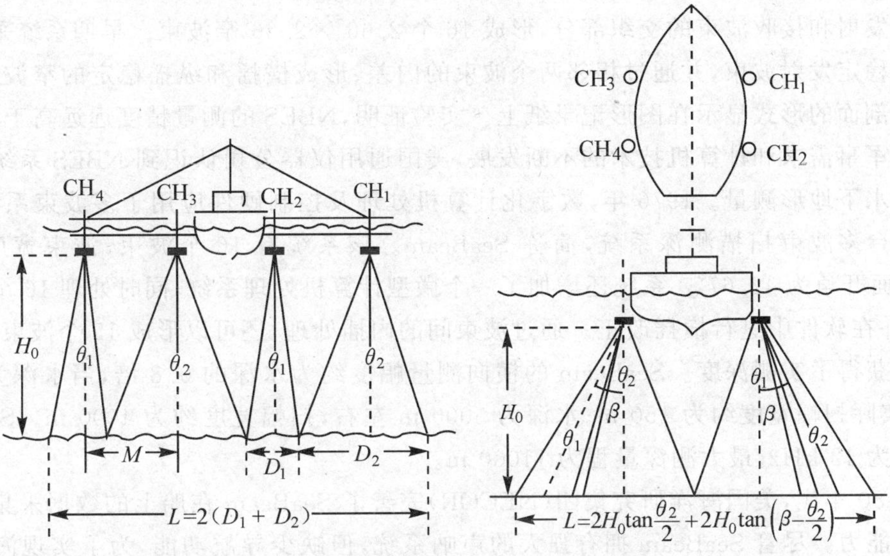

图 7-5　悬臂式和弦挂式四波束工作原理

目前，我国各单位使用的四波束扫海测深仪，主要有日本产的 MS-10 型、PS-20R 型及 PS-600 型。以比较先进的 PS-600 型为例，$\theta_1=16°$，$\theta_2=6°$，当水深 H_0 为 20 m 时，换能器中心间距离为 3.86 m，声波覆盖宽度 L 为 15.4 m。H_0 与 L 的关系约为：$L\approx 0.77H_0$；对于 MS-10 型，则为 $L\approx 0.63H_0$。

四波束扫海测深仪工作时，1～4(CH_1～CH_4)通道的换能器以一定间隔，依次有序地发射和接收声波，在记录器上则相应记下各波道的发射线及水底回波线。PS-600 型仪器还可以把四条水底回波线叠加，并能对四个波道水深用数字表示。

PS-600 型四波束扫海测深仪还设有将回波信号自动增益控制(AGC)和时间增益控制(TVG)，有换能器吃水校正和声速校正，还能在记录纸上自动打印量程范围、声速改正值、换能器安装倾斜角值、日期和时间。由通用的 RS-232G 输出接口，可将测定的有关数据送入微机进行数据处理，利于实现测量过程的自动化。

7.4　多波束测深系统

20 世纪 70 年代出现的多波束测深系统，是在回声测深仪的基础上发展起来的。多波束测深系统在与航迹垂直的平面内一次能够给出数十个以至上百个测深点，获得一条一定宽度的全覆盖水深条带，所以它能够精确快速地测出沿航线一定宽度范围内水下目标的大小、形状和高低变化，从而比较可靠地描绘出海底地形地貌的精细特征。与单波束回声测深仪相比，多波束测深系统具有测量范围大、速度快、精度和效率高、记录数字化和实时自动绘图等优点，将传统的测深技术从原来的点、线扩展到面，并进一步发展到立体测深和自动成图，使海底地形测量完成得又快又好。这使水深测量又经历了一场革命性的变革，深刻地改变了海洋学科领域的调查研究方式及最终的成果质量。

多波束系统的研制工作起源于20世纪60年代美国海军研究署资助的军事研究项目。1962年，美国国家海洋调查局(NOAA)在Surveyor号上进行了新问世的窄波束回声测深仪(NBES)海上实验。第一套原始的多波束系统采用两个换能器阵列，长发射阵沿船的龙骨安装，波束发射角为2.66°×54°；发射阵列与船的龙骨垂直，产生16个20°×2.66°波束，接收信号来自于发射和接收波束的交织部分，形成16个2.66°×2.66°窄波束。早期系统采用垂直参考单元来稳定发射波束，并通过相邻两个波束的内差、形成横摇和纵摇稳定的窄波束，数字化后以海底剖面的形式显示在图形记录纸上。实验证明，NBES的测量精度远远高于单波束。

随着军事需求和计算机技术的不断发展，美国通用仪器公司认识到NBES系统可以进行宽幅度的水下地形测量。1976年，数字化计算机处理及控制硬件应用于多波束系统，从而产生了第一台多波束扫描测深系统，简称SeaBeam。该系统有16个波束，波束宽度2.66°×2.66°，扇面开角为42.67°。系统还增加了一个微型计算机处理系统，同时处理16个纵横稳定的波束，并在软件中进行横摇改正。通过波束间的内插处理，还可以形成15个波束，声线弯曲改正后便获得了实测深度。SeaBeam的横向测量幅度约为水深的0.8倍，当水深为200m左右，海底实际扫幅宽度约为150 m；水深为5000 m左右，扫幅宽度约为4000 m。SeaBeam的工作频率为12 kHz，最大测深量程为11000 m。

进入80年代，美国海洋研究集团(NECOR)完善了SeaBeam在船上的数据采集、综合、处理和显示能力。尽管SeaBeam拥有强大的声呐系统，但缺少导航功能，为了实现海陆数据编绘和整理，先后将先进的计算机应用于多波束的数据提取、整理，使其能够为多任务、多用户提供足够的储存能力，数据处理速度也基本上满足了当时的野外测量需要。

20世纪80～90年代，先后出现了浅、中、深水多波束系统，主要参数和性能指标如表7-1。

表7-1 **多波束系统及其主要技术指标**

生产厂家	型号	频率/kHz	波束个数	波束宽度	测深范围/m	扇面角/度	扫描宽度(倍水深)
L-3 Communications ELAC Nautik GmbH 公司	Seabeam1185	180	126	1.5°×1.5°	1～300	153°	8
	Seabeam1180	180	126	1.5°×1.5°	1～600	153°	4～7
	Seabeam1055	50	126	1.5°×1.5°	10～1500	153°	8
	Seabeam1050	50	126	1.5°×1.5°	5～3000	153°	4～7
	Seabeam2120	20	149	1°×1°	50～8000	150°	随深度变化
	Seabeam2122	12	149	1°×1°	50～11000	150°	随深度变化
RESON 公司	Seabat9001	455	60	1.5°×1.5°	1～140	90°	2～4
	Seabat8101	240	101	1.5°×1.5°	1～300	150°	4～7
	Seabat8111	100	101	1.5°×1.5°	3～700	150°	3.5
	Seabat8124	200	40	3°×2°	1～400	120°	3.5
	Seabat8125	455	240	0.5°×0.5°	1～120	120°	5
	Seabat8150	12/24	可变	1°×1°/4°×4°	20～1200	150°	4
Kongsberg Simrad 公司	EM3000D	300	254	1.5°×1.5°	0.5～250	150°	10
	EM1002	95	111	2°×2°	2～1000	150°	4～7
	EM300	30	135	1°×1°/2°×4°	5～5000	150°	5
	EM120	12	191	1°×1°～2°×4°	20～11000	150°	6
Atlas	Fansweep 20	100/200	1440	1.2°×0.12°	1～600 0.5～300	160°	12

7.4.1 多波束的系统组成

多波束系统是由多个子系统组成的综合系统(图 7-6)。

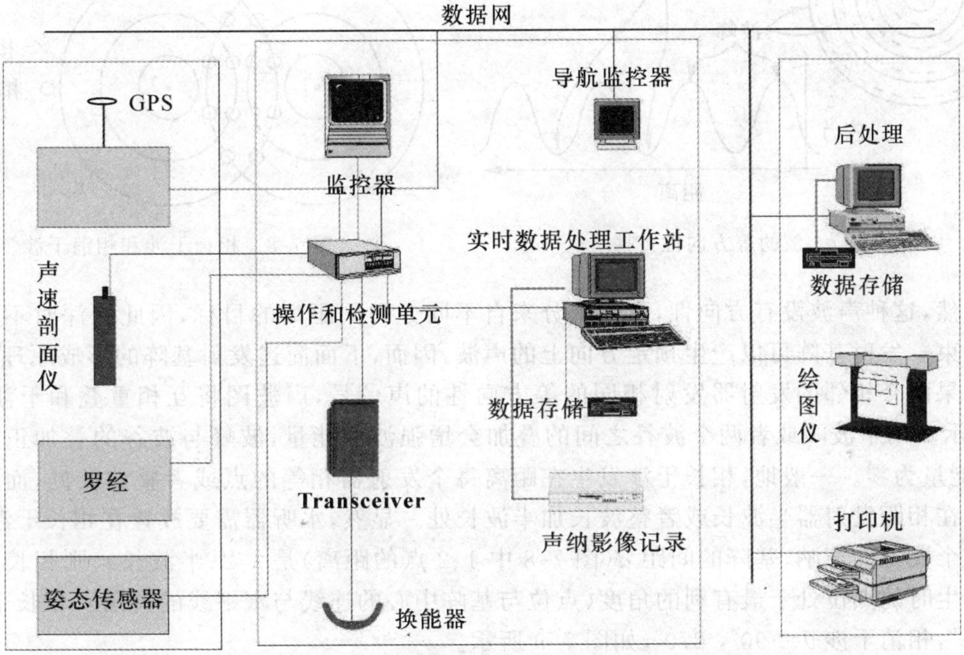

图 7-6 Simrad EM950/1000 系统的单元组成

对于不同的多波束系统,虽然单元组成不同,但大体上可将系统分为多波束声学系统(MBES)、多波束数据采集系统(MCS)、数据处理系统和外围辅助传感器。其中,换能器为多波束的声学系统,负责波束的发射和接收;多波束数据采集系统完成波束的形成和将接收到的声波信号转换为数字信号,并反算其测量距离或记录其往返程时间;外围设备主要包括定位传感器(如 GPS)、姿态传感器(如姿态仪)、声速剖面仪(CDT)和电罗经,主要实现测量船瞬时位置、姿态、航向的测定以及海水中声速传播特性的测定;数据处理系统以工作站为代表,综合声波测量、定位、船姿、声速剖面和潮位等信息,计算波束脚印的坐标和深度,并绘制海底平面或三维图,用于海底的勘察和调查。图 7-6 给出了 Simrad EM950/1000 系统的单元组成。

7.4.2 多波束系统的声学原理

为了对多波束测深系统有一个全面的认识,下面根据声学理论,阐述其测量原理。

1. 相长干涉和相消干涉以及换能器的指向性

一个单波束在水中发射后,是球形等幅度传播,所有方向上的声能相等。这种均匀传播称为等方向性传播(isotropic expansion),发射阵也叫等方向性源(isotropic source)。例如,一个小石头扔进池塘时就是这种情况,如图 7-7、图 7-8 所示。

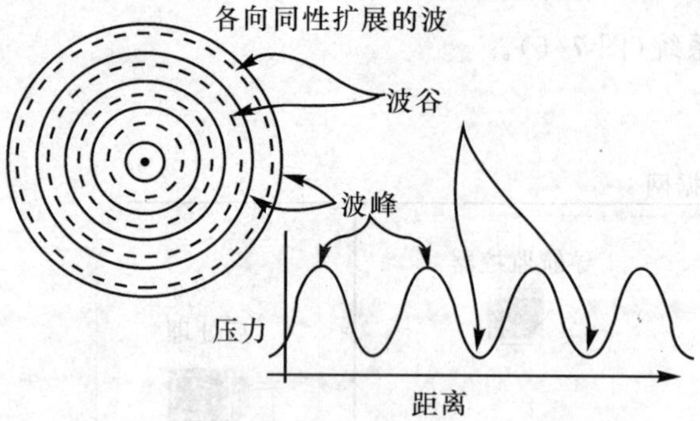

图 7-7　波的等方向性传播

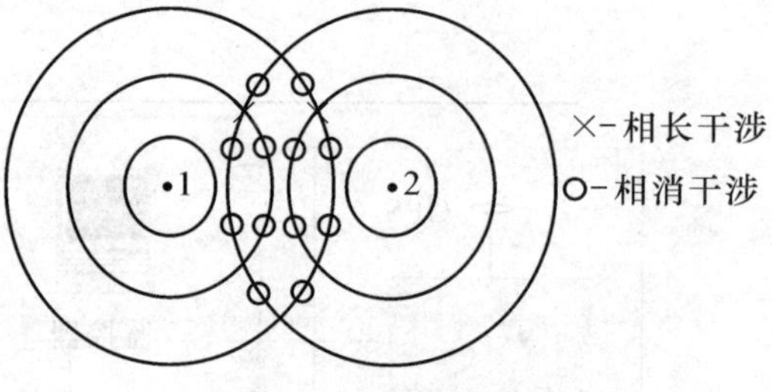

图 7-8　相长干涉和相消干涉

显然，这种声波没有方向性，不能区分来自不同方向同距离的目标，因此测深时不能采用这种波束。发射基阵可以产生预定方向上的声波，因而，下面简述发射基阵的形成原理。

如果两个相邻的发射器发射相同的等方向性的声信号，声波图将互相重叠和干涉，如图 7-7 所示。两个波峰或者两个波谷之间的叠加会增强波的能量，波峰与波谷的叠加正好互相抵消，能量为零。一般地，相长干涉发生在距离每个发射器相等的点或者整波长处，而相消干涉发生在相距发射器半波长或者整波长加半波长处。显然，水听器需要放置在相长干涉处。

一个典型的声呐，基阵的间距 d（图 7-8 中 1、2 点的距离）是 $\lambda/2$（半波长），则相长和相消干涉发生时的点位处于最有利的角度（点位与基阵中心的连线与水平线的夹角），相长干涉 $\theta=0°$，$180°$，相消干涉 $\theta=90°$，$270°$，如图 7-9 所示。

图 7-10 是两个发射器间距 $\lambda/2$ 时的波束指向性图（Beam Pattern），左边为平面图，右边为三维图，从图上可以清楚地看到能量的分布，不同的角度有不同的能量，这就是波束的指向性（directivity）。如果一个发射阵的能量分布在狭窄的角度中，就称该系统指向性高。真正的发射阵由多个发射器组成，有直线阵和圆形阵等。这里只讨论离散直线阵，其他阵列类似可以推导出。如图 7-10 所示，根据两个发射器的基阵可以推导出多个发射器组成的直线阵的波束图。

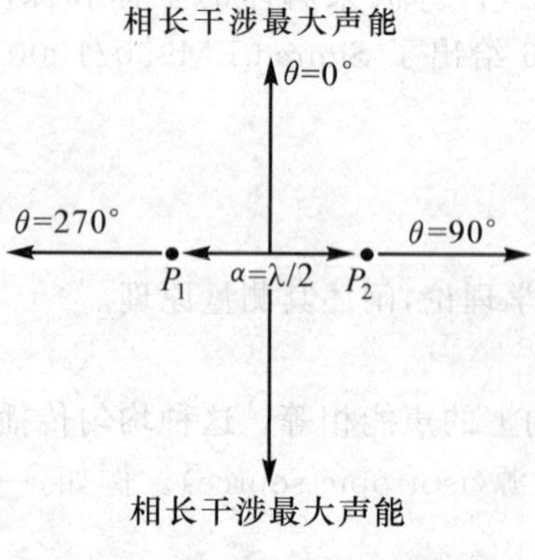

图 7-9　相长干涉和相消干涉

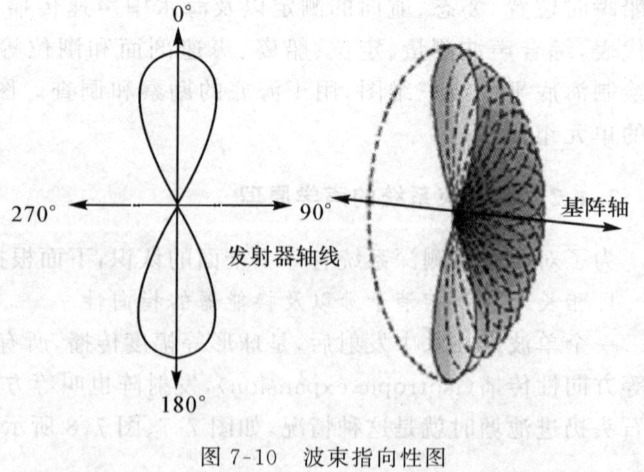

图 7-10　波束指向性图

能量最大的波束叫主瓣，侧边的一些小瓣是旁瓣，也是相长干涉的地方，引起了能量的泄漏。旁瓣还可能引起回波，对主瓣的回波产生干扰。旁瓣是不可避免的，可以通过加权的方法降低旁瓣的水平值，但是加权后旁瓣水平值降低了，波束却展宽了。主瓣的中心轴叫最大响应轴(mra，maximum response axis)，主瓣半功率处(相对于主瓣能量的－3db)相对于发射基阵中心的角度就是波束角。发射器越多，基阵越长，则波束角越小，指向性就越高。设基阵的长度为 D，则波束角为：

$$\theta=50.6\times\lambda/D \tag{7-7}$$

可以看出，减小波长或者增大基阵的长度都可以提高波束的指向性。但是，基阵的长度不可能无限增大，而波长越小，在水中衰减得越快，所以指向性不可能无限提高。

下面以多波束中的直线阵列换能器为例，说明基线阵列的指向性以及声强特征。

定义直线阵列(图 7-11)的微分单元输出响应为 A/L，A 为振幅，L 为直线阵列的长度，则微分单元 $\mathrm{d}x$ 的输出响应 $\mathrm{d}v$ 和相位延迟 φ 为：

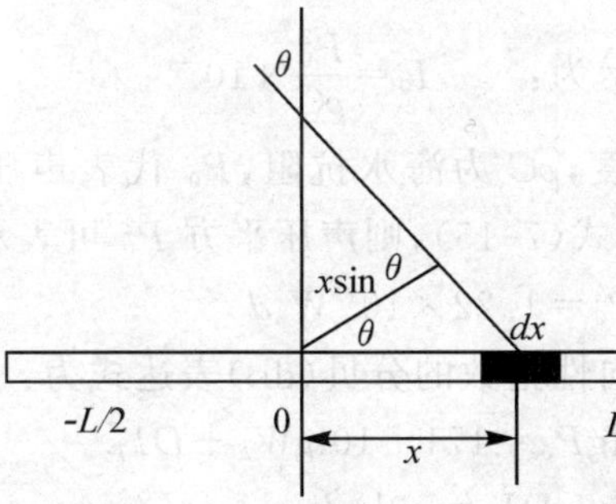

图 7-11　连续直线阵列的微分示意图

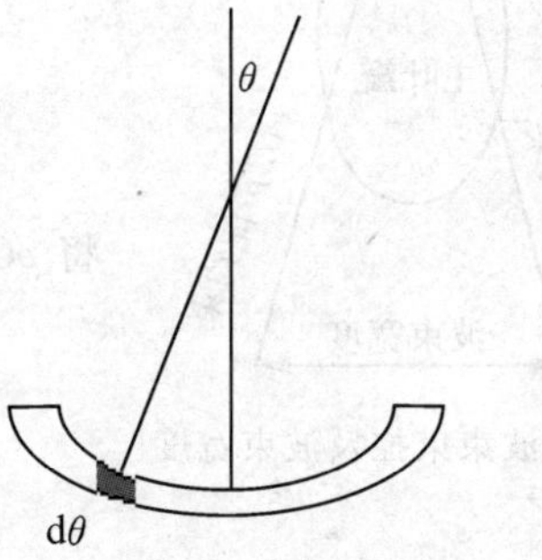

图 7-12　连续曲线阵列的微分示意图

$$\mathrm{d}v=\frac{A}{L}\mathrm{d}x\quad \varphi=\frac{A}{L}\mathrm{e}^{j\frac{2\pi}{\lambda}x\sin\theta}\mathrm{d}x \tag{7-8}$$

直线阵列的输出响应和归一化后的指向性 $R(\theta)$ 为：

$$V=\int_{-L/2}^{L/2}\mathrm{d}v=A\left[\sin\frac{\pi L}{\lambda}\sin\theta\Big/\left(\frac{\pi L}{\lambda}\sin\theta\right)\right]$$

$$R(\theta)=\left[\sin\left(\frac{\pi L}{\lambda}\sin\theta\right)\Big/\left(\frac{\pi L}{\lambda}\sin\theta\right)\right]^2=\mathrm{sinc}^2(Lv) \tag{7-9}$$

式中：$v=\pi L\sin\theta/\lambda$，$\lambda$ 为波长，c 为声速。

与此类似，可推导出曲线阵列(图 7-12)的指向性 $R(\theta)$：

$$R(\theta)=\left[2J_1\left(\frac{\pi D}{\lambda}\sin\theta\right)\Big/\left(\frac{\pi D}{\lambda}\sin\theta\right)\right]^2 \tag{7-10}$$

式中，D 为曲面阵列的曲面半径，$J_1\left(\frac{\pi D}{\lambda}\sin\theta\right)$为一阶 Bezier 函数。

确定了波束的指向性 $R(\theta)$后，便可根据波束的设计宽度，来确定换能器的尺寸。

发射和接收波束一般均包括主叶瓣、侧叶瓣和背叶瓣(图 7-13)，其中侧叶瓣和背叶瓣的测量内容属于干扰信息，必须控制在一定的范围内，如－30dB，主叶瓣是波束能量比较集中的部分，其测量信息比较真实的反映了实测内容。若求解主叶瓣的波束宽度，则根据：

$$\mathrm{sinc}^2(Lv)=1/2\Rightarrow Lv=1.4 \tag{7-11}$$

若波束指向性定义为-30dB，则波束宽度θ_{bW}为：$$\theta_{bW}=2\arcsin\left(1.4\frac{\lambda}{\pi L}\right) \quad (7\text{-}12)$$

若$L\gg 2\lambda$，则$\theta_{bW}=0.89\dfrac{\lambda}{L}$(rad)。

波束宽度θ_{bW}和波长λ设定后，换能器的尺寸L为：$$L=0.89\frac{\lambda}{\theta_{bW}} \quad (7\text{-}13)$$

对于发射换能器而言，波束的指向性是一个重要参数，它可通过聚集系数d（反映能量的聚集程度）来获得，根据聚集系数的定义，它可表示为：

$$d=\frac{I_0}{I} \quad I=\frac{W_a}{4\pi R^2} \quad (7\text{-}14)$$

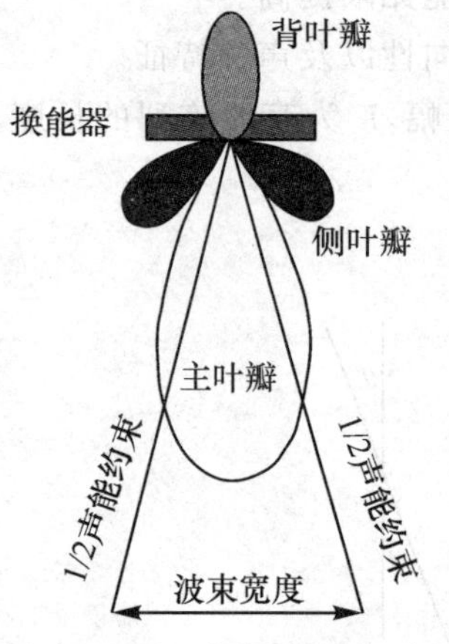

图 7-13　波束束控及波束宽度

其中I_0代表距离R处的轴向声强，I代表同一距离处的无指向声强，W_a为发射声功率。$R=1$m 时，轴向声强和指向性声强表达式和关系为：

$$I=\frac{W_a\times 10^{-4}}{4\pi} \quad I_0=dI \quad (7\text{-}15)$$

轴向声强还可表示为：$$I_0=\frac{P_0^2}{\rho C}\times 10^{-17} \quad (7\text{-}16)$$

式中ρ为海水密度，ρC为海水抗阻，P_0代表声压（uP_a）。将ρC带入上式并考虑式(7-15)，则声压平方P_0^2可表示为：

$$P_0^2=1.22\times 10^{17}W_a d \quad (7\text{-}17)$$

则轴向声强和指向性指数的分贝(dB)表达式为：

$$SL=20\lg P_0=171+10\lg W_a+DI_T$$
$$DI_T=10\lg d \quad (7\text{-}18)$$

对于接收换能器而言，灵敏度r是反映其接收性能的一个重要技术参数，其表达式如下：

$$r=\frac{u}{P} \quad (7\text{-}19)$$

u为接收换能器的输出电压(μV)，P输入声压(μPa)。

2. 换能器基阵的束控

换能器基阵发射或接收的波束信号不但包括主叶瓣，而且包括侧叶瓣和背叶瓣信号（图7-14），为了获得有效的测量信息，减少扰动信号的影响，实际测量过程中，要尽可能将发射和接收信号的能量聚集在主叶瓣，对侧叶瓣和背叶瓣的信号进行抑制，这便是换能器基阵的束控。基阵束控通常采用相位加权和幅度加权两种方法，相位加权是利用基元间距的不同排列来改变基元相位响应，而幅度加权则通过控制基阵中各基元的灵敏度响应实现束控。对于幅度加权而言，只要保证基阵灵敏度分布中间大，两边逐渐减小，就能使侧叶瓣有不同程度的降低。下面通过幅度加权来介绍束控的具体过程。根据式(7-9)，若$A(x)$为幅度加权函数，直线阵列的输出响应为：

$$V=\int_{-L/2}^{L/2}\frac{A(x)}{L}e^{j\frac{2\pi x}{\lambda}\sin\theta}\mathrm{d}x \quad (7\text{-}20)$$

其傅立叶形式为：

$$V(u)=\frac{1}{2\pi}\int_{-\pi}^{\pi}A(p)\mathrm{e}^{iup}\,\mathrm{d}p,\ u=\frac{L}{\lambda}\sin\theta,\ p=\frac{2\pi x}{L}(-L/2<x<L/2) \quad (7\text{-}21)$$

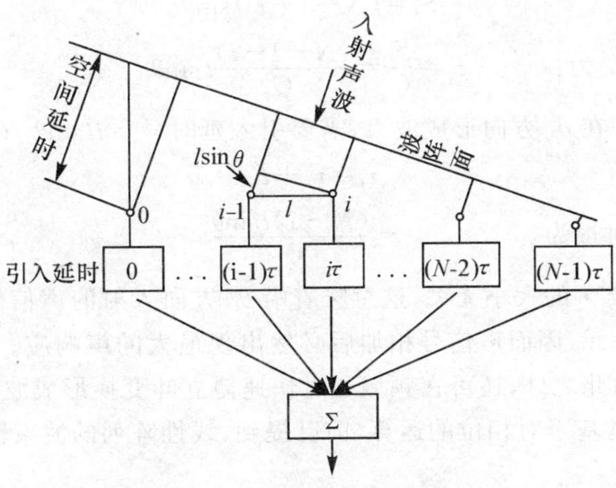

图 7-14　线性阵列波束形成原理图

上式说明基阵的输出响应实际上等于对幅度加权函数 $A(p)$ 的傅立叶变换，该变换虽然会使侧叶瓣幅度压低，但主叶瓣的输出响应幅值也有不同程度的下降，主波束的宽度也会展宽。为了克服这一缺陷，可考虑应用幅度加权函数后的指向性函数式(7-15)，确定加权函数及其与输出响应的关系：

$$R(\theta) = \left(\frac{\int_{-L/2}^{L/2} A(x) e^{j\frac{2\pi x}{L}\sin\theta} dx}{\int_{-L/2}^{L/2} A(x) dx} \right)^2 \tag{7-22}$$

可以证明，输出响应和加权函数的关系可归结为下式：

$$V(u) = \frac{1}{2\pi}\int_{-\infty}^{\infty} A(p) e^{iup} dp \tag{7-23}$$

$$A(p) = \int_{-\infty}^{\infty} V(u) e^{-iup} du \tag{7-24}$$

上式即为输出响应(指向性)和加权函数相互关系的傅立叶表达式。当已知指向性时，通过式(7-24)可获得加权函数，同样，根据式(7-23)和加权函数也可获得输出响应。

幅度加权通常采用的方法是对幅度进行三角加权、余弦加权和高斯加权，其中高斯加权是比较理想的加权函数。为了保证幅度加权时主叶瓣的幅值不发生变化，则需要适当的加长基阵长度。数学上可以证明，对三角加权的情况基阵长度应为 $2L$，余弦加权基阵长度为 $\pi L/2$，余弦平方加权基阵长度应该为 $2L$，高斯加权基阵长度应该为 $3\lambda/2\pi\sin\theta$。

3. 波束的形成

根据基阵形成波束的特点，当线性阵列的方向在 $\theta_0=0°$ 时，由于各个方向基元接收到的声信号具有相同的相位，因而输出响应最大。但要在其他方向形成波束，则需要引入时延，确保各基元的输出仍能满足同向叠加要求，获得最大的输出响应。

根据图 7-14，当阵列由 N 个基元组成时，平面波束从 θ 方向入射到波阵面时，第 $i-1$ 个基元收到的信号比第 i 个基元在空间距离上(声程)多经历了 $l\sin\theta$，声速为 C 时延时量为：

$$\tau = \frac{l\sin\theta}{C} \tag{7-25}$$

以第 $N-1$ 个基元为参数基准，则第 i 个基元相对于第 $N-1$ 个基元的声程为：

$$S_i=(N-1-i)l\sin\theta \tag{7-26}$$

由此产生的时延 τ_i' 为：

$$\tau_i'=\frac{S_i}{C}=\frac{(N-1-i)}{C}l\sin\theta \tag{7-27}$$

为了控制线性基阵在 θ_0 方向形成波束，需要引入延时 $\tau''_i=il\sin\theta_0/C=i\tau$，则总延时 τ_i 为：

$$\tau_i=\tau_i'+\tau''_i \tag{7-28}$$

当 $\theta=\theta_0$ 时，总延时量为：

$$\tau=\frac{(N-1)l\sin\theta}{C} \tag{7-29}$$

可见，总延时量 τ 与 i 的大小无关，这意味着沿 θ_0 方向入射的声信号经延时处理后，经波阵面同时到达不同的基元，因而声信号相加后必然出现最大的声响应。这种波束形成的方法称为时域波束形成。除此之外，还可在频域通过快速傅立叶变换形成波束，即 FFT 波束形成。FFT 波束形成实际上是基于对相位的运算，前已提到，线性阵列的波束输出响应为：

$$V=\sum_{i=0}^{N-1}V_i\mathrm{e}^{-i\varphi_i},\varphi_i=i2\pi l\sin\theta_0/\lambda \tag{7-30}$$

式中 φ_i 为第 i 个基元引入的相位延时，V_i 为第 i 个基元的复电压。设 $\theta_0(k)$为第 k 个波束的空间方位角，则第 k 个波束的输出响应为：

$$V(k)=\sum_{i=0}^{N-1}V_i\mathrm{e}^{-j\varphi_i(k)}=\sum_{i=0}^{N-1}V_i\mathrm{e}^{-ji\Delta\varphi_i(k)} \tag{7-31}$$

$$\Delta\varphi_i(k)=\frac{2\pi l}{\lambda}\sin\theta_0(k)=\frac{2\pi}{N}k,0\leqslant k\leqslant\frac{Nl}{\lambda} \tag{7-32}$$

则 $\theta_0(k)=\arcsin k\lambda/Nl$。

第 k 个波束的输出响应表达为：

$$V(k)=\sum_{i=0}^{N-1}V_i\mathrm{e}^{-ji\frac{2\pi}{N}k} \tag{7-33}$$

上式为基元复电压 V_i 的 FFT 变化在 $\varphi_0(k)$方向上形成的第 k 个波束，则 V_i 的 FFT 变化为：

$$V_i=V_i(P\Omega)\sum_{i=0}^{N_s-1}V_i(nT)\mathrm{e}^{-i\frac{2\pi}{N_sT}np}$$

$$n=\frac{2\pi}{N_sT}=2\pi f_s/N_s=2\pi\Omega \tag{7-34}$$

其中 Ω 称为频率分辨率，N_S 为单位时间内的采样数，f_S 为输入采样频率。

为了减少侧瓣，通常采用幅度加权压制方法，结合式(7-21)的离散傅立叶形式和式(7-31)，设幅度加权系数为 W_i，则：

$$V(k)=\sum_{i=0}^{N-1}V_iW_i\mathrm{e}^{-i\varphi_i(k)}=\sum_{i=0}^{N-1}[V_iW_i\cos\varphi_i(k)+V_iW_i\sin\varphi_i(k)\mathrm{e}^{-j\pi/2}] \tag{7-35}$$

$$=\sum_{i=0}^{N-1}[Re_i(k)+Rs_i(k)\mathrm{e}^{-j\pi/2}]$$

$$R_{e_i}(k)=V_iW_i\cos\varphi_i(k)\quad R_{s_i}(k)=V_iW_i\sin\varphi_i(k)$$

4. 波束的发射、接收流程及其工作模式

多波束换能器基元的物理结构是压电陶瓷，其作用在于实现声能和电能之间的相互转化。换能器也正是利用这点实现波束的发射和接收。图 7-15 表明压电陶瓷的工作原理。波束发射时，压电陶瓷根据预先分配在两极上的高频振荡电压产生压力，并将该压力转换为高频振荡声波发送出去;当外界高频振荡波打击到压电陶瓷上时,压电陶瓷同样产生压力,并随着压力的变化,产生相应的高频振荡电压。然而,实际测量过程并非这样简单,因为计算机分配给各个基元的电压不能很高,同样,由海底反射回来的到达压电陶瓷表面的声波强度也并不是很高。除此之外,波束发射和接收还受其他因素的影响,为此,下面将详细讨论波束的发射和接收过程。

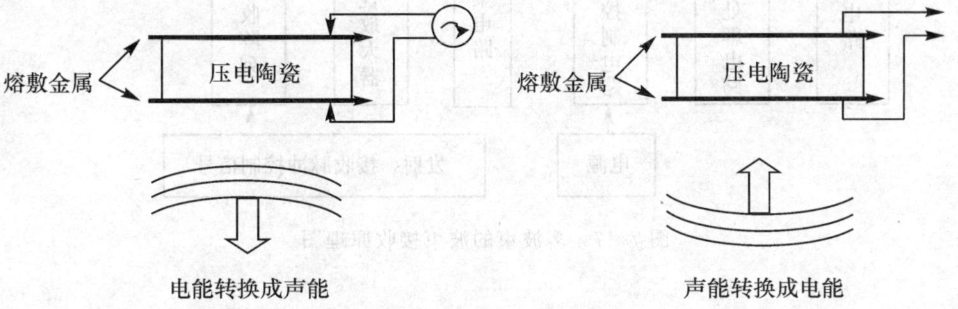

图 7-15　压电陶瓷的声、电转换原理

多波束发射的不只一个波束,而是形成一个具有一定扇面开角的多波束,发射角由发射模式参数决定。船姿参数可通过船姿传感器和发射模式信号一起发送给信号处理器并计算出发射脉冲信号和波束数,并传送到多通道变换器,形成多个波束发射信号,这些信号再经过前置放大器进行功率放大,分别形成多个发射声波脉冲信号,同时,前置放大器控制着收、发转换开关电路,这些声波脉冲信号再通过换能器阵列发送出去。具体发射原理见图 7-16。

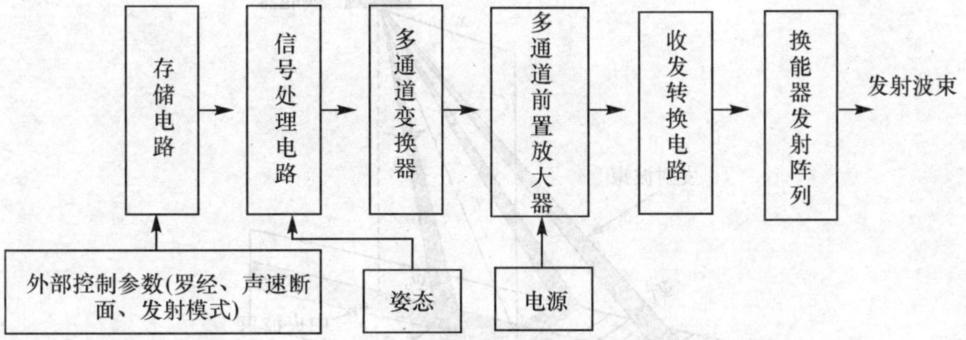

图 7-16　多波束的波束发射原理图

同样,波束的接收也不同于单波束接收那样简单。返回波束打击压电陶瓷表面,产生高频振荡电压,由于电压比较弱,因而必须进行放大,担负这一工作的仍然是多通道前置放大器,该过程受控于 TVG(时间增益补偿)。放大后的模拟信号送到数据采集电路,为了保证采集信号的可靠性,需要采集数据两次,两次得到的相位相同或正交,该过程同波束形成及控制电路结合,完成最终的波束形成。由于声波在水中的传播路径不但取决于入射角,还受控于波束在水中传播的速度,因而必须利用多通道信号处理电路进行声线改正,获得波束在海底的投射点(波束脚印中心)在船体坐标系中的位置。波束接收原理如图 7-17 所示。

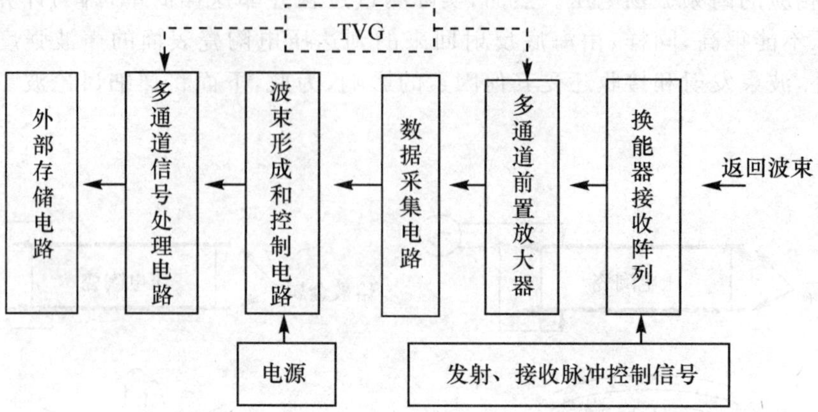

图 7-17　多波束的波束接收原理图

7.4.3　多波束测深数据处理

实际测量时,换能器的发射和接收是按照一定的模式进行的。通常,发射波束的宽度横向大于纵向,接收波束宽度纵向大于横向。如对于波束为 16,波束宽度为 2°×2°的多波束而言,其发射波束在横向为 44°,纵向为 2°;而对于每个接收波束,横向为 2°,纵向为 20°。将发射波束在海底的投影区同接收波束在海底的投影区相重叠,对于每个接收波束,在海底实际有效接收区为长宽均为 2°的矩形投影区,即波束脚印。多波束波束的几何构成如图 7-18。

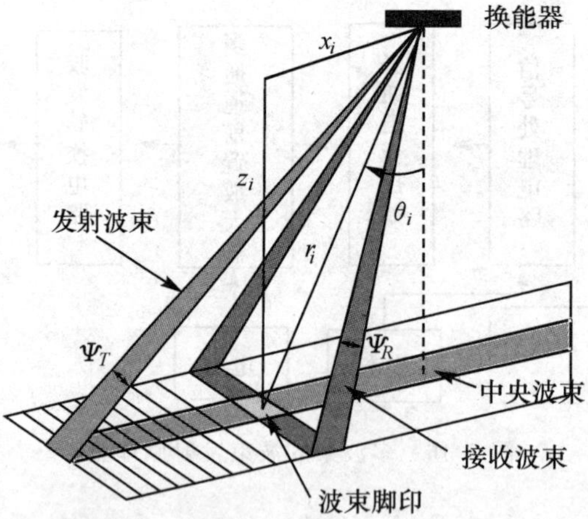

图 7-18　多波束波束的几何构成

由于多波束的最终测量成果需要在地理框架下表达,因此波束在海底投射点的位置计算便成为多波束数据处理中的一个关键问题。多波束采用广角度定向发射、多阵列信号接收和多波束形成处理等技术,为了更好地确定波束的空间关系和波束脚印的空间位置,必须首先定义多波束船体参考坐标系 VFS(Vessel Frame System)(如图 7-18 或图 7-19),并根据船体坐标系同当地坐标系 LLS (Local Location System)之间的关系，将波束脚印的船体坐标转化到地理坐标系(或当地坐标系)和某一深度基准面下的平面坐标和水深。该过程即为波束脚印的归位。船体坐标系原点位于换能器中心，x 轴指向航向，z 轴垂直向下，y 轴指向侧向，与 x、z 轴构成右手正交坐标系。当地坐标系原点为换能器中心，x 轴指向地北子午线，y 同 x 垂直指向东，z 与 x、y 轴构成右手正交坐标系。

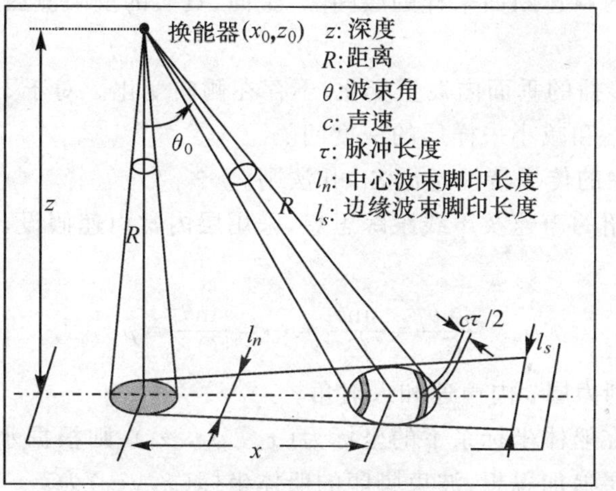

图 7-19　单个波束信号的接收

波束在海底投射点位置的计算需要船位、潮位、船姿、声速剖面、波束到达角和往返程时间等参数。计算过程包括如下四个步骤：

(1) 姿态改正。换能器的动吃水对深度有着直接影响。横摇对波束到达角有一定的影响，对于补偿性多波束系统，船体的横摇在波束接收时已经得到改正；对于无补偿性系统，通过扩大扇面角来实现回波的接收。纵摇一般较小，可以不考虑，但当纵摇达到一定的程度，深度和平面位置的计算均会受到影响，因此必须考虑。

(2) 船体坐标系下波束投射点位置的计算。根据波束到达角(即波束入射角)、往返程时间和声速剖面，计算波束投射点在船体坐标系下的平面位置和水深。

(3) 波束投射点地理坐标的计算。根据航向、船位和姿态参数计算船体坐标系和地理坐标系之间的转换关系，并将船体坐标系下的波束投射点坐标转化为地理坐标。

(4) 波束投射点高程的计算。根据船体坐标系原点与某一已知高程基准面之间的关系，将船体坐标系下的水深转化为高程。

为便于波束投射点船体坐标的计算，现作如下假设：

(1) 换能器处于一个平均深度，静、动吃水仅对深度有影响，而对平面坐标没有影响。

(2) 波束的往返程声线重合。

(3) 对于高频发射系统，换能器航向变化影响可以忽略。因为高频发射系统的数据更新率非常快，如 RESON Seabat 8081 系统，数据更新率为 30pings/s，纵向行距约为十几个厘米。该假设仅适用高频发射系统使用于浅水测量的情况，对于深水测量系统则不再适用。

波束脚印船体坐标的计算需要用到三个参量，即垂直参考面下的波束到达角、传播时间和声速剖面。由于海水的作用，声线在海水中不是沿直线传播，而是在不同介质层的界面处发生折射，因此波束在海水中的传播路径为一折线。为了得到波束脚印的真实位置，就必须沿着波束的实际传播路线跟踪波束，该过程即为声线跟踪。通过声线跟踪得到波束投射点在船体坐标下坐标的计算过程称为声线弯曲改正。在声线弯曲改正中，声速剖面扮演着十分重要的作用，为了计算方便，对声速剖面作如下假设：

(1) 声速剖面是精确的，无代表性误差。声速剖面反映的是测量海域海水中声速的传播特性。因而在每次测量前后需对声速剖面进行测定，遇到水域变化复杂的情况，需要加密声速剖面采样站和减小站内声速断面采样的层间隔，全面、真实的反映测区内海水中的声速变化特性。

(2) 声速在波束传播的垂面内发生变化，不存在侧向变化。对于不满足该要求的水团，需要加密声速剖面采样站和减小采样层的深度间隔。

(3) 声速在海水中的传播特性遵循 Snell 法则。

根据前面章节介绍的声速及声线跟踪思想，采用层内常声速假设，给出波束在海底投射点的计算模型。

Snell 法则：

$$\frac{\sin\theta_0}{C_0}=\frac{\sin\theta_1}{C_1}=\cdots=\frac{\sin\theta_n}{C_n}=p \tag{7-36}$$

式中，C_i 和 θ_i 分别为层 i 内声速和入射角。

设多波束换能器在船体坐标系下的坐标为(x_0, y_0, z_0)，则根据水层内常声速变化假设，采用常声速(零梯度)层追加思想，波束脚印的船体坐标(x,y,z)为：

$$z = z_0 + \sum_{i=1}^{N} C_i\cos\theta_i\Delta t_i,\ y = y_0 + \sum_{i=1}^{N} C_i\sin\theta_i\Delta t_i,\ x = 0 \tag{7-37}$$

式中，θ_i 为波束在层 i 表层处的入射角，C_i 和 Δt_i 为波束在层 i 内的声速和传播时间。

结合图 7-19，其一级近似式为：

$$z=z_0+C_0T_p\cos\theta_0/2,\ y=y_0+C_0T_p\sin\theta_0/2,\ x=0 \tag{7-38}$$

式中 T_p 为波束往返程时间，θ_0 为波束初始入射角，C_0 为表层声速。

波束脚印的船体坐标确定后，下一步便可将之转化为地理坐标。转换关系为：

$$\begin{bmatrix} x \\ y \end{bmatrix}_{\mathrm{LLS}} = \begin{bmatrix} x_0 \\ y_0 \end{bmatrix}_{\mathrm{G}} + R(r,p,h)\begin{bmatrix} x \\ y \end{bmatrix}_{\mathrm{VFS}} \tag{7-39}$$

式中，下脚 LLS、G、VFS 分别代表波束脚印的地理坐标(或地方坐标)、GPS 确定的船体坐标系原点坐标(也为地理坐标系下坐标，是船体坐标系和地理坐标系间的平移参量)和波束脚印在船体坐标系下的坐标；$R(r,p,h)$为船体坐标系与地理坐标系的旋转关系，航向 h、横摇 r 和纵摇 p 是三个欧拉角。

若换能器活性面中心被选作船体坐标系的原点，式(7-38)确定的深度 z 仅为换能器面到达海底的垂直距离，实际深度还应考虑换能器的静吃水 h_{ss}、动吃水 h_{ds}、船体姿态对深度的影响 h_a，若潮位 h_{tide} 是根据某一深度基准面或者高程基准面确定的，则波束在海底投射点的高程为：

$$h=h_{\mathrm{tide}}-(z+h_{ss}+h_{ds}+h_a) \tag{7-40}$$

换能器的静吃水在换能器被安装后量定，作为一个常量输入到多波束数据处理单元中；动吃水是因船体的运动而产生的，它可通过姿态传感器 Heaven 参数确定。船体姿态对波束脚印地理坐标也有一定的影响，它会使 ping 扇面绕 x 或 y 轴产生一定的旋转，其旋转角量可通过姿态传感器的横摇 r 和纵摇 p 参数确定。上述参数的测定及其对波束脚印平面位置和深度的影响和补偿请参见相关参考书。

当测区处于验潮站或水文站的有效作用距离范围内时，潮位 h_{tide} 的变化可以通过潮位观测获得，否则需通过潮位模型或其他方法获得。由于潮位是相对某一深度或高程基准面确定的，因而经过潮汐改正后，即实现了相对水深向绝对高程的转换。

经上述处理后，可得到实测的海底点的三维坐标，利用这些散点的三维坐标，可以绘制海底水深图和构造海床 DEM，如图 7-20 所示。

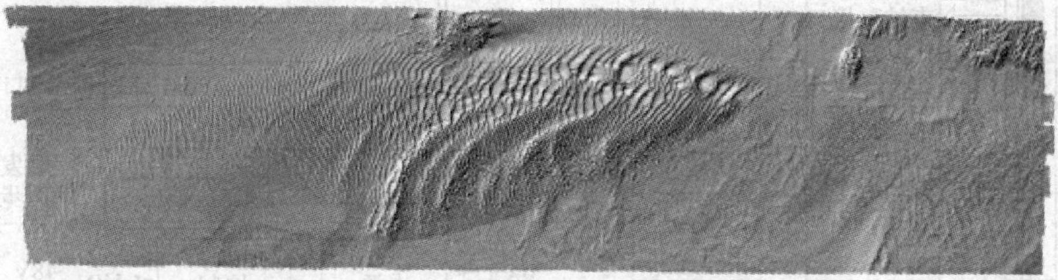

图 7-20　多波束测量获得的水下地形 DEM

7.5　高分辨率测深侧扫声呐

20 世纪 90 年代测深侧扫声呐的发展遇到了两个难题，一是正下方附近的测深误差较大；二是在复杂水域，如水声信道引起的复杂多途或者水底地形复杂，则存在两个或者两个以上不同方向同时到达的回波，系统区分不开。到 20 世纪 90 年代后期，这两个问题得到了解决。首先，认为产生声回波的是一海底薄层，不只是一个面，则声呐阵时空相关函数相位 $\eta=kd\sin(\theta-\theta_m)+\zeta$。式中第一项 $\varphi=kd\sin(\theta-\theta_m)$ 是一般文献中常用的，即认为声呐阵时空相关函数的相位是 φ，其中 k 是波数，d 是声呐阵基元的间距，θ 是掠射角，θ_m 是声呐阵的法向与水平面的夹角，常称为安装角。一般的测深侧扫声呐中 d 取得比较大，以使 θ 变化时，φ 变化大，则 φ 的测量精度高。但是实际上声呐阵时空相关函数的相位是 η，其中包括 ζ，它是由于声波对海底有一穿透深度引起的。ζ 是 θ 和 d 的函数。只有当 $d<\lambda$ 时，λ 是与声呐工作中心频率对应的声波波长，则 ζ 的贡献才可以忽略，否则 ζ 对 η 有贡献，特别是在声呐正下方附近的贡献更大，甚至大于 φ，致使测深侧扫声呐正下方附近的测深误差很大。选用多条平行等距线阵，间距 d 为 $\lambda/2$，使测深侧扫声呐正下方附近的测深精度达到数字测深仪的精度。其次，高分辨率的波达方向估计（DOA）信号处理方法可以区分不同方向同时到达声呐阵的声回波，因此，它能克服水声信道和复杂水域海底引起的多途效应，提取出所要的回波。这需要把 DOA 成功地与测深侧扫原理结合起来，形成整套的信号处理方法，获得精度高的海底等深线图。基于上述原理设计的测深侧扫声呐被称为高分辨率测深侧扫声呐，简称为 HRBSSS 声呐（High Resolution Bathymetric Sidescan Sonar）。HRBSSS 声呐分辨率高、体积小、重量轻、功耗低以及声呐阵沿载体的长轴安装，特别适用于 AUV、HUV、ROV、拖体和船上，在离海底比较近的高度上航行，获得高分辨率的地形地貌图。

HRBSSS 声呐的电路框图见图 7-21。声呐阵包括左舷和右舷两个声呐阵，在每个声呐阵后部的空腔中安装有声呐接口板。声呐舱包括耐压舱和声呐电子分机。声呐电子分机主要由

12 种电路板组成，它们是 PC104 计算机板、FPGA 控制器板、硬盘接口板、PCI 接口板、双通道发射机板、声呐阵接口板、正交接收机板、数据获取(DAS)板、电源控制板、5.0V 电源板、3.3V 电源板和母板。

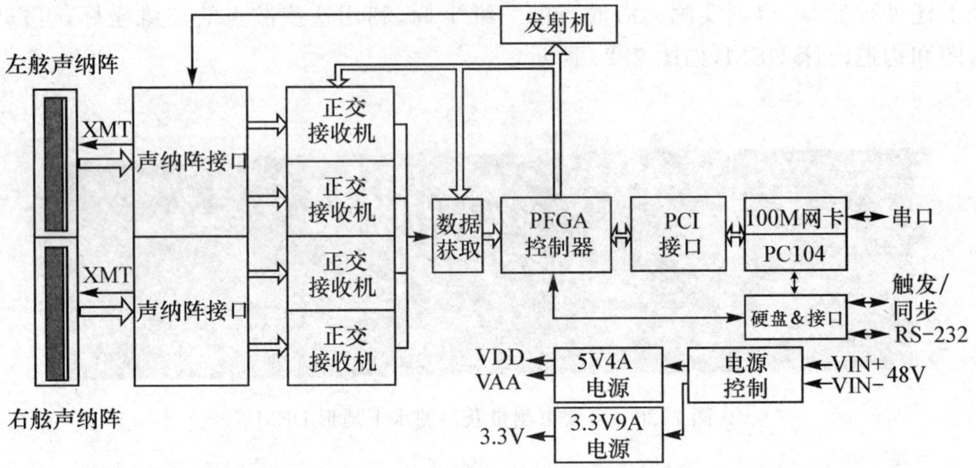

图 7-21　HRBSSS 声呐的电路框图

声呐阵包括左舷和右舷两个声呐阵，图 7-22(a)描绘了 150kHz 的声呐阵结构，图 7-22(a)是正视图，图 7-22(b)是侧视图，图 7-22(c)是声呐阵的外形图。每个声呐阵有线阵腔和电路。

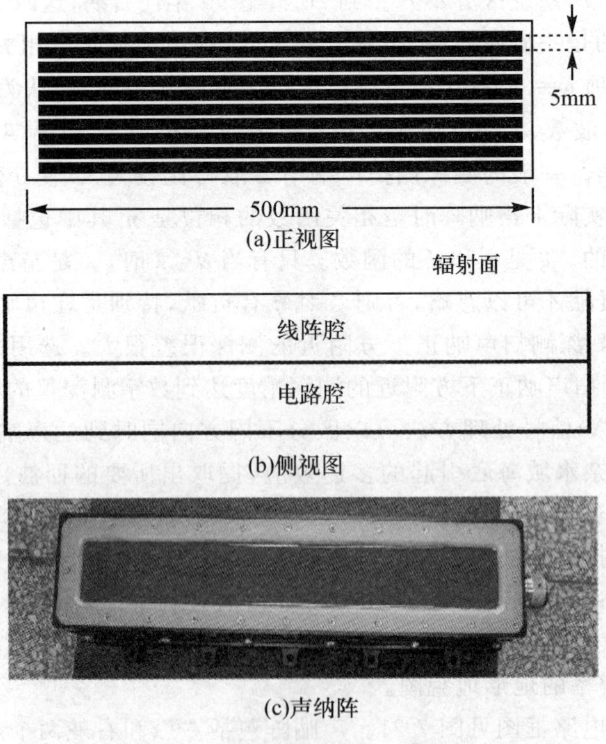

图 7-22　声呐阵结构图与声呐阵

HRBSSS声呐系统软件总体框图见图7-23。自主开发的软件包括水上数字信号处理软件、水上服务器软件、声呐驱动软件和水下主控软件，以及用于调试测试的终端调试测试软件、终端调试测试软件和声呐仿真软件。图中圆圈代表相关硬件。

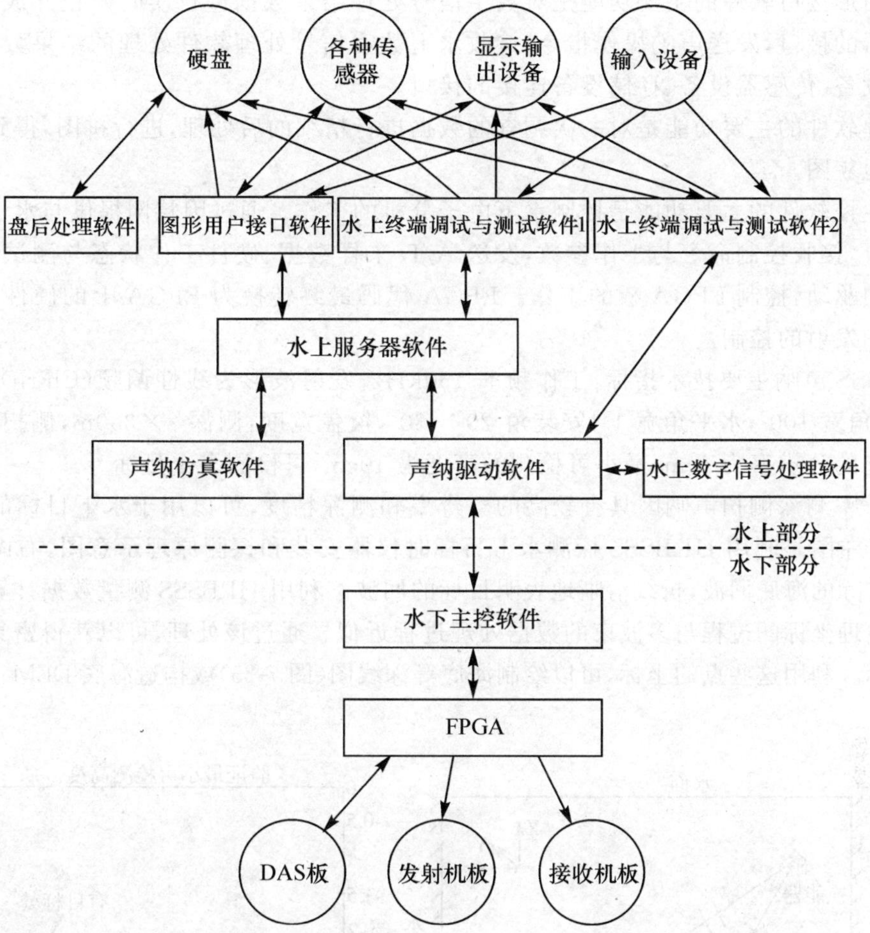

图7-23　HRBSSS声呐系统软件总体框图

HRBSSS声呐软件系统在试验中工作稳定，能够实时进行数据的采集和处理，图形用户接口软件和后处理软件对获得的原始采样数据、侧扫结果、深度结果和各种传感器结果进行后处理，得到了效果良好的微地形地貌图，达到了预期的要求。

下面分别对各部分软件做简要介绍。

水上数字信号处理软件的主要功能是完成对声呐A/D采样数据的处理，得到最终的深度数据和地貌数据。

声呐驱动软件的主要功能是提供与水上服务器软件、水上终端调试和测试软件的接口，使两个软件可控制声呐的工作，提供与水下主控程序的接口，发送控制命令并接收水下控制计算机上传的数据，提供与水上数字信号处理程序的接口，控制数字信号处理软件的工作。

水上服务器软件的主要功能是提供声呐驱动软件与图形用户接口软件的接口，将用户请求操作转换为声呐工作命令与工作参数，并向声呐驱动软件发送，接收数字信号处理的结果数据并向图形用户接口软件发送。

水上终端调试与测试软件的主要功能是完成对声呐的调试与测试。

声呐仿真软件的主要功能是在不连接声呐硬件设备的条件下，完成声呐对外接口的仿真，供开发和调试水上服务器软件和图形用户接口软件时使用。

用户图形接口软件的主要功能是对数字信号处理结果数据进行实时修正并成图；提供与水上服务器的接口，发送声呐操作指令，接收水上数字信号处理软件处理的结果数据，提供与输入输出设备、传感器设备、存储设备连接的接口。

后处理软件的主要功能是对一次调查的数据进行精细的后处理，进行拼图，得到最终的等深线图和地貌图。

水下主控软件的主要功能是控制水下电子分机的工作。通过因特网提供与水上声呐驱动软件的接口，接收控制命令与工作参数，发送 A/D 采样数据、硬件工作状态与测试信息，提供 FPGA 板的驱动，控制 FPGA 板的工作。FPGA 代码最终转换为 FPGA 上的硬件电路，完成系统接收和发射的控制。

HRBSSS 声呐主要技术指标：工作频率 150kHz，发射波形为线性调频（Chirp），波束 3dB 角宽，垂直角宽 100°，水平角宽 1°，安装角 20°～30°，覆盖宽度：测深 2×300m，侧扫 2×400m，垂直于航迹的分辨率为 5cm，最小可检测的高度为 10cm，可检测多个目标。

高分辨率测深侧扫声呐因具有较高的分辨率和测深精度，可以用于水下目标的探测。在图 7-24 中，左图是利用 HRBSSS 探测水下目标时仪器安装和探测原理示意图，右图中的黑色粗线代表实际的海底回波，折线清晰地表明目标的回波。利用 HRBSSS 测量数据计算波束在海底投射点地理坐标的过程与多波束的数据处理过程近似。通过该处理，可以获得密集的海底点的三维坐标。利用这些点的坐标，可以绘制海底等深线图（图 7-25）或构造海底 DEM。

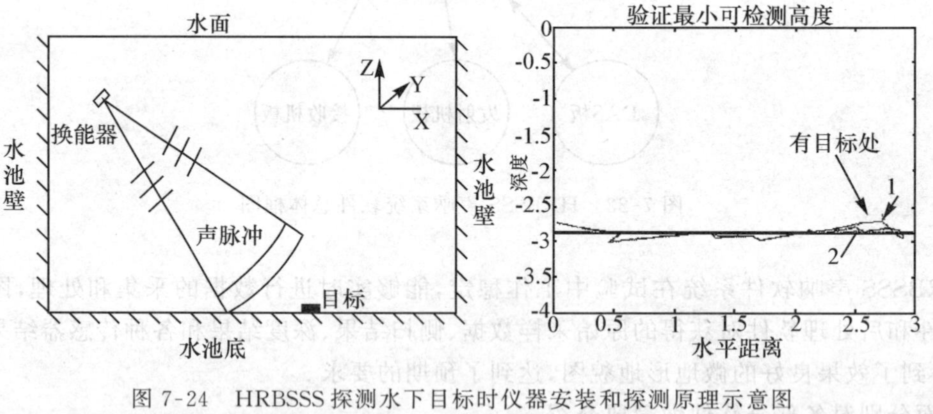

图 7-24　HRBSSS 探测水下目标时仪器安装和探测原理示意图

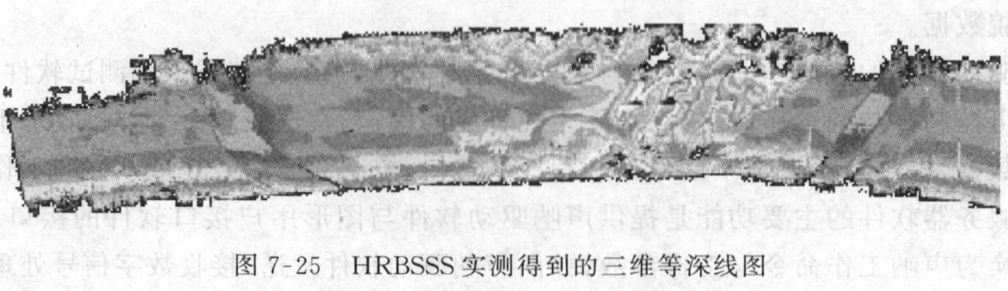

图 7-25　HRBSSS 实测得到的三维等深线图

7.6 基于水下机器人的水下地形测量

前面我们介绍了利用安装在水面船只上的仪器设备实施水下地形测量的各种方法。下面介绍利用水下载人潜水器、水下自治机器人（AUV，Autonomous Underwater Vehicle）或遥控水下机器人（ROV，Remotely Operated Vehicle），集成多波束系统、侧扫声呐系统等船载测深设备，结合水下 DGPS 技术、水下声学定位技术实现水下地形测量的思想和方法。

水下机器人因可以接近目标，利用其荷载的测量设备，可以获得高质量的水下图形和图像数据。因此，自 20 世纪 60 年代开始，陆续有前苏联、美国、加拿大等 10 余个国家开始使用潜水器进行广泛的科学研究工作。目前使用的潜水器以自动式探测器最先进，如德国的 SF_3 型和前苏联的“斯加特”等。“斯加特”号自动式潜水器既可进行海底地形测量，也可测量物理场和化学场。它由两个牢固的集装箱组成，一个装有全部系统和电池，另一个装有测量和研究的仪器。动力为 4 W 的附有螺旋桨的电动机，水下航速为 2 kn。潜水器尺寸为 $2\times1\times0.7\text{m}^3$，排水量 0.4t。探测器内装有水声定位系统，定位中误差为±3 m。图 7-26 为早期的载人潜器（左图）和法国的 Nautile 载人潜器（右图），图 7-27 和图 7-28 分别为美国和我国的 AUV 和 ROV 系统。

图 7-26　早期的载人潜器和法国的 Nautile 载人潜器

图 7-27　美国的 AUSS AUV 系统

图 7-28　我国的 CR-01 ROV 系统

一般地讲，采用水下潜水器进行水下地形测量工作同用水面船只测量的手段和方法大致一样。只是在水下测量时，需要测定潜水器本身的下沉深度。因此，一般需要使用液体静力深度计和向上方向的回声测深仪。侧扫声呐的使用方法与水面船只使用方法是一样的。进行测量时，潜水器的航行坐标采用保障船只或水下海洋大地控制网点来确定。

一些技术比较先进的国家在潜水器上安装了水下立体摄影机。这种随潜水器运动的水下立体摄影测量，在某种程度上同航空摄影地形测量工作原理一样。美国为此作过试验，使用一架测量摄影相机，在沿测线上运动时，获取立体相片，等高线以 2.5m 间距勾绘。图 7-29 为水下立体摄影测量示意图。

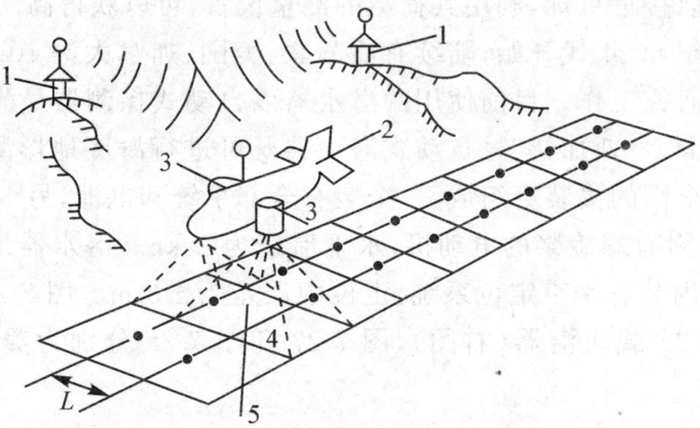

1-应答器；2-潜水器；3-相机；4-相机投影中心；
5-相片覆盖带；L-摄影测量基线

图 7-29　水下摄影测量

在进行水下立体摄影测量时，依据水的透明度和照明情况，仪器离海底的高度一般不超过 5～12m，因而摄影的比例尺是很大的。这也说明了水下立体摄影测量方法效率低和困难较大。因此，进行海底地形测量，最有前途的方法还是利用具有高分辨率的声学系统。声学系统由超声波发射器、水声接收机和电视显示器所组成。出于这种系统超声波衰减性很大，有效作用距离相对较短，但也比光学系统强若干倍，而且不存在光学可见度的问题。现在声呐技术已发展采用声全息摄影技术，对于海底地形测量来说，在潜水器或水面船只上，都可以在海底很大深度上进行具有足够精度的测量工作。这种以衍射为条件的干涉图像制成的全息图，用激光照射时，呈单独点的目标物的水声信息将复原为原来的可见图像。

此外，将多波束、高精度测深侧扫声呐等声呐扫测设备安装在潜航器上，也可以实现对海底的高精度测量，如我国大洋一号上的 6000 m 水下自治机器人 AUV 系统安装了测深侧扫声呐、浅地层剖面仪等设备，用于大洋的海底地形地貌调查。

在进行小范围水域，如狭窄水道、礁区、浅滩区以及滨岸海域的水下地形测量时，可采用水下仪器进行地形测量。利用水下仪器进行地形测量时，应由带专门潜水装备的人员潜下水去进行。观测者之间的联系，可利用水声通讯台进行通讯，如美国的 AN/PQC-2 型水声通讯台可作用距离 450 m；英国采用无导线的水下超声波通讯系统，用一个频道进行工作；法国的 ERU5-2 型橡皮面罩式通讯系统，有效距离为 400 m。水下仪器测量同陆地测量有类似之处，一般情况下，测量工作均以直接观测的技术手段来实施。国外均进行了依靠现代科技成就，完善水下仪器测量的技术工作。如具有 20 s 精度的水下经纬仪由英国研制成功，它的目镜和物镜各具独立的焦距，望远镜筒比陆上大两倍，作为光环的十字丝采用钨丝。经纬仪装置在金属三角架上，用测锤来确定中心。为了防止腐蚀，仪器金属部分用黄铜制成，并装置在密封匣内，可通过变化其压力使之同四周压力达到均衡。该仪器曾在地中海水深 9～12 m 的海底测量了边长平均为 14m 的三角网，定位精度为 2.5 cm。另外，前苏联研制的水下气压水准仪和水下液体比重水准仪可以用来测定水下高差。据试验，前者的测量中误差为± 2.3 mm，后者的测量中误差为±4.6 mm。还有水下激光测距仪，如美国 1968 年试制的水下激光测距仪可以测定的距离为 45m，精度为±15 cm；测定深度为 18 m，精度为±3 cm。其他水下测量仪器还有水下电视摄影仪、水下摄影系统等。

7.7 机载激光测深

机载激光雷达(LIDAR)是一个集现代三种尖端技术于一身的空间测量系统，是 20 世纪 60 年代末 70 年代初开始出现的，经过 30 余年的研制、试验，目前，机载激光测深已进入实用阶段。LIDAR 又分为用于获得地面数字高程模型(DEM)的地形 LIDAR 系统和已经成熟应用的用于获得水下 DEM 的海道测量 LIDAR 系统，这两种系统的共同特点都是利用激光进行探测和测量，这也正是 LIDAR 一词的英文原译，即 Light Detection And Ranging。

随着空间数据应用领域的不断扩大，对获取准确可靠空间数据的要求也越来越高。机载激光雷达 LIDAR 作为一种经济可靠的技术也随之孕育而生。从功能上讲，LIDAR 是一种集激光，全球定位系统(GPS)和惯性导航系统(INS)三种技术于一身的系统，用于获得数据并生成精确的 DEM。这三种技术的结合，可以高度准确地定位激光束打在物体上的光斑。

激光本身具有非常精确的距离校正能力，其测距精度可达几个厘米，而 LIDAR 系统的精确度除受激光本身因素的影响外，还取决于 GPS 及惯性测量部件(IMU)的内在因素影响。随着商用 GPS 及 IMU 的发展，通过 LIDAR 从移动平台上(如在飞机上)获得高精度的数据已经成为可能并被广泛应用。

LIDAR 系统包括一个单束窄带激光器和一个接收系统。激光器产生并发射一束离散的光脉冲，打在物体上并反射，最终被接收器所接收。接收器准确地测量光脉冲从发射到被反射回的传播时间。因为光脉冲以光速传播，所以接收器总会在下一个脉冲发出之前收到前一个被反射回的脉冲。鉴于光速是已知的，传播时间即可被转换为对距离的测量。结合激光器的高度，激光扫描角度，从 GPS 得到的激光器的位置和从 INS 得到的激光始发方向，就可以准确地计算出每一个地面光斑的坐标 X、Y、Z。激光束发射的频率可以从每秒几个脉冲到每秒几万个脉冲。例如，频率为每秒一万的脉冲，接收器将会在一分钟内记录六十万个点。一般而言，LIDAR 系统的地面光斑间距在 2～4 m 不等。

有些 LIDAR 系统能记录同一脉冲的多次反射。光束可能先打在树冠的顶端，其中的一部继续向下打在更多的树叶或枝干上，有些甚至打在地面上被返回，这样就会有一组多次返回的具有 X、Y、Z 坐标的点记录。这个技术不仅可以用于获取地面高程，还可以同时获取树高及建筑物的高度等。鉴于地形地物的不同，激光束的反射特性也不同，例如用于地形测量的激光将不能穿透水面，并且只能记录很少的有关水面的数据。如需要记录海底地形，则应使用不同参数的 LIDAR 技术。

与上面所讲的地形机载激光雷达相比，海道测量机载激光雷达的使用要早得多。机载 LIDAR 的海道测量是从 20 世纪 60 年代中期发展起来的。最先进可靠的一种设备叫做扫描海道测量机载激光雷达测量(SHOALS)系统。它是一种多用途的海道测量 LIDAR 系统。

SHOALS系统与地形 LIDAR 有几个基本的不同，首要区别在于大多数地形 LIDAR 系统只用单光源(多采用近红外光束)测量物体，而 SHOALS 系统则用了两种不同波长的激光束对水底进行测量。SHOALS 在采用红光(或红外光)测量水面的同时，用蓝绿光穿透水面测量水底。海道测量 LIDAR 同时发射两束不同波长的激光脉冲射向水面，红光在水面被直射反射回，而蓝绿光在穿透水底后被海底反射回，这两个光束的接收时间差即为水的深度。第二个区别是激光束发射频率的不同。地形 LIDAR 一般为 30kHz 以上，而 SHOALS 系统的频率相当低，多为 400 Hz。最后一个区别在于两个系统完全不同的能量要求。地形 LIDAR 系统可以在小型飞机或直升飞机上操作，而 SHOALS 系统则需要较大型的飞机提供更多的能量。这是因为 SHOALS 系统需要更高能量的激光束穿透水层以测量水底。

通常，海道测量 LIDAR 所能测量的海水深度为 50 m，此深度随水质清晰度的不同而变化。因此可探深度对 SHOALS 系统而言是其水下应用的一个重要限制因素。

机载激光雷达是一种低成本高效率获取空间数据的方法。其绝对精度可在 0.1m 到 0.5m之间。它的优势在于对大范围、沿岸岛礁海区、不可进入地区、植被下层、地面与非地面数据的快速获取，而这正是用其他方法所不能得到的或是在高昂成本下才能获得的。因此 LIDAR 技术提供了一种方便、快速、节省的空间数据获取方法。

下面介绍用于海洋深度测量的 LIDAR 系统的工作原理、系统组成和应用。

激光是一种具有高度单色性，良好的相干性和强度上的彩色光源。机载激光测深原理与回声测深的原理相类似。如图 7-30 所示，从飞机上向海面发射两种波段的激光，其中一种为波长 1064 nm 的红外光，另一种为波长 532 nm 的绿光，红外光被海面反射，绿光则透射到海水中，到达海底后被反射回来。这样，两束反射光被接收的时间差等于激光从海面到海底的传播时间的两倍。考虑海水折射率后，激光测深的公式为：

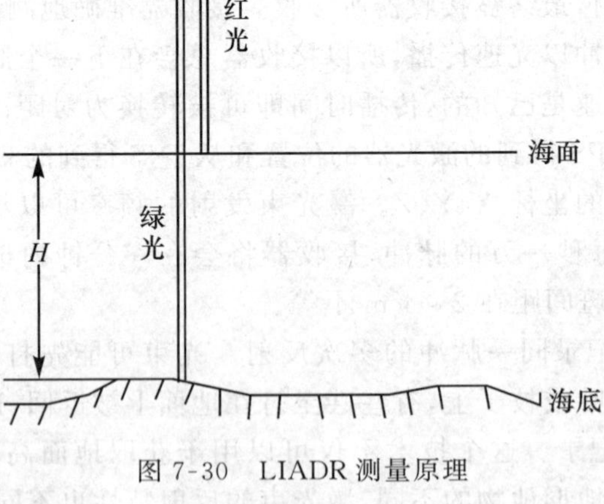

图 7-30　LIADR 测量原理

$$Z=\frac{1}{2}G\cdot\Delta T/n \tag{7-41}$$

式中：G 为光速；n 为海水折射率；ΔT 为所接收红外光与绿光的时间差。

不同的机载激光测深系统所发射的红外激光和绿光的波长稍不相同，如澳大利亚的 LADS Ⅱ系统的红外激光波长为 1064 nm，绿光为 532 nm。美国的 HALS 系统则相应为

1060 nm 和 530 nm。在 520～535 nm 间的绿光波段，海水对这一波段的光吸收最弱，因此，这一波段称为“海洋光学窗口”。机载激光测深系统的最大探测深度，理论上可以表达为：

$$L_{\max}=\frac{\ln(P'/P_B)}{2\Gamma} \tag{7-42}$$

式中：P' 是一个系统参量，定义为 $P'=P_L\rho AE/\pi H^2$。其中 P_L 为激光峰值功率，ρ 为大气-海水界面的反射率，A 为光探测器接收面积，H 为深度，E 为接收机的效率；P_B 为背景噪声功率(W)；Γ 为海水有效衰减系数。P_B 和 Γ 取决于海区自然条件与海水特性，背景噪声 P_B 与阳光有关。

机载激光测深系统目前测深能力一般都在 50 m 左右，其测深精度在 0.3 m 左右。

激光测深系统的组成一般有六大部分。

(1) 测深系统(DSSS)。测深系统使用两组激光光束，发射以每秒脉冲数为 168 次 N_d 和 YAG 激光脉冲。红外光束向海面垂直发射，获取离海面的高度；绿光脉冲以垂直于飞行航向，通过扫描镜获取航线下 268 m 宽的海面扫描线，从而获得一定间隔的海水深度。

(2) 导航系统(NSS)。多采用 GPS 定位系统。

(3) 数据处理分析系统(DPSS)。用来处理、记录位置和水深数据，也处理、记录系统操作所需的其他数据。

(4) 控制-监视系统(CNSS)。用于系统操作员在控制台对系统进行实时控制和监视。

(5) 地面处理系统(GPSS)。由于激光测深获取的数据量十分庞大，机上计算机不可能进行实时计算。因而必须有地面处理系统对机上的实时记录进行处理。其处理内容包括：

① 对所记录的红绿光束进行波形识别，进行滤波和内插处理。

② 计算该海区的混浊度和最大测深能力。

③ 计算各个点的深度并进行各项改正。

④ 获得每个点的位置(X、Y)和深度 Z，并进行可靠性评估。

(6) 飞机与维修设备。装载激光的飞机及维修设备也是这个系统中不可缺少的部分。飞机可以是直升机，也可以是固定机翼飞机。

机载激光测深具有速度快、覆盖率高、灵活性强等优点，因此在某些领域大有可为。机载激光测深可作常规海道测量之用，这也是研制机载激光测深系统的始动力。机载激光测深具有快速实施大面积测量的优点，被海洋大国广泛应用于沿岸大陆架海底地形测量之中。如澳大利亚用来对其 2.10×10^6 km^2 的大陆架测量，使用情况表明测量成果良好可靠。加拿大用其 ARSEN-500 测量北极海域，克服了天气恶劣、海况复杂等困难，效益明显。其它各国的海试表明，机载激光测深是测深技术的一次革命，虽然它不能替代回声测深，但其潜力不可低估。除了常规的海底地形测量之外，机载激光测深的覆盖率高决定了它还能提高探测航行障碍物的探测率。同时，机载激光测深还能提高发现水下运动目标(如潜艇)的发现概率。对无深度信息的登陆场，机载激光测深可迅速、安全地获取信息，从而提高快速反应部队的作战能力。机载激光还可用来测量海区的混浊度，测定温度、盐度。在海洋工程中，机载激光测深可以测定港口的淤积等。

7.8 测线布设

为能够采集到海区内足够的海底地形测量数据，以能够反映海底地形地貌起伏状况，提高发现海底特殊目标的能力以及考虑到测量仪器载体的机动性和测量的效率、费用、安全等因素，在海底地形测量之前需要设计和布设测线。测线是测量仪器及其载体的探测路线，分为计划测线和实际测线。一般情况下的海上测量是在定位仪器的引导下，测量仪器及其载体按照计划测线实施测量。有别于陆地测量，海底地形测量测线一般布设为直线。海上测线又称测深线。测深线分为主测深线和检查线两大类。主测深线是计划实施测量的主要测量路线，检查线主要是对主测深线的测量成果质量进行检测而布设的测线。

确定测线布设的主要考虑因素是测线间隔和测线方向。

1. 测深线的深隔

测深密度是指同一测深线上水深点之间所取的间隔，它对反映海底地形有极其密切的关系，一般而言，密度越大海底地形显示得越完善、越准确。

测深线的间隔是主要根据对所测海区的需求、海区的水深、底质、地貌起伏的状况，以及测深仪器的覆盖范围而定的。总之，以满足需要又经济为原则。国内外具体处理方法一般有两种，一种是规定图上主测深线的间隔为 10mm 的情况下，根据上述原则确定海区的测图比例尺；另一种是根据上述原则先确定实地上主测深线的间隔，再取其图上相应的间隔，如 6 mm、8mm、10 mm，最后确定测图比例尺。我国采用前者，规定如下：港池以及一些面积较小但较重要的岛屿周围，以 1∶5000 比例尺施测；港湾、锚地、狭窄水道、岛屿附近及其他有较大军事价值的海区，以 1∶10000 比例尺施测；开阔的港湾、地貌较复杂的沿岸海区及多岛屿海区，以 1∶25000 比例尺施测等。

我国的《海道测量规范》对不同海区情况下的测线间隔给出了详细的要求。一般情况下，主测线间隔为图上 10 mm。对于需要详细勘测的重要海区和海底地貌比较复杂的海区，主测深线间隔适当缩小或放大比例尺施测。螺旋形主测线间隔一般为图上 2.5 mm，辐射形主测深线间隔最大为图上 10 mm，最小为图上 2.5 mm。在一些复杂海区和使用者特殊的要求下，有时还要布设密于测深线间隔的测深线，即加密测深线。加密测深线的间隔一般为主测深线间隔的二分之一或四分之一。布设加密测深线的目的在于详细探测狭窄航道、码头附近和复杂海区的地形地貌以及障碍物。

以上测深间隔主要是针对单波束测深仪测量而确定的。随着多波束测深、侧扫声呐以及激光测深方法在海底地形测量中的应用，新版国际海道测量标准 S-44 给出了测线间距的最新推荐准则：

(1) 单波束回声测深仪的测量间距。为达到 S-44 中规定的精度，作计划时需要制定一个原始的测线间距，并把它作为加密测深模型的一个出发点。建议的原始测线间距如表 7-2。表 7-2 仅为参考值，根据所用的设备和海底特征，测线间距可进行适当地调整。

表 7-2　**原始测线间距**

等级	原始测线间距/m
1	10
2	100
3	200
4	500

(2) 侧扫声呐的测线间隔。假如可保证相邻的侧扫声呐扫描带间的最小重叠为 20%，在侧扫声呐与单波束回声测深仪或多波束回声测深仪一起使用的地方，可以放宽建议的原始测

线间距。此外，必须保证拖鱼正下方的海底有适当的覆盖(以消除探测盲区)。

(3) 多波束的测线间隔。在一级和二级测量海域，须对每个波束的测量精度进行适当的评估。若任何外侧的波束存在不可接受的误差，它们将被拒绝进入测深模型的计算。假如地理条件允许，单波束回声测深仪和多波束测深仪检查线应当至少与所有扫描带交叉一次，以检查定位、测深和水深改正的精度。两条平行的测线外侧波束应保持至少20%的重叠。

(4) 机载激光测线间隔。由机载激光测得的航行障碍物应当用单波束回声测深仪、多波束回声测深仪或高密度机载激光系统进行检测。检查线应当至少与所有扫描带交叉一次，以便用这种方法鉴定定位、测深和水深改正的精度。

(5) 检查测深线间隔。为了评定水深测量成果质量，检查测深与定位是否存在系统误差而布设的测深线。要求测深线尽量布设于海底平坦处，尽量与主测深线垂直，分布均匀，总长度为主测深线总长度的5%～10%。一般而言检查线的间隔不得超过主测线间隔的15倍。

2. 测深线方向

测深线方向是测深线布设所要考虑的另一个重要因素，测线方向选取的优劣会直接影响测量仪器的探测质量。选择测深线布设方向的基本原则如下：

(1) 有利于完善地显示海底地貌。近岸海区海底地貌的基本形态是陆地地貌的延伸，加上受波浪、河流、沉积物等的影响，一般垂直海岸方向的坡度大、地貌变化复杂；而平行海岸方向的坡度小、地貌变化简单。因此，应选择坡度大的方向布设测深线。在平直开阔的海岸，测深线方向应垂直等深线或海岸的总方向。

(2) 有利于发现航行障碍物。平直开阔的海岸，测深线垂直海岸总方向，减小波束角效应，有利于发现水下沙洲、浅滩等航行障碍物；在小岛、山嘴、礁石附近，等深线往往平行于小岛、山嘴的轮廓线，该区布设辐射状的测深线为宜；锯齿形海岸，一般取与海岸总方向约成45°的方向布设测深线。

(3) 有利于工作。在海底平坦的海区，可根据工作上的方便选择测深线的方向，以利于船艇锚泊与比对、减少航渡时间。此外，在可能的条件下测深线不要过短，也不要经常变换测深线的方向。

以上测线布设方向的基本原则大都是针对单波束测深而言的，对多波束测深、侧扫声呐、激光测深和其他扫海系统还要考虑测量载体的机动性、安全性、最小的测量时间等问题，同时参照上述原则，选择最佳的测线方向。

7.9 测深精度

为了满足不同目的的实际要求，国际海道测量组织(IHO)确定了新的测量标准。不再依照传统的单波束测量模式确定探测方式和探测精度，而是依据探测海区的精度要求、海底覆盖率不同划分定义了四种测量等级。

一级测量：一级海道测量只适用于海道测量部门明确规定的重要海区，在这些海区，船舶只能以最小吃水净深航行，并且其海底特征可能对船只航行有危险，例如对重要海峡、港口、码头、锚地和海底浅层结构的详细探测。一级测量要求必须把所有误差源降到最小限度，一级测量的测线间距要小，并要求使用侧扫声呐、换能器阵列组成高分辨率多波束回声测深仪达到100%的海底覆盖率。测量时必须保证测深仪器能分辨出大于1 m^3 的物体。在可能遇到危险障碍物的海区或狭窄海区，必须使用侧扫声呐和多波束回声测深仪。

二级测量:二级测量适用于其他港口、入口航道、一般的沿岸和内陆航道,在这些海区,船只的吃水距海底有较大的净深,或海底的地质特征对船只航行的危险较小(例如松散的淤泥和沙底质)。二级测量应限于水深小于100m的海区使用。虽然它对海底覆盖的要求不同一级测量那么严格,但对海底特征对船只有潜在危害的区域仍要求100%全覆盖。在覆盖区域,测深仪器必须保证能分辨出20 m水深内大于2 m^3 的物体,或水深超过20 m时,大于10%水深体积的物体。

三级测量:三级测量适用于水深浅于200 m且不被一、二级测量覆盖的海区。在这些海区内,普通的水深测量方式就能充分保证海底的障碍物不会危及船只航行。在各种海事活动中,当采用高等级的海道测量不大合适时,就要采用三级测量。

四级测量:四级海道测量适用于水深超过200 m且不被一、二、三级海道测量所覆盖的其他所有海区。

根据以上标准,IHO确定了新的海道测量最低精度指标,见表7-3。

表7-3 **新海道测量最低标准**

等级	一级	二级	三级	四级
典型海区举例	重要航道、锚地、最小净深的港口	航道、推荐航道、港口及港口入口(水深小于100m)	一、二级测量中未规定的沿岸海区或水深小于200m的区域	一、二、三级测量中未规定的非沿岸海区
水平精度(置信度95%)	±2 m	±5 m	±20 m	±150 m
改正后的水深精度(置信度95%)	a=0.25 m b=0.0075	a=0.25 m b=0.013	a=1.0 m b=0.023	同三级测量
覆盖率	100%	≤100%	不适用	不适用
测深精度模型(置信度95%)	不适用,要求100%覆盖率	a=0.25 m b=0.0075	a=0.25 m b=0.0075	a=0.25 m b=0.0075
最大测线间隔	不适用,要求100%覆盖率	2-3倍平均深度	3~4倍平均深度;若4倍平均深度小于200m时为200 m	4倍平均深度

表中列出的相应的a、b值带入下面公式,可计算测深精度。

$$\pm\sqrt{[a^2+(b\cdot d)^2]} \tag{7-43}$$

式中:a为深度误差常数,即所有常量误差之和;b为深度相关误差系数;$b\cdot d$为深度相关误差,即所有深度相关误差之和;d为深度。

水深精度应理解为改正后水深的精度。在确定水深精度时,需对各误差源进行定量表示。由于水深测量的特点是测量深度数据缺少多余观测值,因而水深精度主要取决于对影响水深值的系统误差和可能的随机误差的估计精度。对影响探测水深值的所有可能误差的综合估计是提高水深精度的关键,所以要考虑所有误差源综合影响以得到总传播误差。总传播误差由所有对测深有影响的因素所造成的测深误差组成,其中包括:① 与声信号传播路径(包括声速剖面)有关的声速误差;② 测深与定位仪器自身的系统误差;③ 潮汐测量和模型误差;④ 船只航向与船摇误差;⑤ 由于换能器安装不正确引起的定位误差;⑥ 船只运动传感器的精度引起的误差，如纵横摇的精度、动态吃水误差；⑦ 数据处理误差等。这些误差都会影响探测水深的精度，应当采用统计的方法，对所有已知的误差进行考虑，以确定水深精度。经统计确定的总传播误差(置信度为95%)旨在用于描述水深精度。由于上述误差可以分为误差常数和水深相关误差，表中给出了经过专家论证的误差常数 a 和水深相关误差 b 值，利用所给的公式来计算各级测量的水深允许误差，其置信度为95%，依次作为约束各级测量的测量数据精度的限差。

为了解释所有的误差源，必须对误差大小进行估计，国际海道测量组织在S-44测量标准中给出了其估计形式：

$$\sigma_{\mathrm{rpd}}(2d\mathrm{rms})=\pm\sqrt{\sigma_n^2+(\tan(\theta)\sigma_d)^2+(d\sigma_r)^2+(d\sigma_p)^2+(d\tan(\theta)\sigma_g)^2+\left(\frac{\sqrt{5}d\tan(\theta)}{2v}\right)^2(\sigma_v)^2} \tag{7-44}$$

$2d$rms即径向位置误差(置信度为95%)，是下列误差平方和根的2倍：定位系统引起的误差 σ_n、水深测量误差 σ_d、横摇误差 σ_r、纵摇误差 σ_p、航向(陀螺罗经)误差 σ_g 和声速误差(波束角分量) σ_v。等式中 d 是换能器的水深，v 是平均声速，θ 是从最下方起算的波束角。

上面讨论的是根据多波束系统获取的数据误差源及其估计公式，而对于其他测深仪器测深误差的估计，则可以根据不同仪器的实施探测情况，对一些误差进行取舍。例如，单波束测深一般情况下可以不考虑 σ_r、σ_p、σ_g 等误差的影响，但对于倾斜的海底必须进行海底倾斜改正。又如测量船的动态吃水影响误差，上式并没有估计，对于大多数高精度探测而言，由于不同船速下动态吃水影响不同，因此还必须估计到测量船动态吃水误差。

总之，提高海洋测深精度的方法，一方面是尽可能利用高精度仪器监测并减弱测量中的各种误差，另一方面就是利用上述误差模型进行误差估计。

我国《海道测量规范》中以回声测深仪为例，给出了水深测量极限误差(置信度为95%)的规定(表7-4)，同时《海道测量规范》也对主检查线水深比对及图幅拼接比对的限差作了规定。在进行系统误差检验及粗差检验后，由重合点水深(两点相距图上1.0 mm以内)所列出的主检测深点不符值限差为表7-5，规定超限的点数不得超过参加比对总数的15%。

表7-4　**主检查线水深比对及图幅拼接比对的限差规定**

测深范围 Z(m)	极限误差 2σ(m)
$0<Z\leqslant20$	±0.3
$20<Z\leqslant30$	±0.4
$30<Z\leqslant50$	±0.5
$50<Z\leqslant100$	±1.0
$Z>100$	±$Z\times2\%$

表7-5　**剔除系统误差和粗差后，主检不符值限差**

测深范围 Z (m)	极限误差 2σ (m)
$0<Z\leqslant20$	±0.5
$20<Z\leqslant30$	±0.6
$30<Z\leqslant50$	±0.7
$50<Z\leqslant100$	±1.5
$Z>100$	±$Z\times3\%$

7.10 水位改正

由于海洋潮汐现象的存在,海面周而复始地作周期性的升降运动,因而深度测量往往探测到的是某点某一时刻的瞬时海面到海底的深度。为了正确地利用探测到的水深信息绝对的反映海底地貌并为相关部门服务,就要确定一个固定的深度参考基准,以消除水面的动态影响。除了对一些复杂的影响因素(如波浪、声速改正等)需要利用特殊的仪器和监测程序 加以消除以外,水深探测所要估计的最大影响因素就是海洋潮汐的影响。一般情况下,消除原始测深数据中的潮汐因素的方法就是在一定基准控制下对测深数据逐时逐点进行水位改正。因此,海道测量的水位控制问题的关键两个因素就是基准问题和水位改正问题。

垂直基准面的问题在第五章已经介绍,下面主要介绍水位改正的问题。

水位改正是将测得的瞬时深度转化为一定基准上的较为稳定数据的过程,是海道测量测深数据处理的一项重要工作。在海道测量中比较常用的基准一般采用当地深度基准面,我国目前法定的深度基准面是理论深度基准面。

水位改正的目的是尽可能消除测深数据中的海洋潮汐影响,将测深数据转化为以当地深度基准面为基准的水深数据。在实际测量过程中不可能观测测区内每一点的潮汐变化,因此,水位观测过程中采用以"点"带"面"的水位改正方法,这在验潮站的有效范围内,符合潮汐变化规律。水位改正方法主要有单站水位改正法、线性内插法、水位分带法、时差法和参数法等。当然,每种方法都有其假设条件。所以,在具体实施海道测量时应根据实际情况选择合适的改正方法。

1. 单站水位改正法

当测区处于一个验潮站的有效范围内,可用该站的水位资料来进行水位改正。如图 7-31 所示,$\Delta Z_{水}$ 表示水位改正(从深度基准面起算的潮高),$Z_{测}$ 表示测得的瞬时水深值,则图载水深 $Z_{图}$(从深度基准面起算的水深)为:

$$Z_{图}=Z_{测}-\Delta Z_{水} \tag{7-45}$$

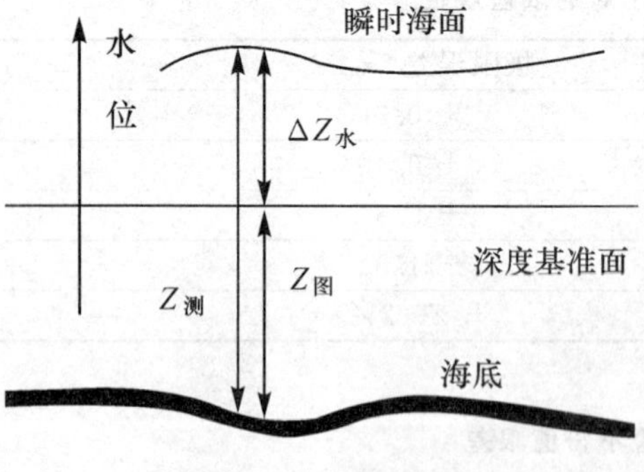

图 7-31 深度基准面

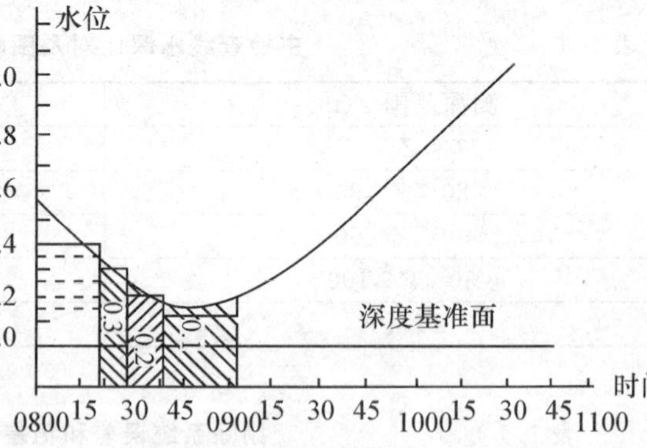

图 7-32 潮位与深度基准面

为求得不同时刻的水位改正数,一般采用图解法和解析法。图解法就是绘制水位曲线图,横坐标表示时间,纵坐标表示水位改正数,如图 7-32,可求得任意时刻的水位改正数。

解析法就是利用计算机以观测数据为采样点进行多项式内插来求得测量时间段内任意时刻的水位改正数的方法。常用的内插方法有抛物线插值、二次样条插值等。插值的数学模型在计算数学中多有介绍，这里不再重复。大量实践表明，最小二乘拟合插值计算结果的方差较小且稳定。

2. 线性内插法

如图 7-33，当测区位于 A、B 两验潮站之间，且超出两站的有效控制范围时，对测区内各点的任意时刻水位改正方法一般有两种，一是在海区设计时增加验潮站的数量；二是在一定条件下，根据 A、B 两站的观测资料对控制不到的区域进行线性内插。

线性内插法的假设前提是两站之间的瞬时海面为直线形态。此法也同样适应三站的情况，其基本数学模型为：

$$Z_x = Z_A + \frac{Z_B - Z_A}{S} D \qquad \text{两站水位改正数模} \qquad (7\text{-}46)$$

$$\begin{vmatrix} x - x_A & y - y_A & Z_x(t) - Z_A(t) \\ x_B - x_A & y_B - y_A & Z_B(t) - Z_A(t) \\ x_C - x_A & y_C - y_A & Z_C(t) - Z_A(t) \end{vmatrix} = 0 \qquad \text{三站水位改正数模} \qquad (7\text{-}47)$$

上式中，Z_i 为对应 i 点某时刻的水位值；(x_i, y_i) 为对应 i 点的平面坐标，$i = A, B, X$；D 为测点到 A 点的距离。

3. 水位分带改正法（分带法）

水位分带改正法分为两站水位分带改正、三站水位分带改正（又称三角分带）。

两站水位分带改正法。如图 7-34 所示，水位分带的实质就是利用内插法求得 C、D 区的水位改正数，与线性内插法不同，分带所依据的假设条件是两站之间潮波传播均匀，潮高和潮时的变化与其距离成比例。确切地讲，就是要求两站间的同相潮时和同潮潮高的变化与距离成比例。

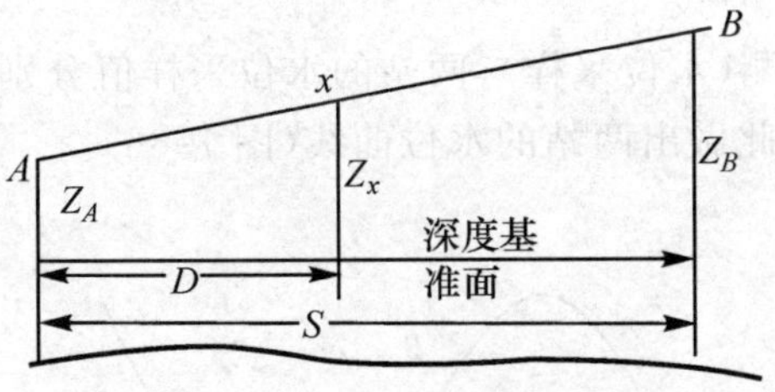

图 7-33　两站线性内插示意图

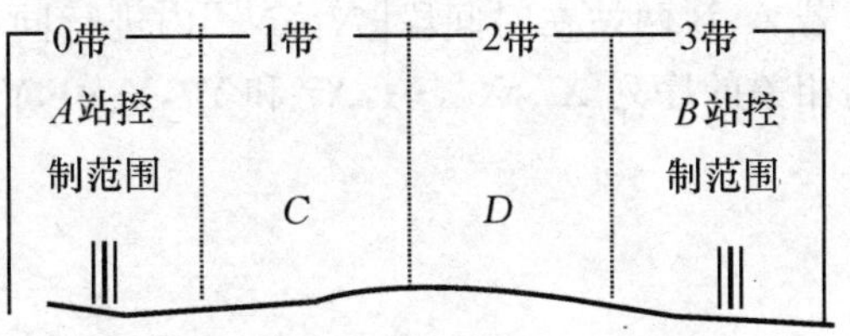

图 7-34　验潮站控制区域

分带条件：① 当测区有潮波图时，可以判断主要分潮的潮波传播是否均匀，来确定分带与否。② 若测区无潮波图时，可根据海区自然地理（海底地貌、海岸形状等）条件，以及潮流等因素加以分析。一般而言，潮波经过岛屿、海角等地区，变形较大，分带应特别注意。若没有把握，则应设立验潮站。当然，实际潮波在沿岸区域很难达到真正传播均匀，只是相对而言。当两站距离较近，当地的地理条件对潮波自由传播影响不大时，可以认为潮波传播均匀。否则，设站检验。

分带的基本原则：分带的界线方向与潮波传播方向垂直。

分带原理：具体分为几带是由具体情况决定。两验潮站之间的水位分带数由下式确定：

$$K = \frac{\Delta \zeta}{\delta_Z} \qquad (7\text{-}48)$$

式中：K 为分带数；δ_z 为测深精度；$\Delta\zeta$ 为两验潮站深度基准面重叠时，同一时刻两验潮站间的最大水位差。分带时，相邻带的水位改正数最大差值不超过测深精度 δ_z。则根据某时刻 A 站或 B 站的水位数就可以推算出 C 带、D 带内某时刻的水位改正数。

三站水位带改正法（又称三角分带法）分带原则、条件、假设与两站水位分带改正法基本相同，其主要是为了加强潮波传播垂直方向的控制，需采用三站水位分带改正法。

如图 7-35 所示，三站水位分带改正法的基本原理为：先进行两两站之间的水位分带，在计算分带时应注意使其闭合。这样在每一带的两端都有一条水位曲线控制（求法与前述相同）。如在第Ⅱ带，一端为 C 站的水位曲线，另一端为 AB 边的第 2 带的水位曲线。若两端水位曲线同一时刻的 $\Delta\zeta$ 值大于测深精度 δ_z，则该带还需分区。图 7-35 中，分区数为 2，各区分别为 $Ⅱ_0$、$Ⅱ_1$ 和 $Ⅱ_2$。$Ⅱ_1$ 水位曲线就是由 C 站和 AB 边的第 2 带的水位曲线内插获得的。

以上介绍的两站和三站分带水位改正法为水位分带的图解法。在实际应用过程中，可以根据基本原理利用计算机进行编程计算，关于这方面的内容不再叙述。另外，对于大范围测区，验潮站的数量可能多于 3 个，其水位改正方法则变成以两站、三站分带为基本水位改正单位，联结成改正网，再分带、分区进行任意时刻的水位改正。

4. 时差法

时差法水位改正是水位分带改正法的合理改进和补充。其所依赖的假设条件与水位分带改正法的假设条件相同，即两验潮站之间的潮波传播均匀，潮高和潮时的变化与其距离成比例。

时差法是在上述假设的前提下，运用数字信号处理技术中互相关函数的变化特性，将两个验潮站 A、B 的水位视作信号，这样研究 A、B 站的水位曲线问题就转化为研究两信号的波形问题，通过对两信号波形的研究求得两信号之间的时差，进而求得两个验潮站的潮时差，以及待求点相对于验潮站的时差，并通过时间归化，最后求出待求点的水位改正值。

两个验潮站的潮时差求解。

若 A、B 两站在时间段 $[N_1, N_2]$ 内进行同步观测（水位采样），两站的水位采样值分别为与时间相关的序列 $X_1, X_2, \cdots, X_n$ 和 $Y_1, Y_2 \cdots, Y_n$，依此做出两站的水位曲线（图 7-36）。

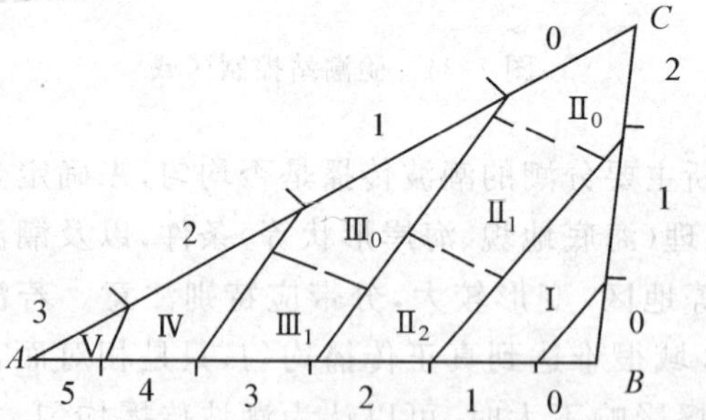

图 7-35　三站分带示意图

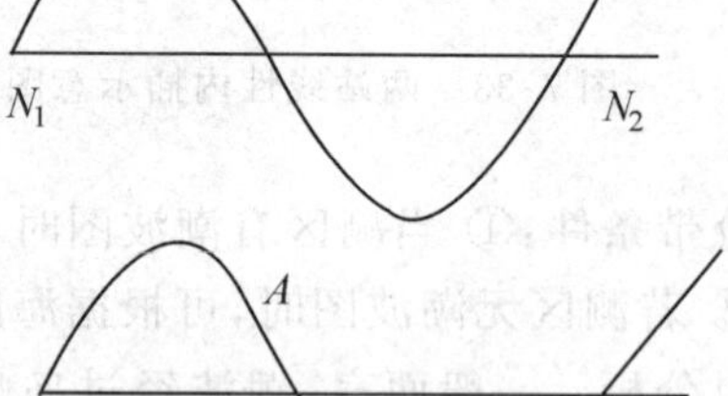

图 7-36　两潮位站的水位变化曲线

首先，在进行改正前，探讨两站水位曲线的相似程度。从离散数学原理可知，两曲线的相似程度是由一定采样值的相关系数决定。相关系数 R 公式为：

$$\frac{Q}{\frac{1}{N_2-N_1+1}\sum_{n=N_1}^{N_2}X_n^2}=1-R_{xy}^2(N_1,N_2) \tag{7-49}$$

$$R_{xy}(N_1,N_2)=\frac{\sum_{n=N_1}^{N_2}X_nY_n}{\sqrt{\sum_{n=N_1}^{N_2}X_n^2\sum_{n=N_1}^{N_2}Y_n^2}} \tag{7-50}$$

$|R|$接近1时，两曲线就越相似；$|R|$接近0时，两曲线就不相似。所以，R的大小是X_n与Y_n相似程度的度量。一般进行数学计算时，对水位曲线离散化处理。由于两验潮站之间存在或大或小的潮时差，要确定两验潮站水位曲线的相似性则还必须对其中一站的水位曲线进行延时处理。即研究在时移中X_n与Y_n的相似性。这里把Y_n延τ时，使之变为$Y_{n\tau}$。

X_n与$Y_{n\tau}$的相关系数为：$R_{xy}(\tau)$是τ的函数，又称为X_n与Y_n的互相关函数，τ为Y_n的延时时间。

$$R_{xy}(\tau)=\frac{\sum X_nY_{n-\tau}}{\sqrt{\sum X_n^2\sum Y_{n-\tau}^2}} \tag{7-51}$$

针对不同的τ，$R_{xy}(\tau)$也不同，当τ为某一个值τ_0，$R_{xy}(\tau)$达到最大值，也说明Y_n延时时间τ_0后，与X_n最相似。实际上，τ_0就是两曲线的相似时差，也就是A、B两验潮站的潮时差。可以看出，τ_0的求解过程是一个迭代计算过程。

同样对于三个验潮站的情形，如图7-35所示的A、B、C中，可以利用上述方法，求得它们彼此间的潮时差。若以A站为基准，则建立$xy\tau$空间直角坐标系（(x,y)为验潮站的坐标），有$A(X_A,Y_A,0)$、$B(X_B,Y_B,\tau_B)$、$C(X_C,Y_C,\tau_C)$，根据方法的假设条件，三个验潮站中的任意一点$P(X_P,Y_P,\tau_P)$必位于上述A、B、C三点组成的空间平面上，可以得到任意一点P的时间延时τ_P为：

$$\tau_P=\frac{\{(X_P-X_A)[(Y_C-Y_A)\tau_B-(Y_B-Y_A)\tau_C]+(Y_P-Y_A)[(X_B-X_A)\tau_C-(X_C-X_A)\tau_B]\}}{[(X_B-X_A)(Y_C-Y_A)-(Y_B-Y_A)(X_C-X_A)]} \tag{7-52}$$

由于上面求得的时间延时τ_B、τ_C、τ_P均以A点为基准，欲求待定点P的t时刻的改正数，则需t_A、t_B、t_c将时间改化为与待定点P为t时刻相对应的时间，转化公式为：

$$t_A=t+\tau_P \quad t_B=t+\tau_P-\tau_B \quad t_C=t+\tau_P-\tau_C \tag{7-53}$$

根据t_A、t_B、t_C可分别求出对应时刻A、B、C各站从深度基准面起算的水位值。计算时，对于定点站用预报值，对于沿岸站用水位插值。最后将各站水位值归算到深度基准面上的水位值ζ_A、ζ_B、ζ_C。同样可建立$xy\zeta$空间直角坐标系，三站坐标为$A(X_A,Y_A,\zeta_A)$、$B(X_B,Y_B,\zeta_B)$、$C(X_C,Y_C,\zeta_C)$。根据方法的假设条件，三个验潮站中的任意一点$P(X_P,Y_P,\zeta_P)$必位于上述A、B、C三点组成的空间平面上，可得任意P点t时刻的水位改正值ζ_P为：

$$\begin{aligned}\zeta_P=\zeta_A+\{&(X_P-X_A)[(Y_C-Y_A)(\zeta_B-\zeta_A)-(Y_B-Y_A)(\zeta_C-\zeta_A)]+\\&(Y_P-Y_A)[(X_B-X_A)(\zeta_C-\zeta_A)-(X_C-X_A)(\zeta_B-\zeta_A)]\}/\\&[(X_B-X_A)(Y_C-Y_A)-(X_C-X_A)(Y_B-Y_A)]\end{aligned} \tag{7-54}$$

实际应用时可将此法编程进行计算，方便、快速、精度较高。

5.参数法

参数法直接从潮汐水位曲线的整体变化入手，采用最小二乘拟合逼近技术，不仅求出两验潮站的潮时差，还求出了两验潮站的潮差比和基准面偏差，并将分带法的所有假设，都体现在一组完整的数学模型公式之中。这组数学模型更逼真地体现了分带法，并且在理论假设概念上和计算技术方法上都作了改进，是一组完善的水位改正数学模型。

基本原理：令所取 A、B 两站的水位观测值为整点观测值 $h_A(i)$、$h_B(i)$，则同步观测 N 天，便有 $24\times N$ 个观测值。两组观测值可画成两条水位曲线(图 7-37)，将两曲线移动，并适当放大或缩小，使两个水位曲线吻合。则建立如下数学模型：

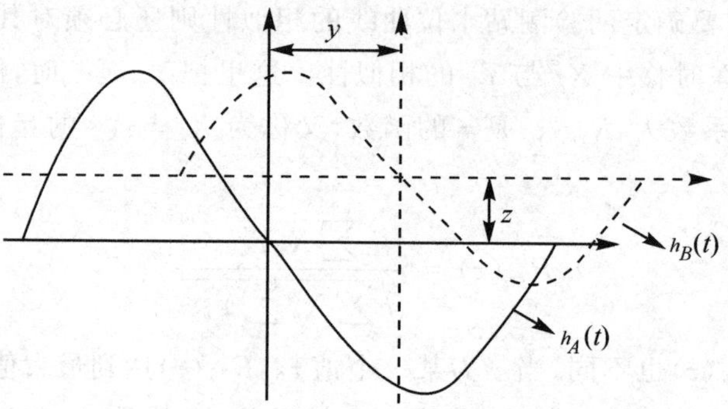

图 7-37　两曲线比较示意图

$$h_B = xh_A(t+y)+z \tag{7-55}$$

其中，x 为垂直比例系数，表示两站间的潮差比(潮高比)；y 为水平延迟系数，表示两站间的潮时差；z 为基准面偏差。

将上式改为计算的离散化格式：

$$h_B(i)=xh_A(i+y)+z \quad (1\leqslant i\leqslant 24\times N) \tag{7-56}$$

公式 7-56 中因对 y 为非线性的，故需给定初始值(x_0, y_0, z_0)，进行线性化，并用 Δx、Δy、Δz 表示改正数，根据最小二乘原理：

$$\begin{pmatrix}\Delta x\\ \Delta y\\ \Delta z\end{pmatrix}=(F^{\mathrm{T}}F)^{-1}F^{\mathrm{T}}L \tag{7-57}$$

其中：F 为设计矩阵，第 i 行元素为$\left(h_A(i+y), x\dfrac{\partial h_A(i+y)}{\partial y}, 1\right)$　$(i=1,2,\cdots,24\times N)$

L 为闭合差矩阵，第 i 行元素为：

$$L_i=h_B(i)-(xh_A(i+y)+z) \quad (i=1,2,\cdots,24\times N) \tag{7-58}$$

解出 Δx、Δy、Δz 后，可得关系值：

$$\begin{pmatrix}x\\ y\\ z\end{pmatrix}=\begin{pmatrix}x_0\\ y_0\\ z_0\end{pmatrix}+\begin{pmatrix}\Delta x\\ \Delta y\\ \Delta z\end{pmatrix} \tag{7-59}$$

这样，可以通过计算程序同时计算出两验潮站的潮时差、潮差比和基准面偏差，此法求得结果快，非常适用于数据的自动化处理。

7.11 测量数据质量与管理

为保证能达到要求的测量成果精度，必须对测量过程进行检查和监督，以下给出一些建立质量管理的准则。

定位方面。定位质量管理理论包括观测多余的位置线和(或)监测站，然后通过分析来获取一个位置误差估计。如果定位系统没有提供多余的观测或不存在其他监测系统，保证质量的惟一方式是严格的、经常性的校准。

测深方面。一个标准的质量管理程序应通过进行多余的水深测量来检查测深的有效性。在深度测量中，一般在布设主测深线的同时布设一定数量的检查测深线，要经常用与主测深线相交的检查测深线来检验定位、测深和潮汐改正的精度。

除了对测量过程进行检查和监督并采取相应的措施外，还应该对测量数据的精度要求有定量的规定，作为测量的约束条件。目前的各种规范已对此进行了明确的规定。

为便于数据的管理，必须对数据的记录格式提出一定的要求。

1.数据属性

对测量数据质量提供全面的评估，必须一起记录和提供测量数据及其必要的信息，这样的信息对于各种有不同要求的用户使用测量数据非常重要，尤其在测量数据采集时还不知道用户要求的情况下。数据质量的相关文献称之为数据属性，数据质量的信息称之为元数据。元数据主要包括测量的一般信息(如日期、区域、使用的仪器、测量平台名称)、所使用的大地测量参考系(如水平基准和高程基准)、校准过程和结果信息、声速信息、潮汐改正信息以及达到精度和相应置信度的信息。

所有测深点应当用95%的置信度对其位置和水深进行误差估计，可以对每一个单独的测深点进行测深误差估计，也可以对几个测深点甚至是一个区域的测深数据，利用数学模型进行测深误差估值。当然，也可以用检查测深线与主测深线交叉点的深度不符值直接进行精度评定。

每个传感器(如定位、水深、升降、纵横摇、航向、海底特征传感器，水声参数传感器，潮汐改正传感器)具有独特的误差特征，应当对每个测量系统进行分析，以确定适当的方法来获取需要的空间统计资料。在测量记录中，应对这些分析方法加以归档或注明。

2.可疑数据的处理

可疑数据包括测量中的异常数据和原始资料中的可疑数据。

测量中的异常数据的取舍，应根据实际外界条件情况、仪器的性能以及原始资料做出合理的解释而进行取舍。为确保异常数据的置信度，有时有必要对疑点进行重复探测。在保证数据的准确性的前提下，减少可疑数据的数量。

为确保航行安全，针对航海图上通常标注的可疑数据，必须仔细确定探测区域，做进一步证实这些数据的存在与否，最好是剔除或准确确定此类可疑数据。

将占地球71%面积的海量海洋资料信息应用于当今信息领域，必然存在一个数据数字化、数据共享、数据格式问题。国际海道测量组织2000年特别大会将海道测量产品向数字化时代转变，向用户提供数字化服务，实现全球海道测量数据覆盖等作为发展战略，统一海图、开发有效的测量方法作为工作的目标。特别是数据格式统一化问题，正受到世界各国的广泛重视和深入研究。实现数据的共享，信息一体化，便于数据之间的转换、交流，则需要数据、信息采用统一的格式和标准，以适应不同目的的需求，使获取的数据产生最大效益。

数据格式的统一化及标准化应包括如下内容：

(1) 记录数据格式标准化。这意味着对所有仪器记录的数据文件都尽可能采用相同的存取方式、记录类型、同类记录有相同的记录长度，不必因不同的仪器而另作处理。

(2) 记录数据类型标准化。数据文件是由记录组成。标准化文件应该对记录类型数量、类型代码以及每一种类型的记录都是确定的。

(3) 记录数据项目标准化。每种类型的记录中有多少数据项也是确定的，各数据项的格式也应该是确定的。如果某数据不存在或暂缺，则应以某种特定的数据如"0"或空格补上，并附以标志加以说明。

(4) 数据采样密度标准化。不同仪器的数据记录采样间隔不同，标准化后应将数据采样间隔统一成一格标准长度。

(5) 数据单位标准化。数据都有量纲和单位，统一数据项的量纲和单位应统一。

当前，海道测量数据文件统一化和标准化尚无公认的标准，是急需解决的问题。海道测量数据自动化处理软件多种多样，缺乏统一和标准的数据存取标准。只有统一的标准才能使用户在进行正常的处理工作中获得可靠的成果，也能够最大限度地提高从测量到成图的自动化水平，缩短生产周期，增强测量成果实用效益。同时，也为测量数据的数字化管理提供方便、快速、精确、标准化的信息支持。

7.12 海底地形成图

对水下地形测量外业采集到的数据进行相应的处理，如数据检查、数据改正、水深数据选取等，最后形成能反映海底地形而且能为视觉所感受的图形，海洋测量中这一系列数据处理过程，也就是海底地形成图的一般过程。

7.12.1 等深(值)线的绘制

海底地形图的表现形式一般可分为二维等深线图和三维海底地形立体图，绘制等深线图和海底地形立体图是数字地面模型 DTM(Digital Terrain Models)数据文件的一个具体应用，也是对 DTM 数据文件正确性、合理性的一个检验。这里需要说明的是，等深线图虽不是海底地形图，但是主要差别仅高程起算面不同，二者绘制方法基本上是一致的。

自动绘制等深图常用方法主要有两种，一是三角形法，二是网格法。以下主要介绍网格法绘制等深线的方法。

网格法绘制等深线分为在网格边上求出等值点，追踪等值点和连接并光滑等值点连线。

1. 网格的划分和等值点的计算

通常测深范围是一个矩形域，把这个矩形域划分为 $i\times j$ 个格网。其中，横向 $i=1,2,\cdots,m$；纵向 $j=1,2,\cdots,n$。为方便起见，定义网格为正方形，且边长为 C_N，如图 7-38 所示。各点的高程存在数组 BB 中，即 $BB_{j,i}=|Ee|$；$BB_{j+1,i}=|Ff|$；$BB_{j+1,i+1}=|Gg|$；$BB_{j,i+1}=|Hh|$。图 7-38 中的ⅠⅡ线为空间等值线，12 线为ⅠⅡ线在平面上的投影等值线。二者的距离称为等值线的高程值，用 W 表示，则有 $W=|\text{Ⅰ}_1|=|\text{Ⅱ}_2|$。网格 $efgh$ 上是否有等值点，取决于空间四边形 $EFGH$ 是否与高程为形的水平面相交，即若下列判断式成立，说明网格横边 ef 上有等值点，如等值点 1。

$$(BB_{j,i}-W)(BB_{j+1,i}-W)<0 \tag{7-60}$$

同理，如下式成立，则说明网格纵边上有等值点，如等值点 2。

$$(BB_{j,i}-W)(BB_{j,i+1}-W)<0 \quad (7\text{-}61)$$

下面我们求等值点的位置。设 $x_{j,i}$ 表示等值点 1 至 e 的距离，则 $x_{j,i}$ 为：

$$x_{j,i}=\frac{W-BB_{j,i}}{BB_{j+1,i}-BB_{j,i}}C_N \quad (7\text{-}62)$$

同样，设 $y_{j,i}$ 表示等值点 2 至 e 的距离，则 $y_{j,i}$ 为：

$$y_{j,i}=\frac{W-BB_{j,i}}{BB_{j,j+1}-BB_{j,i}}C_N \quad (7\text{-}63)$$

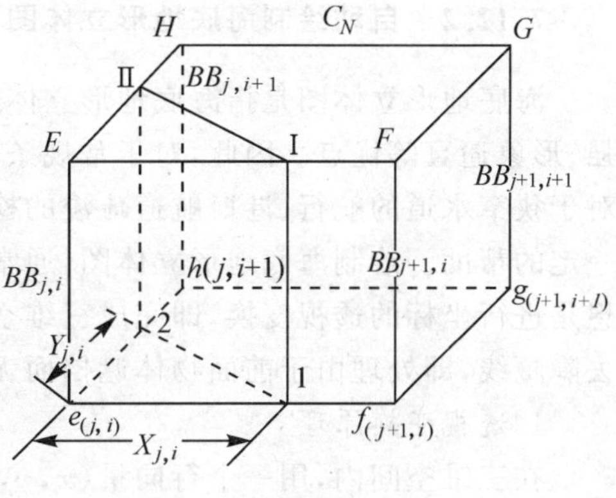

图 7-38　网格内插等值点

取 $C_N=1$，为单位长度，则上两式可改写为

$$\left.\begin{aligned}x_{j,i}&=\frac{W-BB_{j,i}}{BB_{j+1,i}-BB_{j,i}}\\ y_{j,i}&=\frac{W-BB_{j,i}}{BB_{j,i+1}-BB_{j,i}}\end{aligned}\right\} \quad (7\text{-}64)$$

在绘图时，等值点 1、2 都要以绘图坐标表示，即有：

$$\left.\begin{aligned}x_D&=(j-1+Sx_{j,i})C_N\\ y_D&=[i-1+(1-S)y_{j,i}]C_N\end{aligned}\right\} \quad (7\text{-}65)$$

式中：$S=0$ 表示计算纵边上的等值点；$S=1$ 表示计算横边上的等值点。

2. 等值点的追踪

计算出全部等值点后，必须有规则、有秩序地将它们逐点连接成等值线，这就是等值点的追踪。等值点的追踪需要：确定等值线进入网格时的大致走向；确定等值线进入网格后从哪一条边出去；网格点即为等值点的处理。

3. 等值线的搜索

等值线有的是开放的，有的是封闭的，因此，应有一个完整的、合理的搜索方法。搜索等值线的关键是如何找到线头，找到线头后按等值点的追踪方法找到线尾。对闭合曲线而言，任何一点都可作线头，线尾也是同一点，等深线的搜索路径见图 7-39 所示，所得追踪海底地形等深线如图 7-40 所示。

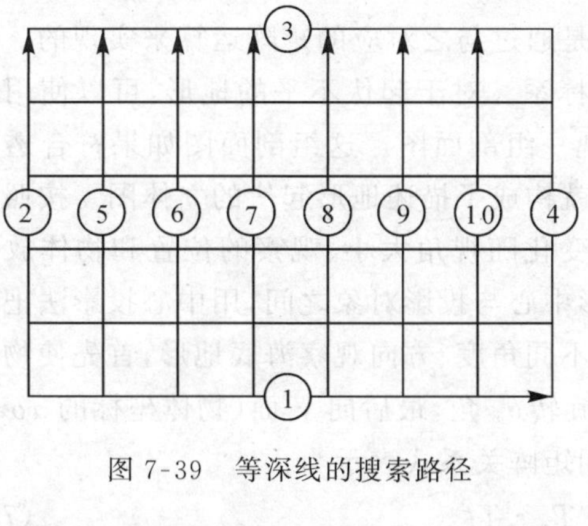

图 7-39　等深线的搜索路径

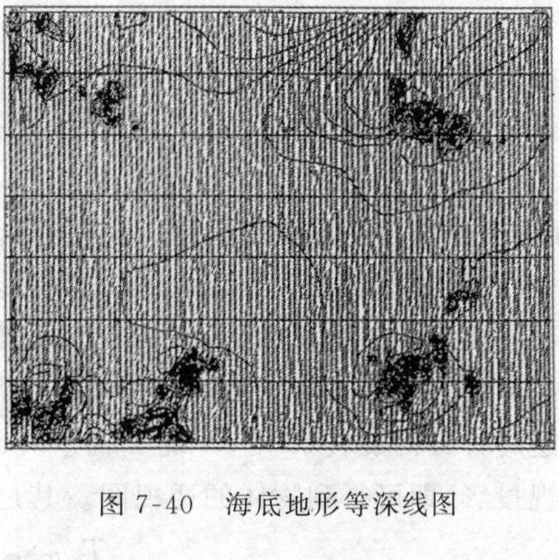

图 7-40　海底地形等深线图

7.12.2 自动绘制海底地形立体图

海底地形立体图是指海底地形立体透视图。透视立体图具有符合视觉印象、空间立体感强、形象逼真等优点。因此,对于常规条件下不能看见的海底地形,如能绘制海底地形立体图,对于狭窄水道的航行、港口航道疏浚的检查、海洋工程的设计与施工和满足潜艇水下活动都有一定的帮助。绘制海底地形立体图,通常采用透视变换原理的连续断面法来绘制。其基本思想是进行坐标的透视变换,即完成三维空间坐标到二维平面坐标系统的线性变换。其次是消去隐藏线,即处理由于前面物体遮挡而无需画出的图形。

1. 透视变换原理

在三维空间内,用一个行向量(x,y,z)表示空间点的坐标。对于一个三维空间的立体图形,可以用一个点集来表示,而每个对应了一个行向量。

这些向量集合组成如下的$n\times3$矩阵的形式:

$$\begin{pmatrix} x_1 & y_1 & z_1 \\ x_2 & y_2 & z_2 \\ \vdots & \vdots & \vdots \\ x_n & y_n & z_n \end{pmatrix} \tag{7-66}$$

这样便建立了一个空间图形的数学模型。

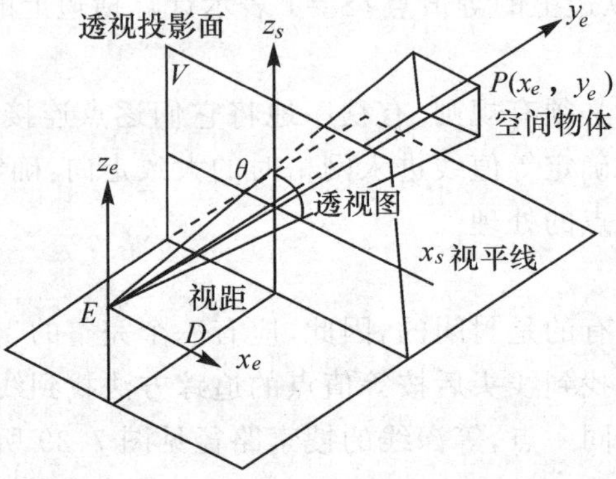

图 7-41 透视图坐标系

在计算机绘图中,对立体图形进行各种变换,是通过与之对应的矩阵运算来实现的。为了进行透视变换,先建立如图 7-41 所示的透视图坐标系。对于起伏不平的地形,可以使用一组间隔很小且相等的平行斜截面来切割它,从而出现一组剖面图。这组剖面图如果符合透视原则,而且进行消去隐藏线的处理,则它的整体外形就构成了描述地形起伏的立体图。按照透视原理,地物距观察者按远小近大的规律变化,这种变化随视角大小、观察的位置和物体放置地点的不同而不同。透视投影,是将投影面置于投影中心与投影对象之间,用中心投影法把一个物体投影到二维投影面上而产生图形。为了能从不同角度、方向观察海底地形,首先使物体绕自轴逆时针方向旋转θ_z角,再绕x轴逆时针方向旋转θ_x角,最后向V面(物体坐标的xoz面)作透视投影,即可得到物体的透视图。其过程可用矩阵关系式表示为:

$$T_{立体透镜}=T_z\cdot T_x\cdot T_P \tag{7-67}$$

式中：T_z 为物体旋转 θ_z 角的旋转矩阵；T_x 为物体旋转 θ_x 角的旋转矩阵；T_P 为透视投影变换矩阵。这三个矩阵分别表示如下：

$$T_z=\begin{pmatrix}\cos\theta_z & \sin\theta_z & 0 & 0\\ -\sin\theta_z & \cos\theta_z & 0 & 0\\ 0 & 0 & 1 & 0\\ 0 & 0 & 0 & 1\end{pmatrix},T_x=\begin{pmatrix}1 & 0 & 0 & 0\\ 0 & \cos\theta_x & \sin\theta_x & 0\\ 0 & -\sin\theta_x & \cos\theta_x & 0\\ 0 & 0 & 0 & 1\end{pmatrix},T_P=\begin{pmatrix}1 & 0 & 0 & 0\\ 0 & 0 & 0 & q\\ 0 & 0 & 1 & 0\\ L & M & N & 1\end{pmatrix} \tag{7-68}$$

2. 隐藏线的处理

绘制立体图时，如果前面的透视剖面线的高程 z 坐标值大于其后面出现的剖面线某些部分的 z 坐标值，后面的剖面线上的那些部分就要被遮盖，这就是隐藏线。在绘制立体图时，要防止隐藏线被画出来。

可以将立体地形看做是一个自由曲面，由一系列的原始数据点构成，形成了 DTM 的数据文件。在此基础上，根据精度要求，内插足够密度的插值点，这些插值点连同原始数据点，形成新的 DTM 格网型数据文件。将相邻的四个数据点连接成四边形，结果就形成一个曲面，对这个曲面实现平面立体的消影算法，即能得到消除了隐藏线的网状曲面立体图。这里，精度要求越高，则网眼应越小，相应网格数目越多。图 7-42 为海床立体地形图。

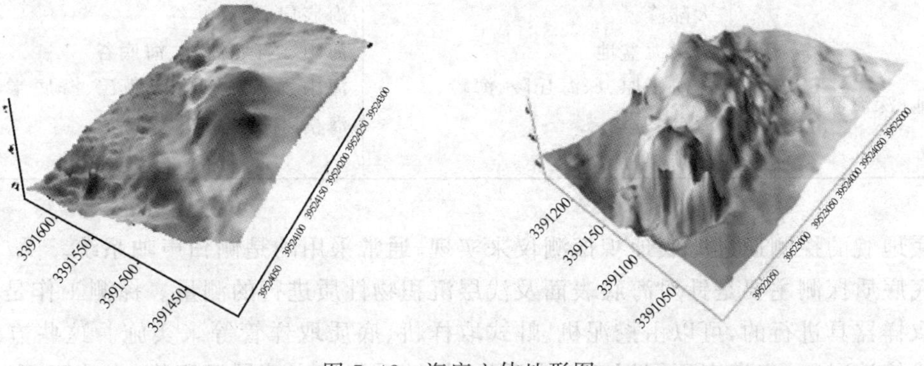

图 7-42　海底立体地形图

思　考　题

1. 船载水深测量有哪几种测深手段？简述单波束回声测深仪器的测量原理。
2. 简述机载激光测深的基本原理。
3. 简述海底地形测量中内、外业作业的基本流程。
4. 在水下地形测量中，水位可通过哪几种方法进行计算？

第 8 章　海洋地貌及底质探测

海洋地貌是指海底表面的形态、样式和结构。由于地壳构造等内营力、海水运动等外营力相互作用生成，并由于这种作用的性质、强弱和时间等因素，使海底地表起伏形成大、中、小不同规模的三级地貌单元（表 8-1）。大中地貌由内动力形成，小地貌由外动力形成。按所处位置和基本特征分为大陆边缘、大洋盆地和大洋中脊三大基本地貌单元。这三大基本地貌单元在第 1 章概述中已经作了介绍，本章仅介绍海底地貌探测的基本方法。

表 8-1　**海底地貌分类表**

一级类型	二级类型	三级类型
大陆边缘	大陆架、岛架	水下岸坡、水下三角洲、水下沙堤、水下沙坝、珊瑚礁、古河道
	大陆坡	海底峡谷、海底高原、海槽
	大陆隆	海底扇、海底峡谷
	边缘海盆地	海山、岩礁、海丘、海底谷
大洋盆地（深海盆地）	深海平原、深海丘陵、海岭、海台、海沟	海山、海底平顶山、海丘、海底半岛、海隆、海槽、海底湾
大洋中脊	脊顶和脊翼	

海底地貌的探测通过海底地貌探测仪来实现，通常采用的是侧扫声呐系统。

海底底质探测主要是针对海底表面及浅层沉积物性质进行的测量。探测工作是采用专门的底质取样器具进行的，可以由挖泥机、蚌式取样机、底质取样管等来实施。这些方法可在船只航行或停泊时，采集海底不同深度的底质，也能够采集海底碎屑沉积物、大块岩石、液态底质等。其中，用于深水取样的底质采样管，分别有索取样管和无索取样管两种。海底底质探测也可以采用测深仪记录的曲线颜色来判明底质的特征。为了探测沉积物的厚度和底质的变化特征，采用浅地层剖面仪、声呐探测器等，浅水区还可以采用海上钻井取样。在所有的海底底质探测手段中，基于声学设备通过获取海底底质声呐图像反映海床底质、地貌的方法具有简单、有效等特点，它们也是本章介绍的重点。

8.1　声波与海底底质的相互作用

作为声呐测量系统的工具，声波在水中的传播特性受控于海水介质、海底地貌以及底质特征等因素，为利用声波探测海底地貌和海底底质，需首先对声波在海水传播中的能量变化进行分析和研究。

若声波的源声级为 SL（Source Level），发射换能器的指向性指数为 DI_T（Directivity Index），传播过程中产生的能量损失为 TL（Transmission Loss），海洋噪声对声能造成的损失为

NL (Noise Level)，接收来自目标反射（散射）的信号能级为 BS（Backscatter Strength）；接收换能器的声噪水平为 EL（Echo-to-Noise Level），指向性指数为 DI_R（Directivity Index），则波束传播过程中的声能变化可通过图 8-1 和声呐方程 (8-1) 式来描述：

$$EL = SL - 2TL + BS - NL + DI_R \quad (\text{dB}) \tag{8-1}$$

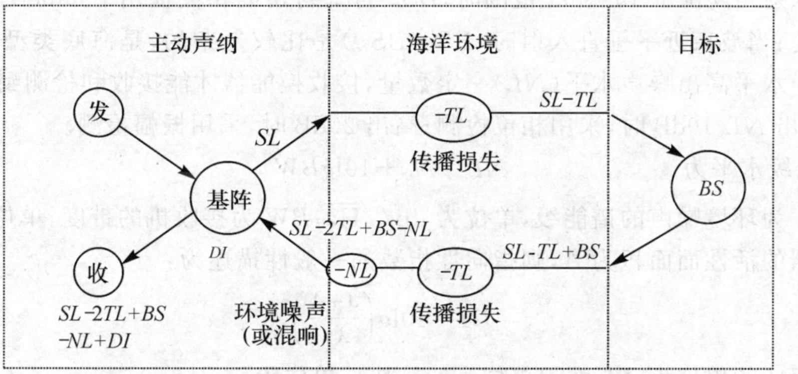

图 8-1　波束在传播过程中的声能变化

设 W_a 和 W_e 分别为输出声功率和输入声功率（单位：W），根据指向性声强的定义，则距离声源 R 处的声强为：

$$I = \frac{W_e \eta d}{4\pi R^2} \quad (\text{W/m}^2) \tag{8-2}$$

换能器的电转声效率 η 为：
$$\eta = \frac{W_a}{W_e} \cdot 100\% \tag{8-3}$$

聚集系数 d 为：
$$d = \frac{I_0}{I} \tag{8-4}$$

式中 I_0 和 I 分别为轴向声强和同一距离处的无指向性声强。

声强在轴上的另外一种计算模型为：
$$I = \frac{P^2}{\rho C} \tag{8-5}$$

式中 ρC 为海水阻抗（$\rho = 1\,000\ \text{kg/m}^3$，$C = 1\,500\ \text{m/s}$），$P$ 为声压(Pa)，根据式(8-2)和(8-5)有：

$$P^2 = \frac{\rho C W_a d}{4\pi R^2} = \frac{\rho C W_e \eta d}{4\pi R^2} \quad (\text{Pa}^2)$$

$R = 1\text{m}$ 时，上式的分贝表达式为：

$$20\lg P_0 = 10\lg\left(\frac{\rho C}{4\pi R^2}\right) + 10\lg W_e + 10\lg\eta + 10\lg d \quad (\text{dB} \quad \text{re} \quad 1\text{Pa}) \tag{8-6}$$

定义 $SL = 20\lg P_0$，$DI = 10\lg d$，uPa 作为压力单位，则发射源能级的表达为：

$$SL = 107.8 + 10\lg W_e + 10\lg\eta + DI_T \quad (\text{dB} \quad \text{re} \quad 1\text{uPa}) \tag{8-7}$$

波束在传播的过程中，随着球形扩展和海水的吸收，能量的减少量 TL（传播损失）为：

$$TL = 20\lg R + \alpha R \quad (\text{dB} \quad \text{re} \quad 1\text{m}), (R(\text{m}), \alpha(\text{dB/m})) \tag{8-8}$$

式中 α 为吸收系数，是声波频率、水浊度等参数的函数。

BS 取决于海底底质类型、地形条件和波束在海底的投射面积 AE，表达为：

$$BS = BS_B + 10\lg AE \tag{8-9}$$

设 τ 为脉冲宽度，Ψ_T、Ψ_R、θ 分别为发射、接收波束宽度以及波束的入射角，则 AE 为：

$$\begin{cases} \theta<5^\circ: \quad AE=\Psi_T\Psi_R R^2 \quad \text{(a)} \quad (\mathrm{m}^2) \\ \theta\geqslant 5^\circ: \quad AE=\dfrac{C\tau\Psi_T R}{2\sin\theta} \quad \text{(b)} \quad (\mathrm{m}^2) \end{cases} \tag{8-10}$$

BS_B 是 BS_0（反映海底底质特征和粗糙度）项以及角度相关项的和，即：

$$BS_B=BS_0+10\lg\cos^k\theta \tag{8-11}$$

当波束入射角 θ 位于 15°～65°范围时，BS_B 与入射角的相关性用 Lambert 法则（$k=2$）可以很好地描述；当波束近乎垂直入射时，BS_B（BS_N）是比较复杂的，是海底类型和粗糙度的函数。只有回声水平高出噪声水平（NL）一定数量，接收换能器才能接收和检测到测量信号。一般情况下，高出 NL 10dB 时，采用相位检测；高出 20dB 时，采用振幅检测。

NL 的能级水平为：

$$NL=N_0+10\lg BW \tag{8-12}$$

式中，N_0 为环境噪声的谱能级，单位为 dB/$\sqrt{\text{Hz}}$；BW 为接收机的带度，单位为 Hz。

设换能器的活性面面积为 A，则指向性指数的一般性描述为：

$$DI=10\lg\left(\frac{4\pi A}{\lambda^2}\right) \tag{8-13}$$

上式中，DI 的单位为 dB；面积单位为 m²；波长单位为 m。

$DI_{T,R}$ 为发射和接收波束模式的指向性指数，分别计算 DI_T、DI_R 并求和获得 $DI_{T,R}$，对于一般的线性孔径阵列，当 $L\gg\lambda$ 时有：

$$DI=10\lg(2L/\lambda)$$

对于一个 2°的发射和接收波束，长阵列轴上约有 17dB 的声能转化为指向性指数。

综合式(8-7)～(8-13)，则有：

$$\theta\approx0^\circ\text{时}: EL=SL-2\alpha R-20\lg R+BS_N+10\lg\Psi_T\Psi_R-NL+DI \tag{8-14}$$

$$\theta\approx15^\circ\text{时}: EL=SL-2\alpha R-30\lg R+BS_0+10\lg\frac{C\tau\Psi_1\cos^2\theta}{2\sin\theta}-NL+DI \tag{8-15}$$

由式(8-14) 和(8-15)可知，声能方程具有计算系统探测距离的能力；根据式(8-11)，声能方程还能反映海底底质类型的变化，因而具有解释海底底质特征的作用。

根据海水中声波传播理论，声波遇到不连续界面时会产生反射、折射和散射现象（如图 8-2）。在阻抗不同的分层介质中，设入射声压为 P_i，界面反射声压为 P_r，折射声压为 P_t；与之相对应的入射角、反射角和折射角分别为 θ_i、θ_i 和 θ_t。讨论光滑界面上入射、反射和折射声压之间的关系时，需做如下两个假设：

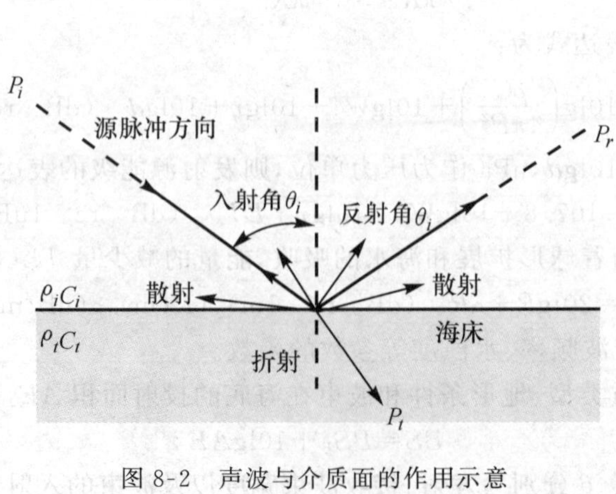

图 8-2　声波与介质面的作用示意

(1)界面上不存在剩余压力,即

$$P_i+P_r=P_t$$

(2)界面上质点的法线方向运动速度为零,即$\dfrac{P_i\cos\theta_i}{\rho_iC_i}-\dfrac{P_r\cos\theta_i}{\rho_iC_i}=\dfrac{P_t\cos\theta_t}{\rho_tC_t}$

联合以上两个假设,则反射系数 R 为:

$$R=\frac{P_r}{P_i}=\frac{\rho_tC_t-\rho_iC_i}{\rho_tC_t+\rho_iC_i} \tag{8-16a}$$

令 $m=\dfrac{\rho_t}{\rho_i},n=\dfrac{C_i}{C_t}$,则:

$$R=\frac{m\sin\theta_i-n\sin\theta_t}{m\sin\theta_i+n\sin\theta_t} \tag{8-16b}$$

由此可知,声波在介质面处的反射特性与物质的密度相关,密度大,则反射系数大。

上述模型是在假设海底为镜面情况下得出的结论,实际海床的起伏、底质的多变均会给回波强度带来一定的影响,研究其影响对于波束为非垂直入射的声呐系统具有重要意义。

根据声能方程式(8-1),发射波束与海底的直接作用体现在 BS 项上。结合式(8-9),海底对声波的散射强度与声波在海底的照射面积 AE 有关,还与海底物质的物理属性(BS_B)有关。BS_B 可表达为:

$$BS_B=EL-SL+2TL+NL-DI-10\lg AE \tag{8-17}$$

只要能够准确获得等式右边各项,便可获得 BS_B。根据 BS_B 与海底物质的关系,则可反演海底不同地质类型的区域分布,即海底底质分类。由式(8-11)可得出与式(8-16b)相同的结论,即 BS_B 不但与海底类型有关,还与波束的入射角有关。声呐扫测设备也正是基于上述思想,进行声呐测量和海底底质探测的。

8.2 回波强度及其数据处理

声呐扫测系统的测量是通过系统的底部检测完成的。底部检测目的在于寻找和确定每个波束的到达角和往返传播时间(或相位变化),再根据相关的改正技术,确定波束在海底投射点的水平距离和深度。底部检测的首要工作在于确定波束的到达角,到达角的确定有多种方法,主要有:

(1) 预先固定一个角方向,计算该方向上的波束到达时间;

(2) 确定每次采样所有波束的到达角;

(3) 通过采用一种分割孔径相关器技术,实现波束到达角的确定。

前两类方法实施底部检测完全建立在回波强度的基础上,第三类方法虽然似乎与能量无关,但涉及了波束轴线,测量该轴线上的声强,基本上也反映了波束的实际回向散射声强。

总之,底部检测可以非常容易获得每个到达波束的回波强度,而回波强度正是声呐图像形成的基本参数。根据式(8-17),影响 BS_B 的因素主要有 SL、EL、DI_R、TL、NL 和声波的散射以及混响。若能准确得到这些参量,就能获得反映海底特征的真正散射信号强度。实际海洋环境是复杂的,影响声强的因素主要有:

(1) 海洋环境噪声。干扰声呐系统的背景噪声有两类,一是混响,二是噪声。噪声又可分为自噪声和环境噪声两种。自噪声包括仪器的电子设备噪声、船体噪声。对于电子噪声,只要换能器的灵敏度足够高,自噪声可以不考虑。船体噪声可细分为机械噪声、动水噪声和螺旋桨噪声等。船体低速航行时,机械振动会使低频范围内出现单频成分的噪声;高速航行时,动水噪声和螺旋桨噪声是基本噪声。海洋环境噪声相比自噪声而言无法通过人为方式克服,它完全依赖于海洋环境,因此噪声的消除,除了选用性能比较好的测量设备和船只外,对野外作业条件、参数的设置和信号处理手段的选择也有一定的要求。

(2) 声波的散射和混响。声呐系统测量时，海洋环境噪声和各种散射体(如海洋生物、粗糙海面)产生的散射均会伴随着有用信号被换能器接收，从而使信号质量下降。海洋混响是另一类干扰背景，它主要是由于散射信号在接收点处的叠加产生的。混响与发射功率成正比，发射功率增加到一定限度时，混响将大于噪声。

混响可分为容积混响、海面混响和海底混响。

容积混响起因于海水的非均匀性。海洋中微粒、气泡、海洋生物、鱼类等都会产生声波散射。此外，还有对容积混响产生决定性影响的深水散射层。容积混响的强度与单位容积内的散射体数量、发射脉冲宽度成正比，与距离成反比。与散射体尺寸和频率也有一定的关系。

海面混响对浅水多波束的影响比较严重。海面混响强度除与声波的掠射角、工作频率有关外，还与海面的粗糙度有关。海面混响对声强的影响 S_S 为：

$$\begin{aligned} S_S &= -10\lg 8\pi\alpha^2 + 2.17\alpha^{-2}\tan^2\varphi \\ \alpha^2 &= 0.003 + 5.12\times10^{-3}\omega \end{aligned} \tag{8-18}$$

式中：ω 为风速(m/s)，φ 为声波的掠射角(度)；α^2 为海浪斜度均方值。

海底的粗糙度同样引起散射，从而产生海底混响。海底混响强度取决于海底的粗糙度和掠射角，海底越粗糙，反向散射强度越大；掠射角越小，反向散射强度越小。

(3) 声能的传播损失。由于波阵面的扩展，介质的吸收和散射以及界面反射损失等原因，声能会随着传播距离的增大而不断衰减。

(4) 海底沉积层对声波的吸收。不同频率的波束，对不同海底类型沉积物的穿透本领不同。与海水相比，沉积层的吸收系数要高得多。除了沉积物自身吸收造成声能衰减外，某些沉积物中还夹杂着水分，这类介质中的声吸收主要取决于传播过程中质点所引起的摩擦耗损，其大小与沉积物的孔隙度 n 有关。Hamilton 根据实验给出了每千赫频率吸收系数 β 与沉积物孔隙度 n 的关系。

(5) 海底地形的影响。海底地形总体上是比较平坦的，但还存在着小尺度的变化，即海底粗糙度。当粗糙度较大时，会对波束在海底的反(散)射特征起到决定性作用。声波在这种微地形上的散射不仅会使反射波束振幅减小，有时还会导致波形发生变化，从而使反(散)射信号的频谱发生改变。

(6) 声速剖面的影响。波束的传播损失与传播距离有关，而传播距离取决于实际传播路径。只有依据声速断面 SVP 才能得到波束的实际传播轨迹，因此，SVP 对于传播损失的计算十分重要。

受上述因素的影响，接收到的波束的回波强度不可能直接反映真实的海底底质特征，因此必须对其进行预处理。预处理包括传播损失 TL、声线弯曲改正、Lambert 法则改正、海底地形、海洋声场变化对声强的影响改正等，下面分别介绍。

1. 信号的传播损失

扩展损失是波阵面随距离扩展产生的声强衰减。设距离声源 R_1 和 R_2 的两个波阵面面积分别为 $S_1=4\pi R_1^2$ 和 $S_2=4\pi R_2^2$，在波阵面上所对应的声强为 I_1 和 I_2，则扩展损失为：

$$TL = 10\lg(I_1/I_2) \tag{8-19}$$

由于在无耗损介质中，声波穿透波阵面的功率应该保持不变，则有关系式：

$$4\pi R_1^2 I_1 = 4\pi R_2^2 I_2 \tag{8-20}$$

根据无耗损介质的特点有：$TL=10\lg\frac{I_1}{I_2}=10\lg\left(\frac{R_2}{R_1}\right)^2=20\lg\frac{R_2}{R_1}$

$R_1=1\text{m}$ 时， $TL=10\lg R_2^2=20\lg R_2$

波束在海水中传播时，水中含有大量的自由离子，对声能具有较强的吸收作用；另外一个降低声能的因素是海水的吸收。综合考虑，则距离声源 R 处的声强 I_2 为：

$$I_2=\frac{I_1}{R^n}10^{-\alpha R} \tag{8-21}$$

式中：α 为衰减系数，n 为波束的传播形式，对于球面传播 n 等于 2。

则海水中声能的传播损失为： $TL=20\lg R+10\alpha R$ (8-22)

式中，TL、R、α 的单位分别为 dB、m 和 dB/m，第一项为波束的球面扩展损失，第二项为海水吸收损失。衰减系数 α 是频率 f(kHz)、盐度 S(ppt)、温度 T(℃)和深度 Z(km)的函数，c 为声速(m/s)，pH 为 8.6～8.2 级。α 的综合表示式为：

$$a=\frac{A_1 f_1 f^2}{f^2+f_1^2}+\frac{A_2 P_2 f_2 f^2}{f^2+f_2^2}+A_3 P_3 f^2$$

$$A_1=\frac{8.86\times 10^{(0.78\text{pH}-5)}}{c} \qquad A_2=\frac{21.44S(1+0.025T)}{c}$$

$$A_3=\begin{cases}T\leqslant 20℃:4.937\times 10^{-4}-T(2.59\times 10^{-5}-T(9.11\times 10^{-7}-1.5\times 10^{-8}T))\\ T>20℃:3.964\times 10^{-4}-T(1.146\times 10^{-5}-T(1.45\times 10^{-7}-6.5\times 10^{-10}T))\end{cases} \tag{8-23}$$

$$f_1=2.8\sqrt{S/35}\times 10^{\left(4-\frac{1245}{273+T}\right)} \qquad f_2=\frac{8.17\cdot 10^{\left(8-\frac{1990}{273+T}\right)}}{1+0.0018(S-35)}$$

$$P_2=1-Z(0.137-0.0062Z) \qquad P_3=1-Z(0.0383-4.9\times 10^{-4}Z)$$

从式(8-23)可以看出，在海洋水文因素一定的情况下，吸收造成的衰减主要与频率相关，频率越大，衰减越大，当频率大于 10kHz 时，衰减因子 α 对声强的影响变成一个主要因素，因而在声呐测量系统的设计和选型时，必须考虑频率的影响。返回信号的强弱包含了海底地形和传播距离的变化信息。为了削弱衰减的影响，就必须对衰减引起的信号减弱进行补偿。当水文因素和工作频率不变时，衰减与传播时间(距离)存在着一定的关系，传播距离越大，强度衰减越显著。为了消除衰减造成的回波强度损失，系统对此进行了时间增益补偿。

波束的扩展损失和衰减损失与波束经历的传播路径密切相关。为了得到准确的 TL，就需对声波的传播路径进行追踪，即声线弯曲改正。

2. 声线弯曲改正

根据前面介绍的声线跟踪原理，设波束在层 i 中以常声速 C_i 传播，Δz_i、Δt_i 为层厚度和波束传播时间，p 为 Snell 常数，则波束在整个水柱中经历的实际声程 R 为：

$$R=2\sum_{i=1}^{n}C_i\Delta t_i \tag{8-24}$$

或

$$R=2\sum_{i=1}^{n}(\Delta x^2+\Delta z^2)^{1/2} \tag{8-25}$$

若声速在层 i 中以常梯度 g_i 变化，波束在整个水柱中经历的实际声程 R 为：

$$R=2\sum_{i=1}^{n}R_i\Delta\theta_i, R_i=-1/pg_i, \Delta\theta_i=|\theta_i-\theta_{i+1}|, g_i=\frac{C_{i+1}-C_i}{z_{i+1}-z_i}, \Delta z=z_{i+1}-z_i \tag{8-26}$$

$$\theta_i=\arccos[(1-(pC_i)^2)^{1/2}], \quad \theta_{i+1}=\arccos[(1-(pC_{i+1})^2)^{1/2}]$$

式中，θ_i 和 θ_{i+1} 为厚度 Δz_i 水层表面波束的入射角和层底的出射角，对应着声速 C_i 和 C_{i+1}。

根据 Snell 法则，结合声速剖面和波束在水表层发射时刻的入射角，便可追踪到波束到达海底的入射角，进而根据该角度和 Lambert 法则进行声能计算。

多波束或侧扫声呐系统在进行回波强度计算时，假设海底地形变化平坦，但实际上，海床还存在着小波长尺度的地形变化，对回波强度会产生一定的影响。

3. 海底地形对波束入射角的影响

设波束在平坦海底的入射角为 θ，由于海底地形的影响，实际入射角 θ' 为：

$$\theta'=\begin{cases}\theta-\beta & \text{(a)}\\ \arccos\left(\dfrac{\tan(\theta-\theta_R)\tan\theta+1}{\sqrt{\tan(\theta_T)^2+\tan(\theta-\theta_R)^2+1}\sqrt{\tan(\theta)^2+1}}\right) & \text{(b)}\end{cases}\tag{8-27}$$

式中，θ_R、θ_T 为因坡面影响产生的二维入射角在横向和纵向的分量，β 为海底坡度；上式(a)式反映的是坡面与测量断面走向相同情况下波束在海底的实际入射角，为特殊情况；(b)式是坡面产生的二维入射角，为一般情况。根据 Lambert 法则有：

$$BS_B=BS_0+20\lg\cos\theta'\tag{8-28}$$

取坡面上三点 $M_1(x_1, y_1, z_1)$、$M_2(x_2, y_2, z_2)$、$M_3(x_3, y_3, z_3)$，其中 $z_1>z_2>z_3$；则坡面方程为：

$$A(x-x_1)+B(y-y_1)+C(z-z_1)=0$$

系数 A、B、C 可通过坡面的法向量 $\vec{n}$ 确定。则坡度 β 为：

$$\beta=\arccos\left(\frac{|C|}{\sqrt{A^2+B^2+C^2}}\right)\tag{8-29}$$

坡度 β 的计算精度主要受测深精度的影响。若波束投射点落在两个坡面形成的交叉地带，则波束形成一个空间二面角，实际的波束入射角可通过式(8-27b)获得。

4. 声照区面积改正

式(8-9)表明 BS 与波束脚印面积 AE 有关，海底平坦时，AE 可表达为式(8-10)。Hammerstad 1994 给出了实际投射面积 AE' 的计算公式：

$$AE'=\begin{cases}\dfrac{\psi_T\psi_R R^2}{\cos\theta_T\cos\theta_R} & (\theta_R=0)\\ \dfrac{c\tau\psi_T R}{2\cos\theta_T\sin\theta_R} & \text{其他}\end{cases}\tag{8-30}$$

根据声能方程，波束在海底投射区面积对声能的影响应为 $10\lg AE'$。

5. Lambert 法则改正

根据式(8-11)，为了得到完全反映海底底质信息的声强 BS_0，需将等式右边与入射角相关的项 $20\lg\cos\theta$ 消除。由于该项与波束入射角有关，因而只要根据声线跟踪，确定波束在海床上的入射角，并消除海底地形的影响，根据式(8-28)右边第二项，消除与入射角相关的影响，获得纯粹反映海底地质特征的声强信息。

综上所述，海底地形对回波强度的总影响为：

$$\begin{aligned}\Delta_{BS}&=\left(10\lg\frac{c\tau\psi_T R}{2\cos\theta_T\sin\theta_R}-10\lg\frac{c\tau\psi_T R}{2\sin\theta}\right)+(10\lg\cos^2\theta'-10\lg\cos^2\theta)\\&=10\lg\frac{\sin\theta}{\cos\theta_T\sin\theta_R}+10\lg\frac{(\tan(\theta-\theta_R)\tan\theta+1)^2}{\tan(\theta_T)^2+\tan(\theta-\theta_R)^2+1}\end{aligned}\tag{8-31}$$

统计分析(图 8-3)和式(8-31)表明，海底地形对声强的影响与波束的入射角有关，最大影响量达到 7dB，在实际数据处理中应给予重视。

海洋中,声传播的起伏变化产生声场变化。声呐信号的起伏主要由于测量船的漂移、姿态的变化以及影响声速变化的海洋水文因素等引起的,另外,海洋中生物体、声照射区底质特征及地形变化也会有一定的影响。这些因素造成所接收到的信号可能在全部或局部范围内的统计特性带有随机性,即接收到的信号由许多随机的和时变的振幅和相位组成。这种变化使得所形成的声呐图像复杂化(如图 8-4),无法用于解释海底地形、地貌。根据随机变化的统计特性,在实际数据处理中,一般需要对数个或数十个回波信号取平均,消除声信号起伏的影响,其平均值被认为是接近实际的回波强度。

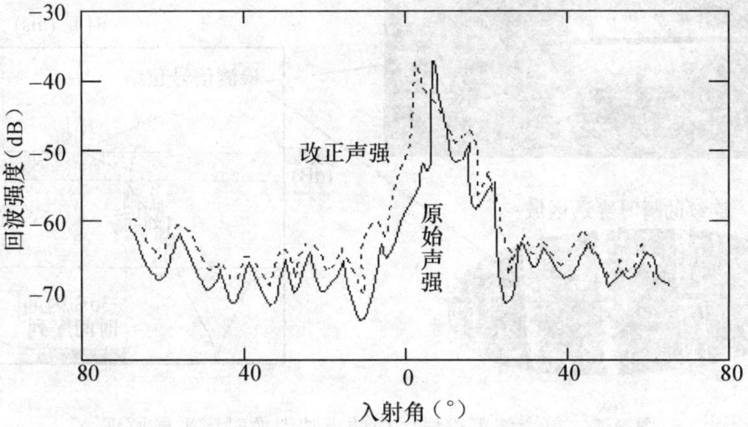

图 8-3　海底地形对声强的影响

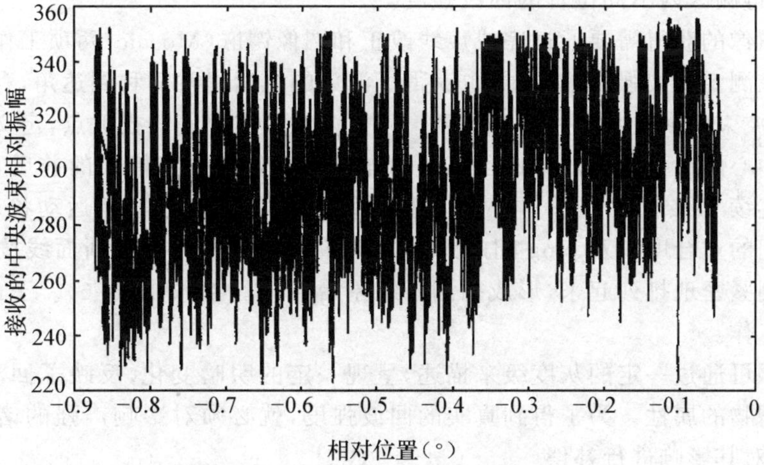

图 8-4　回声信号振幅的随机变化特征

8.3　声呐图像的形成原理

回波强度反映的是波束与其海底投射点的相互作用产生的声能的变化。对于深度测量,探测的是代表波束投射点中心处的平均往返时间或相位变化;对于回波强度测量,探测的是一个回向散射强度的时序观测量,每一个时序观测量相对波束投射点圆要小得多,单位时间内,时序采样的个数是测深采样的几倍或十几倍(视声呐图像的分辨率而定)。每个时序采样仍然是球形面的发射波束模式与环形面的接收波束模式在[$t,t+dt$]内对于连续波 CW 在 dt 小于脉冲长度时间段内形成的交界面。同深度测量不同,深度测量实际上反映的是该波束穿透区内的平均斜距,而回波强度采样测量的是该穿透区内、由多个波束模式所包围的波束投射点圆区域。其工作原理如图 8-5 所示。

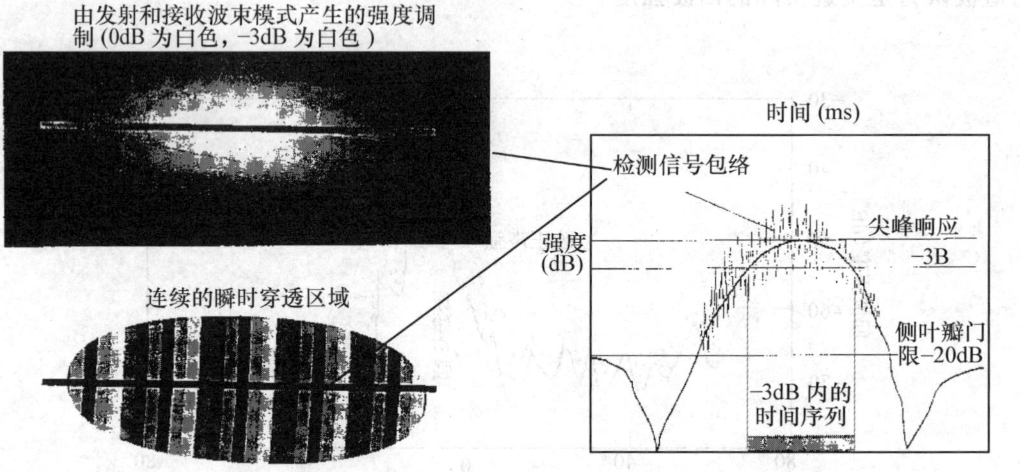

图 8-5　单个波束投射区内的声呐图像时序采样原理

扫测系统每完成一次测量,便在扇面与海底的交线上形成一组回波强度时序观测量,经过多次测量,可获得测区内不同位置的回波强度。

测区声呐图像的获得需要通过完成声线改正和图像镶嵌(Mosaic)两项工作后才能获得。

底部检测在测定回波强度的同时,也获得了波束的往返程时间和到达角,利用声线弯曲改正,很容易获得波束的横向水平距离和深度。扇面内波束在海底的投射点,定义了一条经过每一波束穿透区中心的断面线。对穿透区声强的详尽描述包括波束模式的前后宽度、相邻波束投射点区以及连续 ping 间的关系,同时还要监控每 ping 发射时的船体运动状态,从而保证波束投射点区之间的重合度以及 ping 间的无间隙。将每 ping 所形成的断面线按照船速和 ping 发射的时间序列紧密地排列起来,形成扫测系统原始声呐图像(如图 8-6)。至此,便完成了图像镶嵌的准备工作。

穿透区声强可通过一定的灰度级来描述,呈现一定的明暗变化,反映了回波强度水平,也反映了海底沉积物的属性。为了得到真实的回波强度,就必须对影响声强的诸因素进行比较深入的研究,并对其影响进行补偿。

在形成声呐图像之前,还需对回波强度进行如下处理。

1. 回波强度数据滤波

尽管回波强度数据经过了上述预处理,但还包含着其他因素的影响。理论上,回波强度数据滤波也可采用深度数据滤波中的算法,由于数据量庞大,这里采用简单的滑动平均滤波,其模型为:

$$BS_i = \frac{1}{N}\sum_{j=1}^{N} BS_j \tag{8-32}$$

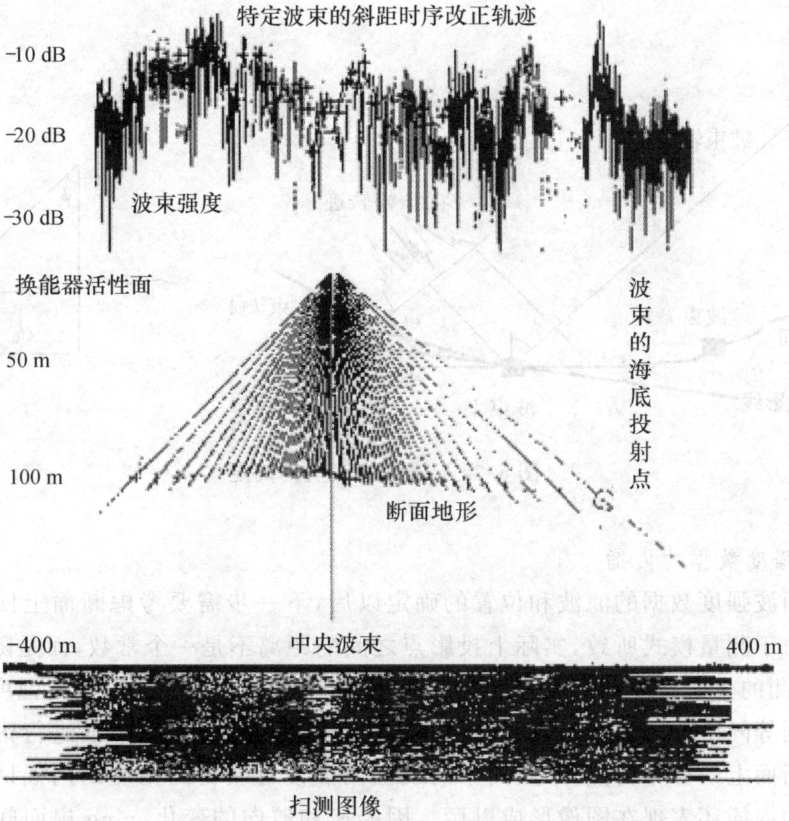

图 8-6 多波束声呐图像的成像原理

式中：N 为选定窗口内声强的采样个数；BS_i 为第 i 个被平滑对象，BS_j 为窗口内声强采样。

滑动平均滤波能够降低回波强度中的噪声，但窗口的大小取决于波束投射点的密度和底质的变化特征。底质类型简单时，适当增大窗口；否则，减小窗口。

2. 回波强度采样位置的确定

扫测系统每一次测量，形成一个断面，断面内的回波强度采样具有时序性，为了绘制声呐图像，声强必须从时间序列转化为横向距离序列。一种确定振幅位置比较有效的方法是 Neil C. Mitchell 在 1996 年提出的波束振幅投影法，利用这种方法形成海底声呐图像。如图 8-7 所示，振幅轨迹为图中 W 形的声波信号，确定的投影面为相邻测深点 k 和 $k+1$ 确定的直线，其坡度 α 根据相邻测深点的深度和距离差确定。设波束的入射角为 ϕ，在角$(\phi-\alpha)$不是很小的情况下，则波束的横向距离为：

$$d=d_0+(i-i_0)\Delta r\cos\alpha/\sin(\phi-\alpha) \tag{8-33}$$

式中：d_0 为波束中心的横向距离；i 为声强采样序号；i_0 为对应的波束中心声强采样序号；Δr 为斜距方向距离采样的间隔；α 为坡度。

如果海底地形起伏变化不大，式(8-33)可以获得准确的回波强度采样位置；反之，粗糙的海底地形将会导致坡度 α 异常大，这时投影到图 8-7 中 f-g 线上的振幅对应位置与投影到

f'-g'（实际投影面）线上的位置出现偏差，实际上，该偏差非常小，对于投影距离的计算精度影响甚微。

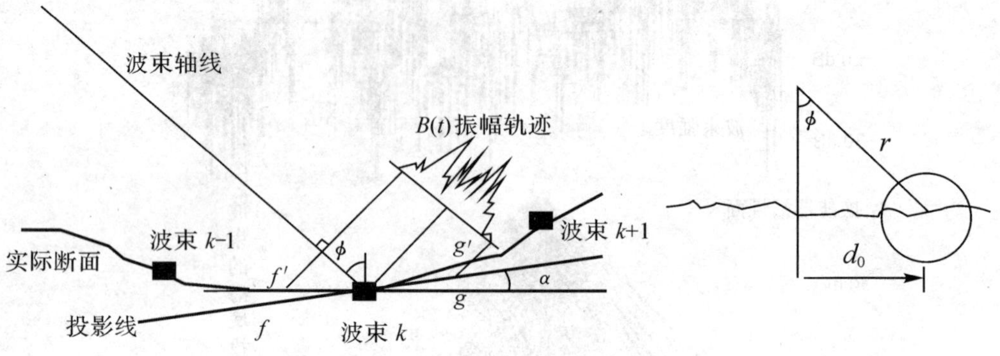

图 8-7　回声强度位置的确定

3．回波强度数据的内插

实现了回波强度数据的滤波和位置的确定以后，下一步需要考虑断面上回波强度数据的分布问题。由于测量模式所致，实际上投影点之间的距离不是一个常数，而是随深度的变化而变化；底部检测的失败将导致回波强度信息无效；粗差的剔除也会引起回波强度数据空缺。

为了得到等间距的声强分布，就需要根据波束投射点的位置对声强进行内插。考虑回波强度数据在断面上的分布特点，采用简单的线性内插便可获得高精度的内插回波强度值。回波强度数据的内插还表现在图像形成以后。因船速和航向的变化，ping 扇面间的间距大小不一，采样点间距较小时问题比较容易解决，空隙较大时，则需根据周围回波强度数据内插。

8.4　多波束声呐图像

在深度测量一章中对多波束系统的测量原理、测深数据处理理论已经进行了介绍，本节主要介绍该系统在探测海底地貌和海底底质方面的一些理论和方法。多波束系统除能给出点位和水深测量成果外，还能给出回波强度（Back Strength）信息，回波强度信息主要用于探测和反映海底地貌和海底底质。

多波束声呐图像通过将多个 ping（多波束发射一次称为 1 ping，每 1 ping 形成一个断面）、条带的回波强度数据按照一定的原则拼节起来，并对其进行抽样和量化来形成的。

1．ping 与 ping 之间的拼接

受人为操作、海洋环境等因素的作用，测量船姿态引起换能器姿态做瞬时变化，从而导致测量断面不完全与设计航线正交，因此，为了形成图像，就必须按照船位，在地理框架下实现测量断面的拼接。ping 间回波强度数据拼接之前需首先对回波强度数据进行预处理。前面已经讨论了波束投射点区内回波强度采样位置的确定问题，以及每个采样相对中心采样的水平距离，由此可获得每个回波强度采样所对应的地理坐标。至此，对于每一个采样，实际上已经获得了它的三个参量，即平面位置(x, y)和回波强度，这样，在地理框架下，条带内 ping 与 ping 之间声强数据的拼接就变得十分容易。

2. 条带图像间的拼接

条带声呐图像间的拼接要解决两个问题，一是几何位置的统一，二是回波强度值的统一。

几何位置的统一实际上是为了实现条带重叠区重合采样点位置的对应。对于相邻条带而言，每个声呐采样点均能获得其坐标，且两个条带的坐标系统统一，因此解决第一个问题相对比较容易。

图像拼接的关键问题是解决接边线的问题，即选择出一条曲线，按照这条曲线把声呐图像拼接起来。待镶嵌的声呐图像按照这条曲线拼接后，曲线两侧的回波强度变化不显著或变化最小，这条理论上的曲线被称为接边线或镶嵌线。如图 8-8 所示。

若相邻条带的两个声呐图像为 f_1 和 f_2，重叠区宽度为 L，要在重叠区找出镶嵌线，只要找出该线与每 ping 形成的断面线的交点即可。为此，只要选取一个长度为 d 的一维窗口，让该窗口在断面线内逐个采样点上滑动，若窗口内所有重合点回波强度差值的绝对值和最小，则该点即为镶嵌线与该断面线的交点(亦称接边点)。接边点的选取原则即为：

$$\sum_{j=0}^{d-1} |f_1(i,j_0+j)-f_2(i,j_0+j)|=\min \quad (j_0=1,2,\cdots,L-d+1) \tag{8-34}$$

式中：$f_1(i,j_0+j)$和 $f_2(i,j_0+j)$为滑动窗口内重合点(i,j_0+j)在图像 f_1 和 f_2 上对应的回波强度值(若图像已经转换为 8 bit 的灰度图像，则为对应的灰度值)；i 为重合点(i,j_0+j)所对应的断面行；j_0 为窗口左端点对应的列；j_0+j 为点(i,j_0+j)对应的列。

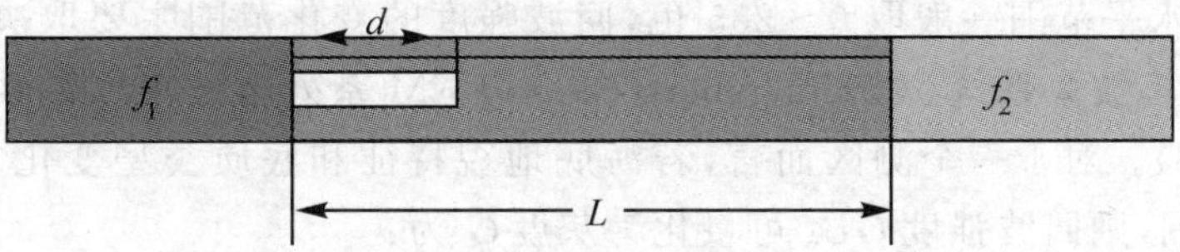

图 8-8　图像镶嵌中镶嵌线确定示意图

满足上述条件的点即为接边点，将重叠区内相邻断面行上的接边点连接起来，便形成了镶嵌线。尽管获得了镶嵌线，并保证采样点两边的对应回波强度(或灰度)差理论上最小，但实际上这种差异还是存在的，并在一定程度上可能还比较大(因为重叠区的回波强度是通过边缘波束获得的，多波束边缘波束的测量精度比较低)。为了保证回波强度水平的一致，就需对镶嵌线确定的重叠点上的回波强度进行重新计算。

确定重叠点上回波强度的方法比较多，最简单的是均值法。

设 $f'(i,j)$为最终确定的声强，则：

$$f'(i,j)=(f_1(i,j)+f_2(i,j))/2 \tag{8-35}$$

另一种确定重合点声强的方法为加权平均法。加权平均法考虑了不同条带中重合点声强的权重，就多波束而言，利用这种方法获得最终的声强值是比较恰当的。设 w_1 和 w_2 为重合点在两个条带中的权值(w_1 和 w_2 定权原则一致)，则：

$$\begin{gathered} f'(i,j)=w_1 f_1(i,j)+w_2 f_2(i,j) \\ w_1=1-\frac{x-1}{L-1}, \quad w_2=\frac{x-1}{L-1} \quad (x=1,2,\cdots,L) \end{gathered} \tag{8-36}$$

式中：L 为重叠区的宽度；x 为重合点至重叠区靠近 f_1 一侧的距离。

3. 测区格网化及回波强度数据的选取(抽样)

为了便于计算机图像处理,就须对测区进行栅格化。这种格网化处理不同于一般意义上的格网化,每个小的格网需要代表一个回波采样,该格网即为图像的像素。由于回波强度测量值均具有位置信息,因而,格网化可在地理框架下进行。

回波强度采样的不均匀性可能导致格网内出现没有、一个或多个回波强度数据的情况。为了真实反映海底底质的特征,对于没有回波强度数据的格网,在灰度量化时,可将之设置为背景灰度级;对于存在单个回波强度数据的情况,用该回波强度反映格网所对应实际海床的底质类型;若存在多个回波强度数据,最终回波强度可根据如下原则确定:

(1) 接近均值原则。所有声强数据与均值较差,绝对差值最小者为可能的备选值。

(2) 变化渐进性原则。由于格网代表的实际海底区域较小,底质类型不可能发生大的突变,小区域范围内,底质类型的变化具有渐进性。

格网化和回波强度数据抽样工作完成的优劣,直接影响着多波束声呐图像质量的好坏,也影响着图像对海底地貌以及底质类型的反映。格网划分过粗,像素代表区域越大,形成的声呐图像 Mosaic 现象越严重,对海底地貌和底质的反映越粗糙;像素过多,达到饱和,图像质量将不再提高,相反还会造成计算量的增大。

4. 回波强度向灰度级的转换(量化)

该转换实际上是将回波强度同描述图像的灰度级对应起来,实现回波强度向灰度级的量化。量化的方法较多,一般根据具体情况而定。

8 bit 灰度级水平范围一般取 0～255 色,回波强度的变化范围主要取决于海床的地貌特征、底质类型以及多波束系统(如 Kongsberg Simrad EM 系列多波束回波强度的变化范围为 128dB～－126 dB)。对于一个测区而言,若海底地貌特征和底质类型变化复杂,回波强度分布于整个变化范围,则回波强度 GBs 可量化为灰度 G 为:

$$G=126+GBs \quad (128\sim126\text{dB}) \text{ 对应灰度范围}(255\sim0) \tag{8-37}$$

或: $$G=128-GBs \quad (128\sim126\text{dB}) \text{ 对应灰度范围}(0\sim255)$$

式中:G 为灰度级;GBs 为回波声强。

若声强变化范围为($GBs_{\min}\sim GBs_{\max}$),量化后的灰度范围为($G_{\min}\sim G_{\max}$),则声强 GBs 量化后的灰度级 G 可表达为:

$$G=G_{\min}+\frac{G_{\max}-G_{\min}}{GBs_{\max}-GBs_{\min}}(GBs-GBs_{\min}) \tag{8-38}$$

式中:GB 为灰度级;($GBs_{\max}\sim GBs_{\min}$)对应于($GB_{\max}\sim GB_{\min}$)。

为了增强声呐图像的对比度,量化后的灰度范围($GB_{\max}\sim GB_{\min}$)同样可取(0,255)。

在声强向灰度级的转换过程中,灰度级的选择十分重要。灰度级可设置为 256、124、64、32、16、4、2,灰度级选择的较大,图像的明暗变化可反映出细微海底地貌和底质的变化;反之,在图像中,原来浓淡平滑变化的部分,因为粗量化使浓淡产生较大的差别,从而造成假轮廓。另外,由于失去了浓淡的细微变化,量化后的图像质量将大大降低。若灰度级选为 2,则图像将成为黑白图。与确定像素个数的情况一样,灰度级大到一定的程度,对图像质量的提高将不再起作用,相反会加重计算量。

抽样和量化工作完成后,便形成了多波束声呐图像。图 8-9 是根据上述方法形成的一个测区的多波束声呐图像。图像中每个像素对应着两组表达参量,一组为图像表达参量,即像素的位置(i,j),以及与之对应的灰度 $f(i,j)$;另一组为地理参量,即像素中心对应的地理坐标

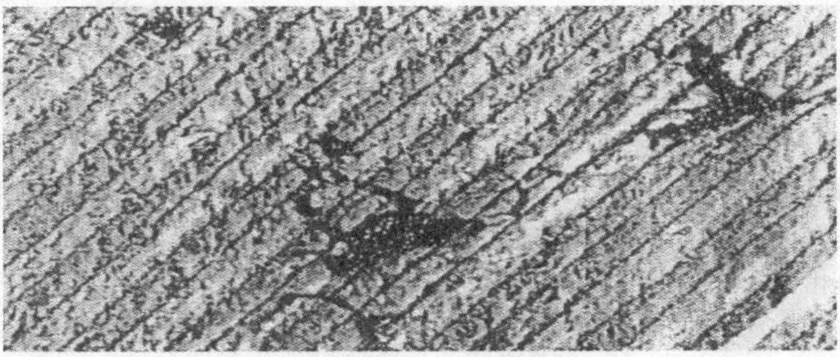

图 8-9　多波束声呐图像

(x,y)和声强 BS,若存在深度采样点,像素内还对应着深度 z。图 8-9 中的灰度图像一方面可以反映海底的地貌变化特征,另一方面,它还可以用于海底底质类型的划分。

8.5　侧扫声呐及其声呐图像

海底地貌探测仪又称侧扫声呐。它可显示海底地貌,确定目标的概略位置和高度。海底地貌仪分单侧和双侧两种,目前多使用双侧地貌仪。在测深一章中我们讨论了高精度测深侧扫声呐,高精度测深侧扫声呐是现代高科技综合的产物,它同传统的侧扫声呐一样,均具有探测海底地貌的功能。下面,介绍利用侧扫声呐进行海底地貌和底质探测的理论和方法。

侧扫声呐是一种主要用于大洋底勘探,而不是用于测量距离或深度的声呐。将换能器向船的一侧倾斜,形成扇形侧区覆盖。侧扫声呐的水平波束宽度很窄(1°～2°),垂直波束宽度很宽(40°左右)以这样的波束对海底扫描。海底测绘用的是双侧扫声呐,把两个换能器装在称为"鱼"形或流线型的拖曳体内,为了获得最佳效果,拖曳体离海底的深度是可调的。图 8-10 表示测量船通过拖曳电缆,将地貌仪换能器基阵拖鱼拖曳在离船尾一定距离和深度上进行测量的情形。拖曳式测量远离工作船(母船),可大大降低干扰噪声;工作稳定,不受船摇摆俯仰影响;获得了良好的传播条件;增加了空化阀。

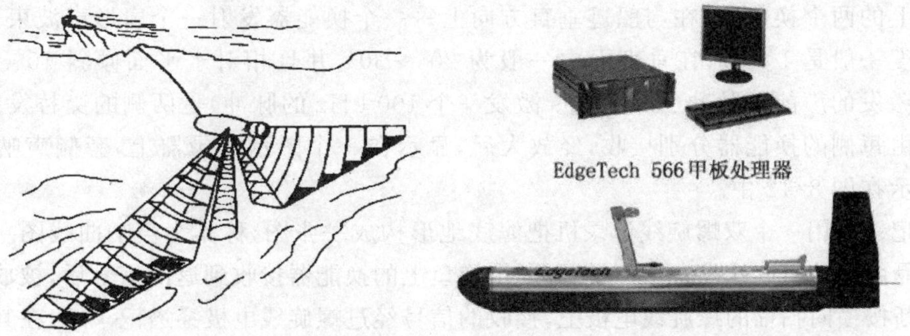

图 8-10　侧扫声呐系统的组成示意图

海底地貌探测仪组成可分为换能器、发射机、接收机、收发转换装置、记录器、主控电路六个主要部分。见图 8-10 所示。

现以国产 SDH-8 型双侧海底地貌仪为例，说明各部分的作用。

侧扫声呐换能器外部形状似鱼形，故称为拖鱼。拖体左右两侧各有一个长条形换能器基阵，每个基阵均由双排等间隔排列的喇叭型振子所组成，各振子间导线采取并联连接，基阵辐射面采用聚胺脂硫化橡胶密封，使之即能保持水密封，又能保持良好的透声性能。左右两侧基阵辐射面均与垂面成 8°倾斜角，以便在换能器正常工作时，使声波波束倾斜入射海底。为防止两侧基阵之间相互干扰，它们的工作频率不相同，其左侧为 38 kHz，右侧为 43 kHz。另外，主波瓣的水平波束角均为 2.2°，垂直波束角左侧为 34°，右侧为 28°。换能器基阵为收发合用。

发射机与换能器基阵相对应，分左、右发射机，统一于主控同步触发脉冲，分别产生一定宽度、频率的高频等幅振荡电脉冲，再分别送入左、右换能器基阵，转换成声波脉冲向两侧海底辐射。

接收机可将两个换能器基阵送来的微弱电信号加以选择放大处理，然后送到记录器将信号在记录纸上记录下来。地貌仪所接收的海底回波，主要是海底反向散射（又称海底混响）回波。不同海区的海底反向散射声强，大致正比于时间（或距离）的负三次方至负五次方之间。为补偿海底反向散射回波随时间（或距离）增大而引起的声波衰减，接收机设有时间增益控制，它在主控同步触发脉冲的控制下，在每一次声波发射后，使接收机的放大倍数 K 随着声波传播时间（或距离）的三次方至五次方而变化。这样，就补偿了由于传播时间（或距离）的不同而引起的回波强弱不同。如底质相同的平坦海底，在记录纸上就表现为一条黑度均匀的直线。另外，为了能使动态范围很宽的海底回波信号，能在动态范围很窄的记录纸上显示出来，正确地反映海底地貌的变化，接收机还设有自动增益控制，能自动地压低强信号，增强弱信号，即压缩回波信号的动态范围，使海底回波变化均能在记录纸上记录下来，从而正确反映海底精细地貌的变化。

收发转换装置的作用相当于在换能器基阵与发射机、接收机之间接入一个自动开关。当发射时，它使换能器只与发射机接通，以防发射脉冲信号损坏接收机；当发射结束后，又将换能器接于接收机，以便接收发射后陆续返回的回波信号。

记录器有两个作用，一是产生总机触发信号，送往主控电路，产生同步触发脉冲，协调整机工作；二是同时记录左、右两侧的海底地貌回波信号。

由记录器产生的触发信号，经主控电路整形、延时后产生一定宽度的同步脉冲信号，用来控制整机工作。此同步发射脉冲一路送往左、右发射机，使之发射声波；一路送往左、右接收机，使之产生时间增益控制电压，以达到控制补偿的作用。

拖鱼上的两个换能器，在与船迹垂直方向上每一个换能器发射一个扇形声波束，在水平面中波束宽度一般是 1°～2°，在垂直面内一般为 20°～30°，并且相对水平面倾斜 10°（图 8-11）。由记录器激发的声能短脉冲（如 0.1 ms 激发一个 100 kHz 的脉冲）是两侧的交替发射，海底返回的信号由每侧的换能器分别接收，经放大后，显示在一个图示记录器上，旁侧声呐记录的一般特点表示在图 8-12 中。

图示记录器用一个双螺旋线记录机把海底地形构成一张图，称其为声呐曲线图。记录器按规定的间隔由旋转螺旋线发一个声学脉冲，由拖鱼上的换能器接收到返回信号后，被放大并且被反馈到不断按横向扫描的螺旋线电极上，接收的信号经过螺旋线电极穿透记录纸，在其上留下了标志。它的强度与返回的信号强度成正比，螺旋线的横向扫描速率可通过控制发射脉冲速率的办法来调节。一般增益控制能改变接收信号的放大倍数达到可以采用的水平，应用改变增益时间或自动增益控制放大由较长距离反射回的信号，这样使记录的横向边缘不会消失。

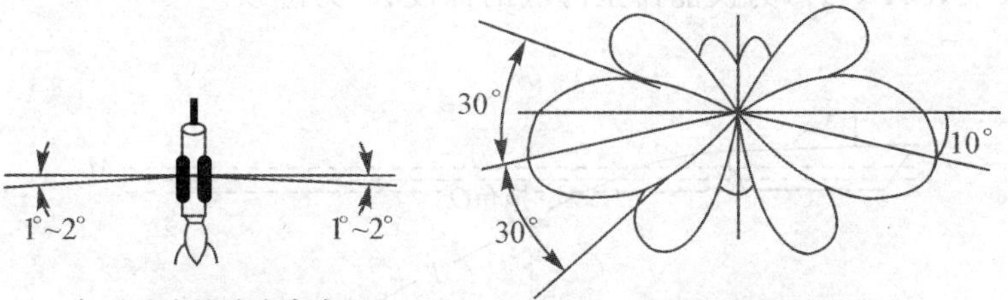

水平系统的波束宽度　　　　垂直系统的波束宽度

图 8-11　侧扫声呐的波束宽度

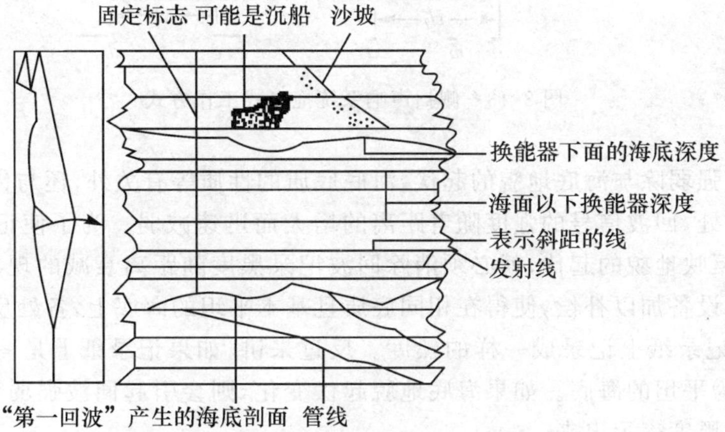

图 8-12　侧扫声呐的记录器

现在多用记录笔式的记录器，它应用许多微小间隔的电极线代替常规的螺旋线，另一些记录器在一个阴极射线管的前面应用摄影胶片，阴极射线管有一个用光学纤维制成的面板，应用使黑标志转换成白标志的方法或者应用相反转换的方法，使人的眼睛可以正视它，提高记录的解释质量。另一种记录旁侧信息数据的方法是用有程序的磁带记录，以便于在数据后处理时可以修正信号的失真。

侧扫声呐系统的横向距离取决于许多因素。它们包括：发射的频率和脉冲速率（由于声在水中被吸收，频率越高距离越短）；声能和声脉冲的方向性（取决于换能器的物理性质）；换能器的倾斜角；拖鱼在海底上面的高度；介质和反射面（噪声和目标靶的强度）的物理性质。大多数的仪器制造者和用户建议将工作拖鱼放置的高度设置为横向最大距离的 10%，以便能够获得最好效果。

侧扫声呐的分辨率定义为从周围环境鉴别目标靶的能力。横向或水平分辨率是分辨平行于船迹的两个目标（或物体）的最小距离，这个分辨率取决于水平波束的宽度、船的速度、脉冲发射的速率、纵向记录比例尺和目标靶的反射率。垂直分辨率是在垂直于船迹的方向上分离两个目标（物体）的最小距离。这种分辨率取决于目标靶的反射率和它离开海底的高度、横向记录比例尺、脉冲长度和垂直波束宽度。

侧扫声呐换能器收到海底各点回波的时间有先后之分，故记录器在将一次声波脉冲发射过程中的各点回波记录时，是按先后次序依次记录在一条横线上的。如图 8-13 中，O 为零位线，M 为海面线，它是从海面 M 反射回来的回波信号记录线，OM 为换能器吃水深度，A 为海底回波信号记录线，OA (H_f)为换能器至海底的深度；C 为礁顶。

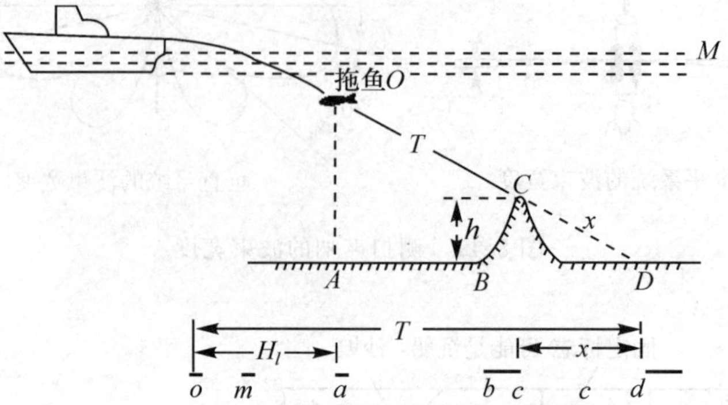

图 8-13　侧扫声呐系统拖曳式工作方式

回波信号的强弱除与海底地貌的起伏、海底底质的性质等有关外，还与传播路径的远近有关。在海底平坦处，回波信号的强度随着距离的增大而迅速减弱。为了使记录纸上记录信号的黑度变化，只反映地貌的起伏，就必须消除回波记录黑度随距离衰减的现象，仪器为此设置了时间增益控制设备加以补偿，使得在相同底质且基本平坦的海底上，各处反向散射回波被接收机接收后，在记录纸上记录成一样的黑度。反过来讲，如果记录纸上是一条黑度相同的直线，则表示此段为平坦的海底。如果海底地貌起伏变化，则会引起回波强弱变化，在记录纸上则以浓淡不同的黑度表示出来。

如图 8-14 所示，海底有一障碍物(如暗礁、沉船等)。从 a 至 b 这一段海底基本是平坦的，由于接收机时间增益控制电路的补偿作用，a 至 b 线的黑度是均匀的。而隆起物正面 b 至 c 一段海底，由于声波的掠射角增大，反向散射回波强，记录 bc 段的黑度就加深了。过了 c 点以后，由于 Oc 和 Od 的斜距有一个突变，因而就有一段时间内没有回波信号，直到 d 点为止，cd 段在记录纸上就没有记录。再向前，de 段又是平坦海底。回波记录与 ab 段又一致了。这样，每一次声波发射的回波，在记录纸上记为一条横线。随着测量船向前航行，记录纸也在均匀移动，显然，在记录纸上就形成了由一条条横线构成的反映海底地貌起伏的平面图形，如图 8-14 所示。海底隆起物反映在记录纸上是左黑右白的图形，黑的部分是隆起物朝向测量船方向的正面，而白的部分是该隆起物背后的阴影。

对于海底凹陷部位（如沟或坑)，没有回波，反映在记录纸上为白色；而朝向换能器的一侧，反向散射回波变强，反映在记录纸上为黑色。海底凹陷部位的地貌声图是先白后黑，白色“影子”的长短在一定条件下反映出凹陷部位的深浅程度。

将如图 8-14 的这些条带拼接起来便形成了如图 8-15 所示的海底地貌图像。

在声呐曲线图上有许多引起失真和干扰的因素，这些干扰因素可分为几何形状、周围环境和仪器 3 个方面。几何形状的失真是由于声波的倾斜、横向和纵向记录比例尺不同、海底坡度以及指引拖鱼的左右摇摆、前后颠簸和偏转等引起的，并导致声图的横向和纵向比例尺不等，产生声图变形，从而引起声图中的目标变形；有的因素直接影响目标图像变形，如水平开角影响目标距离变形。下面介绍这些变形的特点。

(1) 比例尺不等变形。二维声图的纵向与横向的单位长度所表征的实际长度相等，即表

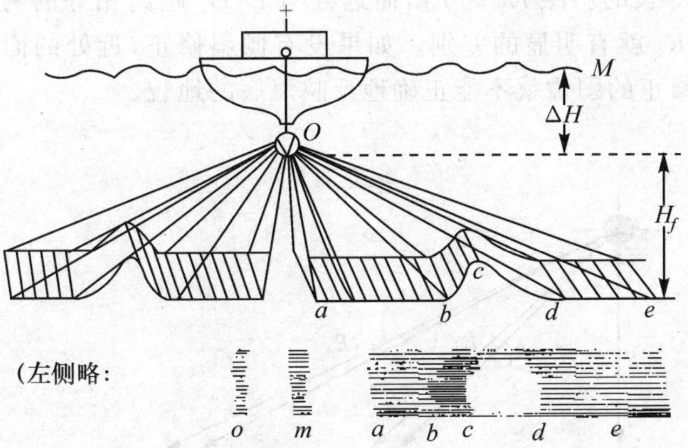

图 8-14　侧扫声呐扫描凸起物的情形

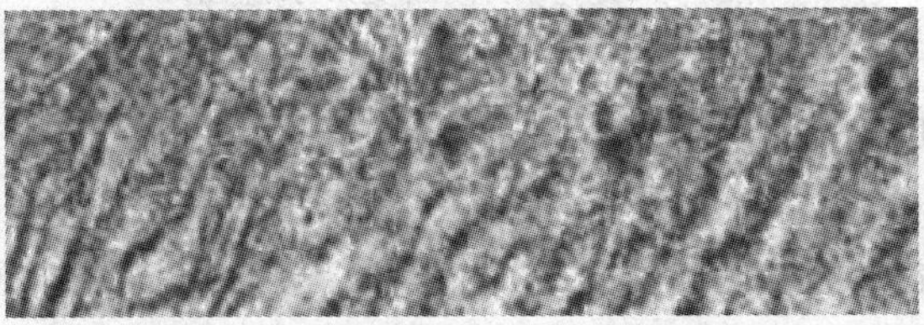

图 8-15　侧扫声呐图像

示纵向与横向为 1∶1。如果纵向的单位长表征 1 m,而横向的单位长表征 0.5 m,则表示纵向与横向为 2∶1,在此纵向与横向的比例条件下,圆球目标变成椭圆。当船速增大时,椭圆目标也随着短轴变短。这时如果存在方形目标,随着船速增大,方形目标变成横向的长方形目标。当船速继续增大,椭圆目标和横向长方形目标的短轴均变得更短。如图 8-16 所示。

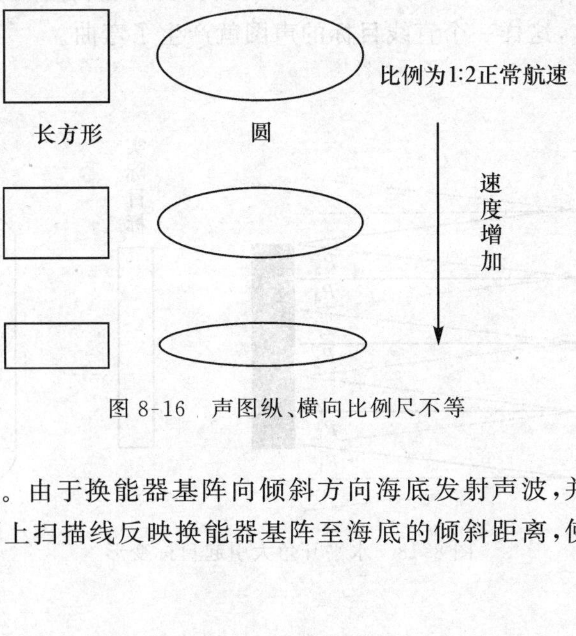

图 8-16　声图纵、横向比例尺不等

(2) 声线倾斜变形。由于换能器基阵向倾斜方向海底发射声波,并接收倾斜方向海底的反向散射声波。在声图上扫描线反映换能器基阵至海底的倾斜距离,使声图横向产生比例尺不统一，引起声图目标横向变形。图 8-17 为声线倾斜变形示意图，靠近换能器下方的目标 D_1 和 D_2 分别对应几乎等长的斜距 R_1 和 R_2，而远处与 D_1D_2 距离相等的两目标 D_3 和 D_4，与它们对应的斜距 R_3 和 R_4 就有明显的差别。如果没有倾斜修正，近处的面积被压缩，远处的面积被扩展，这样没有修正的图像就不能正确地反映海底的地貌。

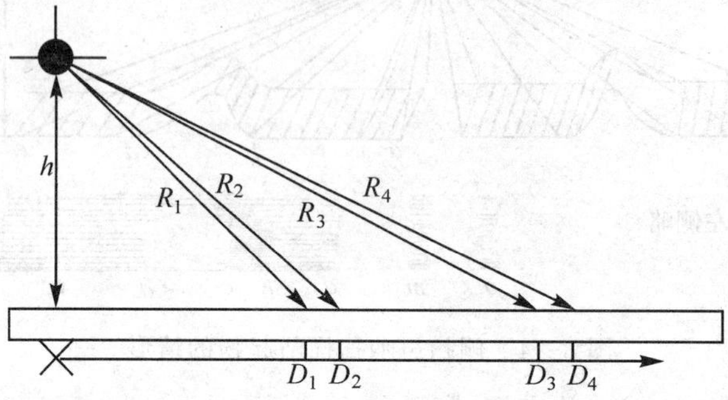

图 8-17　声线倾斜变形示意图

(3) 拖鱼高度变化使声图横向比例尺变化。由声图结构可知，在声图上发射线至海底线的长度，表示拖鱼离底的高度。如水深变深，拖鱼至海底的高度变高，反映在声图上呈现零位线至海底的宽度加长，占用声图横向宽度增宽；同时，横向扫描线缩短，占用声图横向宽度变窄。这样的结果，使声图横向比例尺缩小。

(4) 海底倾斜坡面引起横向比例尺变化。扫测船顺海底倾斜面的走向扫测，迎斜面的一侧横向比例尺缩小，顺斜面的一侧横向比例尺增大。

(5) 由于换能器水平开角大或副瓣大引起的双曲变形。低频侧扫声呐一般情况下换能器的水平开角都比较大，有些高频侧扫声呐的水平开角虽说不大，但由于换能器设计不好，有较大副瓣，也相当于主瓣展宽了。这时，测量一个目标时，由于开角大或存在较大的副瓣，换能器还没有正横通过目标时，就已经得到了目标的回波，而换能器已经正横通过目标后，仍能得到目标的回波，如图 8-18 所示。从图中可以看出，5 次发射得到目标回波的时间是不一样的，R_1 和 R_5 大于 R_2、R_3 和 R_4，这样一个直线目标的声图就产生了弯曲。

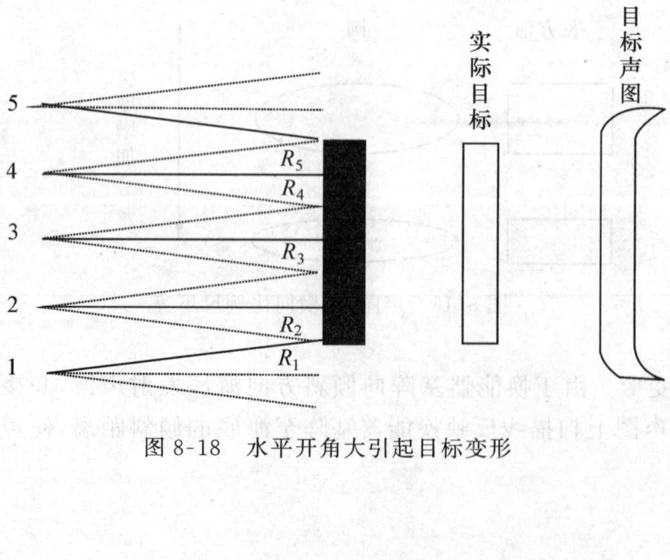

图 8-18　水平开角大引起目标变形

周围环境的失真和干扰经常是由于同时作业的其他电子仪器、水中较密的悬浮粒子、表面噪声和反散射、气泡、海洋生物、水温和水流的变化等引起的。仪器失真主要是由于记录螺旋线有缺陷或记录纸以及波道之间的电信号相互作用引起的。

根据侧扫声呐的用途不同，侧扫声呐大致可分为四类：分辨声呐、搜索声呐、地质声呐、远程声呐。其中分辨声呐的分辨率最高，常用来探测海底精细地貌和探测分辨水下物体等。

我国有几所高等院校和科研单位已成功地研制了侧扫声呐仪器，例如，广东工学院研制的SGP-I型旁视声呐为舷挂式和拖曳式双侧高分辨旁侧声呐，其主要技术指标为：工作频率为190 kHz和230 kHz；水平开角为0.75°和2.2°；垂直开角是22°；工作水深，对舷挂式而言，为100 m；最大作用距离一侧为500 m，双侧为1 000 m；要求测船航速不超过3～5节。其他类型的旁侧声呐有PS-1型、SDH-8型和HRBSSS高精度测深侧扫声呐，它们都可以用于测绘海底地貌、探测海底礁石、沉船油管、水下障碍物和海底地质的某些特征等。

国外分辨声呐以美国克莱茵公司生产的侧扫声呐为代表，具有当代先进水平。它采用的声波频率为500 kHz；每侧最大探测距离为100 m；脉冲宽度为0.02 ms；主瓣波束角，水平为0.2°，垂直为40°。该系统基本组成是换能器拖鱼和图示记录器。其中图示记录器可分为一、二、三通道三种类型。一通道记录器用来探测水深；二通道记录器用来记录航向左、右两侧一定宽度内海底地貌、底质声图；三通道记录器以上功能均有，如插入模数信息处理组件和磁带记录器，就可以组成多功能的模数自动绘图声呐，英文简称MAPS。该系统有三种基本工作方式：

(1) 现场记录方式。在作业现场，记录纸上同步记录了水深和海底淤积层状况；定位和未经校正的航向左、右两侧地貌声图，供初步分析时使用。同时有关数据存储在磁带上，供后期进一步处理。

(2) 后期处理方式。由此种方式在记录纸上获得的地貌声图，已经过斜距校正、速度校正等，即已校正了声图的失真，所以可用毫米尺按同一比例在纸上量取目标的水平距离和目标的大小，供详细分析时使用。

(3) 实时处理方式。它可在记录纸上实时地提供不失真的(经过斜距和速度校正)；左右两侧拼接在一起的完整地貌声图，供现场准确分析时使用。并实时地将上述完全校正过的二通道声呐信息存储在磁带上。

可见，模数自动绘图声呐(MAPS)，能自动地进行斜距改正，速度改正，使记录纸纵横比例为1∶1，从而消除地貌声图的失真；它还能自动地消除左、右两侧声图中的重叠部分，并拼接成一幅完整的地貌声图；还能自动在标记线上注释(年月日、时间、趟次、点号、船位)，使声图成为完整的资料；还可以对声图的局部进行扩展，供详细分析用；未校正和已校正过的地貌声图资料可以实时地存储在磁带上保存或供进一步处理。所以MAPS实现了大面积地貌声图的拼接，为绘制海底地形图创造了条件，提高了自动化程度。

8.6 基于声呐图像判读海底地貌

为了能从声图上繁杂的图像中判读出目标图像及地貌图像，必须对各类声信号的图像进行分类，依次建立相关特征，以及各自的图像特征，为判读所需的目标图像和地貌图像提供必要的特征指标。声图图像可分成四类，即目标图像、海底地貌图像、水体图像和干扰图像。

目标图像包括沉船、沉鱼雷、礁石、海底管线、鱼群及海水中各种碍航物和建筑物的图像。根据各类目标在海底的状况，又可以进一步分类，如沉船图像可分类为整体沉船图像、断裂沉船图像；礁石图像可分为孤立礁石图像、礁石群图像；鱼群图像可分为水面鱼群图像、水中鱼群图像、水底鱼群图像。

海底地貌图像包括海底起伏形态图像、海底底质类型图像、海底起伏和底质混合图像。海底起伏形态图像如沙波、沙洲、沟槽、沙砾脊、沙丘、凹洼等形态；海底底质图像如漂砾、沙带、岩石等。

水体图像包括水体散射、温度阶层、尾流、海面反射等水体运动形成的图像。

干扰图像包括换能器基阵横向、纵向和舶向产生摇摆的干扰图像，海底和水体等的混响干扰图像，各种电子仪器及交流电源产生噪声的干扰图像。

声呐图像是海底目标、海底地貌、水体和干扰等多种反射声波的接收信号特征的记录，这些特征称为判读特征，也称判读标志。因为判读声图图像的处理过程是由人眼完成的，所以从声图图像中判读目标或地貌图像的特征应符合视觉的特征。根据人眼的机理特点，结合声图的特点，进行可见声图图像判读。声呐图像具有如下判读特征：

(1) 形状特征。形状特征是指某类图像外部轮廓在声图上表现出的形状。目标和地貌的实际形状不同，其在声图上的图像形状也不同。因此，图像形状在一定程度上反映出目标的性质及地貌类型，所以形状特征是判读目标和地貌的重要依据之一。并应结合声图各类变形来判读图像形状特征。

(2) 大小特征。大小特征是指在声图上的尺寸。根据声图纵横比例尺能明确给出目标或地貌大小的概念。因此，判读图像之前应弄清声图比例尺变化情况。

(3) 色调和颜色特征。色调特征是对黑白声图而言，彩色特征是对伪彩色声图而言。色调特征是指声图上所表示的灰阶由深到浅的灰度。在声图中，人眼可以感受到 8 层次灰阶的灰度变化。

(4) 阴影特征。阴影特征是指目标和地貌的高出海底面阻挡声波照射的地段，在声图上表示为无灰度的小区域。阴影长度反映目标和地貌隆起高度，是测量隆起高度的依据。

(5) 纹形特征。纹形特征是指声图上强灰度的灰阶形成的各种形态特征，如鱼群的椭圆形态，燕尾形态；沙波的波状形态；浅层气体的条带状，椭圆状。纹形特征在声图反映呈多种形状，如点状、线状、环状、条带状、栅状等形态。

(6) 相关体特征。相关体特征是指伴随某类图像同时出现的无固定纹形特征的相关图像。如沉船图像周围必然伴随有堆积和沟槽图像。

在充分理解声图的结构、分类和特征的基础上，建立各类典型声图的判读特征。反复识别熟悉各类典型声图的判读特征，使各类典型声图图像所包含的判读特征及其数量和排列组合特征，能够在大脑中具有深刻的印象。具备了判读声图基本技能，并结合一般知识，在判图过程中逐步深化。在判读声图图像时，还应特别注意参阅作业过程的详尽记录，以声图的 3 个区域进行判读目标和地貌图像，过滤非目标图像，筛选出所需的目标图像。一般可采用以下几种方法进行判读声图图像：

(1) 直接判读法：利用判读特征，直接对一张声图图像判读目标和地貌。

(2) 对比判读法：把粗扫测与扫测的声图进行对照比较来判读声图中的目标和地貌。

(3) 邻比判读法：把两扫测趟的重叠带的图像相拼，对照比较判读目标和地貌。

(4) 逻辑推理判读法：根据扫测区的水体的情况、潮流和气象等动力因素、海底底质分布状况、海区特点及海底地貌、海事资料，并结合扫测记录，来判读声图的目标和地貌图像。

影响判读效果的因素是多方面的，当各种判读因素提供得充分时，判读成功率高。影响判读声图中的目标和地貌成功率的主要因素有判读人员对声图的结构、特点、特征的理解认识程度、扫测记录的详尽程度、扫测符合规定要求情况、仪器状态以及声图图像清晰程度等。

下面，我们给出两张地貌声图供参阅。

图 8-19 是由每张相距 500m 的平行横断面地貌声图拼接而成，有 8 条探测趟，反映沉积岩褶皱所形成的一个小盆地地貌平面视图。虽然，探测船的航速与航向不很稳定，相邻地貌声图的岩层露头的横断面吻合得还不很精确，但是岩石露头的真实轮廓还是清晰可辨的。图 8-20 所示声图反映沙砾海底上覆盖着沙带和沙波的图像。根据判释声图的方法，可以清楚地辨认沙带、沙坡、沙砾海底，沙波波峰、波谷及沙波发展方向等图像。

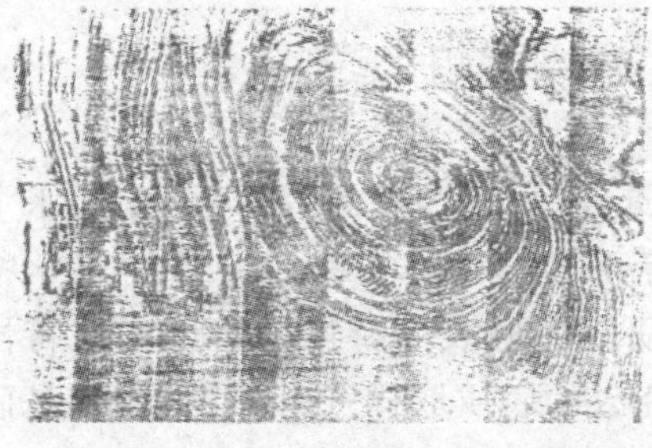

图 8-19　沉积岩褶皱形成的小盆地

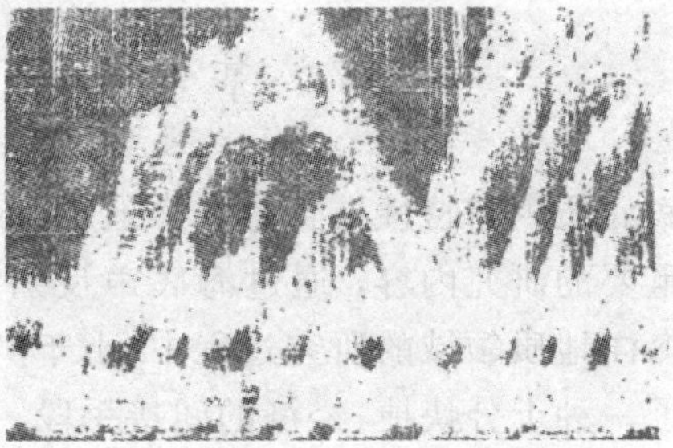

图 8-20　沙砾海底上覆盖的沙带和沙波

利用声呐图像除可以判断目标和海底地貌特征外，声呐图像还可用于计算目标的形状、尺寸和深度等几何参数。图 8-21 中，d_F 为铅鱼深度；H_F 为一铅鱼距海底的高度；d_T 为目标靶的深度；H_T 为目标靶的高度；R_T 为目标靶的量程；R_S 为影子的距离延伸；S_T 为目标靶的水平距离；d_V 为垂直深度。根据这些参数，则目标的：

垂直深度：
$$d_V = d_F + H_F \tag{8-39}$$

目标高度：
$$H_T = H_F \frac{R_S}{R_T + R_S} \tag{8-40}$$

目标深度：
$$d_T = d_F + H_F \frac{R_T}{R_T + R_S} \tag{8-41}$$

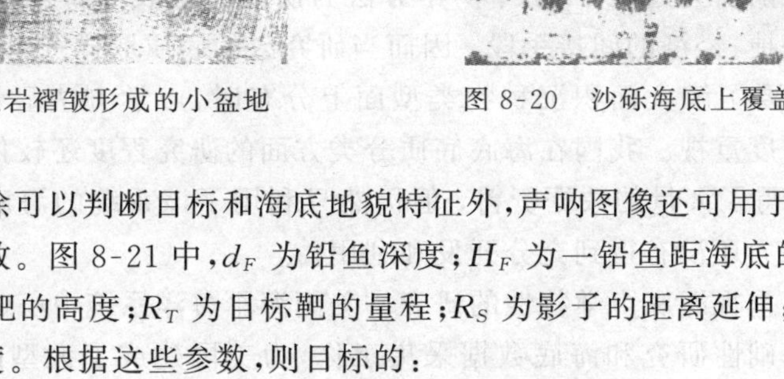

图 8-21　海底目标高度的确定

目标靶的水平距离：

$$s_T = R_T\left[1-\left(\frac{H_F}{R_T+R_S}\right)^2\right]^{\frac{1}{2}} \tag{8-42}$$

上述参数是在理想情况下通过几何关系获得的各计算项模型。需要指出的是,由于传统侧扫声呐在定位和定姿方面存在缺陷,通过上述模型很难准确计算实际的深度、高度和距离。只有附加声学定位系统(如长程超短基线系统)为拖鱼定位,并在拖鱼体内安装姿态传感器,为拖鱼确定准确的位置和姿态,对声呐图像数据进行严格的处理,利用上述模型才能获得很好的计算结果。现代高精度测深侧扫声呐拖鱼上安装了这些设备,因而可实现高精度测深以及为目标准确定位。

8.7 基于声呐图像划分海底底质类型

海底底质声学特性一直是海洋地质、水下工程地质、海底矿产资源、海洋渔业和水下通讯等领域重要的研究内容,通过海底声反射和声散射等手段可以进行海底底质的声学特征研究。在海洋地质领域的研究过程中,由于声学方法为研究海底表面特性和海底底质特性的分类提供了一种十分快捷、经济的间接手段,因而当研究区的底质取样资料稀少(或因是砂质海底而难以取样)及需要了解大面积沉积物类型面上分布时,声学方法显示出极大的优越性,受到广大研究者的高度重视。我国在海底底质分类方面的研究程度还较低,虽然近些年来引进了多波束系统,获得了大量的数据资料,但仍然只利用了该系统的海底测深功能,其底质分类等功能的技术潜力还没有得到充分开发和利用。

许多国家都非常重视海底声学特性的研究。美国海军海洋系统中心(NOSC)对海底声学特性进行了大量的基础性研究和海底数据采集工作,为美国建成了大型的海洋海底数据库。近几十年来,具代表性的海底声学特性研究是美国学者 Hamilton 和 Biot Stoll 的研究工作。Hamilton 对海底沉积物的声学特性进行了系统研究,提出了简单且易于应用的粘弹模型,并根据收集到的数据资料总结出了大量的经验公式。Biot 提出的流体饱和多孔介质模型经 Stoll 等人的修正后,物理概念明确,预计的慢纵波也被实验所证实,并用于海底参数和声场的预报。最近,美国水声专家又提出将海底沉积物按声阻抗和声衰减系数进行分类,认为其他海底参数都与这两个参数密切相关。20 世纪 60 年代起,国外对海底底质分类的研究主要是从海底沉积物的物理力学特性、声学特性及两者的相关性、海底回波特性和特征量的提取等方面着手的,自 80 年代起,开始进入了应用研究,各个国家纷纷研制出了用于海底沉积物走航式测量的设备,在不断获取大量实验数据的同时,不断改进测量手段。目前较大规模的底质分类合作研究项目主要有 ESMAC(Environmental Seafloor Map and Characterization)项目,由北欧多国参与,主要由瑞典和挪威来实施;ISACS(Integrated System for Analysis and Characterization of the Seafloor)项目,为欧盟组织的由五国参与研究的大型海洋科学与技术研究计划中的一个子项目。在我国,海底声学特性的研究还较薄弱。中国科学院声学所孟金生和关定华教授提出了海底沉积物分类方法。1992～1995 年,中国科学院南沙综合科学考察队对南沙群岛及其邻近海区开展了多学科综合考察和研究,其中也进行了海底底质分类等方面的考察和研究工作,1993～1994 年又对其进行的 4 个航次的科学考察,取得了 58 个海底浅层沉积物样品,并在实验室内进行了声学参数测试和分析,发表了一系列有价值的研究文章。国家海洋局第二海洋研究所对海底沉积物进行了大量声学测试分析工作,利用 Sea Beam 多波束系统对太平洋海底多金属结核覆盖率进行了计算,在约 1 700 km 的测线上进行估算。中国科学院声学研究所研制并不断改进了海底表层底质探测系统，多次在海上作了海底底质分类工作，获得回波的 8 种参数(反射系数、能量归一系数、回波能量分布、回波间相关系数、包络谱等)，将航线上的底质分为 8 类，即礁石、细砂、泥质砂，砂质泥、泥和软泥等。基于实验设备、经费以及实验方法等各方面条件的限制，国内对海底声学底质分类技术的研究大都仅限于基础方面，或是针对特定的海域，或是针对特定的底质类型，研究的程度不高。而海底沉积物声学遥测是一项实验性很强的研究，它的实用化，必须基于大量采集的现场数据。因而，我国在海底参数的数据收集(尤其是对特定海区数据的收集)、参数分类和分类理论模型的建立等方面的研究与国外的差距仍然很大。

目前最典型的探测设备和软件主要有美国 NOARL 公司(Naval Oceanographic and Atmospheric Research Laboratory)的 ASCS、挪威 Simrad 的多波束产品 TRITON 分类软件和加拿大 QTC 公司的 QTC VIEW 等。

1984 年，美国的 NOARL 公司购买了西德的一套 ESMS 系统(Echo Strength Measurement System)，卖方还按要求进行了若干软件的改进。NOARL 公司在 1985 年获得改进的软件后，将其更名为 ASCS(Acoustic Seafloor Classification System)。1990 年前后，NOARL 公司又对该系统作了较大改进。1993 年，NRL(Naval Research Laboratory) 开发了另一套 ASCS，与原来的相比，几乎全部软件和硬件都作了更改，其中，最重要的换能器部分由两个单频变为两个宽带固定波束宽度。美国 Biosonics 公司还开发了 VBT Bottom Classifier 系统。

挪威的 Simrad 公司参与底质分类技术的研究和开发工作是自北欧的多国合作研究计划 ESMAC 项目开始的。TRITON 分类软件由 Simrad 公司与挪威计算中心合作开发，它为 Simrad 公司的 Neptune 软件族中的一个模块，与该软件族共同配合使用。TRITON 分类软件的优点是可以方便地建造自己的底质类型描述数据库，同时，可由用户训练它识别新的沉积物类型，还可以利用地理上分割的块断数据作内插和平滑以获得整个调查区的数据。该软件是用统计方法进行分类的，缺省底质分为 5 类，即基岩、粗砂、细砂、粘土和泥。

加拿大的 QTC VIEW 系统的硬件部分包括一个可附加于任何测深仪的外加部件，它直接从换能器端接入信号，数据通过一个 RS232 口向外输出。该系统可与 ISAH(Integrated System for Automated Hydrography)系统配合使用，待所需参数全部提取出来后，再做主成分分析，并将其压缩为 3 个互相正交的量(Q1、Q2 和 Q3)，据此进行分类。该公司最近又推出了最新的 QTC IMPACT 系统。

由英国 Marine Micro System 公司研制的 RoxAnn 系统与加拿大 QTC 公司的 QTC VIEW 系统几乎完全相同。RoxAnn 系统的分类使用了 E1 和 E2 两个参数，E1 反映了海底底质的粗糙度，E2 则是从两次回波中提取，反映了海底底质的硬度。

按照测量仪器获得的海底声呐图像的不同，海底分类常采用的方法有如下几种：

1. 剖面声呐、测深仪法

对用剖面声呐、测深仪法提取的声学特征进行下列 5 种方法的计算和统计分析，以进行海底底质分类。这 5 种方法是：①反射系数；②累积能量归一曲线(取决于沉积物衰减系数)；③反射信号的时域波形特征(幅度分布统计、直方图等)；④反射信号的频域特征；⑤回波的屏间相关统计。

2. 侧扫法

将用侧扫法提取的声学参数进行以下 3 种方法的计算和统计分析，以进行海底底质的分类。这 3 种方法是：①回波强度的统计量(分位点)；②纹理特征提取；③斜入射反向散射强度与入射角的关系。

3. 多波束法

将利用多波束方法提取的声学特征进行下列 8 种方法的计算和分析，以进行海底底质的分类。这 8 种方法是：① 均值；② 分位数(Quartile)；③ 标准偏差(Standard deviation)；④ 对比度(Contrast)；⑤ 频谱；⑥ 回波幅度的直方图等；⑦ 分形锥法；⑧ 神经网络法。

综合看来，底质分类的能力和效果不仅取决于所使用的声呐手段，还取决于分类算法。剖面声呐和测深声呐使用的都是正入射信号，回波中能更多地携带地层信息，能以较高的置信度推测沉积物的物理性质，其中宽带剖面声呐所得到的分类和特征估计的效果要好于普通测深仪所得到的效果，但由于普通的低频宽带剖面声呐换能器的开角非常大，因此，当海水略深时，回波中底表面和内部的散射信号将会混淆。两种声呐共同的缺点是所测得的信息只是换能器正下方的单点信息。多波束和侧扫声呐系统除了可以得到近垂直入射的声波外，还可以得到多角度散射信号，信息量大，尤其是它可以得到较大面积海底表层沉积物的信息工作频率高，在海底地形全覆盖测量方面应用前景十分广阔。但是，多波束系统难以得到较深地层的信息。

8.8 海底浅层剖面仪

海底浅层剖面仪又称次海底剖面仪，它是研究海底各层形态构造和其厚度的有效工具，其工作原理与回声测深仪相同。很早人们就发现，在用回声测深仪测深时，声音有时穿透底质层，在测深图上记录了海底沉积层及其构造。由于沉积层对声波的吸收系数比海水介质约高 1 000 多倍，又因为回声测深仪的发射功率不大，所以，在深度较大和沉积物较坚硬的地区无法探测到必要的信息。

浅地层剖面仪由发射机、接收机、换能器、记录器、电源等组成。发射机受记录器的控制，发射换能器周期性地向海底发射低频超声波脉冲，当声波遇到海底及其以下地层界面时，产生反射，返回信号，经接收换能器接收，接收机放大，最后输给记录器，并自动绘制出海底及海底以下几十米的地层剖面。

海底浅层剖面仪的探测深度与工作频率有关。为满足生产的要求经常应用的工作频率为 3.5 kHz 和 12 kHz 两种，前者探测地层深度为 100 m，后者约为 20 m。频率增高，声波吸收衰减加大，探测深度减小；频率低，探测深度大，但是，剖面仪的分辨率差。探测深度与分辨率之间的矛盾是难以协调的。

海底沉积层中声波的吸收衰减是根据大量的取样在勘测船上或在实验室中测定的。沉积层中除了泥、砂、石灰石外，还夹杂着水，其构造是比较松散的，对于这种介质而言，其吸收衰减主要取决于声波传播过程中质点所引起的摩擦损耗。这种损耗与沉积物的孔隙度 n 有关，孔隙度表示沉积物体积中海水所占的百分数。在此列出由 Hamilton 等人根据测试结果获得的每千赫频率吸收系数 β 与孔隙度 n 的关系式(表 8-2)。

表 8-2 **每千赫频率吸收系数 β 与孔隙度 n 的关系**

底质类型	孔隙度 n	吸收系数 β (dB/m · kHz)
砂质沉积	36.0%～46.7%	$0.274\,70 + 0.005\,27n$
细砂及泥砂	46.7%～52.0%	$0.049\,03 - 1.768\,8n$
混合泥砂	52.0%～65.0%	$2.323\,20 - 0.048\,9n$
粉砂质粘土	65.0%～90.0%	$0.760\,20 - 0.014\,87n + 0.000\,078n^2$

海底沉积层的结构是分层的，剖面仪测量的是地层界面反射信号的到达时间，若地层的声速是未知的，就无法正确判定各地层的实际厚度。但是，人们知道随着沉积层的厚度增加，沉积物质的密度就增大，沉积层中的声速将随着深度的增加而增加。因此，可假设沉积层中的声速在深度剖面内按常梯度增加，其关系式如下：

$$c(t)=c_0+k(t) \tag{8-43}$$

式中：c_0 为沉积层表面声速；k 为沉积层声速梯度；t 为声波在沉积层中单程传播时间。

利用地层界面回波的单程传播时间 t，求得沉积层中的平均声速为

$$c=\frac{c_0+c(t)}{2}=c_0+\frac{kt^2}{2} \tag{8-44}$$

由于海域不同，沉积层的地质构造不同，上式中的 c_0 和 k 不是常数，一般根据钻孔取样所测得的数据确定不同海域中 c_0 和 k 的经验值。由取样数据分析认为 c_0 在 1 200～1 800 m/s；k 在 900～3 900 m/s² 范围取值为宜。

根据沉积层中的声速和吸收系数与孔隙度之间的关系，建立海底沉积层的声学模型，通过遥测海底声学参数来判断和分析沉积物的物理特性。

海底浅层剖面仪有许多国家研制，有的文献按其探测的最大深度分为四级：零级探测深度为几十厘米，其分辨率较高，它适用于有输油管线、运输管线以及海底隧道的大陆架海域进行测量，Ⅰ级探测深度达 70 m，Ⅱ级达 200 m，Ⅲ级超过 200 m。

图 8-22 为 EdgeTech 2000C（左图）和 EdgeTech 3100P（右图）两种浅地层剖面仪系统。其中，EdgeTech 2000C 是一种经济、适用于近海的组合式侧扫声呐/浅地层剖面仪系统。侧扫声呐换能器的频率为 100 kHz/400 kHz；浅地层剖面仪有两种拖鱼可选，型号为 670C（标准配置）和 512C，频率分别为 2～16kHz 和 500 Hz-12 kHz。侧扫声呐单侧最大量程 500 m，在泥质海底的理想情况下，浅剖的最大穿透为 80 m（670C 拖鱼）和 200 m（512C 拖鱼），拖鱼最大工作深度 300 m。EdgeTech 3100P 是一种高分辨率宽带调频（FM）便携式浅地层剖面仪系统。系统便携式数据采集计算机和声呐处理器之间采用无线通讯加备份网络连接的方式，使便携式数据采集计算机可以灵活地放置于操作方便的地方。3100P 系统可以选 2-16S（2～16kHz）拖鱼或 4-24S（4～24kHz）拖鱼。在泥质海底的理想情况下，最大穿透分别为 80m 和 40m。垂直分辨率（和选择的脉冲有关）分别为 6～10 cm、4～8 cm，最大工作水深 300 m，主要应用于工程勘察、底质调查、管线探测、沉积物分类等。

图 8-22　EdgeTech 2000C 和 EdgeTech 3100P 浅地层剖面仪系统

在我国，已由中国科学院海洋所第二海洋调查大队研制出海底浅地层剖面仪，其技术指标为：工作深度为 50 m；地层探测深度小于 50 m；分辨率为 1～2 m；换能器固定在舷侧；利用测深记录仪自动连续地绘出地层剖面图。

根据浅地层剖面仪探测的海底回波的强度可以绘制浅地层剖面图。浅地层剖面图是反映海底浅地层底质性质的断面图或图像。通常绘制纵向比例尺为 1∶500、横向比例尺为 1∶5 000，也可根据实际需要确定。横向位置是剖面线横向编号，过钻孔时应把此钻孔的点号标上以便比对。纵向为地层厚度，零点通常采用当地理论深度基准面。对有钻孔资料的可结合测得的浅地层剖面图像，详细地划分出各层界面、性质以及厚度。对钻孔资料的，主要利用测得的浅地层剖面图像特征，来区分浮泥、粘土、亚粘土、粉细砂、粗砾沙、淤泥、泥、岩石等地层性质。图 8-23 给出了某水库的浅地层剖面图像。

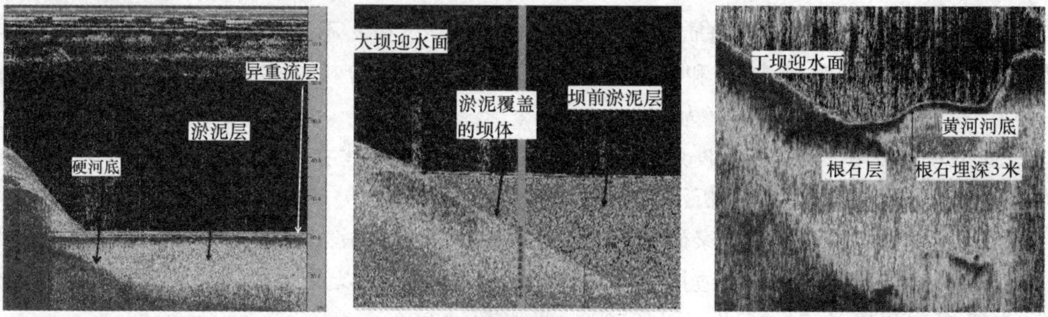

(a) 水库异重流现象　(b) 大坝坝前淤积情况　(c) 根石层的分布情况

图 8-23　某水库浅地层剖面图

图 8-23(a)中，浅地层剖面图通过三种不同的颜色清楚地表明了存在三类不同地质的介质层，即异常流层、淤泥层和硬河底；在图 8-23(b)中，浅地层剖面图通过颜色不同和颜色的分界清楚地表明了淤泥覆盖的坝体以及坝前淤泥层的分布和层厚度；同样，在图 8-23(c)中，也清楚地呈现出了河底、根石层及其厚度。

思　考　题

1. 简述回波强度与海底类型之间的关系。
2. 简述利用多波束系统探测海底地貌的思想。
3. 简述利用侧扫声呐系统探测海底地貌的基本思想。
4. 利用声呐图像如何判读海底目标以及地貌特征？
5. 海底底质分类有哪些方法？
6. 简述利用浅地层剖面图解释海底不同地质层的方法。

第9章 海洋重力测量

地球上的任何物体都会受到地球和其他天体引力和离心力的作用,引力和离心力的合力称为重力。自然界中的一切现象几乎都与重力有着密切的关系,因此,重力测量的应用范围很广。例如在地球物理勘探中,由于岩石和矿石密度的不同所引起的重力场的变化,可用来寻找矿藏和了解地质构造;在地球物理学中,可以利用重力测量的数据去测定地球的弹性、密度及地壳的构造;在大地测量学中,要用重力数据去归算观测成果和研究地球形状;在导弹与航天技术中,重力测量资料可为空间飞行器的轨道计算和惯性导航服务,提高远程导弹的命中率。

海洋重力测量是在海上测定重力加速度的工作。按照施测的区域可分为海底重力测量(沉箱法和潜水法)、海面(船载)重力测量、海洋航空重力测量和卫星海洋重力测量。海底重力测量与陆地重力测量类似,将重力仪安装在浅海底固定地点或潜水器上,用遥测装置进行测量;海面重力测量是将仪器安装在航行的船上,在计划航线上连续进行观测,因此,仪器除受重力作用外,还受到船只航行时很多干扰力的影响,这些干扰力远大于要测定的重力异常值,必须进行改正或消除;海洋航空重力测量,既方便,又迅速,可进行大面积测量,对广阔的海洋重力测量数据的获取具有重要的作用。但在航空重力测量中,航行高度随着气流影响不断变化,垂直加速度同高度变化引起的重力变化叠加在一起,不能用简单的滤波方法消除。此外,由于飞机航速较快,厄缶效益相应增大,必须采用多种措施加以改正;卫星测高是利用卫星上装载的雷达测高仪连续向地球发射雷达脉冲,并接收返回的脉冲回波,从而得到海面高度,并由此进行地球物理和海洋物理以及其他相关科学的研究。卫星测高技术极大地丰富了海洋重力数据的获取方法,填补了占全球71%海洋重力测量的空白。

用于测定地球重力场场强要素的仪器称之为重力仪。按其测量目的来分类,在某一点上测量该点绝对重力值的仪器称为绝对重力仪;用来测定两点之间重力差的仪器称为相对重力仪。用于海洋表面和海底测定重力值的仪器统称为海洋重力仪。海洋重力仪是在不断运动的海洋上进行重力测量的,和陆地重力仪在作业的环境上有着本质的不同。海洋重力仪在实施测量时,对测量成果会产生影响的因素有:海洋重力仪本身结构、材料及加工工艺等方面的不足对观测结果的影响;海洋重力仪工作时静态、动态外部环境的变化对观测结果的影响;以及地球自转对运动中工作的海洋重力仪观测结果的影响。

海洋重力仪工作时,动态外部环境的变化对观测结果的影响,是海洋重力测量的主要误差源。众所周知,刚体运动的三个自由度与物体的平移有关,另三个自由度与物体的旋转有关。测量船在实施海洋重力测量时,六个自由度上都有可能产生运动,进而产生扰动加速度,这些扰动加速度和需要测量的重力加速度混杂在一起,给海洋重力测量带来很大的困难,并产生很大的观测误差。所以,海洋重力仪在海洋动态环境下实施测量的前提,就是采取各种措施消除测量船在各个自由度的运动对重力测量的影响,尽最大努力削弱动态环境变化对海洋重力测量产生干扰这一最大的误差源。如果测量船保持匀速直线运动状态,则在平移的三个分量中的两个水平方向分量不产生扰动加速度,只有垂直方向的波动影响重力测定。三个旋转分量中，主要是测量船的横摇和纵摇影响重力值的测定，因此，在重力测量数据处理中，需要考虑船体姿态的影响。船体摇动将产生垂直和水平方向的加速度，作用在重力仪的摆杆上，并产生交叉耦合效应，即C效应。C效应对重力测量成果也有一定的影响，在数据处理中应予以考虑和消除。重力是地球引力与惯性离心力的合力。当测量船相对于地球运动时，地球本身也在转动。这样，作用在重力仪弹性系统上的离心力是地球自转惯性离心力和测量船速形成的离心力的合力，导致测量重力值不等于实际重力值，这种现象称之为厄缶效应。厄缶效应对海洋重力测量的影响与上述几个方面的影响不同，无法通过改进仪器和增加附属设备来消除，且会表现在测量成果中，只有通过一定的数据处理方法加以改正才能消除。

海洋重力测量是海洋物理测量的一个非常重要的内容，因而对海洋重力测量的野外实施和数据处理过程必须有一个比较系统的了解。此外，本章还介绍了海洋重力测量成果的应用。最后，系统地介绍了海洋重力仪的发展趋势以及适合海底、海面和航空重力测量的重力仪器。

9.1 扰动位、大地水准面及垂线偏差

作用在地球表面任一质点的重力 g 是引力 F 和惯性离心力 P 的合力（见图 9-1）。根据牛顿万有引力定律，整个地球质量产生引力，地球自转则产生惯性离心力。引力的方向指向地球质心，惯性离心力的方向垂直于地球自转轴向外，而重力的方向则为两者合力的方向，即垂线的方向。

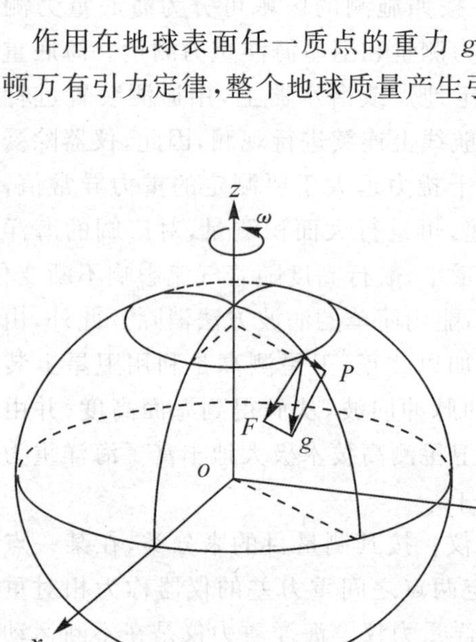

图 9-1 地球上某点的重力

惯性离心力最大约为重力的 1/300，因此地球的引力方向和重力方向非常接近。作用在单位质点上的重力称为该点的重力场强度，它同重力加速度在数值上相等。在重力测量中，重力加速度是实际所要测定的基本物理量，通常又将重力加速度简称为重力。在 MKS 制中，重力的单位为 m/s^2；在 CGS 制中，则为 cm/s^2。为了纪念世界上第一个测定重力的意大利物理学家伽利略，将重力的单位 cm/s^2 称为伽(Gal)，10^{-3} 伽为 1 毫伽(mGal)，10^{-3} 毫伽为 1 微伽(μGal)。

由于地球表面形状不规则和地球内部质量分布不均匀，地球表面各点的引力是不同的。惯性离心力的大小又与作用点至地球自转轴的距离有关，一般在地球赤道上惯性离心力最大，在地球两极惯性离心力最小，所以，地球表面上各点的重力不是一个常数，它的数值变化约从 978 Gal 到 983 Gal，由赤道向两极增大。重力还随时间变化，这主要是由于日、月对地球的引力变化和地球内部物理过程引起的。此外，地球周围的大气层质量同样产生引力作用，在高精度重力测量中，应当考虑这些因素。

如果全球陆地和海洋都测量了重力异常 Δg，就可以按照大地测量中的第三边值问题求扰动位 T，边值的条件是：

$$\Delta g = -\frac{\partial T}{\partial r} - \frac{2T}{R} \tag{9-1}$$

式中：r 为地心向径；R 为地球平均半径。

大地水准面的形状可以用大地水准面高或垂线偏差表示。由扰动位 T 可以计算大地水准差距 N 及垂线偏差的两个分量 ξ 和 η：

$$N=\frac{T}{\gamma},\quad \xi=-\frac{1}{\gamma R}\frac{\partial T}{\partial \varphi},\quad \eta=-\frac{1}{\gamma R\cos\varphi}\frac{\partial T}{\partial \lambda} \tag{9-2}$$

式中：λ、φ 为经纬度；γ 为正常重力值。

需要强调的是，海洋占全球面积的 71%，海洋重力数据对于计算全球大地水面差距和垂线偏差起着十分重要的作用。

由于卫星测高方法的出现，边值问题的解算发生了相应的变化，在海洋上出现了与陆地不同的边值条件：

$$\delta g=-\frac{\partial T}{\partial r} \tag{9-3}$$

与式(9-1)相比，海洋部分用重力扰动 δg，因为利用海洋上的卫星测高资料可以计算平均海平面到椭球面的高度，利用该高度，可以计算重力扰动 δg。重力异常 Δg 和重力扰动 δg 的区别在于 Δg 是顾及了潮汐影响后的平均海面上的重力 g 与正常重力 γ 之差，后者是海面上的重力与正常重力之差。利用卫星测高数据可以计算平均海面上的正常重力值。应用 δg 的优点在于海面地形的影响可以消除。

9.2 海洋重力测量的干扰影响及消除

前面已经提及，海洋重力测量时受运动载体和海洋环境的影响比较显著，这些干扰因素造成的影响远大于观测重力，因此，需要对这些影响因素进行细致的分析，以了解这些干扰因素形成的机理并掌握消除这些影响的措施。下面，以船载重力测量为例，介绍船载海洋重力仪工作时的主要扰动干扰及其削弱或消除方法。

1. 水平加速度的影响

重力测量船在实施重力测量时，与海水面平行的任意方向如果存在加速度，则会对重力测量成果产生一定的影响，这种影响称为水平加速度的影响。产生水平加速度的原因主要是测量船航向和航速的变化。为了消除水平加速度的影响，在实施海洋重力测量作业时，测量船应尽量保持匀速直线运动。同时，海洋重力仪应在结构上采用相应的措施，限制传感器在水平方向的运动，使水平加速度的影响尽可能减小。

以 KSS-5 型海洋重力仪为例，为了消除与摆杆旋转轴平行的水平附加加速度的影响，避免摆杆的左右晃动，采用 8 根细丝将其拉紧（见图 9-2）。细丝的一端固定在摆杆上，另一端固定于外壳。固定在外壳上的 8 根细丝端点分为两组，每组 4 根会交在扭转弹簧的中心线上。这样，摆杆被约束，只能在垂直面内转动。

由图 9-3 中可见，当水平附加加速度 $\ddot{x}$ 作用在摆杆上时，其作用效果是使摆杆和水平方向的夹角发生变化。这时，$\ddot{x}$ 对摆杆产生的力矩为：

$$M=m\ddot{x}l\sin\alpha \tag{9-4}$$

式中：M 为力矩；m 为摆的质量；l 为摆长；α 为摆杆与水平面的夹角。

只要将摆杆保持在水平方向附近，即 α 角很小，则此种影响就可以大大削弱。与 $\ddot{x}$ 垂直的另一个方向附加水平加速度 $\ddot{y}$ 的作用效果是使摆杆在平行于其旋转轴的方向上晃动，也通过上述强制摆杆只能在垂直面内摆动的措施予以消除。其他类型的海洋重力仪也均采用了不同措施消除水平附加加速度的影响，这里不再赘述。

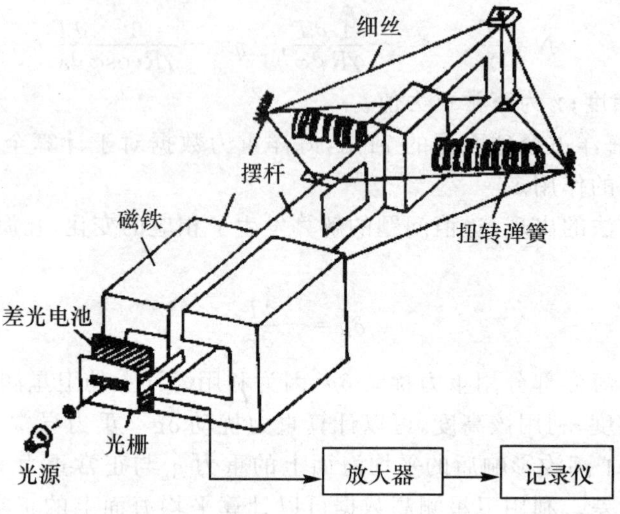

图 9-2　KSS-5 型海洋重力仪

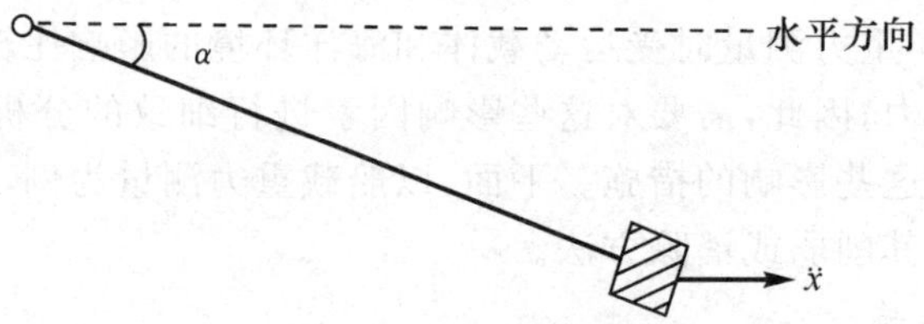

图 9-3　水平加速度产生的摆杆变化

2. 垂直加速度的影响

受波浪的作用，测量船在航行过程时不可避免地会产生垂直方向的涌动，该运动作用在海洋重力仪的传感器上就反映出垂直方向的附加加速度。由于该附加加速度与需要测量的重力加速度方向一致，其量级要比重力变换的量级大得多，因此，将垂直加速度的影响从重力加速度中分离处理或加以消除，在海洋重力测量中至关重要。

将测船垂直方向周期性附加加速度表示为：

$$\ddot{z}=\ddot{z}_0\sin\omega_z t \tag{9-5}$$

式中：$\ddot{z}$ 为垂直附加加速度；$\ddot{z}_0$ 和 ω_z 分别表示垂直附加加速度的振幅和角频率。

将上式对周期取平均应为零，即

$$[\ddot{z}]=\frac{\omega}{2\pi}\int_0^{\frac{2\pi}{\omega}}\ddot{z}_0\sin\omega_z t\,\mathrm{d}t=0 \tag{9-6}$$

从理论上讲，只要在一段时间内连续进行观测并取其平均值就可以消除垂直附加加速度的影响。但实际上在不采取其他措施的情况下，单靠取平均值来消除垂直附加加速度的影响是不可能做到的，主要原因在于重力仪的读数范围有限。海洋重力仪的测程范围一般为数伽，这对于全球海洋重力场变化的观测来说是足够了，但是垂直附加加速度的量级却大大超过了重力仪的测程，以致重力仪无法观测。因此，海洋重力仪的传感器都采用强阻尼的办法来削弱这种周期性垂直加速度的幅度，一般是将重力仪弹性系统的摆杆放在粘滞性很大的液体中，或是置于强磁场中。

设摆杆经过强阻尼后在垂直附加加速度 $\ddot{z}$ 引起的干扰力作用下作强迫振动，如图 9-4 所示。从理论力学原理可知，摆杆的运动微分方程可写成以下形式：

$$ml^2\ddot{\alpha}=mgl\cos\alpha-\tau(\beta_0+\alpha)-k\dot{\alpha}+ml\ddot{z}_0\sin\omega_z t\cos\alpha \tag{9-7}$$

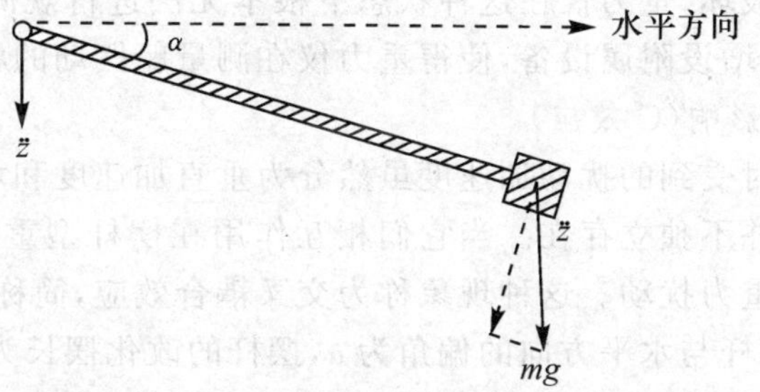

图 9-4　弹性系统中摆杆的示意图

式中：m 和 l 分别表示摆的质量与摆长；α 表示摆杆相对于水平方向的偏角；β_0 表示扭转弹簧的起始扭角；k 和 τ 分别表示阻尼系数和扭力系数。

海洋重力仪为消除水平方向附加加速度的影响，通常将 α 角设计得很小，让摆杆保持在水平方向附近摆动。当 α 角很小时，$\cos\alpha\approx 1$，并将上式两边同时除以 ml^2，变为：

$$\ddot{\alpha}-\frac{g}{l}+\frac{\tau}{ml^2}(\beta_0+\alpha)+\frac{k}{ml^2}\dot{\alpha}-\frac{\sin\omega_z t}{l}\ddot{z}_0=0 \tag{9-8}$$

当传感器上只有重力作用而无附加加速度干扰时，摆杆的平衡方程式为：

$$g\cos\alpha=\frac{\tau}{ml}(\beta_0+\alpha) \tag{9-9}$$

当摆杆位于水平位置时，$\alpha=0$，上式变为：

$$\frac{g}{l}=\frac{\tau}{ml^2}\beta_0 \tag{9-10}$$

将上式代入(9-8)式，并令 $\frac{k}{ml^2}=2\varepsilon$，$\frac{\tau}{ml^2}=n_0^2$，则得：

$$\ddot{\alpha}+2\varepsilon\dot{\alpha}+n_0^2\alpha-\ddot{z}_0\frac{\sin\omega_z t}{l}=0 \tag{9-11}$$

式中：n_0 表示摆的自振频率；ε 表示衰减系数。上式是理论力学中在简谐干扰力作用下的阻尼强迫振动微分方程。在强阻尼状态下，$\varepsilon\gg n_0$，由理论力学可知它的解为：

$$\alpha=\alpha_1+\alpha_2=\alpha e^{-\varepsilon t}\sin(\sqrt{\varepsilon^2-n_0^2}\,t+\beta)+\alpha_0\sin(\omega_z t+\varphi_z) \tag{9-12}$$

式中：

$$\alpha_0=\ddot{z}_0\cdot l^{-1}\cdot[(n_0^2-\omega_z^2)^2+4\varepsilon^2\omega_z^2]^{-\frac{1}{2}} \tag{9-13}$$

$$\tan\varphi_z=-\frac{2\varepsilon\omega_z}{n_0^2-\omega_z^2} \tag{9-14}$$

从(9-13)式中可以看出，当 $\omega_z\to\infty$ 时，$\alpha_0\to 0$，这说明附加加速度的频率越高，它对摆杆的影响越小。海洋重力仪经过强阻尼处理后，它的摆杆对高频的垂直加速度的反映非常迟钝，而对变化比较缓慢、频率很低的实际重力变化却非常敏感，这就是海洋重力仪消除垂直附加加速度的基本原理。

上述是通过强阻尼处理后消除了垂直加速度对重力测量的影响，除此之外，海洋重力仪的数据处理系统一般都设计有滤波功能，可以将高频垂直振动滤除，进一步消除垂直加速度的影响。海洋重力仪的实际生产和应用中，强阻尼和滤波两种方法可同时采用。

3. 船姿倾斜的影响

测量船的横摇和纵摇都破坏了海洋重力仪的垂直状态，这对海洋重力测量有很大的影响。众所周知，不论是何种类型的重力仪要准确地测出重力加速度的值，都必须保持仪器垂直于地球表面。海洋重力仪是在测量船不断处于横摇与纵摇的状态下工作的，各个方向的摇摆使得重力仪的垂直状态受到破坏，重力仪在这种状态下根本无法进行观测。要消除横摇与纵摇对重力仪的影响，只有通过增设附属设备，使得重力仪在测量船摆动的状态下仍然保持垂直。

4. 交叉耦合效应的影响(C效应)

海洋重力仪在测量时受到的扰动加速度虽然分为垂直加速度和水平加速度两种。但这两种方向上的加速度一般并不独立存在。当它们相互作用在摆杆型重力仪上时，一旦满足特定的条件就会产生附加的重力扰动。这种现象称为交叉耦合效应，简称为C效应。

在图9-5中，假设摆杆与水平方向的偏角为α，摆杆的改化摆长为l，作用在摆杆上的外力除重力g外还有水平加速度$\ddot{x}_0\sin\omega_x t$和垂直加速度$\ddot{z}_0\sin(\omega_z t+\varphi_z)$。在这些周期性外力作用下，摆杆偏角$\alpha$包括两部分：常偏角$\alpha_0$和随扰动加速度而变化的变偏角，表示为：

$$\alpha=\alpha_0+\alpha_1\sin(\omega_z t+\varphi_z+\varphi_\alpha) \tag{9-15}$$

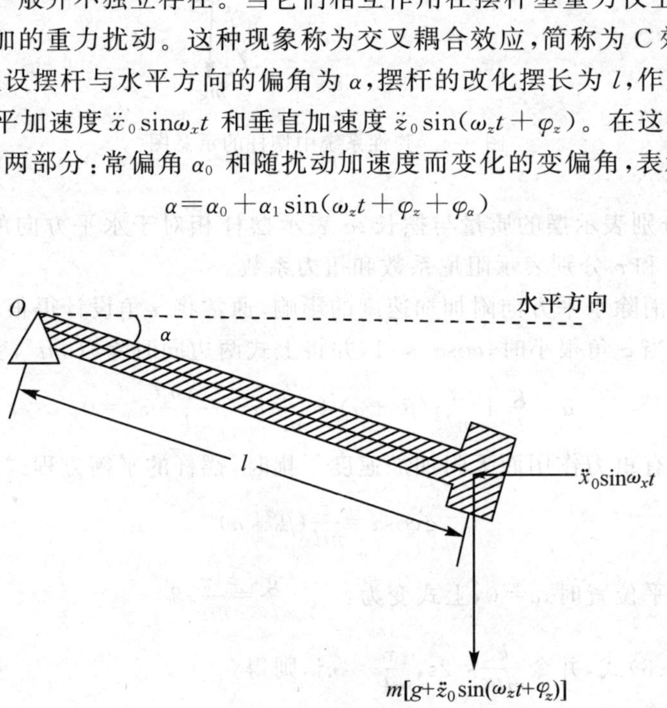

图9-5　交叉耦合效应

设摆的质量为m，当水平加速度方向为如图9-5所示情况时，作用在摆上的力矩总和为：

$$M=ml\{\ddot{x}_0\sin\omega_x t\sin\alpha+[g+\ddot{z}_0\sin(\omega_z t+\varphi_z)]\cos\alpha\} \tag{9-16}$$

α角一般较小，可将$\sin\alpha$和$\cos\alpha$展开成级数，并略去三次以上各项，得：

$$\begin{aligned}\cos\alpha&=1-\frac{1}{2}[\alpha_0+\alpha_1\sin(\omega_z t+\varphi_z+\varphi_\alpha)]^2\\&=1-\frac{1}{2}[\alpha_0^2+2\alpha_0\alpha_1\sin(\omega_z t+\varphi_z+\varphi_\alpha)+\alpha_1^2\sin^2(\omega_z t+\varphi_z+\varphi_\alpha)]\end{aligned} \tag{9-17}$$

$$\sin\alpha=\alpha_0+\alpha_1\sin(\omega_z t+\varphi_z+\varphi_\alpha)$$

将以上两式代入(9-16)式，可得：

$$M=ml\Big\{\ddot{x}_0[\alpha_0\sin\omega_x t+\alpha_1\sin\omega_x t\sin(\omega_z t+\varphi_z+\varphi_\alpha)]+$$

$$g\Big[1-\frac{1}{2}\alpha_0^2-\alpha_0\alpha_1\sin(\omega_z t+\varphi_z+\varphi_\alpha)-\frac{1}{2}\alpha_1^2\sin^2(\omega_z t+\varphi_z+\varphi_\alpha)\Big]+ \tag{9-18}$$

$$\ddot{z}_0\sin(\omega_t+\omega_z)\Big[1-\frac{1}{2}\alpha_0^2-\alpha_0\alpha_1\sin(\omega_z t+\varphi_z+\varphi_\alpha)+$$

$$\frac{1}{2}\alpha_1^2\sin^2(\omega_z t+\varphi_z+\varphi_\alpha)\Big]\Big\}$$

将上式在某一观测时间内取积分平均值，则含正弦一次项的积分均为零。

当 $\omega_x=\omega_z=\omega$ 时有：

$$\sin\omega_x t\sin(\omega_z t+\varphi_z+\varphi_\alpha)=-\frac{1}{2}[\cos(2\omega_z t+\varphi_z+\varphi_\alpha)-\cos(\varphi_z+\varphi_\alpha)] \tag{9-19}$$

上式右边第一项积分平均值也为零。由此，再在(9-18)式中略去 α 平分项得：

$$M=mlg\Big[1+\frac{1}{2}\alpha_1\frac{\ddot{x}_0}{g}\cos(\varphi_z+\varphi_\alpha)\Big] \tag{9-20}$$

显然，这里的 α_1 就是强阻尼情况下摆作强迫振动的振幅。根据

$$\alpha_1=S\cdot\lambda\cdot\ddot{z}_0 \tag{9-21}$$

将其代入(9-20)式后可得：

$$M=mlg\Big[1+\frac{1}{2}S\cdot\lambda\cdot\frac{\ddot{x}_0}{g}\cdot\ddot{z}_0\cos(\varphi_z+\varphi_\alpha)\Big] \tag{9-22}$$

从上式可以看出，因水平加速度和垂直加速度的相互影响，相当于在重力中增加了 δ_{g_c}。

$$\delta_{g_c}=\frac{1}{2}S\lambda\ddot{x}_0\ddot{z}_0\cos(\varphi_z+\varphi_\alpha) \tag{9-23}$$

这就是C效应。这种效应只有当水平加速度的频率 ω_x 等于垂直加速度的频率 ω_z 时才会产生，否则(9-23)式的数值为零，不产生C效应。

C效应的物理意义可用图9-6来解释，因为C效应产生于强阻尼情况下的强迫振动，所以在图中假设摆杆的常偏角 α_0 为零。当水平加速度 $\ddot{x}_0$ 和垂直加速度 $\ddot{z}_0$ 按如图所示的方向作用于摆杆上，并且其频率 $\omega_x=\omega_z$ 时，则不论摆杆在平衡位置上面偏转，还是在平衡位置下面偏转，水平加速度对摆杆均产生同向力矩(在图示情况下为顺时针方向力矩)，因而增大了重力观测值。若 $\omega_x\neq\omega_z$，则此两力矩反向而互相抵消。

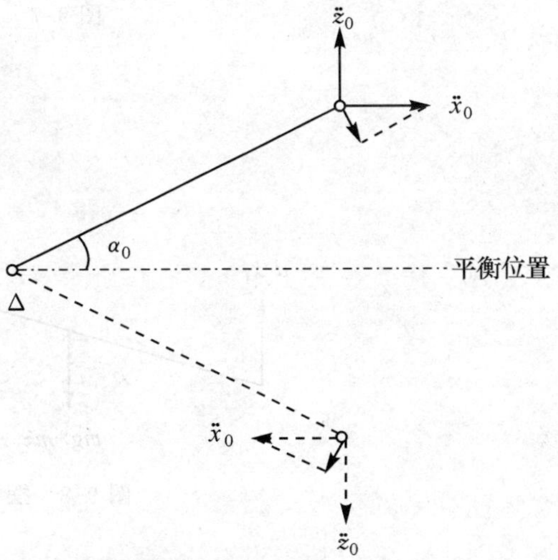

图9-6 C效应的物理意义

在海洋重力测量中，因为海浪可近似看作是圆周运动，则垂直加速度和水平加速度的频率相等，相位差 $\omega_z\approx\pi/2$。同时，在强阻尼的情况下，摆杆运动和垂直加速度的相位差 φ_α 也可能达到 $\pi/2$，所以 $\cos(\varphi_z+\varphi_\alpha)\approx1$。由(9-23)式可见，若垂直加速度和水平加速度的振幅较大时，C效应可能达到较大的数值，因此必须加以消除或予以校正。

海洋重力仪系统通常包括对交叉耦合加速度作直接校正用的装置，由专用的C校正模拟

计算机实时计算出改正值加在观测重力值上，重力仪输出的重力值已是真正的重力值，无需在数据处理中再作处理。下面仍以 KSS-5 重力仪为例介绍 C 校正方法。

KSS-5 海洋重力仪分别测出摆杆的倾斜值和水平加速度值，通过计算的方法进行校正。

摆杆型重力仪可以看成是图 9-7 那样的模式。图中的 A 为摆杆，B 为支点，D 和 D' 为阻尼器，S 为主弹簧，s 为支点起弹性作用的弹簧，m 为摆杆的质量，l 为重心到支点的距离，φ 为摆杆偏角，K 为支点与检测部分光电管遮光板之间的距离，x 为光电管遮光板离开旋转轴的距离，y 为支点移动的距离，x_1、x_2 为衰减力作用点的位移，x_3 为重心移动的距离，b_1、b_2 为衰减力作用点与支点的距离。作用在摆杆上的力和力矩的组合见图 9-8。图中的 E 为主弹簧的弹簧常数，c 为支点起弹性作用弹簧的弹簧常数，d_1、d_2 为阻尼器 D 和 D' 的衰减常数。根据从支点和重心上力矩平衡方程式可得：

$$\begin{aligned} T_{111}\dot{x}+x+T_{112}\dot{y}&=z+z_0 \\ T_{121}\dot{x}+x+T_{122}\dot{y}-T_{022}y&=0 \end{aligned} \tag{9-24}$$

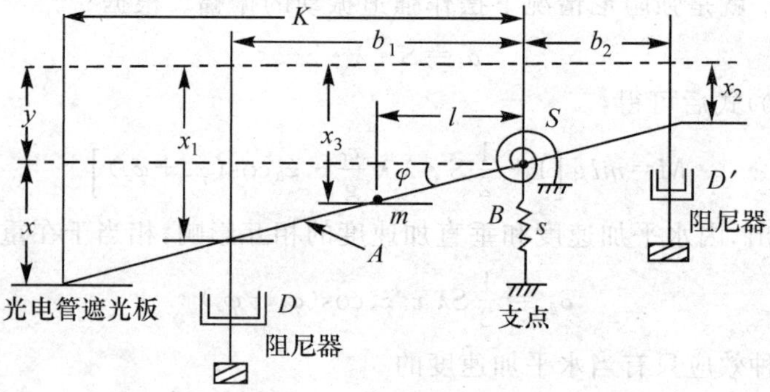

图 9-7　摆杆型重力仪

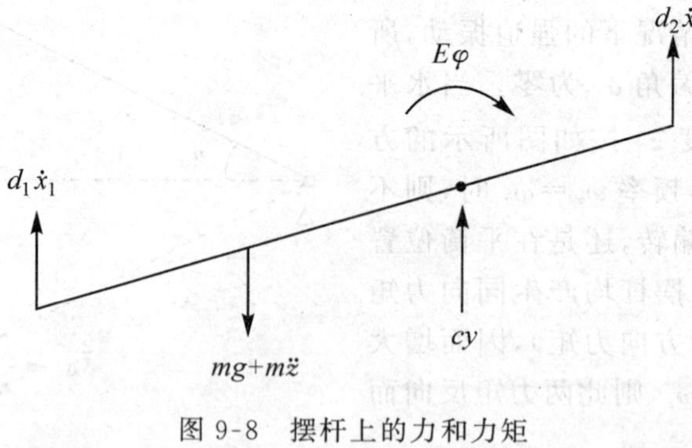

图 9-8　摆杆上的力和力矩

上式中的 z_0 和 z 分别为重力加速度和扰动加速度引起摆杆前端的位移。对于 KSS-5 重力仪来说，$T_{111}=283\text{s}$，$T_{121}=191\text{s}$，$T_{112}=408\text{s}$，$T_{122}=231\text{s}$，$T_{022}=640\text{s}$。

如果只考虑扰动加速度引起的位移，可得：

$$\begin{aligned} T_{111}\dot{x}+T_{112}\dot{y}&=z \\ T_{121}\dot{x}+T_{122}\dot{y}-T_{022}y&=0 \end{aligned} \tag{9-25}$$

当支点的弹簧常数 c 比较小（即支点软）时，旋转运动 x 与平移运动 y 是逆相位的。即由

于阻尼器 D 的衰减力大，所以摆杆以其前端为旋转轴，以和位移逆相位的形式进行旋转。当支点的弹簧常数 c 为无穷大时，位移 y 则变得无穷小，相当于一个有固定支点的方程。实际上，弹簧常数 c 一般不是无穷大，也不太小，介于以上两种情况之间。

摆杆在受正弦型外力作用时，其运动状态也是正弦型的。用图解的方法可以求出根据摆杆倾斜量 x 和支点平移量 y 之和 $(x+y)$ 求得 x 的传递函数 F。重力仪的附属设备可观测到 $(x+y)$ 的综合位移，将该信息输出给 C 计算机，加速度计测出的水平加速度信息也输出给 C 计算机，由计算机计算传递函数 F 求得摆杆的倾斜量，结合水平加速度值计算出交叉耦合效应产生的误差值，并实时对观测重力值进行改正。

若将 A、B 两台重力仪按图 9-9 所示的方式组合，使其摆杆的方向相反进行排列，可以制成无交叉耦合误差的重力仪。无交叉耦合误差重力仪的原理是用光学系统通过安在摆杆上的反光镜测定 A 和 B 的摆杆旋转角 θ_A 和 θ_B 之和。因 A 和 B 的特性相同，工作时所处的环境也相同，垂直加速度引起两个摆杆的旋转角是相等的。当有水平加速度作用时，两个摆杆上的力就会是一个方向使 θ_A 变大，另一个方向使 θ_B 变小，测定 $(\theta_A+\theta_B)$ 就能消除交叉耦合误差。

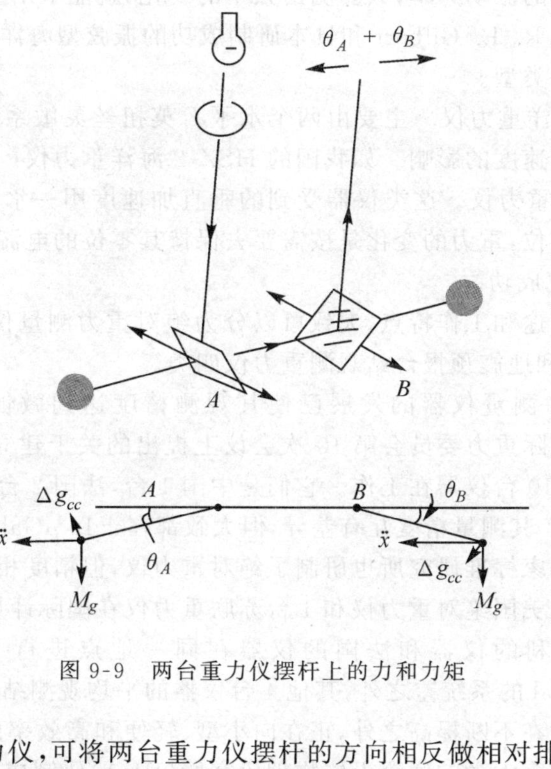

图 9-9　两台重力仪摆杆上的力和力矩

若无上述结构的重力仪，可将两台重力仪摆杆的方向相反做相对排列，通过取出各重力仪输出之和也能消除 C 误差。

交叉耦合效应随海况及摆杆型海洋重力仪仪器的变化而变化，其估计误差值可达 5mGal。轴对称型海洋重力仪的检验质量仅作垂直运动而不作圆周运动，因此不受垂直加速度与水平加速度间的交叉耦合效应影响，也就无需作 C 改正。

5. 厄缶效应的影响

当测量船沿东西方向测量重力时，由东向西测得的重力大于由西到东测得的重力值，这是由于科氏力作用于重力仪造成的。船向东航行时，航行速度加在地球自转速度上，使离心力增大，所测重力比实际重力小；反之，向西航行时，所测重力比实际重力大。这种现象即为厄缶效应。

9.3 海洋重力仪

海洋重力测量对勘测海底矿产资源，研究地壳构造和运动，精确测定地球形状，提供中长期地震预报，以及修正惯性导航和远程武器轨道等都有重要的意义。为满足有关科学和实际的需要，海洋重力测量的新技术新仪器不断出现，观测精度日益提高，应用范围也越加宽广。用于海洋重力测量的重力仪，目前世界各国采用的种类较多，按照原理、结构和使用方法可分为：

(1) 杠杆型海洋重力仪。这类仪器是用灵敏度比较高的金属弹簧系统，附加很强的阻尼制作而成的。如阿斯卡尼亚生产的 GSS-20 型海洋重力仪、美国生产的 L&G 海洋重力仪以及我国生产的 ZYZY 型海洋重力仪，均属于这种类型。

(2) 重荷置于弹簧上的海洋重力仪。该类型海洋重力仪是一种直立挂式金属弹簧系统，同样也是一种强阻尼海洋重力仪。如 GSS-3 海洋重力仪。

(3) 振弦型海洋重力仪。该类型的海洋重力仪通过振动的弦线下端吊着一块重荷，用其重力来改变影响着弦线的振动频率，只要测出频率的变化，就能求出重力的变化。这种类型的海洋重力仪器有英国的 R. L. Gilbert 和日本研制成功的振弦型海洋重力仪。我国的 ZY-1 型海洋重力仪也属于该种类型。

(4) 石英扭丝型海洋重力仪。主要由两个水平石英扭丝灵敏系统组成，其双重灵敏系统目的是为了消除水平加速度的影响。如我国的 HSZ-2 海洋重力仪。

(5) 强迫平衡海洋重力仪。这类仪器受到的垂直加速度用一水平摆来测量，该水平摆是靠一伺服系统强制于零位，重力的变化是按需要去保持其零位的电流来测量，这类仪器已由美国的 Bell 航空公司研究成功。

海洋重力按照其用途和工作特点，大致可以分为绝对重力测量仪器，野外观测重力仪，动态重力仪，以及固体潮和地震预报台站观测重力仪四类。

近些年来绝对重力测量仪器的发展已使其观测精度达到微伽以内，根据国际重力局(BGI)1983 年 8 月在国际重力委员会第 10 次会议上提出的关于建立世界绝对重力点网的建议，目前已有 6 个国家 10 台仪器在工作。它们是中国 1 台，法国 2 台，意大利 1 台，日本 3 台，俄罗斯 1 台，美国 2 台。其测量精度互有差异，但大致都在 $\pm 10\ \mu\text{Gal}$ 左右。此外，英国国家物理研究所和澳大利亚国家标准研究所也研制了绝对重力仪，但精度相对低一个数量级。

1981 年 10 月，2 台美国绝对重力仪和 1 台苏联重力仪在国际计量局赛佛尔进行了比对测量，1982 年 4 月，意大利的仪器和法国的仪器在同一地点进行了对比测量。除美国的 Hamond 仪器有 50 μGal 的系统差之外，其他 4 台仪器的平均观测结果均在 $\pm 10\ \mu\text{Gal}$ 以内。

绝对重力仪除精度在不断提高之外，正在向小型、轻便和高效率的方向发展。1982 年，美国国家标准局和科罗拉多大学的联合天体物理研究所(JILA)研制成功了 JILA 轻便绝对重力仪，仪器体积小重量轻，拆卸运输安装方便。通常，仪器安装只需 1～2 h，每两秒钟可进行一次自由下落观测，因此一天即可完成一个测点。改进后的仪器测量精度可达 3～5μGal。此外，日本东京大学地震研究所、前苏联西伯利亚电测与自动化研究所在致力于仪器的小型化方面均做出了突出的贡献。

中国计量科学研究院于 1970 年开始研制自由落体绝对重力仪。1980 年 4 月，该仪器到巴黎国际计量局的赛佛尔点上进行国际对比，取得了良好的结果，内符合精度为 $\pm 16\ \mu\text{Gal}$，平均重力值与国际计量局固定式高精度绝对重力仪的结果只相差 6 μGal。这个结果得到绝对重力专家和同行的高度评价。可以说我国的绝对重力测量已进入世界先进行列。

动态重力测量主要用于安装在运动着的载体上进行的连续重力测量，如海洋船载重力测量、航空重力测量等。20 世纪 50 年代末 60 年代初，西德和美国先后研制成 GSS-2 和 L&R 海洋重力仪。此后前苏联、日本和中国都相继研制成功不同类型的海洋重力仪。这些动态海洋重力仪主要有美国重力 Wood Hole 海洋研究所的 VSA 重力仪，Bell 航空公司海洋研究所的 Bell 重力加速度计，日本的 TSSG 弦丝重力仪。这些重力仪目前已在海空重力测量中广泛使用，但性能最好，应用最广泛的是 L&R 海空重力仪。美国的拉科斯特公司是世界上历史最悠久的重力仪生产公司，最近生产的 S 型高精度航空/海洋重力仪以其高精度、高稳定性著称世界。适用于飞机或船载，进行大面积的海洋重力测量。S 型海洋重力仪采用独特的零长弹簧技术，配有陀螺稳定平台，以 200 次/s 的速度自动监测飞机或船只的姿态，并进行补偿，使重力传感器始终处于水平测量状态。该重力仪器的测量范围可以达到 1200mGal，动态精度优于 1 个 mGal，仪器接通电源后迅速开始工作并进入测量状态，无需反复调零，大大简化了作业过程。国外的海洋重力仪也在不断地发展和改进中，如 L&R 公司的新型重力仪采用线性系统代替旋转系统，从根本上消除了 C 效应；采用硅油阻尼代替空气阻尼，从而提高了仪器的抗震性和抗干扰性。

中国的海洋重力仪研制于 60 年代初，1965 年，中国科学院测量与地球物理研究所研制成功 HSZ-2 型石英海洋重力仪；1975 年北京地质仪器厂研制成功 Zy-1 振弦式海洋重力仪；1977 年，由原测量与地球物理研究所为主组成的武汉地震大队研制成功 ZYZY 型远洋重力仪。1978 年重新建立的测量与地球物理研究所于 1980 年开展 CHZ 型海洋重力仪的研制，取得了可喜的进展；1984 年由武汉地震大队改组成的地震研究所在 ZYZY 重力仪的基础上研制成功了 DZy-2 型海洋重力仪。

一些国内外海洋重力仪的原理及性能见表 9-1。

表 9-1 **一些主要的海洋重力仪及其性能**

序号	原理	型号	公司或研究所	应用	类别
1	金属零长弹簧	Burris 重力仪	Zero-Length Spring 公司(美国)	S	R
2	金属零长弹簧	Super G Meter	Edcon 公司(Denver，CO 美国)	S	R
3	石英零长弹簧	Master Prospector	Worden Gravity Meter(美国)	S	R
4	石英零长弹簧	410 Series 系列	W. Sodin(加拿大)	S	R
5	石英零长弹簧	ZSM 系列	地质部(中国)	S	R
6	振动弹簧	Marine	中国	D	RG
7	自由降落反射体	GA60	Jaeger S. A. (法国)	S	A
8	弹道反射体	GP? 05	SSIA“Metrology”(乌克兰)	S	A
9	旋转真空管	AGRVP	NAO (Mizusawa，日本)	S	A

说明：应用栏中 D 为运动(航空/海洋)应用，S 为静止应用；类别(测量类别)栏 R 为相对测量，RG 为相对梯度测量，A 为绝对测量，AG 为绝对梯度测量。

海洋重力仪本身的仪器误差有些是和陆地重力仪一致，如材料老化、零点漂移和突然掉格等；有些是由于考虑海洋重力仪特殊的工作环境而进行的特殊设计带来的误差等。这些误差一般由生产厂家通过不断改进仪器的设计，采取一定措施来削弱。作为用户来讲，只需要在使用过程中了解容易产生误差的因素，严格按规范要求进行操作，并在数据后处理中进一步消除其剩余影响即可。

为进一步加强对海洋重力仪的原理、结构和工作性能的了解，下面对 L&R 和 KSS-5 海洋重力仪进行系统介绍。

1. L&R 重力仪

L&R 重力仪是位于美国得克萨斯州沃斯汀的拉科斯特—隆贝格公司的系列产品，有在陆地、井下、海底、海面、空中使用的各种型号。本节主要介绍 L&R 摆杆型海洋重力仪，并简要介绍 L&R 轴对称型海洋重力仪和新型的 L&R 海底重力仪。

L&R 海洋重力仪的第一次成功试验于 1955 年在潜艇上进行的，仪器悬挂在常平架上。1958 年该公司对仪器作了改进，使之能在普通水面船只上实施走航式测量。此时的仪器仍然悬挂在常平架上，借助于两个 2 min 周期的长周期摆来确定近似垂线的偏角。该仪器只能在垂直附加加速度小于 50 Gal 的环境下使用，测量精度可达 4mGal。1965 年该公司又全面系统地对仪器作了改进，并安装在霍尼威尔(Honey-well)陀螺平台上工作。L&R 海洋重力仪的外貌见图 9-10，结构见图 9-11；重力传感器的构造见图 9-12，原理见图 9-13。

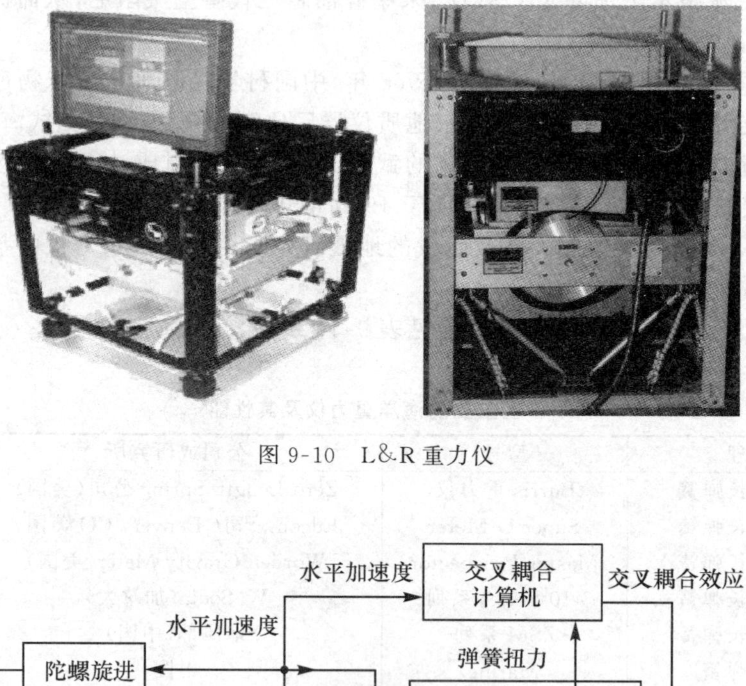

图 9-10　L&R 重力仪

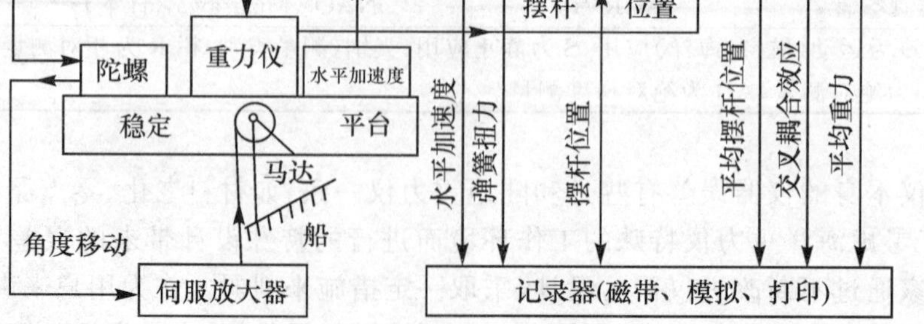

图 9-11　L&R 重力仪结构图

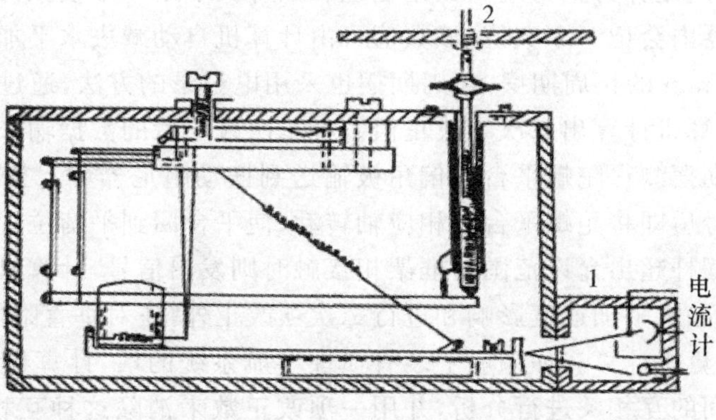

图 9-12　L&R 重力传感器的构造图

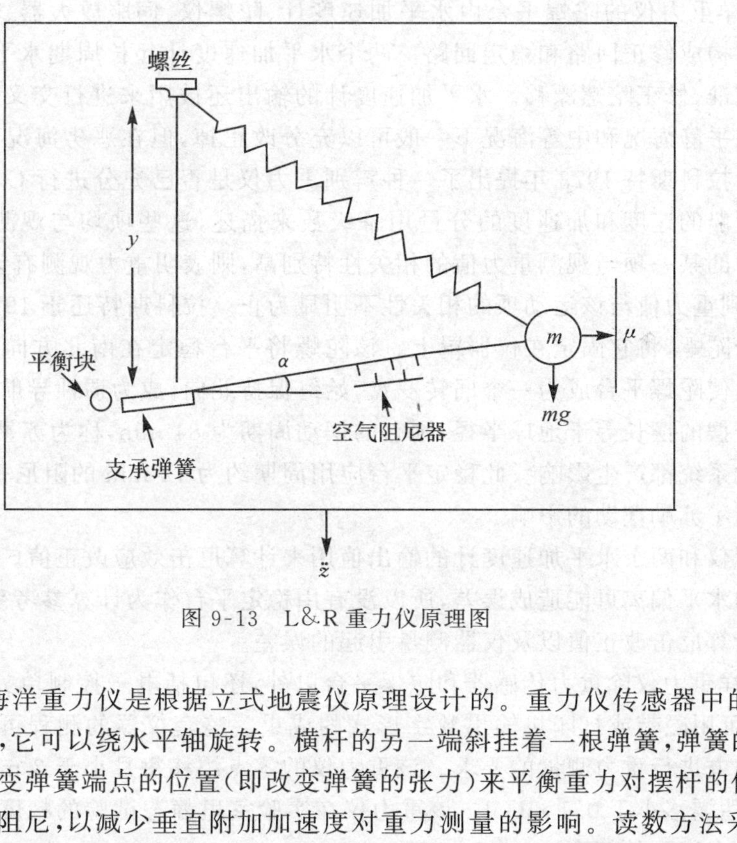

图 9-13　L&R 重力仪原理图

L&R 摆杆式海洋重力仪是根据立式地震仪原理设计的。重力仪传感器中的摆杆为近似于水平放置的横杆，它可以绕水平轴旋转。横杆的另一端斜挂着一根弹簧，弹簧的上端连接着测微螺旋。通过改变弹簧端点的位置（即改变弹簧的张力）来平衡重力对摆杆的作用。空气阻尼器对摆杆产生高阻尼，以减少垂直附加加速度对重力测量的影响。读数方法采用零位读数法，即利用测微螺旋使重力摆回复到平衡位置（即零位），然后读测微螺旋的数值。读数是自动记录的，摆杆的前端装有反光镜，由光源射出的光线通过反光镜反射到光电管上。当横摆在零位时，射在光电管感光面上的光量正好使连接在该线路上的电流计的指针指在零位上。如果横摆偏出零位，则电流计上的电路产生电流，从而推动测微螺旋，调节辅助弹簧的扭力使摆回复到零位。在海洋上进行重力测量时摆杆的位置是不稳定的，因此，上述调节工作是连续不断地进行的。摆在零位附近摆动，这一信号由电路传到主控箱，主控箱上的仪表可以显示出摆杆摆动的状况以及摆接近零位的情况。摆杆接近零位是缓慢的，当指针指到零位时，弹簧扭力的数据即被输送到计数器内。弹簧扭力的变化即为重力场信息的变化，因此，计数器内的弹簧扭力数据经处理以后可以化算为重力差。数据处理和摆杆调节由一个模拟计算机控制。指针每次回到零位时，计数器内会记一个数值，该数值可由计算机自动减去水平加速度的影响。重力仪附带两个周期约 1 min 的长周期摆，长周期摆也采用电记录的方法，通过长周期摆控制箱将测得的数据输入给计算机计算出二次项改正值。经二次改正后的数据输入到重力读数器内记录下来。同时，长周期摆测得陀螺平台的偏角被输送到摆动阻尼器中。摆动阻尼器由伺服机械系统构成，接到信号后即将陀螺平台的相应轴转动，使平台回到平衡位置。传感器中还带有摆杆位置检验器，当摆杆超出允许范围与框架相接触时则发出信号，计算机自动将这一部分记录去掉。计算机除消除水平加速度影响和进行二次项改正外，还对垂直附加加速度进行滤波。交叉耦合改正也由计算机计算。如果船上装有惯性导航系统的话，计算机还可以对重力仪读数、船速与加速度之间的互相关进行分析，并用一项改正数来消除这种互相关，进行厄缶改正的联机计算。当观测值送到计数器后，即可在重力读数器上读出经过各项改正和滤波后的重力值。1982 年以后，L&R 重力仪采用微机进行数据处理和对重力仪、陀螺平台的控制。

L&R 海洋重力仪的陀螺平台由水平加速度计、陀螺仪、伺服放大器、转矩马达和陀螺进动装置等部件构成修正回路和稳定回路。两个水平加速度计起长周期水平仪的作用，成为两个陀螺仪的基准，修正陀螺漂移。水平加速度计的输出还被用来进行交叉耦合改正计算。交叉耦合改正在平静海况和中等海况下一般可以充分改正掉，但在恶劣海况下有时改正不彻底会含有误差。拉科斯特 1973 年提出了一种辨别重力仪是否已充分进行 C 改正的方法。他将观测到的测量船的速度和加速度的分量用幂级数来描述，这些项均与观测重力值有相关性。如果该级数中的某一项与观测重力值的相关性特别高，则表明重力观测有误差，可再对重力值进行校正，直到重力值与该运动项的相关性不明显为止。拉科斯特还于 1974 年在陀螺平台上增加了第三个陀螺，将它固定在仪器罩上。该陀螺将平台稳定在南北方向上。由伺服放大器驱动力矩马达使陀螺平台成为一个回转罗盘，始终保持北向，成为惯性导航系统。

如果一个摆的摆长等于地球半径，则它的摆动周期为 84 min，称为苏勒(Schuler)摆动，它对所有的惯性系统都产生影响。此稳定平台应用周期约为 12 min 的阻尼垂直伺服回路，在物理机制上避免了苏勒摆动的影响。

三个陀螺仪和两个水平加速度计的输出值用来计算厄缶效应改正值。在计算中考虑到稳定平台瞬时的水平偏离可能造成误差，所以没有用稳定平台作为计算参考系，而是建立了一组微分方程来计算厄缶改正值以及仪器测量引起的误差。

L&R 海洋重力仪除重力传感器和陀螺平台以外，还包括电子控制单元和记录单元，既可模拟输出，也可用磁带或打印机输出数字形式的成果。整套仪器的测程可达 12000 mGal，满足全球任何地方进行重力测量的要求。该重力仪的零点漂移每月小于 3 mGal，而且呈线性漂移，每月非线性漂移小于 0.1 mGal。该重力仪在实验室里静态试验的精度达 0.01 mGal。在下列条件下动态试验的精度达 0.25 mGal：

(1) 水平加速度和垂直加速度均为±0.15 Gal；

(2) 周期为 7 s 的垂直加速度为±0.5 Gal；

(3) 周期为 3.5 s 的垂直加速度为±1.0 Gal。在海上平静海况下动态测量的精度为 1 mGal，仪器在周期为 7 s、垂直加速度为 50 Gal 或周期为 3.5 s、垂直加速度为 100 Gal 的海况下仍然能够正常工作。陀螺稳定平台的长期精度为 1′，反应时间 4～17 min，平台的横摇角与纵倾角允许在±30°范围内变化。

2. KSS-5 重力仪

1957 年，西德的阿斯卡尼亚公司试验用增加仪器阻尼的办法改进了该公司生产的陆地重力仪 GS-11 型和 GS-15 型，并安装在稳定平台上，研制成能在普通船上工作的第一代走航式海洋重力仪。这一阶段的走航式海洋重力仪尚处于试验阶段，受船只引起的加速度影响较大，只能在近海海况较好的条件下工作。1962 年，该公司的格拉夫(Graf)、史格(Schulge)等人对重力仪的弹性系统在结构上进行了刚性强化，进一步增大了阻尼，建立了反馈回路滤波系统，在仪器的读数系统中加入了一个伺服控制部分，将悬挂重力仪的平衡架改为陀螺仪稳定平台等。通过多方面的改进，制成了第二代走航式海洋重力仪 GSS-2 型。此时，仪器抗外界干扰能力大大加强。1976 年，海洋重力仪转户由波登斯威克地学系统公司生产，并在传感器部分又作了改进，命名为 GSS-20，它与陀螺平台设备(KT20/KE20)、传感器的控制装置 GE20、数据记录系统 DL20 等部件共同组成新的海洋重力仪系统，即 KSS-5 型。

GSS-20 重力传感器是在 GSS-2 型重力仪的传感器基础上进行了 20 余处改进后研制而成的，主要的改进集中于提高抗干扰能力、增加稳定性和长期工作能力，同时增加了自动化处理能力。在加速度传感器上采用硬钢丝和强磁铁提高阻尼，改进锁制，设备前置放大，在电子线路中采用有源滤波器、交叉耦合效应补偿器和数字输出。在整套仪器中还添加了一套内部测试、监试装置和关键部件的保护措施，便于掌握使用和维修保养。GSS-20 重力传感器的原理见图 9-2。

GSS-20 重力传感器的摆杆为扁平的铝质摆杆，长 0.3 m，由扭转弹簧稳定在一个平衡位置，其横向运动受钨制的 8 根细丝约束。摆动时由于在磁铁的磁场中上下运动，摆杆又为片状，摆杆上会产生十分强的磁阻尼，另外，摆杆上会产生涡电流而增大电阻尼，磁阻尼和电阻尼的强弱可按实测时海况的不同由用户设定。磁阻尼先将垂直加速度的幅度压缩 50 倍(当附加垂直加速度的周期为 6 s 时)，电阻尼再将垂直附加加速度的幅度压缩 3720 倍。这样，阻尼对垂直附加加速度的压缩系数为 186000。当垂直附加加速度的幅度为 50 Gal 时，记录曲线上所反映的只有 0.27 mGal。当垂直附加加速度的周期增大时，压缩系数会相应减小。例如，当周期为 10 s 时，压缩系数减为 38000。在 5 min 的记录中，根据垂直附加加速度的周期性可将其影响抵消。摆杆的倾角用光电方法记录。在摆杆的前端连有一个光栅，光源射出的光线通过光栅的隙缝，射到与弹性系统基座相连的微差光电片上。当摆杆处于平衡位置时，光线通过光栅的长方形隙缝射在两个微差光电片上的光量是相等的，这时在电流记录器上不产生偏向。如果摆杆向上或向下偏出平衡位置，则射在两片光电片上的光量不再相等，在电路中产生微小的电流。这个电流经过放大器放大以后在记录仪上记录下来。

弹簧系统中有两个精细的螺旋弹簧。上测量弹簧的作用是使摆杆回复到平衡位置，摆杆移动的距离可由安装在重力仪上的玻璃刻度盘和光学测微器读出。上测量弹簧显示出摆杆相对于水平位置的偏移，用于重力仪测程的校准和调整；下测量弹簧长度变化量显示出重力值的相对变化量。这个弹簧由伺服电动机来控制，而伺服电动机又通过微差光电片上的光量来控制。放大器和伺服步进电动机组成控制系统，通过控制测量螺旋及测量弹簧，将摆杆调回到水平位置。在调节摆杆恢复到零位的过程中，用模拟形式或数字形式连续记录下测量弹簧的位置，作为原始记录提供给数据处理系统，经 C 改正后与导航定位数据一起提供给用户。摆杆的头部有用于校准重力仪常数的小球装置，还有锁制机构、气压补偿装置等。整个传感器安放在双层的电热恒温器内。内外恒温器均有四个温阶，可视外界温度选择 30℃、35℃、40℃、45℃中的任一档。

传感器的控制装置 GE20 工作原理见图 9-14。

当摆杆发生倾斜时，光电器件测得差动电压信号进入前置放大器放大。光电片的灵敏度约 0.7 mV/mGal，前放级的放大倍数约 225 倍。前放后的信号经匹配放大送入低通滤波器，视海况的不同可选择不同的滤波档。平静海况时加滤波器 1，时间常数为 3 min；恶劣海况时在此基础上再加滤波器 2，时间常数为 5 min。滤波后的信号输入到比例积分电路。

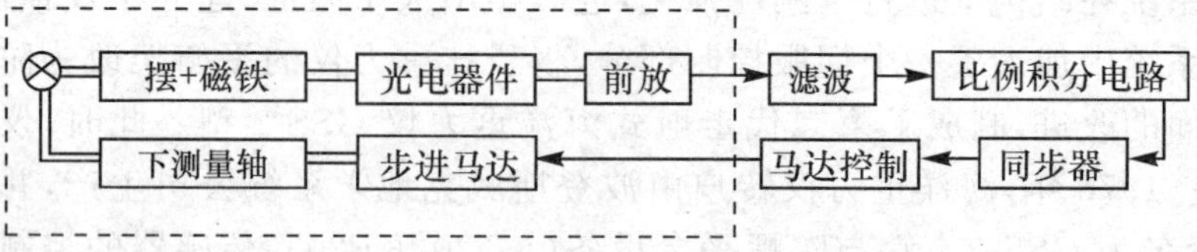

图 9-14　GE20 工作原理图

从自动控制原理可知，一个随动系统只用比例放大的话，摆永远不能停止在零位，因为轴承有摩擦，会带来误差。只有通过积分的方法，即对很小的偏角产生很微弱的电压进行积分，产生渐增的信号，才能使步进马达转动。为保证整个回路的稳定性，比例积分电路的传递函数为：

$$K_P+\frac{K_I}{S} \tag{9-26}$$

式中：K_P 为比例项系数；K_I 为积分项系数；S 为拉氏变换；设计时需保证 $K_P/K_I=T^2$（T 为重力仪时间常数）这一要求。

比例积分电路信号输出至同步器，同步器除将比例项和积分项之和送至步进马达电路以外，还给出时间信号，步进马达控制电路驱动步进马达正进或反进，直至下测量弹簧的变化补偿了外界重力变化时为止。

下测量弹簧长度的变化对应于下测量轴的转数。步进马达旋转一周，下测量弹簧轴的齿轮转 1000 齿（即步进马达每前进一步相当于转动 0.36°）。下测量轴的旋转通过滑板传动使下测量弹簧在水平方向上伸缩。下测量轴的转数由机械数字计算器输出，也可由红笔模拟输出。当轴正转或反转一周时，红笔在记录纸上正程或返程走满格。红笔记录直观地反映出缓慢变化的重力场。

整个伺控回路最大连续伺服速度约为 15 mGal/min，一般为 10 mGal/min。

KSS-5 海洋重力仪的电子控制柜内一共装有 6 个单元，以上介绍的是主要的一个单元——控制单元，其他的 5 个单元分别为加热单元、蓄电池组、鼓风机、CC 计算机和双笔记录器。

KT20 是安休兹公司的陀螺稳定平台。垂直陀螺仪的偏转角信号由角度传感器输送给调节装置内的自动同步调整装置，通过前置放大器输送给两个伺服放大器的输入端，伺服放大器将信号转换成功率信号传给陀螺平台双轴上的伺服电机，伺服电机通过减速齿轮和伞形齿轮推动平台旋转，直到垂直陀螺仪旋转轴倾斜的角度输出信号逐渐减小至零为止。陀螺仪设计有陀螺漂移的修正系统，使得陀螺轴跟踪瞬时垂线方向，并通过在一段时间内取平均值的方法消除周期性水平加速度对陀螺平台的影响，使垂直陀螺轴保持在接近真垂线的方向。陀螺仪还设计有稳定回路、修正回路和航向传感器，使陀螺轴消除漂移和自转的影响，始终定向于垂线方向。

DL20 数据采集系统结构见图 9-15。数据检出器接收来自导航系统和重力仪系统的数据，并将其综合起来输出给磁带记录机或是打印机。输出的重力值中已在观测值中乘上了重

力仪的格值常数 K,但没有考虑重力测量的时间滞后因素,也没有进行厄缶改正,因此只能作为数据的瞬时粗略估算值,还需进行后期数据处理。

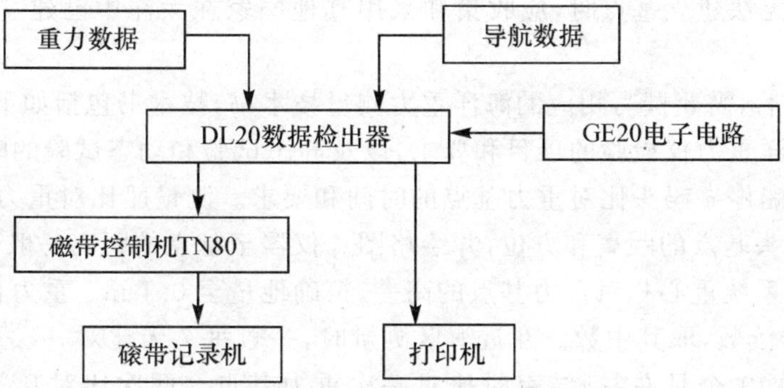

图 9-15　DL20 数据采集系统结构图

KSS-5 型海洋重力仪系统的测量范围为 7000 mGal,可用于全球海洋的重力测量。仪器的零点漂移每月小于 3 mGal,静态试验精度为 0.1 mGal,平静海况时动态测量精度为 0.7 mGal,恶劣海况时动态测量精度为 1 mGal。陀螺稳定平台的动态精度为 10′,反应时间 5～20 min,平台的横摇角与纵倾角均允许在±23°范围内变化。对环境条件的要求:温度在 10℃～40℃之间恒温,每小时的温度差允许在±2℃范围内变化;相对湿度小于 90%;电源为 3 相 220V 交流电,电压变化范围允许+15%～-10%;频率为 50Hz±20%。KSS-5 型海洋重力仪没有转弯补偿装置,只能在匀速直线航行时使用,测船转向时不能使用,也没有实时处理的能力。

9.4　海洋重力测量的设计与实施

海洋重力测量最常用的手段是将海洋重力仪安装在海面船只上进行动态测量,对测量剖面提供连续的观测值。这种方法所用的仪器结构简单,观测方便,工作效率高。该方法的显著特点是测量船受到海浪起伏、航行速度、机器振动以及海风、海流等扰动因素的影响,将使重力仪始终处于运动状态。这样,作用在重力仪弹性系统上的除了重力外,还有许多因测船运动等因素引起的扰动力,这些扰动力必须在重力观测中予以消除,也就是船载重力测量有别于其他载体重力测量的不同之处。

1. 海洋重力测量技术设计

接受海洋重力测量任务后,首先应做好收集有关资料的工作,这些资料主要包括国内、外出版的有关测区的各种海图和航海资料;测区及其附近已有的海洋重力测量资料和重力异常图;重力基点资料。

重力基点的作用有控制海洋重力仪零点漂移、测点的观测误差累积以及传递绝对重力值等。基点可分为三种:

(1) 岸上基点。建立在沿岸港口或岛屿的固定深水码头上,并设立有牢固的标志。海洋重力测量岸上基点均采用高精度陆上重力仪与国家等级重力点联测,其联测中误差限差为 $\pm 0.3\times 10^{-5}$ m/s。

(2) 海上基点。通常设在开阔水域内,海底地形平坦,为砂或泥底质。基点的位置用重复观测法联测，采用高精度仪器或多台仪器同时作业测定，每个基点闭合差应满足：

$$\omega < \pm m\sqrt{n} \tag{9-27}$$

式中：n 为基点数；m 为基点设计精度。

(3) 远洋区域无法建立基点时，应收集和采用其他国家在大洋中已建立的较高精度的重力点作为结点。

了解上述资料后，需要撰写相应的海洋重力测量技术书，技术书包括如下内容：

(1) 要指出海洋重力仪检验的项目和要求，以及静态试验和动态试验的时间、地点。

(2) 明确测量船停靠码头比对重力基点的时间和要求。测量船比对重力基点要测量出测量船重力仪器至码头基点的距离和方位，并绘略图。仪器至基点的距离一般不应大于 100 m。要测出重力仪弹性系统重心相对重力基点的高差，精确地量至 0.1 m。重力仪稳定后，应连续 15 min 记下记录器读数，取其中数。在近海区测量时，一般每 7 天比对一次重力基点；远海区测量时，可一个航次（1 个月左右）结束时比对一次重力基点。两次比对互差，近海区应小于 3×10^{-5} m/s^2，远海区应小于 5×10^{-5} m/s^2。

(3) 提出测量工作图板的图幅大小、比例尺和在图板上标定船位的方法。

(4) 在工作图板上（或海图上）进行海洋重力测线布设、计算测线和航行里程以及设计海上重力比对点、水文调查点的位置。测线布设按照表 9-2 中的规定进行。

表 9-2　**海洋重力测量测线布设方案**

测区类型	1°×1° $m_g=\pm3$ mGal			1°×1° $m_g=\pm5$ mGal			2°×2° $m_g=\pm5$ mGal			1°×1° $m_g=\pm10$ mGal		
	测线间隔	线数		测线间隔	线数		测线间隔	线数		测线间隔	测线数	
		主	副		主	副		主	副		主	副
浅海大陆架	1°×1°	1	1	1°×1°	1	1	1°×1°	2	1	2.5°×2.5°	2	1
海盆区	30′×1°	2	1	1°×1°	1	1	1°×2°	2	1	2.5°×2.5°	2	1
大陆坡区	20′×1°	3	1	30′×1°	2	1	1°×1°	3	2	2.5°×2.5°	2	2
岛屿、海山、海沟区	10′×1°	6	1	30′×1°	2	1	1°×1°	4	5	2.5°×2.5°	2	5
说明	m_g 为中误差；主、副测线的区分主要考虑测线交叉和垂线偏差的计算需要；设计中，主副测线均按 10′取一个重力值估计。											

(5) 导航定位和水深测量的方法要求。近海测量定位精度要求较高，目前可采用广域差分 GPS（即信标 GPS）实施定位。在近海区测线上定位点间距离不应大于 5 km，远海区测线上定位点（包括推算点）间距不应大于 10 km。在每条测线的开始和结束处、在航向变化大于 5°时、测量船航速发生明显变化时、重力异常变化较大时、遇到特殊深度点时等，均应作附加的定位与记录。海洋重力测量除进行重力测量，确定测量点位置外，还要进行深度测量，以获得负高程。水深测量的精度（包括仪器精度和仪器改正精度）：0～100m 为 1.0m；100～1000m 为其深度的 1%；1000～2000 m 为 10.0 m；2000 m 以上为其深度的 0.5%。

(6) 提出海上重力测量资料初步整理要求。

① 加强对各条测线作业质量的检查，发现问题及时处理。

② 每条测线测完后应检查该测线上资料是否齐全。对因故间断或不能采用的原始记录应注明原因,并由值班人员签名。

③ 每航次结束后应及时计算各项改正,并记入各种数据。如时间常数值,各重力基点的绝对重力值以及比对情况,重力仪格值,仪器弹性系统重心相对于海面及海面相对于重力基点的高度等应及时记入手簿与表格中。各航次测量结束后应计算各重力测点的位置、零点漂移改正、厄缶改正、测深改正、空间改正和布格改正,浅水区还应进行潮汐改正求得水深及重力仪重心相对于平均海面的高度。

④ 整个测区测量结束后,应全面估价测量精度。对系统误差显著的原因应进行说明。利用交叉点重力异常不符值估算整个测区重力测量的精度,误差超限时应分析原因,必要时应进行补测。

海洋重力测量资料经以上初步整理后,应编制成《海洋重力测量计算成果表》。连同测量中的各种记录资料和外业技术报告一起上交。

(7) 明确作业规定和特殊的技术要求。除了作业的统一规定之外,还可根据任务的实际情况做出相应的技术补充和规定。

(8) 规定应上交的资料内容。

(9) 制定船只、人员、物力的安排计划。

完成技术设计书以后,应报请主管部门审批备案,然后付诸实施。

2. 海洋重力测量测线布设

海洋重力测量测线的布设密度和测图比例尺,要根据任务和条件来确定,主要考虑满足计算平均空间重力异常的精度要求,同时满足某些海域计算垂线偏差的精度要求。

测线网的主、副测线一般布成正交形,近海主测线应尽量垂直于区域地质主要构造线或海底地形走向线的方向;远洋区主测线如无特殊地质构造情况,可按南北向布设或与等深线垂直方向布设。在海底构造复杂或海底地形起伏较大,其重力异常梯度大于每公里 3 mGal 的海区,要适当加密测线,加密的程度以能完善地反映重力异常变化为原则。对测区中的岛屿四周水域,适当布成放射状网。对于相邻图幅、前后航次、不同类型仪器、不同作业单位之间的结合处要有检查测线或重复测线。

测线的间隔距离,可根据下式计算而得:

$$m^2 = k^2(\sqrt{x}+\sqrt{y})^2 + b^2 m_H^2 \tag{9-28}$$

式中:m 为测线间距的大小;k 为误差系数;x、y 为长方形子块边长;b 为密度系数,在浅海区、海盆地取 0,在大陆坡区、海山、岛弧和海沟区取 0.0687;m_H 为水深代表误差。

西安测绘研究所通过对不同类型海域的重力异常分析,以及根据垂线偏差的中误差要求,得出海洋重力测量测线布设方案(见表 9-2)。

3. 海洋重力测量的实施

海洋重力测量可以分为机载、船载、固定点投放等几种方式,下面以船载为例来介绍海洋重力测量的实施。

首先介绍重力仪的安装与调试要求。海洋重力仪应尽可能安装在测量船的稳定中心部位,即安置于船的横摇、纵摇影响最小的舱室,同时要求受船的机械震动影响也要小。重力仪的纵轴要沿船的纵轴(即船的首尾连线)方向,面板和平台调节装置面向船尾。重力仪舱室应该防潮。垂直陀螺和陀螺平台的电源转换器不宜和重力仪安装在同一舱室内,以防止其噪音和散热对重力仪产生影响,但电源转换器的启动开关应安装在重力仪舱内,以便于操作。重力仪在平台上的位置必须仔细调整，使作用在平台上的力矩最小。

海洋重力仪的记录部分必须检查校准。调整两记录笔的零点，使红笔模拟记录和重力仪下测量轴度盘指示一致。根据测区重力值变化范围调节测程，使整个测区所测的重力值都能在其范围内。整机需要通电，检查仪器各部分的性能。

测量前两天必须给重力仪加温，正式工作前8 h打开光电灯开关，正式工作前2 h启动陀螺平台。陀螺平台正常运转1 h后打开重力仪锁制，前15 min启动伺服控制装置及记录器、打印机。通电后必须有人值班，并记录有关数据，如室温、仪温、光电流、水准气泡位置、测量主轴位置及其他有关事项，并注意各面板上的指示和数字是否正常。

测量船开航前必须取得位于码头（或港池、锚地处）重力基点的绝对重力值、重力仪在基点处稳定后的读数（15～30 min）、比对时的水深、重力仪弹性系统重心距当时水平面的高差及当时水平面距重力基点的高差，并绘制仪器距码头上重力基点的水平距离和方位略图。以上数据与略图应准确无误地记载在海洋重力测量值班记事手簿的记事栏内。

进入测线时，要记入测线号，检查走纸速度、环境开关以及C通道开关位置，观察重力仪模拟输出、自动显示和连续打印出的重力观测值的一致性，按预先规定的时间间隔在模拟输出记录上打标，并记下点号和时间。每条测线终了后应维持原航向、航速约10 min再转向。当由一条测线转到另一条测线时或者遇到渔船、渔网、测量船发生故障而致使船的航向、航速发生较大变化时，必须预先关闭重力仪伺服控制、记录器、重力仪和陀螺放大器的修正开关。待船的航向和航速正常后，首先打开陀螺放大器的修正开关和重力仪，10 min后再开伺服控制和记录器。

在一个航次或一个测区的测量任务完成后，最终应闭合到海洋重力基点，并取得比对数据。如果在测量过程中有可能与海上已知重力点比对，则都应进行比对，以检验重力仪测量的资料有无突变现象和系统性误差。

在海洋上实施重力测量时，若遇少于8 h的短期停机，应关闭比例和积分电路的电源开关，并锁摆。若停机超过8 h或结束测量作业时除上述操作外还必须关闭陀螺平台、光电灯、C计算机和控制单元，抬起记录器笔杆，关闭打印机、磁带机和双道记录器。如果重力仪中断工作不超过半个月，内外恒温要继续保持。

9.5 海洋重力测量的数据处理

海洋重力测量是在特定的区域范围和作业条件下进行的，因此这种测量的数据处理方法具有完全不同于陆地重力测量的自身特点。归纳起来，海洋重力测量的数据处理过程主要包括测量数据处理、海洋重力异常计算和海洋重力测量网平差三大部分。

1. 海洋重力测量的数据预处理

海洋重力测量数据预处理主要包括重力基点比对、海洋重力仪迟后效应修正以及重力仪零点漂移改正三方面的内容，现具体介绍如下：

1）重力基点比对

为了控制和计算重力仪器的零点漂移（通称为重力仪掉格）及测点观测误差的积累，同时将测点的相对重力值传递为绝对重力值，海洋重力测量要求在每一次作业开始前和结束以后，都必须将海洋重力仪（即测量船）置于重力基准点附近进行测量比对。为此，要求重力基准点均需与1985年国家重力基本网系统进行联测，联测精度要求不低于±0.3 mGal。

2）重力仪迟后效应校正

在介绍重力仪的构造时我们曾经叙述过，为了消除或减弱扰动加速度的影响，海洋重力仪的灵敏系统均采用了强阻尼措施，因而产生了仪器的滞后现象。就是说，在某一瞬间所读得或记录的重力观测值，不是当时测量船所在位置的重力值，而是在滞后时间前的那一瞬间的重力仪感应值。因此，在处理重力外业资料前，必须事先消除这一滞后影响，使重力仪读数正确对应于某一时刻的地理坐标和水深。每台仪器滞后时间（即使是同类型仪器）都是不一样的，因此，为了标定这一滞后时间，在使用仪器进行作业以前，必须先在实验室内进行重复的测试，然后取其平均值作为该仪器的滞后时间，登记在仪器观测记录簿上，以备对观测进行校正时使用。

3）重力仪零点漂移改正

由于海洋重力仪灵敏系统的主要部件，如主测量弹簧的老化及其他部件的逐渐衰弱而引起重力仪的起始读数的零位在不断地改变，这种现象称为仪器零点漂移，又称仪器掉格。在海上进行作业时，因为我们不可能使每条重力测线都能在短时间内复位到重力控制网点或国家重力基准点上进行比对，因此，要求海洋重力仪的零点漂移率不能太大，其变化率最好呈线性的低值变化规律。

假设某船某航次海洋重力测量开始和结束时分别在基点 A 和 B 上进行了比对观测。已知基点 A 的绝对重力值为 g_A，B 点的绝对重力值为 g_B，两基点的绝对重力值之差为 $\Delta g=g_B-g_A$。重力仪在基点 A 和 B 上比对读数分别为 g'_A 和 g'_B，其差值为 $\Delta g'=g'_B-g'_A$，比对的相应时间分别为 t_A 和 t_B，其时间差为 $\Delta t=t_B-t_A$。则本次测量的零点漂移变化率为：

$$k=(\Delta g-\Delta g')/\Delta t \tag{9-29}$$

假设重力测点上的观测日期和时间与比对基点 A 的日期和时间之间的时间差为 Δt_i（$i=1,2,\cdots,n$），于是各重力测点的零点漂移改正值为 $k\Delta t_i$，各测点的重力值则为：

$$g_i=g'_i+k\cdot\Delta t_i \tag{9-30}$$

式中：g'_i 为重力仪在第 i 个测点的重力读数值，以 mGal 为单位；时间差 Δt_i 以 h 为单位；k 以 mGal/h 为单位。

若测量开始和结束都闭合于同一个基点 A，则有 $g_A=g_B$，(9-29)式可简化为：

$$k=(g'_{A2}-g'_{A1})/(t_{A2}-t_{A1}) \tag{9-31}$$

2. 测线拟合及航向、航速计算

在海洋重力测量实际作业中，通常要求测量船在计划航线上尽可能作匀速直线航行。定位仪器每隔一定时间测定一次船位，根据定位结果，随时修正测量船下阶段的航向。由于测量船在海上难免不受风流、浪、涌等各种因素的影响，定位—修正—再定位—再修正过程最终将使测量航迹线呈波动式变化。目前，我国的海洋重力测量船一般都配备 GPS 导航系统。为了消除各种随机干扰，这类定位系统的数据处理软件均具备数据滤波功能。常用的滤波方法是 Kalman 滤波，它能实时提供测量船位的最佳估计。定位数据经实时预处理，随机干扰基本上得以消除，根据所得结果便可对当时的测量成果质量做出初步评价。

海洋重力测量属线状连续型测量，测点数量之多是可想而知的。从以上过程可以看出，海洋重力测量野外提供的成果主要包括测点坐标和观测重力值，它们联合组成资料后处理的起始数据。但是，要想让所有测点都参加平差计算，必须首先建立起测点与测点之间的函数相关模型，这项工作通常称为测量航迹线复原，又称航迹线拟合。为了不改变原始资料的本来面貌，实用上要求尽可能使航迹线拟合度最小。

根据测量区域及其定位手段的不同，目前我国海洋重力测量的定位资料大体上可分为连续型与不连续型两大类。连续定位是指 GPS 系统等给出的定位结果，它的特点是定位误差比较均匀，误差量值大小仅与仪器本身的观测精度和测量环境等因素有关，与定位点之间的间隔时间和距离长短无关，近海重力测量定位资料大都属于这种类型。不连续定位是指子午卫星导航系统等给出的定位数据，由子午卫星得到的两个相邻定位点之间的测点位置依靠其他辅助手段推算而得，这类定位数据的特点是定位误差不够均匀，推算点的精度比子午卫星定位点精度低，而且误差会积累，误差量随推算点与卫星定位点之间的距离增大而增大，远海重力测量定位资料大都属于这种类型。针对两类不同性质的定位数据，目前国内各作业单位已提出多种不同的航迹线拟合方法，这里仅介绍应用比较多的多项式拟合法。

基于假设：任何规则或不规则曲线均可由若干简单线相叠加逼近到任意精度等级。我们首先将海洋重力测量的每一条航迹线都表示为一组以时间 t 为自变量的基函数线性组合，即

$$\left.\begin{aligned}x(t)&=a_0F_0(t)+a_1F_1(t)+\cdots+a_{n-1}F_{n-1}(t)\\y(t)&=b_0F_0(t)+b_1F_1(t)+\cdots+b_{n-1}F_{n-1}(t)\end{aligned}\right\}\tag{9-32}$$

式中：a_i 和 $b_i(i=0,1,\cdots,n-1)$为待定系数；$F_i(t)$代表基函数，取不同形式的基函数，就有不同的拟合方法。下面介绍一种一般多项式和正交多项式拟合法。

将海洋重力测点位置的两个坐标分量均表示为时间变量 t 的 n 次幂多项式形式，即

$$x(t)=\sum_{k=0}^{n}c_{kx}t^k\quad y(t)=\sum_{k=0}^{n}c_{ky}t^k\tag{9-33}$$

式中：c_{kx} 和 c_{ky} 如为待定系数。

上式即为一般多项式航迹线拟合模型。由于一般多项式在幂次数增加后，其系数矩阵会出现病态，使得法方程的求解变得困难，故实践中往往改用正交多项式拟合。正交多项式是根据 Gram-Schmidt 定理用递推方法建立的，计算的稳定性好，同时，所占用计算机内存单元和计算时间均小于使用一般多项式拟合。为了导出正交多项式拟合的计算公式，将(9-33)式改写成与其等价的广义多项式的形式：

$$x(t)=\sum_{k=0}^{n}a_{kx}F_k(t)\qquad y(t)=\sum_{k=0}^{n}b_{kx}F_k(t)\tag{9-34}$$

式中：$F_k(t)$是关于权 P_i 满足正交条件

$$\sum_{i=1}^{m}p_iF_j(t_i)F_k(t_i)=0\quad(j\neq k)\tag{9-35}$$

的 k 次多项式。权 p_i 可根据重力测点定位精度统计结果分析确定，系数 a_{kx} 和 a_{ky} 由

$$a_{kx}=\frac{\sum_{i=1}^{m}p_ix_iF_k(t_i)}{\sum_{i=1}^{m}p_iF_k^2(t_i)}\qquad a_{ky}=\frac{\sum_{i=1}^{m}p_iy_iF_k(t_i)}{\sum_{i=1}^{m}p_iF_k^2(t_i)}\tag{9-36}$$

计算，则正交多项式 $F_k(t)$由以下递推公式计算：

$$\left.\begin{aligned}&F_0(t)=1\\&F_1(t)=(t-a_1)F_0(t)\\&\cdots\\&F_{k+1}(t)=(t-a_{k+1})F_k(t)-\beta_kF_{k-1}(t)\qquad(k=1,2,\cdots,n-1)\end{aligned}\right.\tag{9-37}$$

式中：
$$a_{k+1}=\frac{\sum_{i=1}^{m}p_it_iF_k^2(t_i)}{\sum_{i=1}^{m}p_iF_k^2(t_i)},\quad\beta_k=\frac{\sum_{i=1}^{m}p_iF_k^2(t_i)}{\sum_{i=1}^{m}p_iF_{k-1}^2(t_i)}\tag{9-38}$$

这种处理方法的原理是在整条测线上使得重力测点坐标与拟合点位坐标之间的不符值满

足加权最小二乘条件，求得正交多项式系数并化为等价的幂多项式形式。用幂多项式将航迹线的坐标表示为时间 t 的函数，这样就可以根据测线范围内的任意时刻求得对应于该时刻的重力测点坐标。

除了一般多项式和正交多项式拟合法，还有样条函数拟合法和三角多项式拟合法。

3. 厄缶改正

前面已经提到，厄缶效应是因为科氏力作用的结果。科氏力可表达为：

$$F_c = 2V\omega m \sin A \tag{9-39}$$

式中：V 为物体运动的速度；ω 为地球自转的角速度；A 为船体航行的方位角；m 为物体的质量。

将航速为 V 分解为向东和向北的两个速度 $V_E = V\sin A$ 和 $V_N = V\cos A$。东向分速度对地心的角速度为 $V_E/R\cos\phi$（R 为地球平均半径，ϕ 为测点的地心纬度），它加在地球自转角速度上。北向分速度对应的角速度为 V_N/R，它产生一个离心力 $R(V_N/R)^2 = V_N^2/R$ 直接作用于重力方向。暂把地球看做均质球体，则安装在以航速 V 和航向 A 航行的船只上的重力仪所感受的重力值为：

$$g' = \frac{fM}{R^2} - \left(\omega + \frac{V\sin A}{R\cos\phi}\right)^2 R\cos^2\phi - \frac{V^2\cos^2 A}{R} \tag{9-40}$$

式中：右边第一项代表地球引力；ω 代表地球角速度。地球面上的正常重力应为：

$$\gamma_0 = \frac{fM}{R^2} - \omega^2 R\cos^2\phi \tag{9-41}$$

以(9-40)式减去(9-41)式，并略加整理就得到厄缶改正计算式：

$$\delta_{g_E} = 2\omega V\sin A\cos\phi + \frac{V^2}{R} \tag{9-42}$$

若速度以 km/h 为单位，则上式可表示为：

$$\delta_{g_E} = 4.05V\sin A\cos\phi + 0.0012V^2 \tag{9-43}$$

若速度以海里/h 为单位，则上式可表示为：

$$\delta_{g_E} = 7.5V\sin A\cos\phi + 0.004V^2 \tag{9-44}$$

从以上厄缶改正模型可以看出，厄缶改正的精度取决于纬度误差、航向误差和航速误差。在海洋重力测量中，纬度误差的影响很小，通常可以不计。另外两项的误差，随着船的航向不同而有差异。当船在东西方向航行时，船速误差的影响很大，而航向误差影响很小；若船沿着南北方向航行时，情况刚好相反。

4. 海洋重力异常计算及重力异常图的绘制

在完成海洋重力测量数据的预处理以及厄缶改正计算以后，资料处理下一步的任务是计算各类海洋重力异常，计算内容包括测点绝对重力值计算，海洋空间重力异常计算，海洋布格重力异常计算等。

1）海洋重力测点绝对重力值计算

测点绝对重力值计算公式为：

$$g = g_0 + K(S - S_0) + \delta_{g_E} + \delta_{g_K} \tag{9-45}$$

式中：g_0 为重力基点的绝对重力值；K 为重力仪格值；S 为测点处重力仪读数（经迟后效应改正）；S_0 为重力基点处重力仪读数；δ_{g_E} 为厄缶改正值；δ_{g_K} 取为重力仪零点漂移改正值；g 为测点的绝对重力值。

2）海洋空间重力异常计算

$$\Delta g_F = g + 0.3086H' - \gamma \tag{9-46}$$

式中：g 为测点的绝对重力值；H' 为重力仪弹性系统重心至平均海面的高度；γ 为测点处的正常重力值。

我国目前已经确定 1985 年国家重力基本网系统作为我国统一的重力系统，它与 1971 年国际重力基本网系统（IGSN71）之间有联测。我国早期的重力测量曾采用过原波茨坦系统，由于该系统的绝对重力值存在较大的系统误差，因此，应对过去的测量资料进行修正。经联测计算，1985 年国家重力基本网系统与波茨坦系统平均改正值为 −13.528 mGal。凡使用波茨坦系统的绝对重力值均应加上 −13.528 mGal 改正数，与 1985 年国家重力基本网系统统一。

3）海洋布格重力异常计算

$$\Delta g_B=\Delta g_F+0.0418(\delta-\delta_0)h-0.0418\delta_0 h' \tag{9-47}$$

式中：Δg_F 为空间重力异常；h 为由平均海面起算的测点水深；h' 为瞬时海面至平均海面的高度；δ 为地壳平均密度，一般取 2.2g/cm^3 或 2.67g/cm^3；δ_0 为海水密度，取 1.03g/cm^3。

上式中最后一项值很小，可以忽略不计，故通常使用下式计算布格异常：

$$\Delta g_B=\Delta g_F+0.0418(\delta-\delta_0)h \tag{9-48}$$

4）海洋重力等值线图

重力测量的成果经处理后，最终绘制成海洋重力异常图（重力异常平面剖面图或重力异常等值线图）和建成海洋重力数据库，服务于大地水准面模型的建立、海洋调查等各项应用。

重力异常平面剖面图的绘制。剖面图横坐标按调查成果图比例尺选取，纵坐标按异常大小及观测准确度适当选取。剖面的右、上方为正异常，左、下方为负异常，着色时红色表示正，蓝色表示负；除平面剖面图外，一般剖成图应附小比例尺的剖面位置图。重力异常剖面图如图 9-16 左图所示。

重力异常等值线图的绘制。重力异常等值线图在实际材料图的基础上绘制，重力异常图中不必再标注各类点的符号和异常值，只勾绘等值线。等值线间距不得小于测量准确度的 2～2.5 倍，曲线要圆滑，局部资料不足的地方用虚线。图例栏内必须注明采用的正常重力公式、绝对重力值系统、布格重力异常图需注明中间层物质平均密度值等；重力异常等值线图要着色，红色表示正重力异常，蓝色表示负重力异常，以颜色的深浅表示异常的强弱，色层多少视异常特征而定，以图面清晰、浓淡匀称为宜。重力异常等值线图如图 9-16 右图所示。

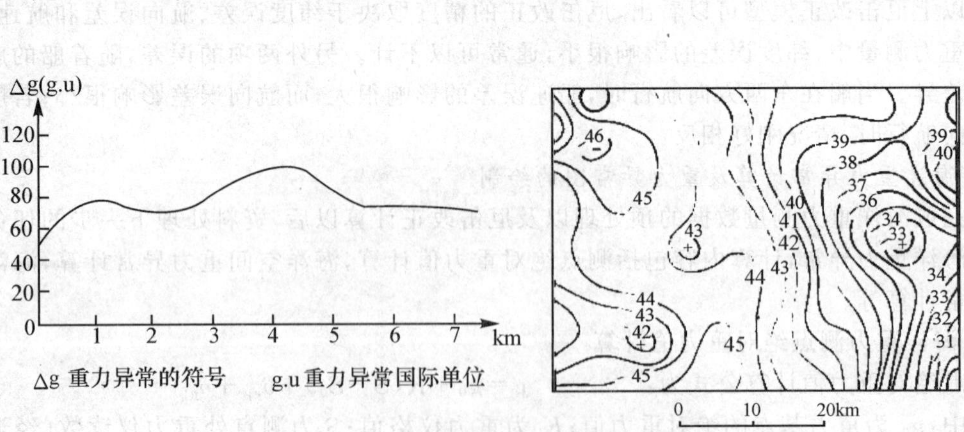

图 9-16　重力异常剖面图和等值线图

9.6 海洋重力异常的解释及应用

重力异常资料是地球引力场最原始的基础性资料。大地测量、空间科学及地球物理等学科进行理论研究和应用研究所需要的各类引力参数，都要求以一定密度的重力异常数据为基础进行计算。因而，海洋重力测量成果在这些领域具有十分重要的作用。

观测重力值经过中间层校正后给出的布格重力异常，在勘探中获得广泛的应用。它消除了观测平面与海平面之间各种物质所产生的引力影响，反映出地下干涉质量的作用，从而为研究地壳内部不同密度的岩层分布提供依据。

在平面上表示出测网及其上每个观测点的布格重力异常值，可用平滑的曲线将相同的布格重力异常值连接起来，得出等值线。这样，根据比例尺要求，按一定等值线距组成等值线平面分布图，即布格重力异常图。布格重力异常图是海洋重力勘探的基本图件，但在海洋地质与地壳构造的研究时，往往还要求提供重力异常图与均衡重力异常图，因为根据它们之间表现的特征与差异，将为重力资料的推断和解释提供重要的线索。

引起布格重力异常的地质因素很多，其中主要的有如下几个方面：

1. 地壳的深部结构

划分地壳与上地幔的莫霍面是有很大密度差异的分界面。大洋型地壳中缺失花岗岩层，在较薄的沉积岩层下面直接覆盖着平均密度达 $2.9\mathrm{g/cm^3}$ 的玄武岩层，而深度为 5～10km 的莫霍面下为平均密度达 $3.3\mathrm{g/cm^3}$ 的上地幔物质，其密度差可达 $0.4\mathrm{g/cm^3}$。因此大洋地壳将以巨大的正布格重力异常为特征。浅海大陆架地区为大陆在海底的自然延伸，地壳结构具有大陆型地壳的特点。此处在沉积岩层与玄武岩层之间还有平均密度达 $2.6\mathrm{g/cm^3}$ 的花岗岩层，而且各层的厚度都有增加，莫霍界面的深度一般为 20～30km，布格重力异常主要表现为弱的正异常。它向大陆腹地延伸，在高原地区内地壳的厚度可增加到 50～60km 以上，布格重力异常表现为负值。在大陆地壳与大洋地壳之间的过渡区，由于物质成分与厚度都有很大的变化，从而使布格重力异常也有急剧变化的反映。由此可见，布格重力异常与地壳厚度之间存在着一定的关系。P. M. 戴明尼茨卡娅综合大量的观测资料，给出用布格重力异常 $\Delta g_{布}$ 测定莫霍界面 M 以上地壳厚度 H 之间的关系(图 9-17)。图中的综合平均曲线可以用双曲线函数中的超越正切函数表示：

$$H=35(1-\tan 0.0037\Delta g_{布}) \tag{9-49}$$

应该指出，在研究大陆地壳与大洋地壳时，除了使用布格重力异常之外，还应该参考法依(Fayer)重力异常，尽管它的变化与地形起伏有很多相似之处。法依(Fayer)重力异常在大陆型地壳上表现为接近于 0 的异常值，在大洋型地壳上表现为幅度不大、差值也不大的异常，在过渡性地壳地区间具有急剧的变化。均衡重力异常在地壳处于稳定的大陆与大洋中，表现平静，没有显著的变化。在过渡性地区和高原地区，由于地壳的不均衡性，将有强烈的正异常与强烈的负异常出现。

2. 结晶基底的起伏

在一般情况下，结晶基底由平均密度为 $2.7\mathrm{g/cm^3}$ 左右的岩层组成，而上覆沉积岩层的平均密度变化在 $2.0\sim2.5\mathrm{g/cm^3}$ 之间。因此，结晶基底的顶面是一个有明显密度差异的分界面，它在重力观测中将会得到清晰的反映。布格重力异常反映出来的结晶基底的起伏形态，为划分一级地质构造单元提供了资料。将区域布格重力异常与区域磁力异常结合起来解释，无论它们是否相符合，都有助于阐明结晶基底的性质。

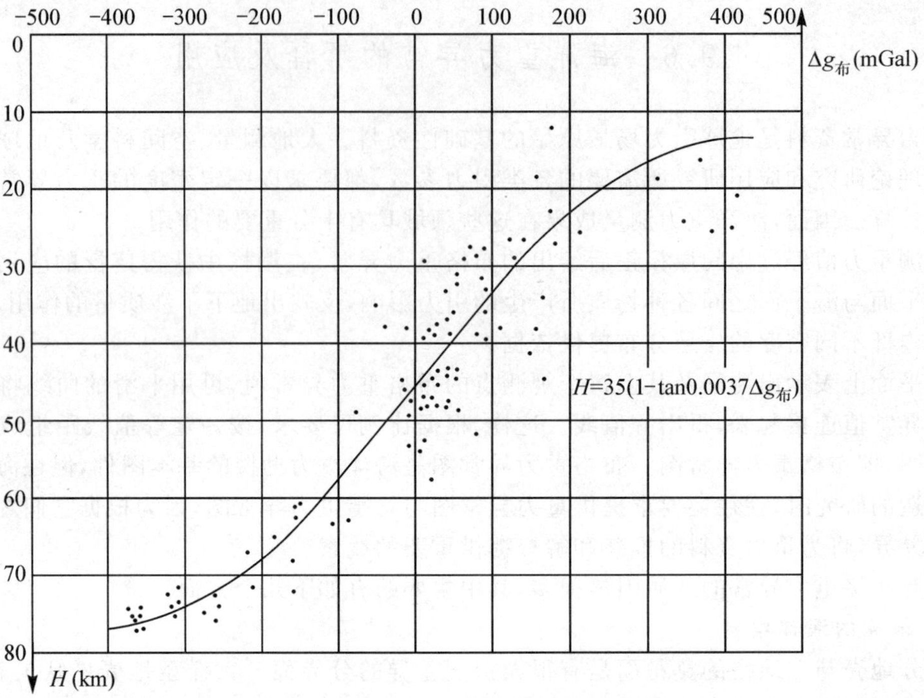

图 9-17　布格重力异常与地壳厚度关系

1)基底内部结构对重力异常的反映

当基底埋藏深度较浅时,如图 9-18 所示(实线为重力异常线),重力异常和基底起伏没有直接联系,所反映的是基底岩性的变化。如基岩中火成岩活动,当侵入的岩浆岩和围岩有密度差时,则重力异常就会有所反映。图 9-19 所示的是基底内部有花岗岩侵入,可以看出,重力异常曲线的形状和侵入体的边界符合得很好。

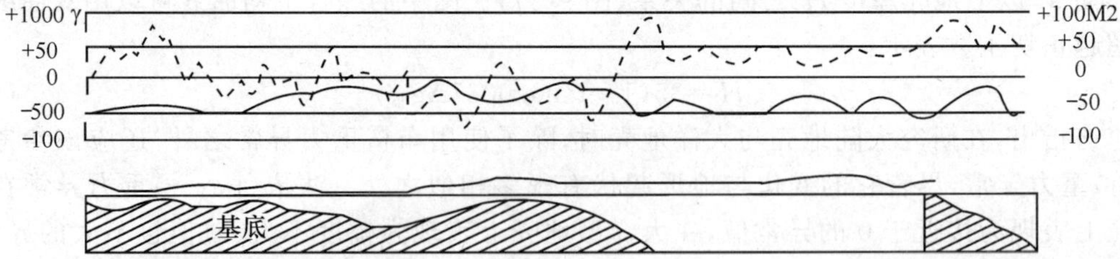

图 9-18　基底的重力异常曲线

2)基底断裂对重力异常的反映

断裂在重力资料中的表现形式是多样的,其主要形式有重力等异常线的密集带和异常曲线的扭曲带。

如图 9-20 所示,重力异常的密集带对应着深大断裂。如图 9-21 所示,上部异常走向突然终止,表明上下两部分的性质是不同的,按着地质规律,经常有断层存在。

3)结晶基底表面起伏的重力异常反映

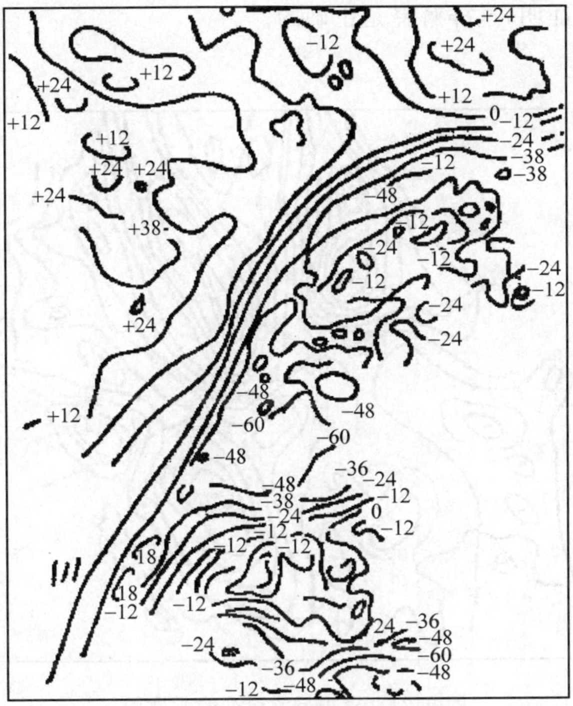

图 9-19　基底的花岗岩侵入的重力异常平面图

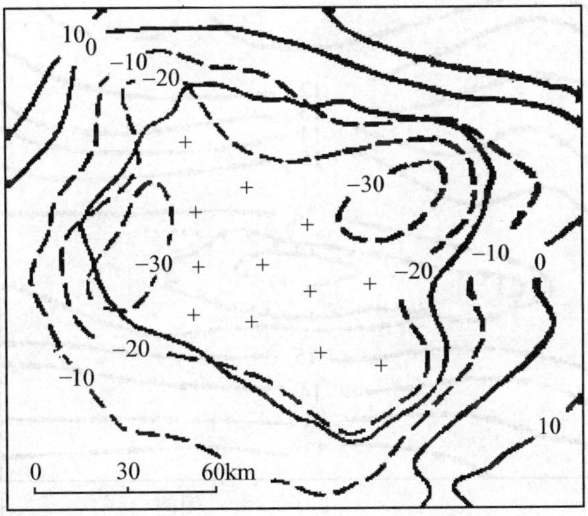

图 9-20　重力异常密集带示意图

结晶基底表面及附近介质满足适当的条件：① 基底和盖层的密度差大，基底表面起伏明显；② 沉积层密度均匀或盖层内部构造有继承性；③基底内部结构均匀或基底埋藏较深，使基底内部不均匀体的异常显示变弱；④地壳深部结构变化不大。基底表面起伏就可以成为引起重力异常的主要地质因素，这时的重力异常可以用一个密度界面的公式，计算基底表面的起伏。如图 9-22 所示，根据重力正负异常和基底起伏的直接联系，按异常的分布范围、延伸方向及其特点，划分出盆地的一级构造单元，它们是中央隆起带、东部凹陷、西部凹陷、东部斜坡、西部斜坡等。经长期经验证明,这样解释是正确的。

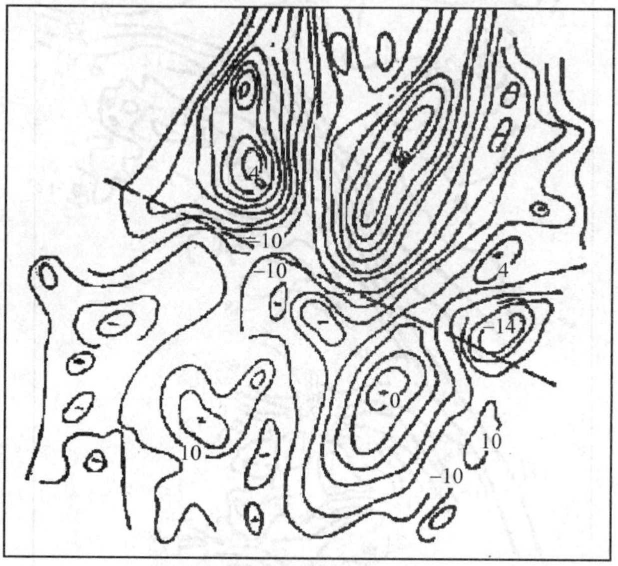

图 9-21　重力异常突变带示意图

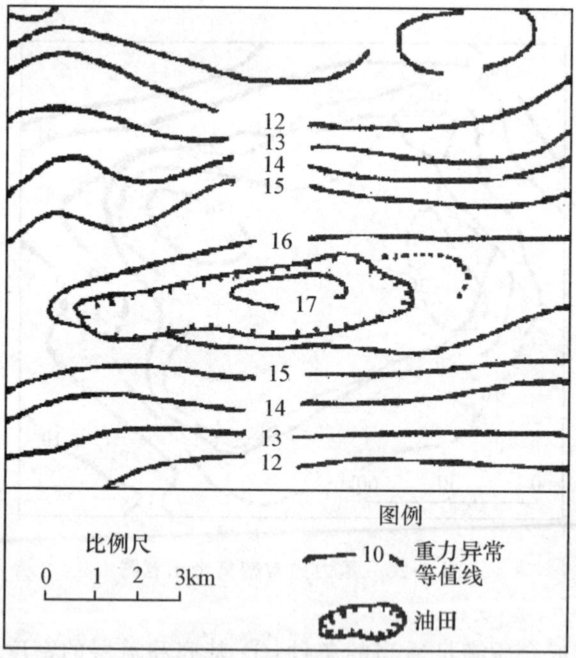

图 9-22　我国某地区布格重力异常平面图

3. 沉积岩层的结构

在沉积岩层的剖面中一般都存在着几个密度分界面,其中只有具有相当厚度的岩层之间的密度分界面才会对布格重力异常起作用。找出这种密度分界面,对于划分沉积岩层中的地质构造和研究局部构造都将是重要的依据。

应用重力测量的资料研究局部构造时，应注意到巨厚砾岩层的分布和结晶基底内部的不均匀性，以及区域重力背景对布格重力异常的干扰影响。因此，进行布格重力异常的解释时，首先必须尽可能详细地拥有测区及其邻近地区的地质资料，同时又要尽可能广泛地开展实际的岩石密度测定工作，以掌握地质因素及密度分布对重力异常影响的规律性。其中包括确定引起重力异常的主要密度界面，这些密度界面与地质界面之间的关系及它们的表现形态与埋藏条件等。其次应尽量利用其他地质与地球物理勘探的资料作综合解释。在区域地质调查中，应认真考虑磁力测量的成果与地震区域大剖面提供的资料。在石油普查中，必须参考地震勘探所给出的推断，避免产生错误。

地质构造的形态是相当复杂的。将它们简化并概括成一些简单的形体，再计算出它们所产生的重力异常分布（正演问题），对于定性地推断解释重力异常有很大的帮助。重力异常的定量解释应先假定地下质量分布相当于某种合理的简单构造形态，再逐步调整其几何参数，将计算出来的重力异常与观测到的重力异常相互拟合，直到符合良好为止。但是，重力资料的解释要求根据对重力异常分布的观测，来确定引起此种异常的物质形态及其形状（反演问题）。

1）重力异常与沉积盖层内部结构的间接联系

在结晶基底比较浅的地区，重力异常反映的是基底内部的结构，这时盖层的构造分布和性质得不到显示，甚至在布格重力异常上根本反映不出来。但是，实际上也会有另一方面的情况，即发现许多构造特征和异常之间存在着间接的联系，具体表现为：①重力异常走向常与构造走向相一致。②构造轴的位置有时在重力异常边缘的重力梯度高值带上，或者与异常近似重合。重合不仅是指构造隆起反映重力值大，凹陷反映重力值小，而且它们可以表现为相反的情况。

2）重力异常对沉积盖层内部的直接反映

一些实际资料表明，重力异常也会与沉积盖层之间存在着直接的联系，例如重力值大反映的是隆起，重力值小反映的是凹陷，或者相反。其他如断层等地质因素也同样存在着直接联系，不过存在这种情况需要条件：①结晶基底埋藏较深；②在沉积盖层中存在着明显的密度界面；③沉积盖层中的构造幅度大；④无显著的区域重力背景干扰。在这种情况下，根据重力资料，定性的研究沉积盖层内部结构，可以得到良好的效果，有时还可以进行某些定量的研究，确定界面的起伏情况。

如图 9-23 所示，该地区上部地层属于第三纪和第四纪沉积岩，密度大。据钻井资料查明，该区中心为一东西走向的背斜顶部，其南北各为一向斜构造，重力值的幅度约为 15～16 mGal，其异常位置和形态准确地反映了这一背斜构造。

需要注意的是，实测重力异常是地下所有各种异常体所产生的引力效应相互叠加的总和，这样的盖层构造引起的异常将受影响而发生畸变。这种畸变包括局部异常的位置、走向、闭合范围、闭合度等，甚至使局部异常完全变形，以至被区域异常所掩盖。因此，在应用重力资料研究局部构造时，应该对异常进行处理、加工，如区域校正、场的划分、二次导数等，以消除对局部异常的干扰。

尽管上述地质几何形体能够给出相应重力异常的分布曲线，然而根据重力异常曲线来推断地质形体的几何形状与产状却往往出现多种可能的解答。尤其是在海洋重力测量中，获取密度资料是困难的，而观测精度和详细程度又受到很大的局限，以至逐步调整所要推断的几何形体的参数，使其计算结果与观测曲线相一致的拟合解释方法只是一种不得不采用的方法，而且未必能惟一正确地给出地质结果。

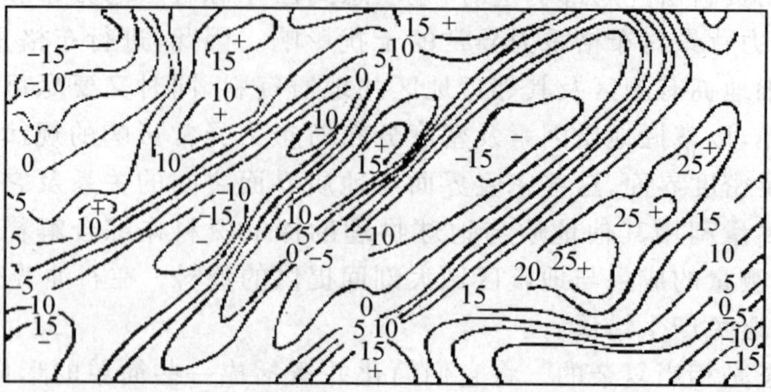

图 9-23　第三纪与第四纪布格重力异常平面图

需要指出的是，反演问题的多解性是地球物理场普遍存在的一个严重问题。这个问题的解决目前只能依靠多种物探资料结合区域地质资料进行综合解释，以互相印证，互相补充。这也就是为什么各种地球物理勘探工作都必须注意收集测区及其周围的钻孔资料的原因。如果能够利用测区内深钻的资料帮助解释物探成果，则不仅会改善物探资料解释的质量，而且也是切实地总结经验、提高解释工作水平的重要途径。

思　考　题

1. 影响海洋重力测量的因素有哪些？
2. 海洋重力测量的众多仪器设备中，哪些适合用于航船载/机载重力测量？
3. 简述海洋重力测量的实施过程。
4. 简述重力测量数据处理的基本流程。
5. 重力测量有哪些应用？举例说明。

参考文献

徐德宝,李明,赵建虎.海洋测绘.武汉:武汉大学出版社,2002

沈文周.中国近海空间地理.北京:海洋出版社,2006

赵建虎.多波束深度及图像数据处理方法研究.武汉大学博士学位论文,2002

武汉测绘科技大学天文重力测量教研室,大连舰艇学院海测教研室,天津海洋测绘研究所测量室.海洋大地测量学.北京:测绘出版社,1991

陈永奇,李裕忠,杨仁编著.海洋工程测量.北京:测绘出版社,1991

刘雁春,肖付民,暴景阳,徐卫明编著.海洋学概论与海道测量.大连:海军大连舰艇学院,2001

胡明城著.现代大地测量学的理论及其应用.北京:测绘出版社,2003

梁开龙主编.水下地形测量.北京:测绘出版社,1995

梁开龙,刘雁春,管铮,黄谟涛编著.海洋重力测量与磁力测量.北京:测绘出版社,1996

叶久长,刘家伟编著.海道测量学.北京:海潮出版社,1993

楼锡淳,朱鉴秋编著.海图学概论.北京:测绘出版社,1993

苏奋振,周成龙,杨晓梅,张杰,骆剑承等著.海洋地理信息系统——原理、技术与应用.北京:海洋出版社,2005

刘经南,陈俊勇,张燕平,李毓麟,葛茂荣编著.广域差分GPS原理和方法.北京:测绘出版社,1999

孙家炳,舒宁,关泽群编著.遥感原理、方法和应用.北京:测绘出版社,1997

林敏基编著.海洋与海岸带遥感应用.北京:海洋出版社,1991

孙家柄主编.遥感原理与应用.武汉:武汉大学出版社,2003

沈文周主编.海域划界技术方法.北京:海洋出版社,2003

管泽霖,管铮,翟国君编著.海面地形与高程基准.北京:测绘出版社,1996

近海水深测量.上册.中国人民解放军海军水面舰艇学校,1977

近海水深测量.下册.中国人民解放军海军水面舰艇学校,1977

秦臻.海洋开发与水声技术.北京:海洋出版社,1984

雷桑诺夫,布列霍夫斯基赫.海洋声学基础.北京:海洋出版社,1985

李家彪.多波束勘测原理技术与方法.北京:海洋出版社,1999

R. A. 肖温格.遥感中的图像处理和分类技术.北京:科学出版社

刘贵忠,邸双亮.小波分析及其应用.西安:西安电子科技大学出版社,1997

崔锦泰.小波分析导论.西安:西安交通大学出版社,1995

程正兴.小波分析算法与应用.西安:西安交通大学出版社,1998

王广运,郭秉义,李洪涛.差分GPS定位技术与应用.北京:电子工业出版社,1996

周江文,杨元喜,欧吉坤.抗差估计论文集.北京:测绘出版社,1992

郭华东等著. 雷达对地观测理论与应用. 北京:科学出版社,2000

仇肇悦,李军,郭宏俊. 遥感应用技术. 武汉: 武汉测绘科技大学出版社,1995

[日]遥感研究会编. 遥感精解. 北京:测绘出版社,1993

黄文梅,熊桂林,杨勇. 信号分析与处理. 北京:国防科技大学出版社,2000

宁书年,吕松棠,杨小勤等. 遥感图像处理与应用. 北京:地震出版社,1995

孙家广,杨长贵. 计算机图形学. 北京: 清华大学出版社,1995

章毓晋,刘家伟. 图像处理和分析. 北京: 清华大学出版社,1999

王晓丹,吴崇明. 图像处理. 西安: 西安电子科技大学出版社,1999

陈小明. 高精度 GPS 动态定位的理论与实践 (博士论文). 武汉:武汉测绘科技大学,1997

赵建虎. 海洋测量内外业一体化软件包的研制 (硕士论文). 武汉:武汉测绘科技大学,1998

刘雁春. 海洋测深空间结构及其数据处理 (博士论文). 武汉: 武汉测绘科技大学,1998

赵建虎,刘经南,张红梅. 船姿分析及其对多波束测量的影响. 武汉:武汉大学学报·信息科学版,2001,Vol. 26(2),44～149

赵建虎,刘经南,周丰年. GPS 测定船体姿态方法研究. 武汉: 武汉测绘科技大学学报,2000,Vol. 25(4):353～357

赵建虎,张红梅. 水下地形测量技术探讨. 武汉: 测绘信息与工程,1999,Vol. 88(4):22～25

赵建虎,周丰年,张红梅. 船载 GPS 水位测量方法研究. 北京: 测绘通报, 2001(增):1～3

周丰年. 赵建虎. 多波束最优声速公式的确定. 福建: 台湾海峡,2001(4):1～9

叶久长. 声速计算公式比较. 天津: 海洋测绘,1988(1):17～20

管铮. 在我国使用声速改正公式的精度分析. 天津: 海洋测绘,1990(3):19～21

申家双等. 回声测深仪的声速改正. 天津: 海洋测绘,1995(3):16～18

朱庆,李德仁. 多波束测深数据的误差分析与处理. 武汉:武汉测绘科技大学学报,1998, Vol. 23(1):43～46

陈非凡. 多波束条带测深仪的动态测量误差评估. 天津: 海洋技术,1999,Vol. 18(1):41～45

黄谟涛,翟国君,王瑞等. 海洋测量异常数据的检测. 北京: 测绘学报,1999,vol. 28(3):269～277

丁继盛,张卫红. 声速断面对多波束测深误差的影响. 天津: 海洋测绘,1998(3):15～19

管泽霖,杨震岱,申宪忠,董鸿闻,徐德宝等. 我国海域平均海面、海面地形、海洋大地水准面的确定. 西安: 西安地图出版社,1991

瓦奎尔 著, 于 联 生 等 译. 海 底 地 磁 学. 北 京: 科 学 出 版 社, 1984 (V. Vacquier. Geomagnetism in Marine Geology. Elsevier Publ. ,New York,1972

A. Cox, ed.. Plate Tectonics and Geomagnetic Reversals. W. H. Freeman, San Francisco,1973

陈宗器著. 中国境内地磁观测之总检讨. 台湾:《学术汇刊》, 第 1 卷, 第 2 期, 1944

赵建虎,刘经南,张红梅. 顾及非格网数据考虑地形改正的 GPS 高程拟合方法研究. 武汉: 武汉测绘科技大学学报,1999,24(4):346～350

赵建虎,张红梅. 高精度 GPS 水准高程求解算法研究. 武汉:测绘信息与工程,2001(3),95,27～29

刘光鼎.海洋地球物理勘探.北京：地质出版社,1978

A. Zmuda. World Magnetic Survey 1957-1969. IAGA Bulletin , No. 28 , 1971

Butler, R. F. (1992), Paleomagnetism: Magnetic Domains to Geologic Terranes. Blackwell Scientific Publications

Hoffman, K. (1984), A method for the display and analysis of transitional paleomagnetic data. J. Geophys. Res. 89, 6285-6292

Lowes, F. (1974), Spatial power spectum of the main geomagnetic field and extrapolation to the core. Geophys. J. R. Astron. Soc. 36, 717-730

Merrill, R. T., McElhinny, M. W. & McFadden, P. L. (1996), The Magnetic Field of the Earth: Paleomagnetism, the Core, and the Deep Mantle, Academic Press.

Olsen, N., Sabaka, T. & Toffner-Clausen, L. (2000), Determination of the IGRF 2000 model, Earth Planet. Sci. Lett. 52, 1175-1182

Tauxe, L. (2005), Inclination flattening and the geocentric axial dipole hypothesis, Earth Planet. Sci. Lett. 233, 247-261

N. K. Saxena: Marine Geodetic Application for Ocean Sciences and Engineering Marine Geodesy Vol 7 No1-4,1983

GENG, X. Precise acoustic bathymetry. Master' thesis, department of electrical and computer enginnerring, University of Victora, Victora, B. C.

Larry Mayer. Shallow water multibeam sonar historical overview and modern requirement. Ocean Mapping Group-University of new Brunswick, March, 1996,10-30

Kongsberg Simrad Company. Kongsberg Simrad EM 950 Multibeam Echo Sounder Operator Manual. Kongsberg Simrad Company, 1999, 1-10

Simrad EM 3000 Multibeam Echo Sounder Base version, Kongsberg Simrad, 1999, 20-50

Jiyu Liu, Xiaoming Chen. The confidence evaluation on GPS kinematic data. IUGG XXI General Assembly, held in Boulder, USA, July, 1995, 2-14

T P Le Bas. An Analytical Correlation and Comparison of High Resolution Side-Scan Sonar Imagery and Multi-beam bathymetry. The Institute of Electric and Engineers, 1995, 1-6

Borgefors, G.. Hierarchical Chamfer Matching: A Parametric Edge Algorithm, IEEE Transaction on pattern analysis and machine intelligience, 1988,Pami-10 6,849-865

Sawyer G, D. C. Mason, N. Hindley, D. G. Johson, I. H. Jones-Parry, C. J. ODDY, T. K. Pike, T. Plassard, A. J. Rye, A. DE Aalabert, B. Serpico & A. L. Wielogorski, MuSIP. Multi-sensor image processing system. Image and Vision Computing, 1992, 10, 9:589-609

Mitchll. N. C. &M. L. SOMERS. Quantitative backscatter measurements with a long-range side-scan sonar. IEEE Journal of Oceanic Engineering, 1989. vol. 14:365-374

LABES. T. P. D. C. MASON. & N. W. MILLARD. TOBI image processing. IEEE journal of Oceanic Engineering, 1995, 85-93

PARSON, L. M. B. J. MURTON. &R. C. SEARLE. High resolution, deep-towed sidescan imagery and Hydrosweep bathymetry of the Reykjanes Ridge. EOS Transactions AGU, 1990(60): 525-526

FLEWELLEN, C. , N. W. MILLARD&I. ROUSE. TOBI, a vehicle for deep ocean survey. Electronic and Communication Engineering Journal, April,1993, 85-94

Yong-Kuk Lee, Bong-Chool Suk, HAK-II Kim, and Jae-kyung oh, Bathymetry and Side Scan Imagery of SeaBeam 2000 Multi-Beam Echo Sounder on the Eastern Ulleung Basin, East Sea of Korea (Japan Sea), IEEE1996, 1416-1420

S. K. Chough and E. Bary, "tectonic history of ulleung Besin Margin, East Sea(Sea of Japan)",Geology, 1987, Vol. 15, 45-48

Y. Park, H. Kim, Y. Lee, and B. Suk, Development of a hydrographic information post-processing System using Digital Image processing Techniques, proc. of the 1994. Kroean Signal processing Conference, 1994, Vol. 7(1): 380-384

Fessler, J. A. Nonparametric fixed-interval smoothing with vector splines. IEEE tractions on signal processing, Vol. 39(4),852-859

Green, P. J. Penalised likelihood for general semi-parametric regression model. International statistical review, Vol 53:245-269

Talukdar,K. K, and Tyce,R. C.. Digital processing of sidescan image from Bottom Backscatter collested by sea beam. Geod. Mar. 1991,Vol. 14,81-100

Tamsett,D. , Seabed characterization and classification from power spectura of side-scan sonar data, Geophys. ,Mar. 1993,Vol. 15,43-64

Hughes Clarke, J. E. , 1997, A Comparison of Swath Sonar Systems Demonstrated at the 1997 US/Canada Hydrographic Commission Coastal Multibeam Surveying Course

J. A. Jacobs, R. D. Russell and J. T. Wilson, Physics and Geology, 2nd ed. , McGraw-Hill, New York, 1974